"工学结合、校企合作"高等职业教育改革创新教材

铸造工艺

主　编　张笑宁
副主编　吴晓峰
参　编　赵艳艳　万荣春
主　审　王贵斗

U0793008

机械工业出版社

本书共分为五部分，包括十五个单元。第一部分为造型材料，包括六个单元，主要介绍造型材料基础知识，粘土砂、水玻璃砂、树脂砂、油砂、铸型涂料的特点、组成及制备，并对先进的造型材料进行简单介绍。第二部分为铸型制备，包括三个单元，以掌握造型、造芯操作及装配为目标，介绍造型、造芯及铸型装配的方法。第三部分为浇注系统的设计，包括两个单元，通过对浇注系统的分析，掌握铸造合金浇注系统的特点及设计与计算方法。第四部分为冒口及冷铁，包括两个单元，通过对金属凝固与补缩原理的学习，掌握铸造合金冒口设计与计算的方法。第五部分为铸造工艺设计，包括两个单元，学习铸造工艺设计的内容，掌握典型铸件的铸造工艺设计方法。

本书可作为高等职业教育及各类成人教育铸造专业教材或培训用书，也可供有关技术人员参考。

为便于教学，本书配备电子课件，选择本书作为教材的教师可登录 www. cmpedu. com 网站注册免费下载。

图书在版编目（CIP）数据

铸造工艺/张笑宁主编 . —北京：机械工业出版社，2014. 6（2024. 6 重印）
“工学结合、校企合作”高等职业教育改革创新教材
ISBN 978-7-111-46901-8

Ⅰ. ①铸…　Ⅱ. ①张…　Ⅲ. ①铸造—高等职业教育—教材　Ⅳ. ①TG24

中国版本图书馆 CIP 数据核字（2014）第 115743 号

机械工业出版社（北京市百万庄大街 22 号　邮政编码 100037）
策划编辑：齐志刚　责任编辑：齐志刚　周璐婷
版式设计：霍永明　责任校对：刘志文
封面设计：张　静　责任印制：李　昂
中煤（北京）印务有限公司印刷
2024 年 6 月第 1 版第 3 次印刷
184mm×260mm · 16 印张 · 390 千字
标准书号：ISBN 978-7-111-46901-8
定价：49. 00 元

电话服务　网络服务
客服电话：010-88361066　机　工　官　网：www. cmpbook. com
010-88379833　机　工　官　博：weibo. com/cmp1952
010-68326294　金　书　网：www. golden-book. com
封底无防伪标均为盗版　机工教育服务网：www. cmpedu. com

前　言

为了更好地满足企业对铸造专业高职层次的高端技能型人才的需求，便于实施“教、学、做”一体化教学，全面提升教学质量，《铸造工艺》教材编写组成员在充分调研企业生产实际和学校教学实际的基础上，精心编写了本教材。

本书为材料成形及控制专业铸造专业方向教材之一。为适应材料成形及控制专业铸造专业生产的需要，本书以最基本的手工砂型铸造为主线，力求体现职业教育特色，本着“实用、适用”的原则，且注意吸取国内外有关的技术成果和生产经验。在编写中，采用图文对照和列表说明，并注重理论联系实际，内容充实，标准规范，实用性强。

教学基本目的包括：熟悉铸造生产的基本过程；熟悉砂型铸造的制备技术；熟悉铸造工艺设计的内容、方法、步骤及常见铸件的铸造工艺特点；会使用相关的资料和手册；具有在铸造生产一线操作的基本知识和能力；具有从生产实际出发，采用新工艺、新材料、新技术的初步能力。

本书在内容组织上采用任务驱动的方式。学生在学习相关的专业知识和进行任务实施的同时，掌握相应的操作技能，增强学习的目的性，提高学习积极性。对于基础知识的学习，总体思路是：提出任务→对任务进行分析→知识点学习。对于造型材料的学习，总体思路是：提出任务→进行材料特点分析→介绍常用材料的制备方案→提出工艺改进措施。对于铸型制备的学习，总体思路是：提出任务→对任务进行分析→型、芯及装配操作过程。对于浇注系统、冒口及铸造工艺设计的学习，总的思路是：提出任务→对任务进行分析→设计与计算的方法→进行典型结构或材料的工艺制订。

本书由渤海船舶职业学院张笑宁主编，并编写绪论、第二部分单元七、第三部分单元十及单元十一、第四部分单元十二及单元十三、第五部分单元十四及单元十五，第一部分单元一至单元六由吴晓峰编写，第二部分单元八由赵艳艳编写，第二部分单元九由万荣春编写。全书由张笑宁统稿，王贵斗教授任主审。

在本书的编写过程中，教材编审人员做了大量的工作，并且得到了相关企业的大力支持和热情帮助，特别是得到了渤海船舶机械有限公司研究员级高级工程师、辽宁省铸造协会副理事长王冰晨给予的技术指导，在此一并表示衷心感谢！借此对为本书编写提供资料、建议和帮助的各方人士表示诚挚的谢意。

由于编者专业知识有限，书中难免会有欠妥之处，恳请广大读者不吝指教。

编　者

目　录

第二部分 铸型制备

第三部分 浇注系统的设计

第四部分 冒口及冷铁

第五部分 铸造工艺设计

绪　论

铸造是将金属熔炼成符合一定要求的液体并浇进铸型里，经冷却凝固、清整处理后得到有预定形状、尺寸和性能的铸件（零件或毛坯）的工艺过程。它是现代机械制造工业的基础工艺。铸造生产的毛坯成本低廉，对于形状复杂、特别是具有复杂内腔的零件，更能显示出它的经济性；同时它的适应性较广，且具有较好的综合力学性能。但铸造生产所需的材料（如金属、木材、燃料、造型材料等）和设备（如冶金炉、混砂机、造型机、造芯机、落砂机、抛丸机等）较多，且会产生粉尘、有害气体和噪声，污染环境。

一、砂型铸造的生产工艺及特点

铸造的种类很多，按造型方法习惯上分为普通砂型铸造（包括湿砂型、干砂型和化学硬化砂型三类）和特种铸造；按造型材料又可分为以天然矿产砂石为主要造型材料的特种铸造（如熔模铸造又称精密铸造、泥型铸造、铸造车间壳型铸造、负压铸造、实型铸造、陶瓷型铸造等）和以金属为主要铸型材料的特种铸造（如金属型铸造、压力铸造、连续铸造、低压铸造和离心铸造等）两类。

砂型铸造的特征是使用型砂构成铸型并进行浇注的方法，通常指在重力作用下的砂型铸造过程。砂型铸造的优点是：不受零件的形状、大小、复杂程度及合金的种类限制，生产准备周期短，成本低。尽管砂型铸造存在劳动强度大、铸件质量欠佳、铸型只能使用一次等缺点，但其还是成为铸件生产的最主要方法。砂型铸造的工艺过程包括混砂、造型和造芯、烘干、合箱、熔化与浇注、铸件的清理和检验等工序，其工艺流程过程如图 0-1 所示。

砂型铸造是传统的铸造方法，它适用于各种形状、大小及各种常用合金铸件的生产。制造砂型的工艺过程称为造型。造型是砂型铸造最基本的工序。造型（芯）方法按机械化程度通常可分为手工造型（芯）和机器造型（芯）两大类。选择合适的造型（芯）方法和正确的造型（芯）工艺操作，对提高铸件质量、降低成本、提高生产率有极重要的意义。

手工造型是指手工完成紧砂、起模、修型及合箱等主要操作的造型过程。手工造型是最基本的造型方法，这种方法适应范围广，不需要复杂设备，而且造型质量一般能够满足工艺要求，所以到目前为止，在单件、小批生产的铸造车间中，手工造型仍占很大比重，在航空、航天、造船领域应用广泛。手工造型劳动强度大，生产率低，铸件质量不易稳定，在很大程度上取决于工人的技术水平和熟练程度。手工造型方法很多，如模样造型、刮板造型和地坑造型等，各种造型方法有不同的特点和应用范围。

用机械完成全部或部分造型工序，称为机械造型。和手工造型相比，机械造型生产率高，质量稳定，劳动强度低，对工人的技术要求不像手工造型那样高。但其设备和工艺装备

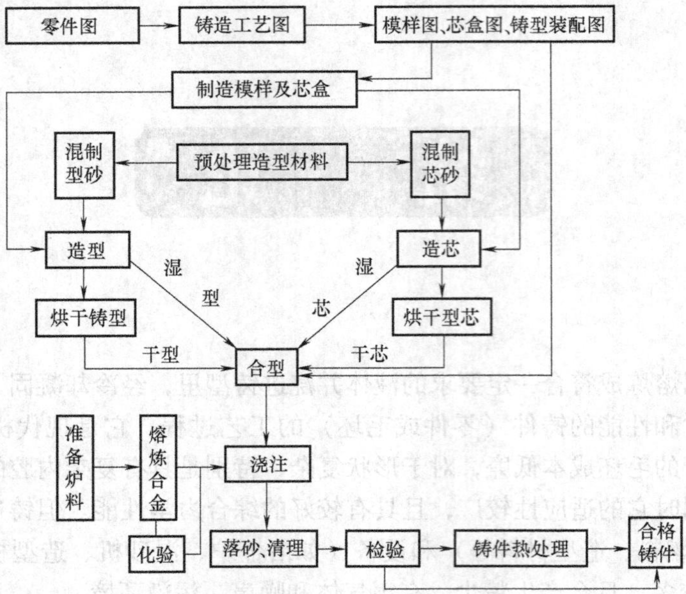

图 0-1　砂型铸造生产工艺流程

费用较高，生产准备时间长，一般适用于一个分型面的两箱造型。机械造型主要适用于钢铁材料铸件的大批量生产，将繁重的紧砂和精细的起模等主要操作实现机械化。机械造型是大批量生产砂型的主要方法，能够显著提高劳动生产率，改善劳动条件，并提高铸件的尺寸精度和表面质量，使加工余量减小。

由于砂型铸造所用的造型材料价廉易得，铸型制造简便，对铸件的单件生产、成批生产和大量生产均能适应，是最常用的铸造方法，目前我国砂型铸件约占铸件产量的 80%。本书以手工造型为主，介绍砂型铸造工艺。

二、我国铸造生产技术的历史、现状和未来的发展方向

铸造是人类掌握较早的一种金属热加工工艺，已有约 6000 年的历史。公元前 3200 年，美索不达米亚出现铜青蛙铸件。公元前 13 世纪～公元前 10 世纪之间，中国已进入青铜铸件的全盛时期，工艺上已达到相当高的水平，如商代的重 875kg 的司母戊方鼎、战国的曾侯乙尊盘和西汉的透光镜等都是古代铸造的代表产品。早期的铸造受陶器的影响较大，铸件大多为农业生产、宗教、生活等方面的工具或用具，艺术色彩较浓。公元前 513 年，中国铸出了世界上最早见于文字记载的铸铁件——晋国铸鼎（约 270kg）。公元 8 世纪前后，欧洲开始生产铸铁件。18 世纪的工业革命后，铸件进入为大工业服务的新时期。进入 20 世纪，铸造的发展速度很快，先后开发出球墨铸铁，可锻铸铁，超低碳不锈钢，铝铜、铝硅、铝镁合金，以及钛基、镍基合金等铸造金属材料，并发明了对灰铸铁进行孕育处理的新工艺。20 世纪 50 年代以后，出现了湿砂高压造型、化学硬化砂造型和造芯、负压造型以及其他特种铸造、抛丸清理等新工艺。

如今，铸造机械业的发展标志着一个国家的生产实力。我国目前已经成为世界铸造机械大国之一，近年来在铸造机械制造行业取得了很大的成绩。

从“八五”期间铸造机械制造受到了原机电部高度重视，投入了新中国成立以来最大的一次专项技改贷款和攻关费用，扶持了铸造机械行业产品的开发和发展，“大型抛丸清理机的制造”“垂直分型无箱射压造型机”“水玻璃砂旧砂再生设备的研制”“金属型铸造设备”等相继被开发应用。到“十二五”期间，铸造机械行业的产品及储备装备水平有了很大提高，如树脂砂铸造成套设备基本可以满足国内市场需求，改变了过去主要依赖进口的局面；已经能够生产出较高水平的铸造自动生产线，达到可部分替代进口设备的水平，部分地解决了轿车发动机缸体、缸盖等铸件毛坯也要进口的情况；高水平自动造芯机、自动铸件清理机、自动砂处理机、大型自动压铸机以及精密铸造设备等铸造机械，国内基本上都能生产制造等。而电子商务的普及也将传统的铸造业融入了互联网的世界，国际铸业网的成功也标志着国内铸造业开始翻开了新的一页。

我国的铸造业虽具有年产1500万t的生产能力，进入20世纪90年代，每年生产铸件的产量都在1000万t以上，并涌现了一大批很有实力的铸造企业，但就整个行业而言，其现状仍然是厂点散（达2万多个），从业人员多（在120万人以上），效益低（全员人均产值不足4万元，厂均铸件为500t/年），铸件质量与发达国家相比有较大差距。

面对国际竞争及我国振兴制造业的新形势，铸造业虽有了很好的基础，具备了一定的实力，但从宏观上来看，尚需在产业结构、铸件质量、生产管理和技术开发的内容和方式等几个方面进行调整，以全面提高我国铸造业在国际市场上的竞争能力，保证在国际经济一体化的新形势下能够健康发展以及承担起振兴制造业的重任。

第一部分

造型材料

凡用来制作铸型的原材料（如原砂、粘结剂、附加物等）以及各种原材料所混制的混合物统称为造型材料。制作砂型的混合物称为型砂，制作砂芯的混合物称为芯砂，涂覆在型腔或砂芯表面的混合物称为涂料。

砂型和砂芯直接承受合金液的作用，型（芯）砂质量的好坏对造型（芯）工艺、铸件质量和生产成本有很大影响。铸件的一些铸造缺陷如砂眼、气孔、粘砂、夹砂等，都与造型材料有直接关系。

型（芯）砂是由骨干材料、粘结材料和附加物等原材料按一定比例配制而成的。以粘土砂为例，是以粘土为粘结材料的粘土型（芯）砂，如图I所示，粘土型（芯）砂是由原砂、粘土、水和其他附加物（如煤粉等）按一定比例混制而成的。

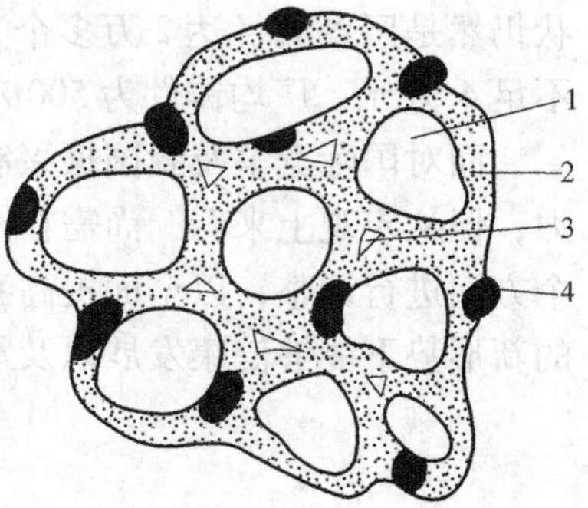

图I　粘土型砂结构示意图

1—砂粒　2—粘土胶体

3—孔隙　4—附加物

砂粒是型砂的骨干，约占型砂重量的90%，砂粒本身不具有粘结力。粘土是型砂的粘结剂，它在干态时没有粘结性，粘土与水混合后形成粘土胶体，以薄膜形式覆盖在砂粒表面，把松散的砂粒粘结起来，使型砂具有强度。加入的附加物如煤粉、木屑等用来改善型砂的某些性能。砂粒间具有孔隙，浇注时可使气体通过孔隙逸出型外使型砂具有透气性。由此可见，原砂、粘土的性质及原砂、粘土、水分的配比与混制工艺对型（芯）砂的性能起着决定性作用。

本部分主要学习铸造工艺原理、浇注系统的基本类型及选择、常用合金浇注系统的特点及设计与计算。

单元一　造型材料基础知识

➢【学习目标】

1. 掌握铸造原砂的性能指标和种类。
2. 掌握常用粘结剂的种类和特点。
3. 掌握常用辅助材料的种类和特点。
4. 掌握造型材料应具备的基本性能。
5. 了解造型材料性能的常用检测方法。

任务一 铸造原砂

一、任务描述

本次任务使学生了解铸造用原砂的分类及分级方法，掌握原砂的选用及粘结材料和辅助材料的种类和选用方法。

二、铸造原砂简介

铸造生产中配制型（芯）砂所用的砂子（原砂）称为铸造用砂，它是型砂、芯砂的基本组成部分。铸造用砂根据矿物组成的不同分为硅砂和特种砂。硅砂主要成分是二氧化硅 SiO_2，特种砂主要有锆砂、镁砂、橄榄石砂、石灰石砂、铬铁矿砂和刚玉砂等。铸造用砂除了天然矿物砂外，还有经过人工方法破碎、筛选的原砂，称为人造砂。

三、铸造用砂的性能指标

铸造用砂是型砂的骨架材料，对型砂的性能和铸件的质量有很大影响，因此铸造生产用砂应有较高的纯度和洁净度等。以硅砂为例，铸铁用砂要求 SiO_2 质量分数在 90% 以上，较大的铸钢件则要求 SiO_2 质量分数在 97% 以上；具有高的耐火度和热稳定性；有适宜的颗粒形状和颗粒组成；不易被液态金属润湿；价廉易得。

1. 颗粒形状和组成

铸造用砂的颗粒形状和颗粒组成影响型砂的流动性、紧实性、透气性、强度和抗液态金属的渗透性等性能，是铸造用砂质量的重要指标。

（1）颗粒形状　铸造用砂的形状一般有三种。

1）圆形砂。颗粒为圆形或接近于圆形，表面光洁，没有突出的棱角。

2）多角形砂。颗粒成多角形，且多为钝角。

3）尖角形砂。颗粒成尖角形，且多为锐角。

颗粒形状一般以角形系数（砂子实际比表面积/砂子理论比表面积）来表示。

（2）颗粒组成　砂子的颗粒组成是用筛号来表示的，测定的方法是将经水洗去泥分烘干后的干砂倒入标准筛，再放到筛砂机上筛分，筛分后将各筛子上停留的砂子分别称重，通常用标准筛筛分后砂粒最集中的 3 个相邻筛子的头尾筛号表示颗粒组成。

2. 含泥量

铸造用原砂的含泥量是指原砂中颗粒直径小于 0.020mm 颗粒部分所占的质量分数，其中既有粘土，也包括极细的砂子和其他非粘土矿物质点。含泥量的大小影响着型砂配置时粘结剂的用量、砂型的强度和透气性。含泥量是铸造用砂的一项重要指标，铸造用硅砂的含泥量不宜过高。

3. 耐火度

耐火度是指铸造用砂遇高温而不熔化的性能。原砂耐火度越高，铸件的表面质量越好，越不易粘砂，型砂的回用性也越好。

原砂的耐火度主要由其矿物成分决定。如石英的熔点为 1713℃，耐火度较高。当砂中含有其他矿物时，如长石、云母及铁的氧化物，其熔点将降低，即耐火度降低。此外，颗粒尺寸小的砂（细砂）比颗粒尺寸大的砂（粗砂）耐火度低，而尖角形砂则比圆形砂的耐火度低。

4. 烧结点

烧结点是指砂粒表面或砂粒之间的杂质物开始熔化而使砂粒相互烧结的温度。烧结点比耐火度低，其对铸件表面质量、型砂的回用和铸件清理的影响比耐火度更明显。

四、铸造用原砂的种类

1. 硅砂

硅砂是以石英（SiO_2）为主要矿物成分、粒径为0.020～3.350mm的耐火颗粒物。

（1）硅砂分类　按其开采和加工方法的不同，分为天然硅砂（水洗砂、擦洗砂、精选砂）、精选天然硅砂和人工硅砂。铸造行业中所用的原砂以硅砂为主，所占比重在97%以上，其中尤以天然颗粒沉积砂的用量最大，人工硅砂用量很小。

天然硅砂是由火成岩经过风化或变质作用，逐渐剥离、细化，坚硬的石英颗粒与其他部分分离，然后再经水流或风力搬运沉积形成砂矿。根据成矿条件，又可分为河砂、湖砂、海砂、风积砂等。天然硅砂主要用于非铁金属材料合金铸件、铸铁件及中小型铸钢件的型砂和芯砂。精选天然硅砂是将硅石或硅砂岩经过采矿、清洗、破碎、筛分等人工加工而成，其二氧化硅含量较高，但由于经过人工加工，通常为多角形，用于以有机物作为粘结剂的各种型砂和芯砂。人工硅砂主要用于铸钢件的型砂和芯砂。

（2）硅砂的特点　储量丰富、价廉物美，有足够的耐火度，颗粒坚硬，在接近熔点时仍能保持其形状的强度；但硅砂的热稳定性差，在570℃左右发生相变并伴有很大的体积膨胀，导致铸件产生“膨胀”缺陷影响铸件尺寸精度，用作型砂时使铸件表面易产生“夹砂”、“鼠尾纹”等缺陷，用作芯砂时铸件内部易产生“脉状纹”；另外高温下的稳定性不好，易与FeO作用产生易熔的铁橄榄石，导致铸件表面粘砂等。

硅砂中除石英外还含有长石、云母、碳酸盐、铁的氧化物及粘土等，这些矿物的存在降低了硅砂的耐火度，故称为杂质。目前对铸造用硅砂的化学成分主要是控制二氧化硅的含量，而对杂质的含量不作具体规定。

（3）铸造用硅砂的分级　主要有按矿物组成、颗粒特性、用途等三类分级方法。

1）按矿物组成分级。按矿物组成分级包括按二氧化硅含量分级和按硅砂的含泥量分级，见表1-1。

表1-1　硅砂按矿物组成分级（GB/T 9442—2010）

分级代号	SiO_2（质量分数,%）	分级代号	最大含泥量（质量分数,%）
98	≥98	0.2	0.2
96	≥96	0.3	0.3
93	≥93	0.5	0.5
90	≥90	1.0	1.0
85	≥85		
80	≥80		

硅砂中石英的含量越高，杂质的含量越低，其耐火度越高。在实际生产中，常把硅砂中 SiO_2 含量作为衡量和控制铸造用硅砂质量的一个重要指标。SiO_2 含量高，意味着硅砂中的石英颗粒多，配制出的型砂、芯砂的耐火度高、复用性好，也不易使铸件产生粘砂缺陷。因此铸钢、铸铁件用型（芯）砂的硅砂中 SiO_2 含量不宜过低。

对于铸钢件用硅砂，由于铸钢的熔点高，浇注温度高达1500℃左右，因而要求型砂、芯砂的耐火度高，所用硅砂中 SiO_2 质量分数不宜太低，通常要求大于94%，甚至大于97%。不过小型铸钢件中也有采用 SiO_2 质量分数 >90% 的硅砂的。铸铁的熔点低于铸钢，要求其型砂、芯砂用硅砂的耐火度低些，一般要求 SiO_2 质量分数 >85%；对于非铁合金件用硅砂要求 SiO_2 质量分数 >75%。

硅砂的含泥量应符合表1-1的规定。精选砂、擦洗砂、水洗砂的含泥量如下：精选砂 $w_{泥} \leqslant 0.2\%$；擦洗砂 $w_{泥} \leqslant 0.3\%$；水洗砂 $w_{泥} \leqslant 1.0\%$。铸造用硅砂的含泥量应符合国家标准规定。

含泥量对采用粘土为粘结剂的型砂、芯砂性能虽有影响，但不太明显，而对于树脂砂的影响却很显著，要求其原砂的含泥量（质量分数）必须小于0.2%或0.3%，甚至小于0.1%。因为含泥量高，会消耗过多的树脂粘结剂，显著降低树脂砂的强度；且泥分中往往含有碳酸盐等碱性物质，使原砂的酸耗值增大，影响树脂砂的硬化。

2）按颗粒特性分级。颗粒特性主要指硅砂的粒度、均匀度和形状。

① 粒度。铸造用硅砂粒度的控制和表示方法有两种：筛号和平均细度。铸造用硅砂的粒度按铸造用试验筛进行分析，即按铸造用试验筛筛分后所得到的各筛子上的砂子重量，选出余留量之和为最大值的相邻三筛，即得该砂样的主要粒度组成部分，用相邻三筛的中间筛孔尺寸（单位为mm）所对应的筛号代表砂子的粒度，其筛号与筛孔尺寸的对应关系见表1-2。

表1-2 铸造用试验筛筛子序号和筛孔尺寸

筛子序号	6	12	20	30	40	50	70	100	140	200	270
筛孔尺寸/mm	3.35	1.70	0.850	0.600	0.425	0.300	0.212	0.150	0.106	0.075	0.053

砂粒越大则型砂的耐火度越高，透气性越好，但强度越低，铸件表面越粗糙。生产中主要根据铸件大小、表面粗糙度要求、工艺类别来选用硅砂粒度。

用作型砂、芯砂的硅砂，其粒度不宜太粗、也不宜太细。硅砂的粒度对型砂、芯砂的性能及铸件的质量都有较大的影响，尤其在湿型以及某些化学粘结剂的型（芯）砂中，浇注铸件的金属液常与砂型（芯）工作表面直接接触，为获得表面质量优良的铸件，要求所用硅砂的粒度为：不可太粗，而宜偏细，才有助于获得轮廓清晰、尺寸精确、表面光洁的铸件；不可太细，细的硅砂虽然有助于获得尺寸精确、表面光洁的铸件，但太细的型（芯）砂透气性很差，耐火度也低，铸件易产生气孔、粘砂等缺陷。因此，不同合金、不同大小、不同厚薄铸件以及不同造型、造芯方法用型（芯）砂时，应选用合适的硅砂粒度。

② 均匀度。砂粒集中则粒度均匀，透气性好。但砂粒不宜太均一，砂粒不宜只集中在一个或相邻两个筛号上，因为浇注受热时，砂粒同时膨胀，易导致铸件产生夹砂、脉纹等缺陷。

③ 颗粒形状。国家标准《铸造用硅砂》（GB/T 9442—2010）采用角形因数来定量地反

映铸造用硅砂颗粒的几何形状。角形因数是硅砂的实际比表面积与理论比表面积的比值。颗粒形状、角形因数分级见表1-3。

表1-3 铸造用硅砂按颗粒形状、角形因数分级

颗粒形状	圆形	椭圆形	钝角形	方角形	尖角形
分级代号	○	○-□	□	□-△	△
角形因数	≤1.15	≤1.30	≤1.45	≤1.63	>1.63

角形因数越接近1，则砂粒形状就越接近圆球形；反之，则越接近于尖角形。圆形砂粒组成的空隙最大，透气性最好；尖角形砂粒表面积较大，需要较多的粘结剂。当使用有机树脂粘结剂时，由于树脂价格较贵，热解时会有大量气体产生，其加入量必须减少，颗粒形状就很重要。

3）铸造用硅砂按用途分级。铸造用硅砂按 SiO_2 的含量及含泥量的不同，分为合格砂、一等砂、优等砂。不同材料的铸件铸造时，对硅砂中 SiO_2 的含量及含泥量要求不同。

铸钢件用硅砂（SiO_2 的质量分数）：合格砂≥96%；一等砂≥97%；优等砂≥98%。

铸钢件含泥量（质量分数）：合格砂≤1.0%；一等砂≤0.5%；优等砂≤0.2%。

铸钢件角形因数：一等砂≤1.45；优等砂≤1.3。

铸铁件用硅砂（SiO_2 的质量分数）：合格砂≥85%；一等砂≥90%；优等砂≥93%。

铸铁件含泥量（质量分数）：合格砂≤1.1%；一等砂≤0.7%；优等砂≤0.3%。

铸铁件的角形因数：一等砂≤1.45；优等砂≤1.3。

对于每批硅砂，供方都必须提供产品质量合格证。

（4）铸造用硅砂的牌号　铸造用硅砂牌号表示方法如下；

ZGS　××　—　×××　/　×××　(×××)

- (×××)——平均细度值
- 第二个×××——主要粒度组成的尾筛筛号
- 第一个×××——主要粒度组成的首筛筛号
- ××——SiO_2 分级代号
- ZGS——铸造用硅砂（铸、硅、砂汉语拼音第一字母）

例：ZGS93－40/100（53）表示该牌号硅砂的二氧化硅为93级，主要粒度组成为四筛，其首筛筛号为40，尾筛筛号为100，其粒度平均细度值为53。

（5）铸造用硅砂的技术要求　包括化学成分、含泥量、平均细度和粒度组成、含水量、酸耗值、角形因数、细粉含量及一些特殊要求，如需方对标准未列项目如烧结点、灼烧减量等有特殊要求，供需双方可在订货协议中规定。

2. 特种砂

除硅砂以外的各种铸造用砂统称为特种砂。与硅砂相比，特种砂普遍具有耐火度高、导热性好、热膨胀小、抗熔渣侵蚀能力强的特点，但其价格较昂贵、资源较短缺。特种砂主要用于合金钢或容易粘砂的碳钢铸件。

（1）铬铁矿砂　铬铁矿砂的主要成分是 $Cr_2O_3 \cdot Fe_2O_3$，密度为 4～4.8g/cm^3，熔点为1450～1480℃，热导率比硅砂高几倍，线胀系数小，不与氧化铁起化学作用。铬铁矿砂一般用作大型铸钢件或合金铸钢件的面砂、芯砂或涂料。

（2）锆砂　锆砂的主要成分是 $ZrSiO_4$，熔点约为2400℃，莫氏硬度为7～8级，密度为4.5～4.7g/cm^3，线胀系数只有硅砂的1/6～1/3，因而可减少铸件产生夹杂缺陷。锆砂的导热性极好，可加速铸件的凝固，有利于防止大型铸件粘砂。锆砂可用作铸钢件或合金钢铸件的面砂、芯砂或涂料。

（3）橄榄石砂　铸造用橄榄石砂中 $2MgO \cdot SiO_2$ 的质量分数应不低于90%，熔点为1790℃，它不与 MnO 作用。当用于铸造高锰钢铸件时，可获得较好的表面质量。

（4）硅酸铝砂　硅酸铝砂包括蓝晶石、硅线石和红柱石等矿物形成的砂粒，三者晶体结构不同，但化学成分相同，分子式都是 $Al_2O \cdot SiO_4$。天然矿床中常常三者并存，称之为硅酸铝砂。从沉积矿床提取的硅酸铝砂，颗粒为圆形，莫氏硬度为6～7级，加热过程中体积变化很小，对树脂粘结剂的适应性优于橄榄石砂。由于橄榄石砂承受砂再生处理的能力好，美国福罗里达州和澳大利亚西部的 Eneabba 都有产出。美国曾将其与锆砂混合使用，据报道效果很好。

（5）石灰石砂　石灰石砂的主要组成是 $CaCO_3$，含游离 SiO_2 量（质量分数）不大于5%。用石灰石砂生产的铸钢件不粘砂，易清理，目前国内主要用作生产铸钢件的型砂和芯砂。

（6）镁砂　镁砂的主要化学成分是 MgO，因砂中含有 SiO_2、CaO、Fe_2O_3 等杂质，熔点约为1840℃，线胀系数比硅砂小，蓄热系数比硅砂大1.5倍，莫氏硬度为4～4.5级，密度约为3.5g/cm^3。它不与氧化铁或氧化锰相互作用，因而铸件不易产生粘砂缺陷。镁砂常用于生产锰钢铸件和其他高熔点的合金铸件，以及表面质量要求较高的铸钢件。

（7）刚玉　刚玉的主要化学成分是 $\alpha\text{-}Al_2O_3$，由工业氧化铝经电弧炉熔融转变而成。纯刚玉的耐火度为1850～2050℃，莫氏硬度约为9级，热导率比硅砂约高1倍，线胀系数约为硅砂的1/2。由于其结构致密，能抗酸和碱的浸蚀。但其价格贵，仅在铸造精度高、表面粗糙度值低的合金钢铸件时作涂料用。

（8）耐火熟料　在1200～1500℃高温下焙烧过的硬质粘土（如铝矾土、高岭土）称为耐火熟料。它为多孔性材料，密度约为1.45g/cm^3，熟料的线胀系数小，耐火度高，铁及其氧化物对它的浸润性较小，可作为铸造大型碳素钢铸件的涂料和熔模铸造的制壳材料。

（9）碳质材料　碳质材料主要指焦炭渣（冲天炉打炉后未烧掉的焦炭破碎成颗粒）、石墨及废石墨电极、坩埚破碎筛分后的渣块。它们都是中性材料，化学活性很低，不被金属液和金属氧化物浸润，耐火度高（一般工业用石墨的熔点约为2100℃），导热性好，热容量大，线胀系数很小。这些特点有利于防止铸件产生粘砂、夹砂缺陷，有时还可用作面砂代替冷铁。

任务二　粘结材料

一、任务描述

本次任务目的是使学生了解和掌握铸造用粘结材料的种类、特点，以掌握对粘结材料的合理选用。

二、粘结材料简介

随着科学技术的发展，铸造粘结材料已经由原始的粘土发展到了其他无机、有机或无机与有机相结合的系列粘结剂。20 世纪 40 年代末出现了 CO_2 钠水玻璃法，20 世纪 60 年代又发明了有机或无机基团相结合的有机粘结剂冷硬砂，20 世纪 80 年代有机冷硬砂进入成熟期，使传统的粘土砂和有机热芯盒工艺受到了有力的挑战。从砂芯（砂型）强度、环境污染和费用等多个角度衡量，新型的无机、有机冷硬砂都有明显的优越性。

有机、无机及粘土粘结剂在各种造芯、造型方法中的应用比例也随着时代的推进而改变。20 世纪 70 年代末，国外有人作了一次调查，在造型方面采用粘土类材料的约占 63%，采用其他无机粘结剂材料的占 13%，采用有机粘结剂材料的占 24%；在造芯方法方面，首先综合了应用无机粘结剂的各种造芯方法，其总和占总重量的 21.6%，冷硬合成树脂法占 26.3%，而热硬法占 51.6%。进入 20 世纪 80 年代以来，树脂自硬砂工艺在欧美、日本等发达国家发展很快，它已广泛应用于这些国家的机床、重型与矿山机械、造船及通用机械行业的大、中型铸件生产中。英国 70% 以上的铸铁件和 20% 以上的铸钢件是采用呋喃树脂自硬砂工艺生产的，最大件重达 100t。在美国，化学粘结砂占全部型砂的 20% 以上，其中，40% 左右为树脂自硬砂（不包括壳型壳芯、热芯盒、冷芯盒）。在日本大型铸件生产中，50% 以上是采用树脂自硬砂，树脂自硬砂工艺已占其铸造生产的第二位，仅次于湿型砂工艺。在欧洲，树脂自硬砂的最大应用者为德国，据原德国铸造工程协会（VDG）调查，在其会员厂中，1986 年采用树脂自硬砂造型的比例已由 1975 年的 19.4% 提高到 30.2%。

我国于 20 世纪 70 年代开始研究和应用树脂自硬砂，在“六五”“七五”期间，通过技术改造，已有十几家机床厂先后建起了树脂自硬砂生产线，所生产的铸件质量明显提高，使其机床铸件或机床产品打入了国际市场。同时，对酯硬化酚醛树脂砂也开展了研究工作。如沈阳铸造研究所于 20 世纪 80 年代后期，成功地开发了新型酚醛树脂粘结剂。20 世纪 90 年代，我国在温芯盒、低毒无公害气硬冷芯盒法、近无余量铸造方面进行了技术攻关，也取得了令人满意的效果。但应看到，我国目前 80% 以上的单件小批量铸件生产厂大多数还是采用粘土砂工艺，树脂自硬砂工艺还有待于加速研究和推广应用。

常用的铸造粘结材料有粘土、水玻璃、树脂和油脂等。

三、铸造用粘土

铸造用粘土是型砂的一种主要粘结剂。粘土被水湿润后具有粘结性和可塑性；烘干后硬结，具有干强度，而硬结的粘土加水后又能恢复粘结性和可塑性，因而具有较好的复用性。但如果烘烤温度过高，粘土被烧死或烧结，就不能再加水恢复其可塑性。粘土资源丰富，价格低廉，所以应用广泛。

1. 粘土的组成及粘结力

粘土是由石英（SiO_2）、三氧化二铝（Al_2O_3）及微量金属氧化物、硫化物等细小结晶质矿物组成的，其主要成分是水化硅酸铝（$mAl_2O_3 \cdot nSiO_2 \cdot xH_2O$）。粘土矿物的结晶结构有两层型（如高岭石）、三层型（如蒙脱石）、规则混合层型和链状结构型，不同结晶结构的粘土矿物具有不同的性质。粘土中金属氧化物、硫化物的存在，降低了粘土的耐火度，使铸件易产生化学粘砂，称之为杂质。

粘土的粘结力具有被水润湿的特性，也就是粘土只有被水润湿后，其粘结能力才能显示出来，而且粘土的最大粘结能力和可塑性只有最合适的含水量时才能达到。粘土的颗粒越小、分散度越大，其粘结能力和可塑性越强。

粘土晶粒呈鳞片状，被水润湿后，能解离成分散度很高的片状质点，其中小于0.010mm（1μm）的质点形成了胶体溶液，包在砂粒周围将砂粒结合，使型砂获得湿强度；烘干时水分蒸发，胶体质点与砂粒紧密结合在一起，使型砂获得干强度。

2. 粘土的种类

粘土主要是由细小结晶质的粘土矿物质组成的，主要成分是水化硅酸铝。铸造生产所采用的粘土，根据所含粘土矿物种类不同，主要分为铸造用普通粘土和铸造用膨润土两类。

（1）铸造用普通粘土　又名白泥、甘子土、瓷土、高岭土等，呈白色或灰白色，其中耐火度高的称耐火粘土（或生火泥），成分较纯的称高岭土（或瓷土）；紫泥是一种含氧化铁较多的普通粘土。以上统称为普通粘土，用符号 N 表示。

1）矿物组成。普通粘土的主要矿物是高岭石，主要成分为 $Al_2O_3 \cdot 2SiO_2 \cdot 2H_2O$，晶体结构属二层型结构，即单位晶层由一层硅氧四面体和一层铝氧、氢氧八面体构成，相邻单位晶层的结合比较牢固，因此所形成的晶体比较粗大，比表面积较小；遇水后水分子不能进入单位晶层之间，仅仅被吸附在晶体边缘，粘土颗粒不产生晶间膨胀，因此其吸水率、膨胀性都比较小，粘结性较差，湿强度较低，烘干后干强度较好，而且开裂倾向较小；另外耐火度较高。

2）应用。普通粘土主要适用于作为需要烘干的粘土砂型和砂芯的粘结剂。而较重要铸件所用湿砂砂型，应把保证铸件质量放在首要位置，要求湿强度应高，水分宜较低，这对由高岭石为主的铸造用粘土来说是无法满足的；对具有较大平面铸件的湿型型砂，更要求其具有足够高的热湿态粘结强度，否则铸件会产生粘砂缺陷。为达到这一目的，只有选用优质活化的膨润土。

（2）铸造用膨润土　别名陶土，呈白色粉状或呈灰色浅蓝色、微粉红色、绿色。颗粒极细，被水润湿后其体积要膨胀数倍至十几倍，故得名膨润土，统称铸造用膨润土，用符号P表示。

1）矿物组成。铸造用膨润土的主要矿物是蒙脱石，主要成分是 $Al_2O_3 \cdot 4SiO_2 \cdot nH_2O$，晶体结构属三层型结构，即单位晶层由两层硅氧四面体中间夹着一层铝氧、氢氧八面体构成，两相邻的单位晶层之间由氧面和氧面相接，不形成氢键，而靠一般分子力相结合，因此晶层之间结合力较弱。蒙脱石的晶粒细小，比表面积大，与水混合后，水能进入单位晶层之间，其他极性分子和某些有机分子也能进入单位晶层之间，表面吸水和层间吸水都比较多，所以蒙脱石类粘土矿物吸水膨胀较大，粘结性好。

2）应用。适用于作为湿型砂的粘结材料。

3）种类。铸造生产中常用的有钙膨润土 PCa、钠膨润土 PNa 和钙钠膨润土 PCaNa 等。

钠膨润土膨胀能力强，与水形成胶体能力较钙膨润土强，因此用钠膨润土配制的型砂流动性好、落砂性稍差些，但钠膨润土配制的型砂脆性较小，热湿拉强度较钙膨润土高得多，有好的抗夹砂性能，而且复用性（又称膨润土的热稳定性或耐用性，指在砂型中经高温金属液加热的膨润土再次加入水分后，仍然具有粘结力，能够反复配制型砂的性能）较好。因此一些工厂希望使用钠膨润土或含有一定数量钠离子的钙钠膨润土。

(3) 膨润土的钠化

1) 钠化原理。我国天然钙膨润土资源远比钠膨润土丰富，为了适应铸造厂对钠膨润土的需要，常用碳酸钠对钙膨润土进行处理，使原来所含的钙离子部分或全部被钠离子置换，称为膨润土的“钠化处理”或“活化处理”。这一过程的反应机理：在水介质中

$$Ca^{2+}蒙脱石 + Na_2CO_3 \rightarrow 2Na^{+}蒙脱石 + CaCO_3$$

活化膨润土时，碳酸钠的加入量通常为膨润土质量的3% ~5%。

2) 钠化方法。膨润土的钠化能否充分进行的关键在于钠化工艺。我国有些铸造厂是混砂时向砂和膨润土中加入粉状碳酸钠或它的水溶液。这种工艺处理后的钠离子不能充分被蒙脱石晶体吸收并与钙离子相互置换，不但需要多加碳酸钠，而且还可能引起铸件表面粘砂缺陷。较好的活化工艺有湿法和干法两种。

① 湿法工艺。将膨润土和水配成泥浆后加入碳酸钠，经强力搅拌而成。这种方法适用于配制铸型涂料。如果用于湿型砂，需经过脱水、干燥、破碎、磨粉等复杂工序，所以难以在铸造厂应用，只能在膨润土加工厂进行。

② 干法工艺。由工厂将开采出的膨润土破碎成小颗粒，与碳酸钠混合成具有一定湿度的混合料。有时还要添加少量增效助剂，加入挤压机（如轮碾机、双螺旋挤压机、对辊挤压机等）中反复挤压，然后存放数日老化，从而完成钠化反应过程。再经低温烘干、破碎制粉，即可得钠化膨润土产品。挤压是膨润土钠化工艺的关键，因为强力挤压作用可使钠膨润土的团块产生相对运动而分离，增加与钠离子的接触，二是交换速度加快。挤压摩擦可产生大量的热，加快了离子运动速度和运动范围。在较大的机械力作用下，蒙脱石彼此连接的化学键遭到破坏，也有利于吸附或交换带有相反电荷的钠离子。这些方法都有助于钠化反应的充分进行。

(4) 铸造用粘土和铸造用膨润土的鉴别　铸造用粘土和铸造用膨润土在外观上难以区别，要分清其矿物结构，需要较高级的仪器进行检测，一般铸造生产厂无法进行。通常只用两类粘土的比表面积和吸附性能的差别，检测吸附色素能力、吸水率等来加以区别。检测的常用方法有测定吸蓝量、测定吸水率、用染色法鉴别粘土矿物质等。

用染色法鉴别粘土矿物质：将质量分数为0.001%亚甲基蓝与密度约为1.004g/cm^{3}的粘土悬浮液各5ml相混合，呈紫蓝色。然后将其分成两半，其中一份加入2~3滴氯化钾饱和溶液，铸造用粘土不会变色；而铸造用膨润土的蒙脱石则会变成天蓝色。如果粘土悬浮液用质量分数为0.01%碱性菊橙染色，铸造用粘土呈橙黄色，而铸造用膨润土的蒙脱石呈砖红色，吸收完全。

3. 粘土的应用

(1) 粘土的选用　铸造用粘土常单独用于干型粘结剂，也可与膨润土混合用于干型。铸钢用粘土在1100℃时强度最高，砂型容让性、溃散性不好。

铸造用膨润土主要用于粘土砂湿型、表干型，铸造生产中常用钙膨润土、钙钠膨润土。湿型砂适用钠基膨润土，可以提高其热湿粘结力和焙烧后粘结力。厚大铸件、流水线生产的铸件以及易夹砂的铸件，选用钠膨润土、钙钠膨润土，但混砂时间略长于钙膨润土。另外，高压造型、射压造型采用钠膨润土。

钙基膨润土型砂具有易混碾、流动性及落砂性好、旧砂中团块少等优点，且价格低廉。因此，对于生产中小铸铁件的工厂而言，湿型铸铁件型砂中含有煤粉等附加物和使用含

SiO_2 较低的原砂，在能防止夹砂结疤的情况下，使用钙基膨润土常可以取得良好的效果；必要时可将钠基膨润土和钙基膨润土混合使用。在手工造型生产大型铸钢件采用干型时，应选用耐火度高的优质普通粘土。

（2）粘土的技术标准

1）铸造用普通粘土的技术标准。根据行业标准 JB/T 9227—1999 规定，铸造用粘土分级情况及技术要求如下：

① 普通粘土按耐火度、湿压强度、干压强度分级。

按耐火度分为二级，见表 1-4。耐火度高的粘土适用于铸钢件，耐火度低的粘土一般用于铸铁件；按工艺试样的湿压强度值分为三级，见表 1-5；按工艺试样的干压强度值分为三级，见表 1-6。

表 1-4 铸造用普通粘土按耐火度分级

等级	耐火度高的	耐火度低的
等级代号	G	D
耐火度	>1580℃	1530～1580℃

表 1-5 铸造用普通粘土按湿压强度值分级

等级代号	5	3	2
工艺试样湿压强度/kPa	>50	>30～50	20～30

表 1-6 铸造用普通粘土按干压强度值分级

等级代号	50	30	20
工艺试样干压强度/kPa	>500	>300～500	200～300

② 普通粘土的牌号。以耐火度等级、湿压强度值等级和干压强度等级表示。例如，NG—3—50 表示该铸造用粘土耐火度高，大于 1580℃，工艺试样湿压强度值为 30～50kPa，干压强度值大于 500kPa；ND—5—30 表示该铸造用粘土耐火度只有 1350～1580℃，工艺试样湿压强度值大于 50kPa，干压强度值大于 300～500kPa。

③ 普通粘土的技术指标。各种牌号的普通粘土，其含水量小于 10%（质量分数），其质量分数 95% 以上应能通过筛孔尺寸为 0.106mm 的铸造用试验筛 140 筛号。

2）铸造用膨润土的技术标准。

① 膨润土按其主要交换阳离子（某一交换阳离子量占阳离子交换容量的 50% 或 50% 以上时）分类，如钙膨润土 PCa、钠膨润土 PNa 和钙钠膨润土 PCaNa 等。

② 膨润土按 pH 值的不同分为酸性和碱性两类，分别用 S 和 J 表示。

③ 膨润土按湿压强度、热湿拉强度分级。按工艺试样的湿压强度值分为四级，见表 1-7；按工艺试样的热湿拉强度值分为四级，见表 1-8。

表 1-7 膨润土按湿压强度值分级

等级代号	10	7	5	3
工艺试样湿压强度/kPa	>100	>70～100	>50～70	30～50

表 1-8 膨润土按热湿拉强度值分级

等级代号	25	20	15	5
工艺试样热湿拉强度/kPa	>2.5	>2.0~2.5	>1.5~2.0	0.5~1.5

④ 膨润土的牌号按分类、湿压强度值分级代号、热湿拉强度值分级代号的顺序排列表示，例如，PCaS—3—5 表示湿压强度值 30~50kPa，热湿拉强度值 0.5~1.5kPa 的酸性钙膨润土。

⑤ 膨润土的技术指标。各种牌号的铸造用膨润土，每 100g 膨润土吸附亚甲基蓝量应在 20g 以上；含水量应不大于 12%（质量分数），冬季允许大于 15%；其重量的 95% 以上应能通过筛孔尺寸为 0.075mm 的铸造用试验筛 200 号筛。

四、水玻璃

水玻璃（别名泡花碱）是各种聚硅酸盐水溶液的通称。铸造上最常用的是钠水玻璃，因其来源充足，价格便宜。钠水玻璃的分子式为 $Na_2O \cdot mSiO_2 \cdot nH_2O$，此化学式只表示三个组成物质的量的相互比例，化学名称为水溶性硅酸钠溶液。硅酸钠是弱酸强碱盐，干态时为白色或灰白色团块或粉末，溶于水时，纯净的水玻璃外观为无色透明的粘稠液体，当含有铁、锰、铝、钙的氧化物时，则带有黄绿、青灰和乳白等各种颜色。其 pH 值一般为 11~13。

1. 制作工艺

（1）固相法（干法）将硅石粉和纯碱（Na_2CO_3）按一定比例混合后，在反射炉中加热到 1400℃左右，生成熔融状硅酸钠

$$mSiO_2 + Na_2CO_3 <=> Na_2O \cdot mSiO_2 + CO_2\uparrow$$

经过水淬或冷却后粉碎成块状，然后将硅酸钠块在热压釜内溶解，吸滤和浓缩后，所得产品即为水玻璃。

（2）液相法（湿法）将质量分数为 30% 的烧碱（NaOH）溶液和硅砂在 0.4~0.7MPa 的热压釜内加热到 160℃左右，经真空吸滤和蒸发浓缩，即可制得水玻璃

$$mSiO_2 + 2NaOH <=> Na_2O \cdot mSiO_2 + H_2O$$

2. 水玻璃的技术指标

用于铸造业的工业硅酸钠有液—3、液—4、液—5。铸造用钠水玻璃专业标准技术指标见表 1-9。

表 1-9 铸造用钠水玻璃专业标准技术指标（JB/T 8835—1999）

牌号	技术指标					
	密度/(g/cm³)	$w(SiO_2)$(%) ≥	$w(Na_2O)$(%) ≤	模数 M	w(Fe)(%) ≤	w(水不溶物)(%) ≤
ZS—2.90	1.4~1.5	25.7	10.2	2.51~2.90	0.04	0.6
ZS—2.50	1.50~1.56	29.2	12.8	2.2~2.50	0.05	0.8

3. 水玻璃的性能指标

（1）模数（M） 模数是影响水玻璃一系列性能的重要参数。二氧化硅与氧化钠的摩尔之比称为水玻璃的模数，用 M 表示。

$$M = \frac{\frac{w(SiO_2)}{60.1}}{\frac{w(Na_2O)}{62}} = 1.032\frac{w(SiO_2)}{w(Na_2O)}$$

型砂用水玻璃模数一般为2.0～2.6，用作熔模铸造型壳粘结剂的水玻璃，其模数通常为3.0～3.5。

（2）密度（d）　水玻璃的浓度是指其水溶液中$Na_2O \cdot mSiO_2$的含量。由于浓度越高时，溶液密度越大，故可以近似地用密度表示浓度的大小。但是水玻璃的密度不光取决于团体含量，而且还同其化学成分有关。这是由于Na_2O提高密度的作用略大于SiO_2，所以就不能像普通电解质溶液那样，按密度来确定溶质含量。固体总含量相同时，模数越低的水玻璃，其溶液的密度越高。对于模数一定的水玻璃，密度越大，说明硅酸钠越多，其中游离的SiO_2越多，硬化后的强度越高。密度大的水玻璃溶液粘度大，混砂困难，因此生产中常将水玻璃的密度控制在1.48～1.56g/cm^3。

生产中常用“波美密度计”测量，波美密度计上有两种刻度，可以测出溶液的波美度（°Be′），也可以直接读出密度值（ρ）。20℃的水玻璃，波美度（°Be′）与密度（ρ）的换算关系为

$$\rho = 144.3/(144.3 - {}^\circ Be') \quad 或 \quad {}^\circ Be' = 144.3 - (144.3/\rho)$$

（3）粘度（υ）　水玻璃的粘度与其模数、密度、杂质含量及温度等因素密切相关。

4. 水玻璃的处理

（1）模数的调整方法　如果从化工厂购得的水玻璃模数和密度不符合铸造工艺要求，可在使用前进行改变模数和密度的处理。通常采用加水稀释或加热浓缩的方法来改变水玻璃的密度。而模数的改变则通过改变其中的Na_2O的含量来实现。

1）降低水玻璃模数的方法。降低水玻璃模数的实质是用火碱（NaOH）中和水玻璃中游离的SiO_2。其方法是向高模数水玻璃溶液中加入质量分数为10%～20%的NaOH水溶液，从而使模数M值降低。其加入量按下式计算

$$X = 13.3\frac{B}{M} - 12.9C$$

式中　X——每1kg水玻璃应加入的NaOH（g）；

B——原水玻璃中SiO_2的质量分数（%）；

M——要求达到的模数；

C——原水玻璃中Na_2O的质量分数（%）。

2）提高水玻璃模数的方法。提高水玻璃模数的实质是用工业氯化铵（NH_4Cl）中和水玻璃中一部分氧化钠（Na_2O）。其方法是向原低模数的水玻璃溶液中加入质量分数为10%的NH_4Cl水溶液。其加入量按下式计算

$$Y = 1.73\left(C - \frac{B}{M}\right)$$

式中　Y——每1kg水玻璃应加入的NH_4Cl（g）；

B——原水玻璃中SiO_2的质量分数（%）；

M——要求达到的模数；

C——原水玻璃中Na_2O的质量分数（%）。

（2）密度的调整方法　调整水玻璃的密度只需通过加热脱水或增水即能实现。

1）当密度太小时，只需通过加热脱水即可。

2）当密度（或浓度）太大时，可以加水稀释，其加水量（kg）可按下式计算

$$加水量 = \frac{G(\rho - \rho_1)}{\rho(\rho_1 - 1)}$$

式中　G——要稀释的水玻璃质量（kg）；

ρ——稀释前的水玻璃密度（g/cm^3）；

ρ_1——稀释后的水玻璃需要达到的密度（g/cm^3）。

（3）水玻璃参数额度选用　铸造中使用的水玻璃模数一般取 $M = 2.2 \sim 2.6$。模数过大，硬化时间缩短，强度降低；模数过小，则硬化时间延长，甚至不硬化。因此在生产中，水玻璃模数常需根据气候条件和不同季节加以控制和调整，来改变型砂的工艺性能（硬化性能、粘结强度、溃散性），以适应造型操作的要求。水玻璃的选用见表 1-10。

表 1-10　水玻璃的选用

模　数		密度/(kg/cm^3)	选　用
2.2～2.5	夏季	1.48～1.56	适用于大型铸件、单件小批生产的铸件用的水玻璃砂，CO_2 硬化水玻璃砂、水玻璃自硬砂、有机酯水玻璃砂
2.6～2.9	冬季		
2.6～2.9			适用于中、小型铸件和大批量生产的铸件

注：选用时，水玻璃中铁和水不溶物的含量应符合标准要求，且越低越好。

5. 水玻璃硬化

（1）水玻璃硬化剂的种类　主要有三类：①气体（CO_2）；②固体（硅铁粉、β 硅酸二钙、氟硅酸钠等）；③液体（如丙烯碳酸酯、多元醇乙酸酯等）。其中，固体硬化剂的使用逐渐减少，目前最常用的是气态 CO_2 和液态有机酯。

（2）硬化方法　水玻璃砂是以水玻璃做粘结剂的型（芯）砂，根据硬化方式的不同可分为 CO_2 硬化的水玻璃砂、加热硬化的水玻璃砂和硬化剂硬化的水玻璃砂。

1）硬化剂硬化。这种水玻璃砂又称为水玻璃自硬砂。硬化剂主要有早期的粉状材料硬化剂（如 β 硅酸二钙、硅铁粉、氟硅酸钠等）和近期的液体硬化材料，如有机酯（甘油—醋酸酯、甘油—二醋酸酯、甘油—三醋酸酯、丙二醇碳酸酯、乙二醇碳酸酯等）。其硬化机理就是这些硬化剂参与水玻璃的凝胶反应，从而加速水玻璃的室温硬化速度。硬化剂硬化水玻璃砂的配比见表 1-11。

表 1-11　硬化剂硬化水玻璃砂的配比

序　号	配比（质量分数,%）			
	原砂	水玻璃	硬化剂	其他
1	100	7	赤泥 4～5	—
2	100	6～7	电炉渣 5～7	水 1～2
3	100	5～6	硅铁粉 1～2	10%（质量分数）NaOH 溶液 0.5～1.0
4	100	2.5～2.8	有机酯 0.22～0.34	

2）加热硬化。用自然干燥或加热、吹压缩空气等方法使水玻璃砂硬化的方法称为物理硬化法。其实质是采用一定的方法使水玻璃砂型（芯）脱水而硬化。自然干燥硬化法是将水玻璃砂型停放在空气中，由于水分蒸发和自行吸收空气中的 CO_2 而硬化。但硬化时间长，并且硬化层较浅，故很少采用。

① 加热硬化法的原理。通过加热去除水玻璃中的水分，促使水玻璃中的硅酸钠构成含Na的立体网状硅凝胶。当加热温度到达180～200℃以上时，脱水的水玻璃凝胶将比由硅溶胶生成的硅酸凝胶更加致密，由此使其强度也更高（约为 CO_2 硬化的10倍），从而使水玻璃的加入量可降到2%～3%。由于水玻璃加入量的降低，使水玻璃的溃散性得到明显改善。目前加热硬化水玻璃砂除了传统的远红外炉烘干外，还发展了过热蒸汽硬化法和微波烘干法。加热硬化水玻璃砂的配比见表1-12。

表1-12　加热硬化水玻璃砂的配比

序号	配比（质量分数,%）					适用范围
	原砂	水玻璃	水或NaOH（质量分数15%～20%）溶液	膨润土	重油	
1	100	6～8	0.5～1.0	2～4	—	铸钢
2	100	6～8	—	—	0.3	铸钢
3	100	6～5	—	—	—	热芯盒
4	100	6～7	糠醛渣1.5	—	—	铸铁

② 加热硬化的特点。最大缺点在于吸湿性强，可能由于吸湿而使水玻璃砂完全失去强度。但这也有两重性，对于某些特定的产品，型（芯）砂烘干后在可控条件下浇注，然后在潮湿环境中自溃，则降低了清理难度，同时旧砂再次加水后还可以使用，实现旧砂的循环利用，减少了废砂对环境的破坏。

用加热硬化的砂型（芯）生产的铸件，质量稳定，不容易产生气孔、砂眼等缺陷，但增加了劳动强度，延长了生产周期，需要加热设备，硬化时间比吹 CO_2 的时间长。为了在起模前硬化，提高铸件精度，同时尽量减少砂型（芯）中的残留水分，稳定铸件质量，在生产中常将 CO_2 和加热硬化联合使用。造型先吹 CO_2 使砂型（芯）建立一定的强度，起模后再加热硬化。但是开始吹 CO_2 要少，否则加热后会使已经硬化的表面层产生应力，甚至破坏，使强度下降。此法适用于湿强度较低而干强度要求较高的砂型（芯）生产。

③ CO_2 硬化。向水玻璃砂制成的砂型（芯）中吹入 CO_2 气体，很短时间内就可以使型（芯）砂硬化，这种方法称为 CO_2 硬化法。通常把用 CO_2 硬化的水玻璃砂称为水玻璃 CO_2 硬化砂，是我国铸钢生产的主体型砂。

五、树脂

用于铸造生产的树脂粘结剂不同于一般的树脂胶和清漆树脂，对色泽没有要求，加入量少，一般只占砂的百分之几，要求它的强度高、不吸湿，而在高温浇注时放出的气体要少，以保证铸件质量。同时，铸造所用的树脂一次浇注后即焦化，势必要求树脂的原料来源广，价格低。因此，并不是工业用树脂都可用作铸造树脂型（芯）砂粘结剂。

目前，铸造生产用型（芯）砂粘结剂的树脂主要有酚醛树脂（代号PF）、脲醛树脂（代号UF）、糠醛树脂（代号FA）三类。但这三类树脂都有一定的局限性，单一使用时往往很难完全满足造型造芯的要求。因此，铸造生产中型（芯）砂所用的树脂粘结剂，一般都是在某一类树脂中加入另一类树脂或另一类树脂的原料，对某一类树脂进行改性处理，形成各种不同性能的新树脂，以满足不同生产条件的需要。

树脂粘结剂用于铸造生产有以下主要优点：①树脂反应速度快，可以大大提高劳动生产率，便于实现机械化自动化生产，减轻劳动强度；② 树脂砂湿强度低，流动性好，充填和成型性好，干强度高，能制造结构复杂和表面质量高的砂型（芯）；③可减少对熟练造型工或造芯工的依赖性；④浇注后砂型（芯）的溃散性好（壳芯的溃散性尤为优越），铸件的缺陷也相应减少，表面粗糙度值变低，尺寸精度得以提高，因而铸件质量得以改善。但也有以下缺点：①对原砂质量要求高；②树脂粘结剂价格昂贵；③对环境有污染。

六、油脂

油脂粘结剂按来源分为两类：植物油（如桐油、亚麻籽油、改性米糠油、塔油等）和矿物油（如合脂、沥青等）。

1. 植物油粘结剂

1）铸造工业中所用的植物油粘结剂主要有桐油、亚麻籽油和改性米糠油等，均属于含有不饱和脂肪酸的油类，也称干性油，其中以亚麻油和桐油为最好。

2）植物油的加热硬化反应是氧化聚合反应，反应大致可分为以下三个阶段。

① 挥发。在加热过程中，首先是水分蒸发，其次是油类中较易挥发的碳氢化合物挥发。

② 氧化聚合。植物油中带有双键的不饱和碳氢化合物，由于双键不稳定，在加热时容易与空气中的氧化合，形成过氧化物，所生成的过氧化物与含有双键的其他分子聚合。聚合生成的物质还含有双键，在氧的作用下，又转变为过氧化物，再与其他具有双键的物质发生聚合反应，形成更为复杂的化合物。随着氧化、聚合反应的不断进行，使植物油分子逐渐增大，液态油膜变成溶胶。

③ 胶凝硬化。随着分散介质的继续挥发，溶胶变成凝胶，最后变成坚固有弹性的固体薄膜，使芯砂获得很高的干强度。

由于氧化聚合反应中过氧化物的不稳定，易与含双键的其他分子聚合成为网状高分子化合物，成为坚韧的固体，因此烘干时要充分地通风、不断补充氧气，这是十分重要的。

3）植物油的主要性能指标见表 1-13。

表 1-13 植物油的主要性能指标

粘结剂名称	密度/(g/cm^3)	粘度/Pa·s	碘值(韦氏法)	皂化值/(mgKOH/g)	酸值/(mgKOH/g)	工艺试样干拉强度/MPa	油状液体特征
桐油	0.9360 ~ 0.9395	—	163 ~ 173	190 ~ 195	—	≥2.0	浅色
亚麻籽油	0.9260 ~ 0.9365	—	≥175	188 ~ 195	—	≥2.0	深琥珀色，有特殊气味
改性米糠油	0.9350 ~ 0.948	70 ~ 100	—	—	<10	≥1.6	棕黄色
塔油	—	70 ~ 150	—	—	<40	≥2.0	黄色

2. 矿物油粘结剂

桐油或亚麻油等干性植物油都是重要的工业原料，而且资源有限，价格较高，为此国内于1956年起研究采用矿物油作铸造用芯砂粘结材料。曾先后研究和使用过石油沥青乳浊液、减压渣油、合成脂肪酸蒸馏残渣（简称合脂）等矿物油粘结剂，其中合脂粘结剂芯砂在铸造生产中得到了广泛应用。以合脂作为粘结剂配制的芯砂称为合脂砂。由于其合脂性能好，价格便宜，可作为植物油的代用品。

（1）合脂粘结剂　合脂是将石蜡氧化，提取低碳、中碳脂肪酸后的残渣，其中主要成分是高碳脂肪酸和羟基酸。这种残渣的粘度高，用作铸造用粘结剂的合脂是经煤油稀释后的制品，其中有效的粘结成分约为50%，故其用量比植物油多。

合脂粘结剂分为软蜡合脂和硬蜡合脂，其中软蜡合脂粘度大，硬化强度高，因此用作铸造粘结剂应尽量选用软蜡合脂。合脂的粘结性能与桐油相近，能代替桐油生产Ⅱ级、Ⅲ级和部分Ⅰ级砂芯，至今仍被广泛应用。

合脂在常温下为膏状，气温低时会结成固体，使用时必须加以稀释。常用稀释剂为煤油，煤油加入量一般为合脂重量的44%～50%（夏天为33%～43%）。稀释方法是：将合脂加热到80～100℃熔融，然后加入煤油并充分搅拌，直至沉淀物不分层为止。大批生产时，为了缩短砂芯烘干时间，有时也用溶剂油作稀释剂。

目前制备芯砂的合脂粘结剂，主要控制其酸值、粘度和强度。合脂粘结剂中的酸值反应合脂中羟基酸含量的多少，一般希望酸值越低越好，否则会影响合脂砂的强度。对于合脂粘结剂的粒度要求也应越低越好。合脂粘结剂的酸值应为15～17mgKOH/g，合脂粘结剂的粘度应符合表1-14。

表1-14　合脂的粘度分级和强度分级

合脂的粘度分级		按干拉强度值分级	
等级代号	粘度值/Pa·s	等级代号	工艺试样干拉强度值/MPa
40	≥15～40	14	≥1.4
80	≥40～80	17	≥1.7
120	≥80～120		

（2）改性渣油砂的粘结剂　渣油是石油分馏提取汽油、煤油、柴油、机油、重油后的残渣，其主要成分是油质、石蜡、胶质和沥青质。渣油的粘度高，通常从原有蒸馏加工过程中蒸馏塔底部所剩留的渣油不宜直接用作铸造芯砂的粘结剂，而需用溶剂（煤油、轻柴油）按质量10：5左右的比例稀释改性后才能用作铸造芯砂的粘结剂，这种粘结剂称为改性渣油砂粘结剂。用作铸造粘结剂的主要牌号为S61和S76的渣油。

（3）其他矿物油　沥青根据来源不同有煤焦油沥青、石油沥青和木沥青等。煤焦油沥青是提炼焦油时的副产品，有毒，不宜用作铸造用粘结剂。木沥青是木材干馏时的副产品，但货源少、供应困难。石油沥青是炼油工业中的减压渣油再经氧化得到的产物。根据氧化程度不同，可得到不同软化点的沥青。铸造上常用的为软化点为45～60℃的沥青。石油沥青用作粘结剂时常配制成乳状液使用，也称乳化沥青。

任务三　辅助材料

一、任务描述

本次任务使学生了解型（芯）砂辅助材料的种类、特点及作用，以便在型（芯）配料时合理选用，以确保铸件的质量。

二、辅助材料简介

型砂中除了含有原砂、粘结剂和水等材料外，通常还特意加入一些材料，如辅助粘结剂（如水泥、碳酸盐等）、煤粉、渣油、淀粉等，目的是使型砂具有特定的性能，并改善铸件的表面质量。这些材料统称为型砂的附加物。

三、辅助材料的分类及作用

1. 辅助粘结剂

（1）水泥　水泥的主要产品是硅酸盐水泥、矾土水泥，属于自硬，适用于铸钢、铸铁、非铁合金型（芯）粘结剂。

（2）磷酸盐　主要产品有镁铝磷酸盐、镁铬磷酸盐、镁铝硼磷酸盐、磷酸铝，属于自硬、气硬、热硬，适用于灰铸铁、球墨铸铁、铸钢件。

（3）淀粉　分为天然淀粉（β淀粉）和α淀粉，属于加热硬化，适用于油砂、湿型砂的辅助粘结剂。

（4）糊精　分为黄糊精和白糊精，170℃加热硬化，属于辅助粘结剂。

（5）纸浆　亚硫酸盐纸浆废液，170℃加热硬化，是辅助粘结剂，可作涂料粘结剂和悬浮剂。

（6）JD 复交粘结剂　分为 JD—1、JD—2 型，属于加热硬化，是各种合金的砂芯粘结剂，可部分取代桐油合脂。

（7）糖浆　包括淀粉糖浆和甘蔗糖浆，200℃加热硬化，属于辅助粘结剂（与油类粘结剂配合用；铸钢涂料粘结剂）。

（8）聚乙烯醇缩丁醛（PVB）　属于加热硬化，是醇基涂料的粘结剂，与热固性酚醛树脂配合使用，提高涂料的粘结强度。

2. 煤粉

煤粉外观呈黑色或黑褐色细粉，属于抗粘砂材料，是成批、大量粘土湿型砂生产铸铁件用的防粘砂材料。其主要作用就是防止粘砂和夹砂，从而获得表面光洁的铸铁件，同时也起到提高型砂溃散性的作用。

煤粉是用烟煤磨细制成的。煤粉的粒度很重要，不应太细。因为煤粉越细小，需要水分越多，易使铸件产生气孔类缺陷。煤粉细，也降低了型砂的透气性。铸铁湿型砂中煤粉的含量一般为原砂重量的6%～8%。

在湿型粘土砂中，煤粉所起的作用主要有以下几方面。

1）在铁液的高温作用下，煤粉产生大量的还原性气体，可防止金属液被氧化，并使铁液表面的氧化铁还原，减少了金属氧化物和造型材料进行化学反应的可能性。产生的气体在砂型孔隙中形成压力，使金属液不易渗入型砂中。型腔中还原性气体主要来自煤粉热解产生的挥发成分。

2）煤粉受热后变成胶质体，具有可塑性。如果由开始软化至固化之间温度范围比较宽，则可以缓冲石英颗粒在该温度区间因受热而形成的膨胀应力，从而可以减少因砂型受热膨胀而产生的铸造缺陷。

3）煤粉在受热时产生的碳氢化合物，在650~1000℃高温下和还原性气氛中发生气相热解而在金属和铸型界面上析出一层带有光泽的碳，称为光亮炭。其结晶构造与石墨很接近。这层光亮炭阻止了型砂与铁液的界面反应，而且也使型砂不易被金属液所润湿，对防止机械粘砂有显著的作用。目前，普遍认为煤粉防止铸铁件产生粘砂主要是靠形成光亮炭膜，而还原性气氛和堵塞孔隙的作用是辅助性的。

在型砂中，煤粉的加入也带来一些问题，例如增加了型砂灰分、焦炭物质和水分；降低了型砂透气性、流动性和韧性；恶化了车间环境，煤粉过多还会因发气量过大而加大铸件生成气孔和缺肉（浇不到）缺陷的可能性。

3. 淀粉

淀粉包括α淀粉、糊精、糖浆、氢化淀粉水解液（山梨醇）等，外观为白色或灰白色颗粒或粉状材料，作为添加剂，可提高油砂的湿强度而不降低干强度，提高湿型砂韧性，提高水玻璃砂的溃散性。

国外有些工厂在湿型砂中加入淀粉类材料，其目的是减少夹砂结疤和冲砂缺陷，增加型砂变形量，提高型砂韧性和可塑性，降低起模时模样与砂型间的摩擦阻力，减少因砂型表面风干和强度下降而引起的砂孔缺陷。除铸铁湿型外，淀粉在铸钢湿型砂中应用更加普遍。铸铁面砂中淀粉含量（质量分数）一般为0.5%~1.0%。

4. 其他辅助材料

重油和渣油，深褐色或黑色油状液体，属于抗粘砂材料。重油一般用于铸铁湿型砂的附加物，防止铸件产生粘砂；渣油还可以作砂芯的粘结剂。

石墨粉分为鳞片石墨和无定型（土状）石墨，为黑色粉末，多用中碳石墨，是抗粘砂材料。石墨粉一般用于铸铁件干型和砂芯的涂料、敷料或用于石墨铸型，在湿型中也可代替煤粉。

氧化铁粉为红色粉末，属抗粘砂材料。在热芯盒树脂砂中加入一定量，以防止铸件粘砂和气孔。作为小型铸钢件型砂附加物，可防止铸件夹砂、粘砂、脉纹。

滑石粉为白色细粉，用于非铁合金和小型铸件型（芯）砂涂料，滑石粉+亚麻油烘干粉碎后作手工造芯脱模剂。

脱模剂包括：①紫胶漆，用于涂刷粘土砂、合脂砂、油砂用的木模和芯盒；②硝基外用磁漆，适用于碱性强的水泥砂、水玻璃砂的模样和芯盒；③石松子粉是造型造芯理想的脱模剂；④氧化铝粉脱模剂适用于手工造芯脱模；⑤损耗系统用油和煤油，喷涂在木模表面利于脱模；⑥F—9501型木模脱模剂，涂刷在木模表面防止粘模。另外还有聚氨酯漆、过氯乙烯外用磁漆等。

有机溶剂包括溶剂油、煤油、酒精、甲醛、异丙醇等。

任务四 造型材料的性能

一、任务描述

本次任务使学生了解型（芯）砂应具备的性能，包括造型、造芯、合型、浇注、冷却、落砂、清理等铸件生产过程对型（芯）砂性能的要求。

二、造型材料性能简介

造型材料——型（芯）砂是由骨干材料、粘结材料和附加物等原材料按一定比例配制而成的。高质量型砂应当具有能铸造出高质量铸件所必备的各种性能。需根据铸件合金的种类、铸件的大小和壁厚、浇注温度、金属液压头、砂型紧实方法，以及浇注系统的形状、位置和出气孔等情况，对型砂性能提出不同的要求。下面从铸造生产工艺过程的两个阶段进行分析，提出型（芯）砂的性能要求。

三、造型材料应具备的性能

为了确保铸型及型芯的质量，获得优良铸件，型（芯）砂必须满足以下两方面的主要性能。

1. 型（芯）砂应满足造型、造芯和合型阶段对型砂性能的要求

为了制造出合格的砂型和砂芯，装配合型成可靠的铸型，型（芯）砂应具有良好的工艺性能，如湿度、流动性、强度、成型性、韧性、粘膜性等。

（1）湿度　为了得到所需的湿态强度和韧性，粘土砂必须含有适量水分。判断型砂湿度有以下几种方法：测含水量、紧实率、手捏法等。有实际操作经验的混砂或造型工人常根据用手捏型砂是否容易成团或是否粘手来判断型砂的干湿程度；还根据捏紧动作中型砂是否柔软和变形的情况来判断型砂的可塑性；根据手指捏碎砂团时用力大小来判断型砂的强度是否合适。如果用手捏砂时，只有潮的感觉，不觉得粘手，且手感柔和，印在砂团上的手指痕迹清晰，那么这样的型砂干湿度就比较合适。

（2）流动性　型（芯）砂在外力或自重的作用下，沿模样（或芯盒）表面和砂粒间相对移动的能力称为流动性。流动性好的型砂可形成紧实度均匀、无局部疏松、轮廓清晰、表面光洁的型腔，这有助于防止机械粘砂，获得光洁的铸件。此外，还能减轻造型紧实时的劳动强度，提高生产率和便于实现造型、造芯过程的机械化。

（3）强度　型（芯）砂试样抵抗外力破坏的能力称为强度，包括湿强度、干强度、热强度等。如果强度不足，在起模、搬动砂型、下芯、合型等过程中，铸型有可能破损塌落；浇注时可能承受不住金属液的冲刷和冲击，冲坏砂型而造成砂型缺陷，或者造成胀砂（铸件肿胀）或跑火（漏铁液）等现象。但若强度过高，往往型砂加入了更多的粘土，不但增加了不适宜的水分和降低透气性，还会使铸件的生产成本增加，而且给混砂、紧实砂型和落砂等工序带来困难。

（4）成型性　型砂围绕模样在砂箱内流动的能力称为成型性。用成型性差的型砂造的砂型易使铸件产生粘砂缺陷。

（5）韧性　韧性是指型砂抵抗外力破坏的能力。韧性差的型砂起模时铸型容易损坏。

增加粘土加入量和相应地增加含水量可明显地提高型砂的韧性。型砂中失效粘土和粉尘的含量增加，将使型砂的变形量显著减小，韧性变差，起模困难。

（6）粘模性 粘模性是指型砂粘附模样的性质，与型砂的湿度、水分、粘结剂含量及模样的材质和表面粗糙度有关。粘模性与粘结材料和模具材料有关，润湿的粘土对木材的附着力比铁大，故木模比铁模易粘模。粘土砂中含水量越高，粘土含量越低，越易发生粘模。为了减轻粘模，木质模样和木质芯盒表面应刷漆，或擦拭防粘模材料，如石墨粉、石松子粉、滑石粉、煤油等；降低型砂含水量，使用内聚力较大的钠基膨润土，型砂温度不宜过高。

2. 应达到铸件浇注、冷却、落砂、清理阶段对型（芯）砂性能的要求

液态合金浇入铸型后，与型腔表面砂层之间发生着机械作用、热作用和化学作用，为铸造出合格铸件，该阶段对型（芯）砂提出以下性能要求。

（1）耐火度 型（芯）砂承受高温作用的能力称为耐火度。主要与原砂耐火度有关。粗砂、圆形砂的耐火度比细砂、尖角形砂、多角形砂高。所以铸件大，采用的原砂粗，除了能改善透气性外，也提高了耐火度。一般粘土的耐火度比砂粒的耐火度低，增加型砂中粘土含量会降低型砂的耐火度。采用高粘结能力的粘土可减少粘土用量，能相应提高型砂的耐火度。

（2）透气性 透气性是表示紧实砂样孔隙度的指标。在液态金属的热作用下，铸型产生大量气体，如果砂型、砂芯不具备良好的排气能力，浇注过程中就有可能发生呛火，使铸件产生气孔、浇不到等缺陷。砂型的排气主要靠冒口、出气孔和型砂的透气性。而透气性的高低主要受砂粒的大小、粒形、粒度分布、粒形分布、含泥量、粘结剂种类、粘结剂加入量、混砂时粘结剂在砂粒上的分布情况及型砂的紧实度影响。

（3）发气量和有效煤粉含量 为了防止铸铁用湿型砂产生机械粘砂，制得表面光洁的铸件，型砂中常加入煤粉或其他有机附加物（如重油、沥青等）。这些材料在浇注受热后，产生大量挥发物，并发生气相分解，在砂粒表面沉积成“光亮碳”，可有效防止铸铁件表面机械粘砂，提高铸件表面光洁程度。但型砂中有效煤粉含量过高和发气量过大，同时型砂透气性能又差，则会使铸件产生气孔、冷隔、浇不到等缺陷。

（4）退让性 合金在凝固和冷却过程中产生收缩，铸型相关部位发生相应变形或退让的高温性能称为退让性，也称容让性。退让性小时，铸件收缩困难，会使铸件内产生应力甚至开裂。型砂退让性主要取决于该型砂的热强度。热强度高，抵抗合金液机械作用的能力强，但退让性差。粘土型砂随粘土和水分含量的增加退让性下降。在型砂中加入木屑、焦炭粒等附加物有助于提高退让性，尤其以木屑作用最为显著。在要求有较高退让性的砂芯（如管类铸件的砂芯）中，常使用稻草绳，铸件收缩时，草绳已烧掉，砂芯就不会阻碍铸件的收缩，清砂也比较容易。

（5）溃散性 浇注后型（芯）砂是否容易解体而脱离铸件表面的性能称为溃散性。溃散性好的型（芯）砂，在铸件凝固冷却后很容易从铸件上脱落。生产中常用在粘土砂内加入木屑等附加物的方法来改善干型和表干型的溃散性。

显然，上述各种性能，要求一种型砂全部满足是很难达到的，在制订和控制型砂性能时，要根据铸造实际生产中铸件的特点（合金种类、尺寸、重量、形状结构、技术要求等）和生产条件（批量大小、手工和机器造型、技术水平）来具体确定，由此相应确定原砂和粘土的种类及加入量、水分含量和附加物的加入量、型砂配制工艺和砂型紧实度。在通常情

况下，铸造厂为了保证铸件质量，除制订严格的型砂配比和混制工艺外，还要定期检查和控制型砂在使用中的基本性能变化，如含水量、透气性和强度等。

任务五 造型材料性能检测实验

一、任务描述

本次任务使学生了解型（芯）砂性能常用的检测方法，以实现铸造生产过程中对型（芯）砂的性能检测和质量控制。

二、造型材料性能实验简介

造型原材料及型砂的性能直接关系到铸件质量，因此对铸造材料性能的检测越来越受到重视。通过对造型材料的质量检验和宏观控制，不但可以了解型砂是否达到要求的性能，而且还可以掌握型砂在使用中的变化情况，这样就能及早采取措施，保证型砂性能符合要求并保持相对稳定，以保证铸件质量，预防铸造缺陷的产生。

造型材料性能检测包括三个方面，即原砂性能的检测、普通粘土和膨润土性能的检测以及粘土型砂性能的检测。

1. 原砂性能的检测

为检测原砂质量，首先应对同批原砂选取平均样品。原砂取样方法国家标准（GB/T 2684—2009）规定为：散装原砂的平均样品是在砂堆或砂库中，从离边缘和表面 200 ~ 300mm 的各角及中心部位，用取样器选取；袋装原砂的平均样品在同一批的 1% 中选取，但不少于 3 袋。所选取的样品总质量不得少于 5kg。

试验所需的试样用“四分法”或用分样器选取。试样质量根据检验项目而定，但不得少于 1kg。

四分法取样是将取得的样品均匀混合、堆聚，并拍成圆饼状，然后分成四等份，任取其中相对的两份，重新混合、堆聚，再按上述方法缩减，直至获得所需试样数量为止。

检测的项目主要包括原砂含水量、含泥量、粒度的测定、原砂颗粒形状与表面状况的评定及原砂烧结点的测定等。

2. 普通粘土和膨润土性能的检测

由于膨润土和普通粘土的技术指标和检验方法有所不同，因此当测定几种粘土矿物时，首先必须鉴别清楚是普通粘土还是膨润土，这需要采用几种专门的分析方法进行综合的判断，其中矿物分析是最可靠的手段。但由于这种方法需要专门的设备和熟练的操作技术，因此工厂里常用简易的鉴别方法来区分，其中粘土胶质价的测定就是一种非常简单易用的方法。

粘土和水按一定的比例混合后，经过一定时间所形成的沉淀物占整个体积的百分数称为胶质价。

粘土矿物中高岭石和蒙脱石的晶体结构不同，因而它们吸水后的膨胀程度也不同，故可通过测定胶质价粗略地估计粘土的质量，并大致估计是膨润土还是普通粘土，是钠基膨润土还是钙基膨润土。

粘土吸蓝量是指粘土吸附亚甲基蓝的量。不同的粘土矿物吸附色素的能力相差较大。每

100g蒙脱石矿物能吸附亚甲基蓝46.7g左右，而高岭石类粘土的吸附量为5g左右，石英粉、煤粉则基本不能吸附亚甲基蓝。用吸蓝量的方法可以较快地鉴别粘土中的矿物成分。

选取试样的方法采用“四分法”，试验所需样品的多少，可根据试验的项目确定，但不得少于1kg。试料需在105～110℃烘干2h（试料厚度不大于15mm），然后将烘干的试料存于干燥容器内，以备试验。

检测的项目主要包括膨胀倍数的测定、膨润值的测定、膨润土pH的测定、膨润土吸蓝量的测定、粘土工艺试样强度的测定等。

3. 粘土型砂性能的检测

型砂必须具备优良的工作性能和工艺性能，才能保证铸件质量和减少劳动量，所以应根据铸造车间的具体情况和生产制订出型砂的检测制度，这是铸造生产技术管理的重要措施之一。机械化、自动化流水作业生产时，因生产率高、型砂周转快，型砂成分和性能可能发生变化，如不及时检测，就会引起大量铸件报废。所以，规定检测次数较频繁，以保证型砂性能稳定。而在单件、小批生产车间中，因生产周期较长，型砂成分和性能变化较慢，因此检验次数可少些。在机械化流水作业生产中，湿型砂的检测项目中与型砂紧实率和水分有密切关系的几种性能检测最频繁，如水分、紧实率、湿压强度和湿透气性，其次是有效粘土含量、有效煤粉含量、破碎指数和热湿拉强度，而其他几项如型砂或回用砂含泥量、型砂或回用砂颗粒组成、激热开裂倾向、回用砂有效粘土含量及回用砂煤粉含量等则可间隔比较长时间才检测一次。这是因为在一个型砂系统中，如果原砂、粘土、煤粉等原材料质量稳定，配砂的各种定量装置准确，混砂机等设备工作状态良好，混砂时间足够长，则按合适配方配制的型砂在运行一段时间后就达到稳定状态。除了改变紧实率和水分能立刻影响型砂性能外，粘土、煤粉、新砂的加入量在一定范围内改变时，往往要在几小时或几天后才能显示出来，所以各检测项目的频率应有所不同。

检测时为使结果具有代表性，通常以在造型工作位置取样测定出的性能为准，自混砂机中取样测得性能可作为参考，因为型砂混出后经过长距离运送、砂斗储放和松砂等过程，会使型砂的性能改变。而对于回用砂，宜取加入混砂机之前的回用砂。

检测的项目主要包括含水量、透气性、强度、紧实率、流动性、破碎指数、表面硬度、发气量、型砂中有效膨润土含量的测定等。

三、造型材料性能检测实验

实验一　原砂性能测定实验

（一）实验目的及要求

铸造生产中用来配制型砂、芯砂的原砂称为铸造用砂。原砂的含泥量、颗粒组成及形状等对型砂的性能有着重要的影响。含泥量高会使型砂、芯砂的透气性和耐火度降低。原砂的颗粒组成对型砂、芯砂的透气性、强度和耐火度都有影响。而原砂的颗粒形状对型砂、芯砂的流动性、透气性和强度也都有影响。因此，为了配制合乎生产要求的型砂、芯砂，并在使用中控制它们的质量，就必须掌握原砂的性能及其实验方法。通过本实验要求掌握原砂的含水量、含泥量测定方法；掌握原砂粒度的表示方法，掌握AFS细度的计算方法；了解原砂的粒形粒貌；掌握原砂烧结点的测定方法。

（二）实验内容

1）测定原砂的含水量。

2）测定原砂的含泥量。

3）测定原砂的粒度。

4）原砂颗粒形状及表面状况的评定。

5）原砂烧结点的测定。

（三）实验设备、测试仪器及所用工具

天平、红外线烘干箱、SXW 洗砂机（见图 1-1）、SSZ 筛砂机（见图 1-2）、体式显微镜、高温电炉等。

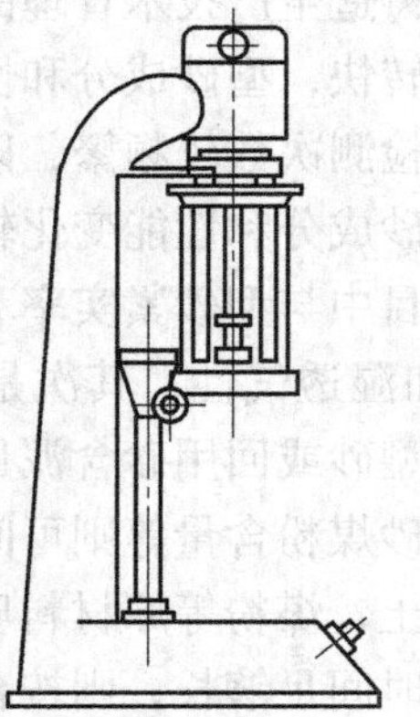

图 1-1　SXW 洗砂机

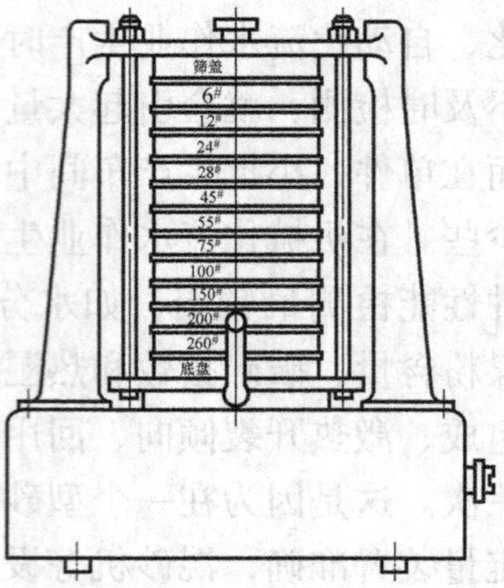

图 1-2　SSZ 振摆式筛砂机

（四）实验步骤

1. 测定原砂的含水量

（1）实验原理　含水量是指型砂中含水分的质量分数，即在 105～110℃烘干能去除的水分含量，以试样烘干后失去的质量与原试样质量的百分比表示。它与型砂的大部分性能有关，是型砂制备中必须控制的重要指标之一。

（2）实验步骤　试验时，称取 50g（准确度达 0.1g）试料，在红外线烘干器中烘干。烘干温度为 105～110℃，经 4～8min 烘至恒重。冷却后进行称量，记下烘干后试料的质量，准确度为 0.1g（作不同含水量的三种试样）。

按下式计算含水量

$$X = \frac{G - G_1}{G} \times 100\%$$

式中　X——含水量；

G——烘干前试料的质量（g），$G = 50$g；

G_1——烘干后试料的质量（g）。

2. 测定原砂的含泥量

（1）实验原理　原砂中所含直径小于 0.022mm 的部分，其百分数即为原砂的含泥量。

测定原砂含泥量通常采用冲洗法。主要是利用悬浮在水中的砂和泥分的质点大小不同，其下沉的速度也不同的原理，将砂和泥分开。

颗粒在水中下沉的速度可用如下公式计算

$$V = \frac{d^2(r - r_1)}{18\eta}g$$

式中　V——质点下沉速度（cm/s）；

d——质点直径（cm）；

r——下沉物的密度，取 $2.62\mathrm{g/cm^3}$（砂与粘土密度大致相同）；

r_1——水的密度（$\mathrm{g/cm^3}$）；

η——水的粘度，取 0.0010g/（cm·s）（20℃）；

g——重力加速度，取 $980\mathrm{cm/s^2}$。

直径为 0.022mm 的最小砂粒在 20℃的水中下沉速度为

$$V = \frac{d^2(r - r_1)}{18\eta}g = 0.0426\mathrm{cm/s} = 2.556\mathrm{cm/min} \approx 2.5\mathrm{cm/min}$$

5min 内直径为 0.022mm 的砂粒在水中下沉深度约为：（2.5×5）cm = 12.5cm。

因此，将原砂与水充分搅拌，使砂和泥悬浮于水中，然后静置 5min，则所有的砂粒都下降到距水平 12.5cm 以下，而 12.5cm 以上的水中悬浮物则都是泥分，即可用虹吸管将它吸出。这时，下部的砂中可能还混有一些泥分，再清洗几次，直至上部分水清为止，这样就可能将原砂中的泥分完全洗出。取出沉淀的砂粒烘干，称质量即可算出含泥量。

（2）实验步骤

1）称取烘干的原砂试样 50g（精确度为 0.1g）置于洗砂杯中，再加入 475mL 水和 25mL 浓度为 1% 的氢氧化钠溶液（加入氢氧化钠溶液的目的是使粘土及砂粒积压后容易自成分散的质点，以免相互粘附在一起）。

2）将洗砂杯装到快速洗砂机上，升高托盘，使搅拌轴完全伸入洗砂杯中，并紧固托盘，防止水溅出。

3）开动洗砂机电动机，搅拌 10min，关闭电源。取下洗砂杯，并仔细冲洗粘在搅拌轴和杯壁的泥砂。

4）用玻璃棒搅拌，搅拌后静置 10min，用虹吸管吸去上部分 125mm 高度的浑水，不能将 25mm 以下的砂吸去。

5）重复第 4）步，直到洗砂杯中的水完全透明为止。自第二次起，每次只需静置 5min。

6）最后一次吸出杯中的清水后，将剩下的砂粒同水一起倒入漏斗中的滤纸上，不能倒在外面，并注意冲洗，然后将湿砂连同滤纸一起放在器皿上，在恒温箱中烘干（温度为 200～275℃）。

7）烘干后，仔细将砂粒收集起来，在天平上称重，并根据下式计算出含泥量

$$Q = \frac{G - G_1}{G} \times 100\%$$

式中　Q——含泥量；

G——称取的原砂试样质量（g），取 50g；

G_1——洗涤烘干后试料质量（g）。

3. 测定原砂的粒度

（1）实验原理　原砂的粒度是指砂粒的大小、不同颗粒大小的比例以及砂粒的均匀程

度。原砂粒度主要有两种表示方法，即以主要粒度组成部分的三筛或四筛的首尾筛号表示法和平均细度表示法。

原砂粒度的测定采用筛分法。

（2）实验步骤

1）将经过冲洗后测定含泥量的试样放在标准筛的最上面，盖子盖好后放在筛砂机上。

2）开动电动机，筛分10min后，关闭电源，取下筛子，将每一个筛子上的砂子分别倒在盘中，并且将网眼中的砂粒也用毛刷刷下。

3）用天平称量每个筛子上砂粒的质量（准确度为0.1g），并将质量乘以2，所得结果即为该号筛上的砂粒占试样总质量的百分数。

4）用砂粒最集中的三个相邻筛子的头尾筛号数或以平均细度表示出原砂的颗粒组成。

注意：使用筛子前先要检查每个筛子的筛号，检查排列顺序是否正确，完全排列正确后方能筛分。

新标准筛的规格见表1-15。原砂粒度可根据实验数据进行计算，平均细度筛号系数及计算实例见表1-16。

表1-15 新标准筛的规格

筛号	6	12	20	30	40	50	70	100	140	200	270	底盘
筛孔尺寸/mm	3.35	1.70	0.850	0.600	0.425	0.300	0.212	0.150	0.106	0.075	0.053	
细度因数	3	5	10	20	30	40	50	70	100	140	200	300

表1-16 平均细度筛号系数及计算实例

筛　　号	50g试样各筛上的余留量		系　　数	乘　　积
	余留量/g	百分数（%）		
6	0	0	3	0
12	0	0	5	0
20	0	0	10	0
30	0	0	20	0
40	0.2	0.4	30	12
50	0.65	1.3	40	52
70	1.2	2.4	50	120
100	2.25	4.5	70	315
140	8.55	17.1	100	1710
200	11.05	22.1	140	3094
270	10.9	22.8	200	4360
底盘	9.3	18.6	300	5580
总和	44.1	88.2		15243

注：AFS平均细度＝15243/88.2＝173。

4. 圆砂颗粒形状的观测

（1）实验原理　原砂颗粒形状分为圆形砂、多角形砂和尖角形砂。

1）圆形砂。颗粒为圆形或接近于圆形，表面光洁，没有突出的棱角，这种砂用符号“O”表示。

2）多角形砂。颗粒呈多角形，且多为钝角，以符号“□”表示。

3）尖角形砂。颗粒呈尖角形，且多为锐角，以符号“△”表示。

（2）实验步骤 将洗净的原砂的主要部分（相邻三筛的砂子）均匀混合，取少量放在放大倍数低于60倍的显微镜下进行观察，以主要的一种表示。如果有两种颗粒形状，则只要一种不超过1/3，则仍以主要颗粒表示；如果两种都超过1/3，则用两种符号表示。

观察结果评定颗粒形状是圆形、多角形还是尖角形，并以符号表示。

5. 原砂烧结点的测定

（1）实验原理 耐火度与耐火材料由固态转变为液态有关，它们表征了耐火材料抵抗高温的能力。耐火材料一般具有多相的特征，还存在着少量杂质，故不存在固定不变的熔点，其熔融是在一定温度范围内进行的，在这个温度范围内液相和固相同时存在。耐火材料开始出现液相的温度一般比较低，这是由于耐火材料作为一种多相系，在其中形成了低熔点化合物所致。例如，纯石英（SiO_2）的熔点为1713℃，而与氧化铁形成的低熔点化合物$2FeO \cdot SiO_2$，其熔点仅为1205℃。所以，对铸造用砂来说，更有意义的是型壳中液相开始出现的温度，即烧结点。烧结点指的是原砂颗粒表面或颗粒间的混杂物开始熔化的温度。它是原砂各种组合成分耐火性能的综合反应。有时采用测定原砂烧结点的办法能更直观地说明原砂作为耐火材料的表现如何，而且可用来推测原砂中SiO_2含量高低和杂质多少。

（2）实验步骤

1）接通电源，调整控制器，使加热炉缓慢升温。调节方法：①按住PAR后按住向上箭头，然后按PAR进行切换，使之显示HLP字样（最大输出功率），调整至100；②设定加热速度，按住PAR不放再按向下箭头，按PAR切换分别设置r_1、i_1、d_1和r_2、i_2、d_2值；③按PAR设置PROG为run，按PAR确认即可。

2）取适量的烘干原砂，置于经过900℃焙烧的小瓷舟中，使砂约占瓷舟容积的一半。

3）把装好原砂的瓷舟送入仪器炉膛中央，保温5min。

4）取出瓷舟，待冷却后用小钢针轻刺砂样表面，并用放大镜观察。若砂粒之间彼此粘结而不分开，且表面具有光泽，即为烧结，并记下此烧结温度。

5）若尚未烧结，则需更换砂样，并使炉温升高50℃，重复步骤4）、5），直到烧结为止。

（五）实验结果

1）原砂含水量。

2）原砂含泥量。

3）筛号法表示粒度。

4）符号法表示颗粒形状。

5）原砂烧结点。

6）AFS细度。

实验二 粘土性能测定

（一）实验目的和要求

1）了解采用亚甲基蓝染色法检验粘土中所含粘土矿物的多少或检验型砂和旧砂中有效粘土含量的方法。

2）了解采用测定胶质价辨别粘土种类的方法。

3）了解粘土膨润性的测定方法。

（二）实验内容

测定粘土的吸蓝量、粘土的膨胀倍数及膨润值。

（三）实验方法和步骤

1. 粘土吸蓝量的测定

（1）实验器材　包括100mL量桶、蒸馏水器、数显恒温干燥箱、胶质价量筒、粘土吸蓝量试样仪。

（2）实验方法

1）称取烘干的试料0.20g±0.01g，置于烧杯内，加入50mL蒸馏水，使其预先润湿。

2）加入质量分数为1.0%的焦磷酸钠溶液20mL，摇晃均匀后，在加热炉上加热煮沸5min，在空气中冷却至室温。

3）用滴管滴入0.20%亚甲基蓝溶液。滴定时，第一次可加入预计亚甲基蓝溶液量的2/3左右。以后每次滴加1～2mL，直到终点。

终点判断方法：每次滴加亚甲基蓝后，摇晃30s，用玻璃棒沾一滴试液在中速过滤纸上，观察在中央深蓝色点的周围有无绿色的晕环。若未出现，继续滴加亚甲基蓝溶液。如此反复操作，当开始出现蓝色晕环时，将试液静置1min，再用玻璃棒沾一滴试液在滤纸上，若无蓝色晕环出现，说明未到终点，应继续滴加亚甲基蓝溶液，直到出现明显的蓝绿色晕环。试液静置1min后再滴定时，仍然有蓝绿色晕环出现为止，即为滴定终点。记下此时滴定的亚甲基蓝溶液的毫升数。图1-3所示为膨润土吸蓝量测定示意图。

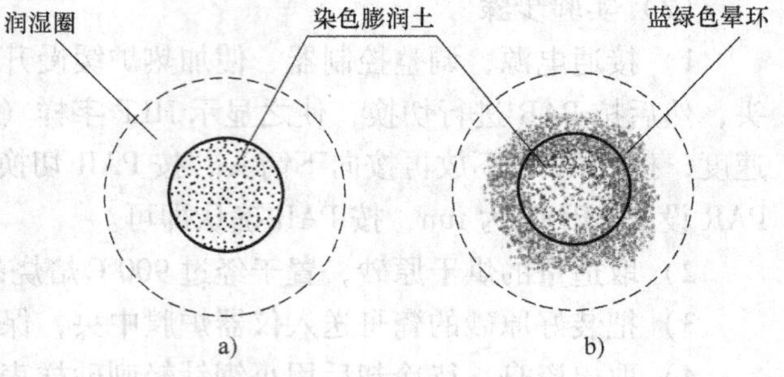

图1-3　膨润土吸蓝量测定示意图

a）未到终点　b）达到终点

试样吸蓝量按下式计算

$$吸蓝量 = \frac{NV}{G} \times 100\%$$

式中　N——亚甲基蓝试液的浓度；

V——亚甲基蓝溶液的滴定耗量（mL）；

G——膨润土试样的质量（g）。

膨润土中的蒙脱石含量可按下式计算

$$蒙脱石含量 = \frac{吸蓝量}{44} \times 100\%$$

2. 粘土膨润性的测定

（1）使用仪器和工具　包括100mL柱塞量筒3个、矿山天平1台、蒸馏水等。

（2）实验步骤

1）胶质价的测定。按规定将在105～100℃烘好的粘土试样150.01g倒入容量为100mL、直径为25mm的柱塞量筒中；注入蒸馏水至90mL处盖上盖子用手摇晃5min，加入氧化镁 1g，加蒸馏水至 100mL 处，盖上盖子再摇晃 1min；静止 24h 使之沉淀，沉淀物与清水界面处的刻度就是该粘土的胶质价。若对上述粘土进行活化处理，则在未加氧化镁之前先加入 Na_2CO_3摇匀后放置 20min，然后加入氧化镁，其余同上。

2）膨胀倍数的测定。采取 10.01g 干粘土，置于容量为 100mL、直径为 25mL 的量筒中，加蒸馏水 75mL，再加入 1N（一规格度）浓度的盐酸溶液 25mL，摇匀；静置 24h，读出沉淀物与清水界面处的刻度，即为膨胀倍数。

3）膨润值的测定。在带塞量筒（容量为 100mL）中加入蒸馏水 50～60mL；称取烘干的膨润土粉料 3g±0.01g（优质钠膨润土为 1g±0.01g），加入已加蒸馏水的量筒中，用力摇 2min，使膨润土在水中均匀分散。如有必要，可延长摇动时间至充分摇匀为止；加入 5mL 浓度为 1mol/L 的 NH_4Cl 溶液，再摇动 1min 使溶液成为均匀的悬浮液；静置 24h，读出沉淀的体积数就是膨润土的膨润值。钙基膨润土的膨润值大多数在 30mL 以下。

（四）实验结果

将粘土实验数据填入表 1-17。

表 1-17 实验数据

实验类别	1	2	3	平均值	结论
粘土吸蓝量（滴定的亚甲基蓝溶液的毫升数）/mL					
胶质价					
膨胀倍数					
膨润值					

实验三 粘土湿型砂工艺性能检测实验

（一）实验目的和要求

1）熟悉型（芯）砂的透气性、强度、水分、紧实率、破碎指数的测定方法。

2）了解不同水分含量对粘土砂透气性、抗压强度、标准试样质量、紧实率、破碎指数的影响。

3）了解最佳水分含量的确定方法。

（二）实验内容

测定不同水分含量（因已按比例加水，可免测水分）所配置的粘土砂的透气性、湿压强度、破碎指数、紧实率和试样质量。

（三）实验方法和步骤

实验顺序：首先按照指定配方及混制工艺混好试料（因已按比例加水，可免测水分），再制试样，测定紧实率、透气性、试样质量、湿压强度，以及破碎指数。

1. 含水量（标准方法，GB/T 2684—2009）

含水量是指型砂中含水分的质量分数，它与型砂的大部分性能有关，是型砂制备中必须控制的重要指标之一。粘土砂的含水量是指在 105～110℃烘干能去除的水分含量，以试样烘干后失去的质量与原试样质量比表示。

（1）主要仪器　包括天平（精度 0.01g）、电烘箱、红外线烘干器。

（2）试样制备　试样由样品中选取，选取试样的方法采用“四分法”或分样器，不得少于1kg。

（3）试验步骤　含水量的测定有快速法和标准法两种。

1）快速法。称取试样20g ±0.01g，均匀铺放在盛砂盘中，将盛砂盘置于红外线烘干器（见图1-4）内，在110～170℃烘干6～10min，然后放在干燥器中，待冷却至室温时，重新称其质量（至恒重）。型砂（或原砂）的含水量可按下式计算

$$w(H_2O) = [(m_1 - m_2)/m_1] \times 100\%$$

式中　$w(H_2O)$——型砂（或原砂）中水的质量分数（%）；

m_1——烘干前试样的质量（g）；

m_2——烘干后试样的质量（g）。

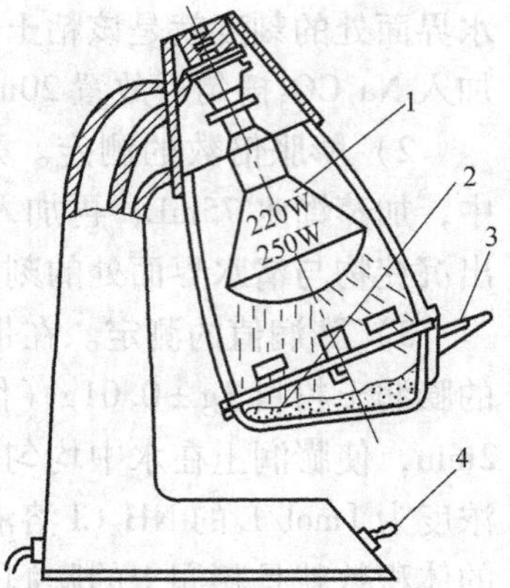

图1-4　红外线烘干器

1—红外线灯泡　2—试料

3—烘干盘　4—电源开关

2）恒重法。称取试样50g ±0.01g，置于玻璃皿内，在温度为105～110℃的电烘箱内烘干至恒重（烘30min，称其质量，然后每烘15min称量一次，直至相邻两次称量之间的差数不超过0.02g时为恒重）。将此试样置于干燥器中冷却至室温，再进行称量，然后用$w(H_2O) = [(m_1 - m_2)/m_1] \times 100\%$计算含水量，其中$m_1$为试样烘干前的质量（g），$m_2$为试样烘干后的质量（g）。

用快速法测定只要4～8min，而恒重法则需0.5～1h。铸工车间型砂实验室经常测定型（芯）砂的含水量，确定是否符合所规定的含水量范围。

2. 紧实率（标准方法，GB/T 2684—2009）

粘土砂的紧实率是指湿态的型（芯）砂混合料在一定紧实力的作用下其体积变化的百分率，用试样紧实前后高度变化的百分数来表示。

（1）主要仪器　包括锤击式制样机（见图1-5）、筛号为6的筛子、圆柱形标准试样筒等。

（2）试验步骤　试验时，将试样通过带有筛号为6的筛子的漏斗，落入有效高度为120mm圆柱形试样筒内（筛底至标准试样筒的上端面距离应为140mm），用刮刀将试样筒上多余的试样刮去，然后将装有试样的样筒在锤击式制样机（锤击式制样机应安放在水泥台面上，下面垫10mm厚的橡胶皮）上冲击3次，试样体积被压缩的程度作为其紧实率，其数值可直接从制样机上读出或用下式计算

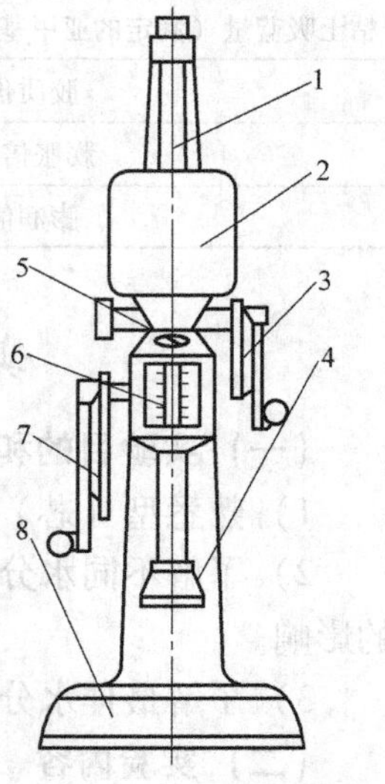

图1-5　SAC锤击式制样机

1—冲杆　2—重锤　3—小凸轮

4—冲头　5—准牌　6—标尺

7—大凸轮　8—机座

$$J_S = [(h_0 - h_1)/h_0] \times 100\%$$

式中　J_S——紧实率（%）；

h_0——试样紧实前的高度（mm）；

h_1——试样紧实后的高度（mm）。

紧实率的试验装置和测定过程如图1-6所示。

为了简化试验过程，在铸造车间的常规型砂检验中，也可不使用投砂器，而直接将松散的型砂填入试样筒中。由于此方法简便，整个试验过程可在混砂机旁进行，以便及时对型砂

的适宜水分进行控制，对新旧砂的配比及时进行合理调整。

3. 透气性（标准方法，GB/T 2684—2009）

粘土砂的透气性是指紧实的砂样允许气体通过的能力。根据被检验试样的性质和用途可分为混合料湿态、干态透气性及铸造用砂透气性。

（1）主要仪器　包括智能透气性测定仪或直读式透气性测定仪（见图1-7）、锤击式制样机、圆柱形标准试样筒、天平（精度0.1g）等。

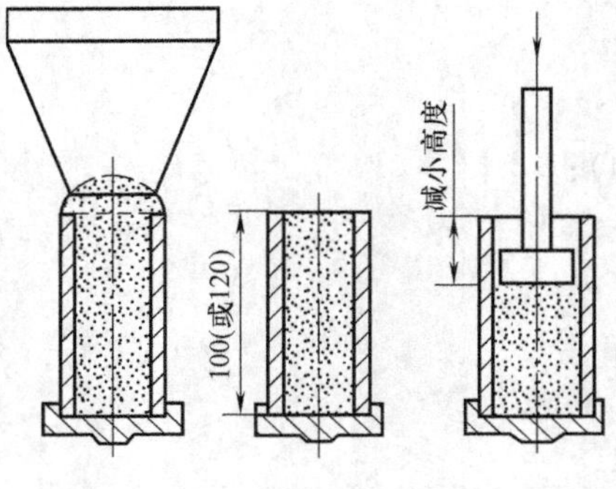

图1-6　紧实率测定示意图

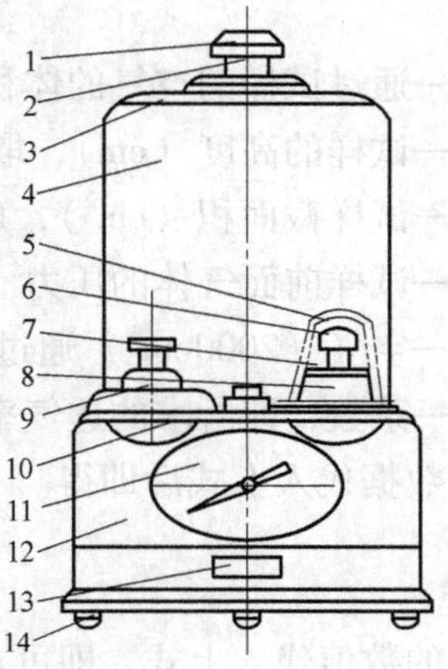

图1-7　直读式透气性测定仪

1—进气阀　2—把手　3—气钟　4—水筒　5—密封罩　6—阀冒　7—回气管　8—试样座　9—旋钮　10—水平座　11—微压表　12—机座　13—厂牌　14—调平脚

（2）试样的制备

1）测定湿透气性时，称取一定量的试样放入圆柱形标准试样筒中，在锤击式制样机上（锤击式制样机应安放在水泥台面上，下面垫10mm厚的橡胶皮）冲击3次，制成高度为(50±1) mm的标准试样。

2）测定干透气性时，按1）规定的方法制取标准试样；然后将冲制好的试样从试样筒中顶出，在规定的条件下干燥（放入电烘箱中在规定的条件下烘干，而后取出冷至室温）或硬化。

3）测定铸造用砂透气性时，称取一定量的试样放入底部放有与试样筒内壁紧密配合的网状金属片的圆柱形标准试样筒，在试样上再盖上网状金属片，然后在锤击式制样机上冲击成标准试样。

（3）试验步骤　根据粘土砂性质和用途，试样可以在湿态和干态下进行测试。检验前，应先检查仪器的准确度，即仪器的全部系统不应有漏气现象。用密封样筒检验时，保持10min，钟罩不下降，水柱高度为10cm，不得低于9.8cm。

透气性测试分标准法和快速法两种。

1）标准法。利用2000cm^3室温空气通过试样的时间和压力来计算试样的透气率。

检验时，首先将透气性测定仪试样座上的阻流孔部件卸下，将仪器的三通阀旋钮旋至通大气的位置，然后将气钟提至钟内空气容积为2000cm^3的标高处，关闭三通阀，使气钟处于漂浮位置，再将冲制好的内有试样的试样筒放到透气性测定仪的试样座上，使两者密合。将三通阀旋钮旋转至“工作”位置，同时用秒表测定气钟内2000cm^{3}空气通过试样的时间，并从微压表上读出试样前面气体的压力。

通过试样的气体量与气体的压力、试样的截面积、气体通过的时间成正比，而与试样的高度成反比，可列成下式

$$V = K\frac{Fpt}{H} \qquad K = \frac{VH}{Fpt}$$

式中　V——通过试样的空气的体积（cm^3），取2000cm^3；

H——试样的高度（cm），取5cm；

F——试样截面积（cm^2），19.6cm^2；

p——试样前面气体的压力（Pa）；

t——空气（2000cm^3）通过试样的时间（min）；

K——系数，即所求的透气率。

将已知数据代入上式后即得

$$K = \frac{509.5}{pt}$$

将测得的数值代入上式，即可求出试样的透气率。

2）快速法。在试样筒和水柱式压力表之间加入一个孔径很小的通气嘴（有大孔和小孔两种，大孔直径为1.5mm，小孔直径为0.5mm；当透气率小于50时用小孔，大于50时用大孔），这样就可以在读出水柱高度后，根据查表得透气率（有的仪器上备有该附表），而无需等气钟内的空气全部通过试样。操作方法大致同标准法，但不需用秒表。

通气嘴小孔经常使用，可能有变化，故需校准通气嘴的阻力大小。无砂样时，2000cm^{3}的空气通过直径1.5mm孔应为0.6min，通过直径0.5mm孔应为4.6min。

透气性在湿态和干态下的测试：

① 测定湿透气性。提起透气性测定仪的气钟，使透气性测定仪处于测试状态，将内有试样的试样筒放到透气性测定仪试样座上，并使两者密合。再将旋钮转至“测试”或“工作”位置，这样即可从数显屏或微压表上直接读出透气性的数值。当试样的透气性大于或等于50时，应采用ϕ1.5mm的大阻流孔；当试样的透气性小于50时，应采用ϕ0.5mm的小阻流孔。

② 测定干透气性。将室温下的标准试样放在测干透气性的试样筒内，用打气筒使试样筒内的橡皮圈充气密封。然后放到透气性测定仪的试样座上，进行测定。其测定过程和湿透气性测定方法相同。

为了使试验数值更有代表性，每种粘土砂的透气性应做3个试样，其结果取平均值，但其中任何一个试验结果与平均值相差超出10%时，试验应重新进行。

4. 试样质量

将作完透气性的试样放在天平上（精度为0.1g）称量并记录。

5. 破碎指数（参考方法）

型（芯）砂的韧性系指型砂、芯砂在造型、起模、造芯、脱芯时抵抗脆性破坏的能力，一般以破碎指数来表示。

（1）主要仪器　包括 SRQ 型落球式破碎指数试验仪（见图 1-8）、SAC 型锤击式制样机。

（2）试验步骤　试验时，将 ϕ50mm × 50mm 的圆柱形标准试样放在破碎指数试验仪的钢砧台上，用 ϕ50mm、质量为 510g 的硬质钢球自距离钢砧台上面 1m 的高度处自由落下，直接打在标准试样上。试样破碎后，大砂块留在 12.7mm 筛上，小的型砂通过筛网落入底盘内，然后称量筛上大砂块的质量，按下式计算破碎指数

$$\text{破碎指数} = \frac{\text{大砂块质量（g）}}{\text{试样质量（g）}} \times 100\%$$

测定破碎指数较分散，不容易重现同样的结果。一般每种试样取三次试验结果的平均值，而且任何一值的偏差不得大于平均值的 20%。

型砂的破碎指数越大，表示它的韧性越好。一般高压造型型砂的破碎指数为 60% ~80%，振压造型型砂的破碎指数为 68% ~75%。

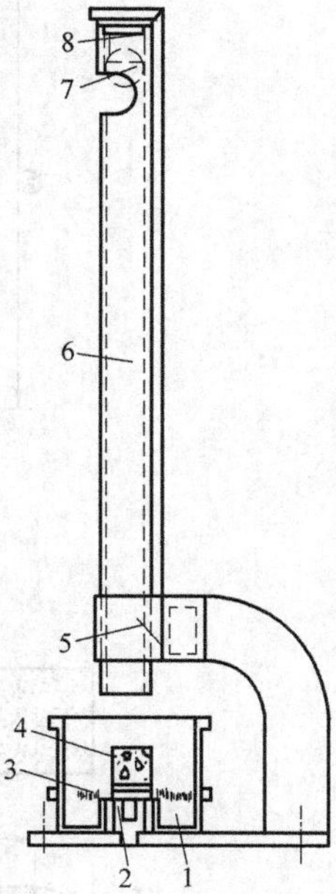

图 1-8　破碎指数试验仪

1—底盘　2—钢砧台　3—筛网　4—试样　5—开关　6—管子　7—钢球　8—电磁铁或弹簧

6. 强度（标准方法，GB/T 2684—2009）

粘土砂的强度是指其型砂试样抵抗外力破坏的能力，单位为 Pa。试样的强度按混合料性质的不同有湿强度和干强度，按受力情况的不同有抗压强度、抗剪强度、抗拉强度、抗弯强度，按测定时的温度条件不同有高温强度和常温强度。

（1）主要仪器　包括碾轮式混砂机或强碾式混砂机、锤击式制样机、液压万能强度试验仪（见图 1-9）、标准试样筒、秒表、天平（精度为 0.01g）等。

（2）试样的制备　测定各种强度用的标准试样除特殊规定外都是在锤击式制样机（锤击式制样机应安放在水泥台面上，下面垫 10mm 厚的橡胶皮）上冲击 3 次而制成的。试验抗压强度和抗剪强度用的试样为圆柱形标准试样（见图 1-10），抗拉强度为“8”字形标准试样（见图 1-11），抗弯强度为长条形标准试样（见图 1-12），覆膜砂抗拉强度为“8”字形标准试样（见图 1-13）。

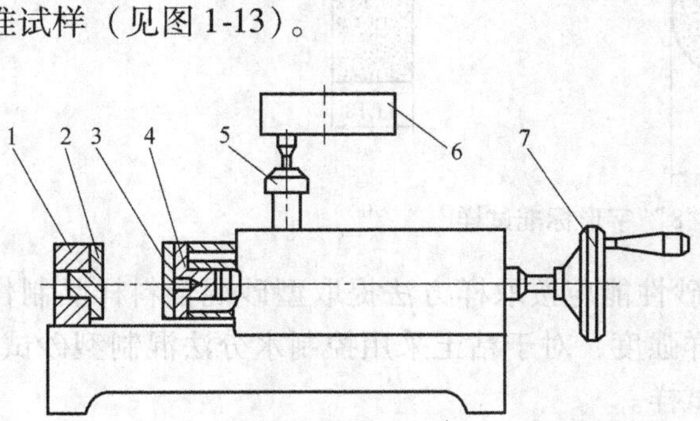

图 1-9　液压万能强度试验仪简图

1—机体　2、3—夹具　4—工作活塞　5—快换接头座　6—压力表　7—手轮

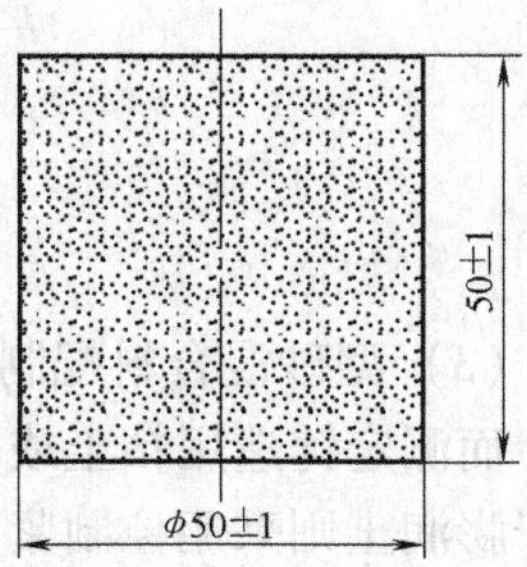

图 1-10　圆柱形标准试样

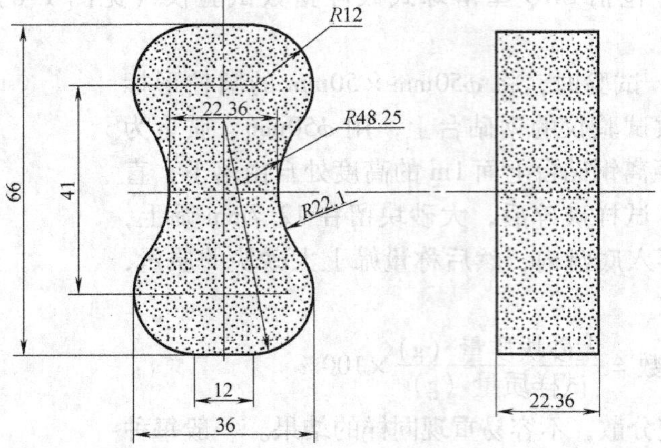

图 1-11 “8”字形标准试样

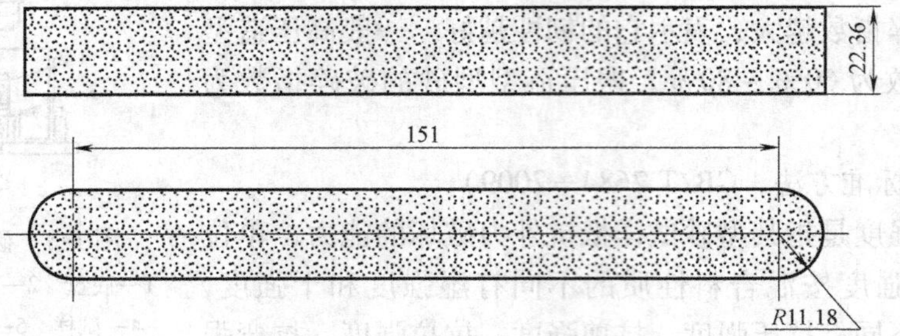

图 1-12 长条形标准试样

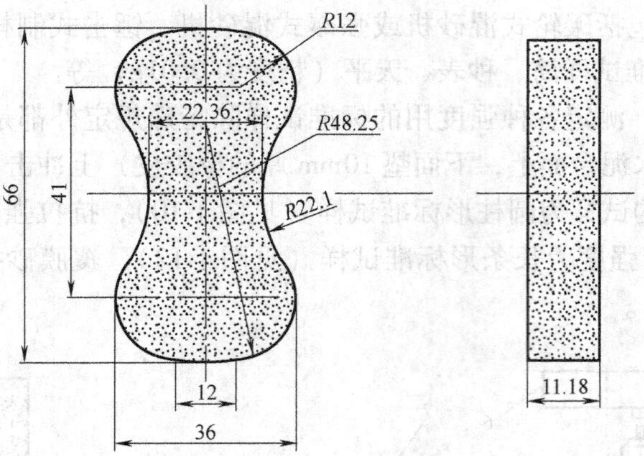

图 1-13 “8”字形标准试样

（3）型砂混合料配制方法　测定粘土砂性能应按取样方法提取型砂混合料样品制作试样。而测定铸造用粘土或膨润土的工艺试样强度，对于粘土采用控制水分法混制型砂试样；对于膨润土则采用控制紧实率法混制型砂试样。

1）控制水分法（标准方法，JB/T 9227—1999）。此方法是在固定加水量的条件下混制试验用型砂混合料的。配制时，称取标准砂 2000g 和粘土试样 200g，放入碾轮式混砂机中，先干混 2min，然后加水 100mL，再混碾 8min，将配制好的混合料盛于带盖的容器中或置于塑料袋里扎紧，以备进行试验。混合料应放置 10min 后再进行试验，但不得超过 1h。

2）控制紧实率法（标准方法，JB/T 9227—1999）。混制时先称取标准砂 2000g 和膨润土试样 100g，放入 SHN 型碾轮式混砂机中，干混 2min，加 40mL 水再混碾 8min，按规定方法测定紧实率。当紧实率小于 43% 时，可加少量水（按每补加 1mL 水能增加紧实率 1.5% 估计），再混碾 2min，检查其紧实率；若紧实率大于 47%，可将试样过筛一两次，再检查。型砂混合料紧实率应控制在 43% ~ 47% 范围内。型砂试样出碾后，应在密封的塑料袋中放置 10min 后使用，但不得超过 1h。

（4）试验步骤

1）湿压强度（标准方法，GB/T 2684—2009）。用混制好的型砂混合料，在 SAC 型锤击式制样机上冲击三次，制成 ϕ50mm × 50mm 的圆柱形标准试样，从试样筒中取出后，即可测定湿压强度。试验时，将抗压试样置于预先装在强度实验机上的湿压夹具上（见图 1-14），然后逐渐加载于试样（负载的增加速度应慢些，一般为 0.2MPa/min），直到试样破裂，其强度值可直接从仪器中读出。

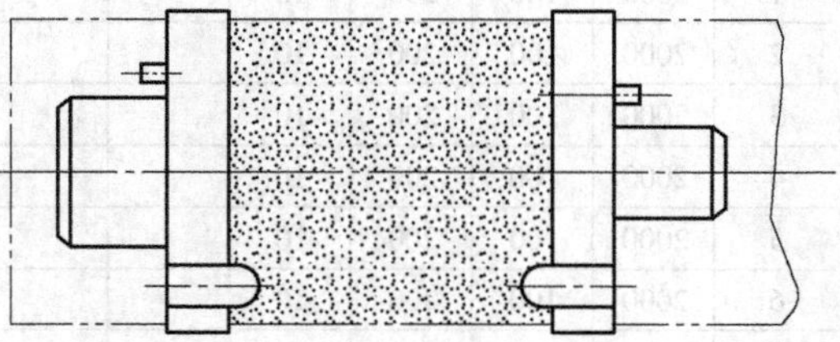

图 1-14　湿压强度试样装置示意图

在铸造车间现场进行的常规型砂试验中，也可采用测定过透气性的抗压试样进行湿压强度试验。不过，试样从试样筒中顶出后，应立即进行湿压强度试验，以免试样表层型砂的水分蒸发，强度增大，影响试验数据的准确性。对于透气性较大的试样，更应注意。

湿压强度值应由三次测试的试样强度平均值计算而得，其中任何一个试样的强度值与平均值相差超出 10% 时，试验应重新进行。

2）热湿拉强度（标准方法，GB/T 2684—2009）。热湿拉强度系指模拟湿型在熔融金属液的高温作用下，发生水分迁移，在砂型内表层水分凝聚区的抗拉强度，单位为 Pa。热湿拉强度试验仪原理示意图如图 1-15 所示。

用 SLR 型热湿拉强度试验仪的专用试样筒（见图 1-16）制备试样，并将试样筒置于 SLR 型热湿拉试验仪上，将已加热到 320℃ ± 10℃ 的加热板紧贴试样 20s 后，加载直至试样断裂，从记录仪上读取测试数据。

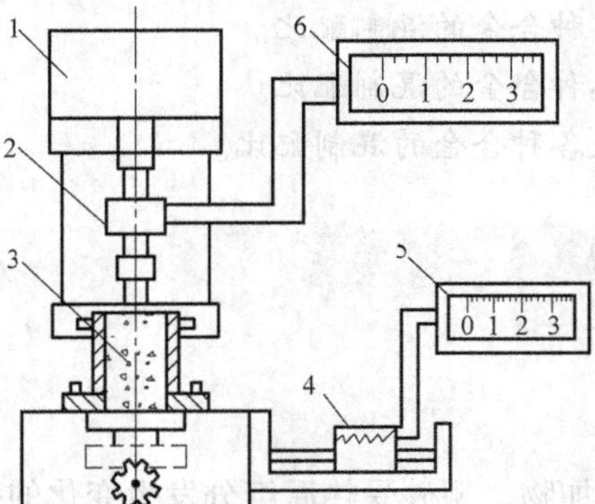

图 1-15　热湿拉强度试验仪原理示意图

1—机械传动机构　2—测力传感器　3—试样
4—加热器　5—温控器　6—电子秤

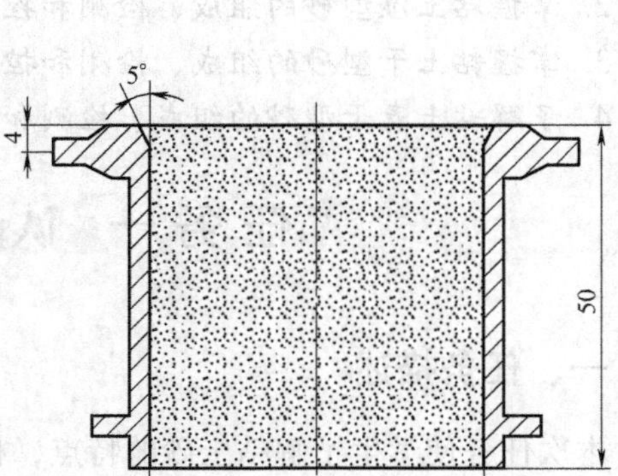

图 1-16　热湿拉强度试样装置示意图

用同一种混合料测定三个试样，取其算术平均值作为试样热湿拉强度值。如果其中任何一个数据与平均值相差超出10%，试验需重新进行。

（四）实验结果

填写铸造用膨润土、粘土混制（含不同水分）型砂性能测试统计表（见表1-18）。

表1-18 铸造用膨润土、粘土混制（含不同水分）型砂性能测试统计表

序号	原砂		粘土		膨润土		水		型砂性能					
	质量/g	百分数（%）	质量/g	百分数（%）	质量/g	百分数（%）	质量/g	百分数（%）	水分含量（%）	紧实率（%）	透气性/[cm²/(Pa·s)]	试样质量/g	破碎指数	湿压强度/Pa
1	2000	100	200	10			40	2						
2	2000	100	200	10			60	3						
3	2000	100	200	10			80	4						
4	2000	100	200	10			100	5						
5	2000	100	200	10			120	6						
6	2000	100	200	10			160	8						
7	2000	100			200	10	40	2						
8	2000	100			200	10	60	3						
9	2000	100			200	10	80	4						
10	2000	100			200	10	100	5						
11	2000	100			200	10	120	6						
12	2000	100			200	10	160	8						
混制工艺：原砂+膨润土（或粘土）干混2min+水湿混8min；出砂后回性10min，制样，测定各项性能														

单元二 粘 土 砂

【学习目标】

1. 掌握粘土砂的特点。
2. 掌握粘土湿型砂的组成、检测和控制项目及各种合金的混制配比。
3. 掌握粘土干型砂的组成、检测和控制项目及各种合金的混制配比。
4. 了解粘土表干型砂的组成、检测和控制项目及各种合金的混制配比。

任务一 认识粘土砂

一、任务描述

本次任务使学生了解粘土砂的特点，粘土砂中附加物、型砂受热后组分发生变化的残留物对粘土砂的影响，以及旧砂的处理。

二、粘土型（芯）砂简介

粘土型（芯）砂简称粘土砂，是历史最悠久的造型材料，从青铜时代至今，已使用了几千年。虽然科学技术的发展已根本改变了现代的生产方式，但在现代铸造工业中，粘土砂仍是使用最广泛的造型材料。

粘土砂型根据在合型和浇注时的状态不同可分为湿型（湿砂型或潮型）、干型和表干型（表面烘干型）。三者之间的主要差别是：湿型是造好的砂型不经烘干，直接浇入高温金属液；干型是在合型和浇注前将整个砂型送入烘干窑中烘干；表面烘干型是在浇注前对型腔表层用适当方法烘干一定深度。

湿型用的湿型砂按造型时情况不同，可分为面砂、背砂和单一砂。面砂是指特殊配制的在造型时铺覆在模样表面上构成型腔表面层的型砂。

湿型铸造法的基本特点是砂型（芯）无需烘干，不存在硬化过程。其主要优点是生产灵活性大，生产率高，生产周期短，便于组织流水生产，易于实现生产过程的机械化和自动化；材料成本低；节省了烘干设备、燃料、电力及车间生产面积；延长了砂箱使用寿命；容易落砂等。但是，采用湿型铸造也容易使铸件产生一些铸造缺陷，例如夹砂结疤、鼠尾、粘砂、气孔、砂眼、胀砂等。因此，湿型铸造必须在生产过程中全面控制型砂质量，即从原砂材料到型砂的配方、混制、储运、使用等必须严格监控，保证型砂始终具有所要求的性能。湿型铸造主要用于500kg以下的铸件，在机械化流水生产和手工造型中均可应用。手工造型时，主要用于几十千克以下的小件。

表干型是仅将砂型表面层烘干，烘干的深度一般为5~20mm，或将砂型、砂芯自然干燥24~48h后再合型浇注。它与湿型相比，表面层强度高、湿度小，因而浇注质量较大的铸件时不易产生气孔、粘砂、夹砂、冲砂等缺陷。但表干型要采用粗砂，型砂水分要严格控制，而且在造型、造芯、合型、浇注等方面应严格按照工艺规程操作才能稳定生产。

干型是将粘土砂型烘干，可显著提高砂型的强度、透气性，降低发气量，使铸件减少气孔、砂眼、粘砂、夹砂等缺陷，采用涂料后铸件的表面质量亦会得到改善。但干型铸造需要烘干设备，增加燃料消耗，增加起重机作业次数，延长生产周期，缩短砂箱使用寿命，使铸件的成本增加，生产率降低，干型落砂比较困难，还会产生大量灰尘。因此，粘土干型主要用于铸件表面质量要求高，或结构特别复杂的单件或小批生产及大型、重型铸件。

湿型、表面干型、干型对型砂性能要求有较大差别，而原砂、粘土的质量和水分含量的高低直接影响着型砂性能和铸件质量，因而需合理选用原砂、粘土及附加物。

三、粘土砂的特点

粘土砂是用粘土作粘结剂，加水调制，构成粘土-水体系。采用粘土-水体系粘结的型砂具有许多的优点，但也存在一些问题，有待于今后的优化和研发。

1. 粘土砂的优点和存在的问题

（1）优点

1）对造型方式的适应性强，手工造型及高速、高压造型均可。

2）铸造生产的各种原砂如硅砂、硅酸铝砂等均可用粘土作粘结剂。

3）粘土储量丰富，价格低廉，粘土砂复用性好，绝大多数型砂都可循环使用。

4）经春实后的粘土砂，强度高，脱模性好，搬运及合箱过程中不易损坏，在浇注时耐冲刷等。

（2）存在的问题

1）混制粘土砂所需能量大，混砂设备能耗高，混砂时间长。

2）粘土砂流动性不好，不易制成高紧实度的铸型。

3）砂型的强度不高，易于变形，制得铸件尺寸精度低。

4）铸件表面质量差。

2. 粘土-水体系

用粘土与水调制成的膏状物，简称粘土膏。

用水调和粘土形成的粘土膏，随着水和粘土比例的变化，性能也不断变化。在所加水量不足以充分润湿粘土以前，粘土是松散的、脆的。逐步加水，粘土不断趋于粘着。当所加的水正好完全润湿粘土，而且经过充分的搓揉、调制，就成为坚韧的团块，不附着于容器或操作者的手上，这是其强度最高状态。此后继续加水，粘土膏逐渐变软，易于变形，并且倾向于附着容器，强度下降，但韧性较加水不足时好得多。

粘土膏强度最高、韧性最好时所需的水分，与粘土的品种和颗粒的细度有关。对于膨润土（钠膨润土与钙膨润土的情况很相似），此时粘土量与加水量之比是3∶1；对耐火粘土，粘土与水的比大致为5.3∶1。

在常用的加入量范围内，无论膨润土的加入量如何，型砂的湿拉强度峰值所对应的粘土膏的水分大体上都是相同的。用膨润土时，粘土膏的水分大致为25%（质量分数）；用耐火粘土时，为15%～17%（质量分数），如图2-1所示。

粘土砂中的水分，基本上都与粘土形成粘土膏，原砂的粒度、粒形对出现峰值强度的水分没有明显影响，如图2-2所示。

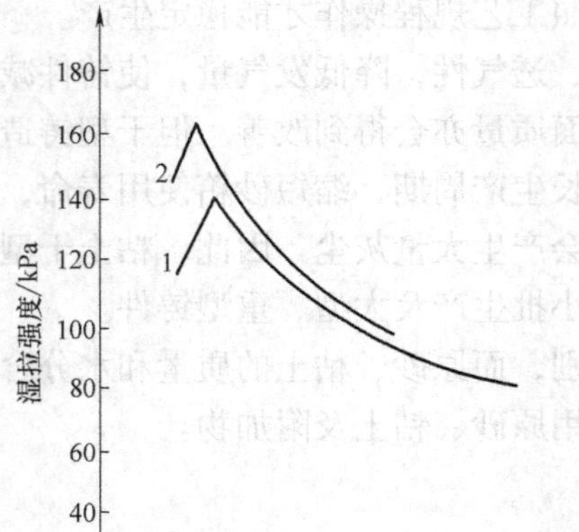

图2-1 粘土膏中水分对粘土湿型砂强度的影响
1—加膨润土7.45% 2—加膨润土10%

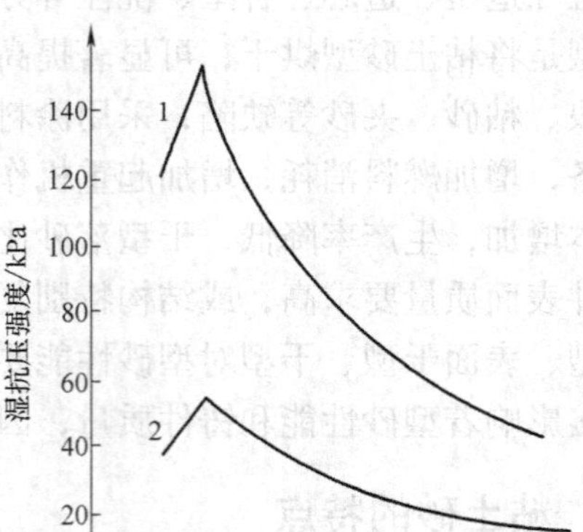

图2-2 用不同原砂时型砂的湿抗压强度与水分的关系
1—用木里图砂 2—用广东砂

另外，型砂中通常还含有相应的附加物（如煤粉等）及型砂受热后一些组分发生变化后的残留物等，也对型砂中的加水量有一定影响。型砂中每增加1%（质量分数）的煤粉，型砂中需补加0.03%（质量分数）的水；每含有1%（质量分数）的枯粘土，需补加0.2%（质量分数）的水；每增加1%（质量分数）的硅砂粉，需补加0.03%（质量分数）的水；每增加1%（质量分数）的谷物粉和淀粉，需补加0.5%～0.7%（质量分数）的水；每增加1%（质量分数）的木粉，需增加0.3%（质量分数）左右的水。

3. 型砂中其他成分对粘土-水体系的影响

(1) 煤粉 煤粉对湿强度峰值所需水分影响很小，每加入1%（质量分数）的煤粉，型砂中只需补充0.03%（质量分数）的水。型砂中加有煤粉，浇注后有一部分会因失去挥发分而焦化，成为多孔性物质，其吸水量将比煤粉多些。

(2) 枯粘土 膨润土受热，脱除了结构水，即成为枯粘土。枯粘土为多孔性物质，吸水能力强，吸水量大约是其质量的20%。即型砂中每含1%的枯粘土，需补加水量为0.2%。

型砂中，枯粘土、焦化的煤粉之类的细粉的质量分数应控制在2%～5%。

(3) 硅砂粉 原砂中的泥分和砂粒破碎形成的细粉，都是无孔隙的致密物质，和煤粉一样，每1%需补加水量0.03%。

(4) 谷物粉和淀粉 铸钢件用的湿型砂中，不能加入煤粉，往往加入少量的谷物粉或淀粉。谷物粉和淀粉是能吸附水的，其每1%需加水量约为0.5%～0.7%。

(5) 木粉 木粉吸水能力强，与枯粘土相似，而所需水分比枯粘土多，每1%需加水0.3%左右。

由于型砂在使用过程中形成枯粘土、焦化的煤粉等，对旧砂重复使用前应作相应的处理。

四、粘土砂的混制工艺

要使粘土湿型砂具有最佳的性能，混制这一环节是至关重要的。

1. 混制设备

生产中常用的混砂机有碾轮式、摆轮式、叶片式等。一般认为碾轮式混砂机混砂质量好、设备结构简单、维修方便。

碾轮式混砂机在混砂时，混合和揉搓作用较好，混制的型砂质量较高，但生产率低。一般工厂混制面砂时都用碾轮式混砂机。为了加强对型砂的松散和混合作用，新式的碾轮式混砂机的碾轮侧面带有数根松砂棒，或者采用单碾轮和一只松砂转子结构。双碾盘碾轮式混砂机是一种高生产率的连续式混砂机，用于大量生产的铸造工厂混制单一砂。

摆轮式混砂机生产率较碾轮式混砂机高几倍，而且在混砂机内能鼓风冷却型砂，但混制的型砂质量不如碾轮式，因此摆轮式混砂机多用于机械化程度较高的铸造车间，用来混制单一砂和背砂。

叶片式混砂机仅有混合作用而无揉搓作用，故只用于混制背砂或粘土含量低的单一砂。

用碾轮式混砂机混砂的时间为：背砂约3min，单一砂3～5min，面砂5～8min。用摆轮式混砂机混砂的时间为：背砂0.5～1min，面砂2～3min。

2. 混制工艺

(1) 原材料的准备

1) 旧砂。应经磁选、过筛（筛孔尺寸10mm左右)，冷却至室温，方可使用。

2) 新砂。水分（质量分数）小于2%时可不烘干；大于2%时应烘干，过筛（筛孔尺寸6mm左右)。

3) 粘土。袋装粉状粘土可直接配入，散装的应经160～200℃烘干、粉碎、过筛（筛孔尺寸0.2～0.5mm)。

(2) 混砂处理

1) 面砂。先干混后湿混，即旧砂+新砂+粘土+其他粉状材料干混（3~5min）+适量水湿混（4~6min），出碾（取样性能检验）。当全用新砂，或粘土量较多时，则适当延长混砂时间，取样检验型砂性能，如不合格，或适当延长混碾时间，或调整配砂成分。

2) 背砂。旧砂回用，即旧砂加入混砂机中开机，同时加适量水，混碾2~3min出碾。或者就地铺开砂子，撒入适量水，用铁锹翻匀，后用筛孔尺寸为4~6mm的筛子过筛。

混砂时，采用经适当处理回收后的旧砂，并少量添加新砂、粘土和附加物，比全用新砂混制更易于得到品质优良的型砂。

在有限的混制时间内，不可能使所有的活性膨润土都充分吸水膨胀，如果增加型砂中的水分，粘度降低，可降低混砂所需能量，在混砂设备相同的条件下，就可以减少混砂时间。但这将导致型砂强度下降，而型砂中的水分是需要严格控制的，这种办法是不可取的。为了减少混砂所需的能量，采用合理的加料顺序是非常重要的。以上提到的混制工艺（先干混后湿混）是我国大多数铸造厂混砂时采用的方法，即先加干料（砂和粘土），干混一段时间，然后加水混匀，这种方法有两个缺点。

① 需要较长的混砂时间，且往混匀的干料中加水，即使水分散得很好，也是一滴一滴地落在干料中的。因粘土是亲水的，加上水滴表面张力的作用，水滴附近的粘土就会聚集于水滴，形成粘土球。将这些粘土球压碎并使其涂覆于砂粒表面是非常困难的，需要更多的能量。如果先加砂后与水混匀，再加粘土，因水已分散，没有较大的水滴，不会形成大量粘土球，得到相同的混砂质量，混砂时间就可以缩短4min。

② 混干料时尘土飞扬，污染环境，有害于工人健康。

(3) 调匀处理　将混好的型砂在不失去水分的条件下放置一段时间（湿型砂放置2~3h，干型砂大于5h）即为调匀处理。以使型砂中水分均匀渗透到粘土中，提高型砂湿强度和透气性。

(4) 松散处理　使用型砂前，用松砂机或筛孔尺寸为5~8mm的筛子过筛，使型砂松散，提高型砂的可塑性，利于造型。

五、新砂和旧砂的处理

1. 原砂的处理

目前，国内供应的原砂有两种方式，一是用户直接购买未经加工处理的原砂，二是购买已经加工处理过的原砂。从原砂产地购进的未加工的新砂常含有草根、贝壳、石子等杂物，含水量亦较高，因此应对原砂进行烘烤和筛分。目前用于生产的烘干设备有热气流烘砂、滚筒烘砂、振动沸腾烘砂装置等，原砂的筛分可用滚筒筛、摆动筛和振动筛等。

原砂的加工处理方法有筛分、水漂洗、酸浸洗、精选等。筛分是除去粗粒或粉粒，得到合适的粒度；水漂洗是将原砂用清水漂洗并搅动，除去泥分，然后自然干燥；酸浸洗是用砂和水按2∶1的比例混合，再加入含量为原砂0.4%（质量分数）的浓盐酸，浸泡24h，然后用清水净洗，达到pH=6~7，最后干燥，此法目的是清除泥分，除去杂质，清洁砂粒表面，提高粘结剂的粘结力；精选是根据矿物表面物理化学性质的不同，用矿物浮选法使原砂中的石英与长石分离，然后根据矿物磁性的差别，再用强磁选除掉磁性杂质。

加工处理的原砂价格较贵，但它可大幅度减少粘结剂用量，尤其是用于植物油砂和树脂砂时，可节约植物油和树脂。

2. 旧砂的回用

旧砂的回用是指将湿砂型经过浇注、落砂后所得到的旧砂加以适当处理，通常包括磁选（去掉旧砂中的铁磁物质）、破碎和筛分并去除灰分及冷却，使其成分基本稳定、温度较低且均匀，才能用来配制湿砂砂型。因此，不能简单地重复使用旧砂作湿型型砂。

实际生产中，1t 铸件需要 5～10t 湿型砂，为节约资源、降低成本，配制的湿型型砂都应尽量采用回用旧砂。但简单重复使用旧砂会使砂型性能变坏，铸件质量下降，甚至造成成批废品。为稳定生产，有时只能将该批型砂直接报废。

砂型经过浇注，型腔的表面层受到金属液的强烈热作用，在成分和性能上都发生很大的变化。砂型面层的部分膨润土会因热失去结构水，丧失粘结能力而成为“死粘土”；一部分煤粉也会成为焦炭或灰分。这些失效的成分，或成为直径小于 0.02mm 的细粉，或凝聚成团粒状，或是呈多孔陶瓷状而牢固地烧结在砂粒表面，用冲洗方法也不能去掉，成为砂粒的一部分。

在反复循环使用中，型砂经无数次循环混制和浇注受热，部分砂粒表面会随失效成分的增加不断增厚，使砂粒直径增大，这种呈鱼卵石化现象的惰性膜占砂总量的 4%～5%（质量分数）时，能缓和砂型热膨胀，减少夹砂倾向；但过量（质量分数 >8%）时，由于惰性膜的熔点低，同时浇注温度高于 1400～1450℃，就会使铸型的尺寸稳定性下降，导致铸件表面粗糙或粘砂以及气孔（因为惰性膜是多孔性的，会增加型砂适宜含水量，同时型砂含“死粘土”质量分数 10% 时，型砂的水分也会比正常含量高 2% 以上）缺陷增加。

综上可见，回用旧砂不经过适当处理，是不宜多次反复使用的。为使湿型型砂性能保持在规定水平，需在每次浇注后，对回用旧砂去除部分惰性膜和粉尘，并不断加入新材料和排出相应数量旧砂，使型砂性能与成分之间取得平衡。

3. 湿型砂的“热砂”问题

湿型砂机械化流水生产车间，型砂周转快，常常出现“热砂”的问题。

湿型砂铸铁件落砂后的型砂温度一般可达到 70～180℃，钢件可达 90～260℃，机械化流水生产车间，一个班次中型砂可能周转 3～6 次。如果经过反复浇注的型砂积蓄的热量不能随时快速散去，就会使旧砂的温度不断上升，可达 100℃以上，产生热砂问题，导致砂型性能不良而引起一系列的问题。

1）砂温过高，使配制好的型砂水分蒸发，含水量无法控制，导致型砂变干、紧实率变低，使砂型易破裂，增加不合格砂型。

2）热砂蒸发出的水蒸气凝结在冷的传输带、储砂斗和模板表面上，会使其粘附一层型砂，造成作业环境污染加重、砂斗内壁挂砂、模板粘砂起模困难、除尘系统管路堵塞加重、效率降低、恶化工作环境。

3）由于砂温高，合型前砂型表面的热砂容易脱水变干，使砂型棱角变脆，不耐金属液冲刷，容易造成冲蚀和砂孔缺陷。

4）热砂型的水蒸气凝结在冷铁和砂芯表面，使铸件产生气孔缺陷。

5）回用旧砂温度高，含水量低，运输过程中粉尘会随着空气流和烟气向外散发，影响环境卫生。

对湿型型砂来说，通常造型时型砂温度超过 40℃，或者比环境温度高 12℃或 20℃以上，就可以认为存在“热砂”问题。当前解决机械化流水生产车间“热砂”问题的最有效的措施主要有两个方面。

1）对旧砂采取增湿通风冷却处理。一般要使1t热砂从100~110℃降到接近室温，需要鼓入200~210m^3的冷空气排除220~250m^3的热空气，还应保证这些冷空气能与松散的热砂粒直接接触到才能达到。另外还应加水，因为每蒸发1%（质量分数）的水分，按理论计算，可使砂温降低25~27℃。目前常用的旧砂冷却设备有落砂冷却滚筒、振动沸腾冷却床、双盘搅拌冷却机等。

2）为防止热砂粘附模样、模板，另一种方法是在造型机的模板上安装加热装置，以减少型砂和模样的温度差，从而避免水蒸气凝结在模板上，达到防止热砂粘附模样、模板的目的。

任务二 粘土湿型砂制备

一、任务描述

本次任务使学生了解粘土湿型砂原辅材料的选用、型砂检测和控制项目，掌握常用合金粘土湿型砂的配制方法。

二、粘土湿型砂简介

1. 粘土湿型砂原辅材料的选用

（1）组成　由新砂、旧砂、粘土、煤粉、水分和少量重油等附加物组成。

加入煤粉和重油的目的是防止粘砂和降低铸件的表面粗糙度值，重油还有利于保持型砂中的水分，改善型砂的流动性，避免混砂时型砂结团，使型砂松散。

型砂的含水量应重在控制配砂后所测得的水分含量。由于型砂的各项性能几乎都与含水量有关，所以应以型砂综合性能良好时的含水量范围为最适宜的含水量范围。一种型砂含水量（质量分数）的上限与下限之间的范围最好控制在0.5%~1.0%。对型砂适宜含水量范围的控制通常是通过测量型砂的紧实率来衡量的。

（2）特点　湿型砂浇注时发气量大，强度低，铸型受热后因水分迁移使性能很不均匀，恶化了透气性，并且为了严格控制水分而不能使用水涂料（虽有时也用于涂料，但敷面层不能很厚），无法像干型那样借助涂料层来隔离金属和保护型腔壁，因此湿型砂不宜使用普通粘土作粘结剂，且原砂不宜太粗，同时还需加入适量的附加物以形成气幕隔离层等。

（3）选用原辅料时应注意的问题

1）选用原砂时，首先应根据所浇注的合金种类确定原砂的二氧化硅含量，根据混合料种类确定原砂的含泥量及其他性能，根据铸件大小确定原砂粒度。

2）选用粘结剂时，应采用膨润土代替普通粘土。这是由于膨润土的粘结力比普通粘土高，为了获得相同的湿强度，加入量可大大减少，而且最适宜的水分也可减少，透气性可得到提高，因此不容易使铸件产生气孔，且可采用细砂，降低铸件表面粗糙度值。但是为了防止铸件夹砂，最好选用热湿拉强度较高的膨润土，如天然的或人工活化的钠膨润土。

3）选用附加物时，主要应考虑选用煤粉和重油，煤粉可根据实际情况合理选用。除按技术条件规定对有关项目进行控制外，有条件还可加测焦渣特征和光亮碳含量。为保证较好的造型性能，可将煤粉和重油或渣油配合使用；有时还需考虑选用氧化铁粉，它将降低湿型砂的烧结点，在浇注时使型腔表面玻璃化，减轻粘砂和球墨铸铁的皮下气孔缺陷，但氧化铁粉仅在正确使用时才有好的效果，加入量一般不超过3%（质量分数）。

2. 粘土湿型砂检测和控制项目

（1）湿压强度　型砂的湿压强度除取决于粘结的强弱外，还在很大程度上与原砂的颗粒形状有关。试样在压应力下破断时，除砂粒之间的粘结破坏外，还有砂粒间的滑动。用多角形原砂时，由于砂粒间的镶嵌作用，砂粒间的滑动需克服相当大的摩擦，在粘结条件相同的情况下，其抗压强度比用圆形砂高。对于粘土湿型砂，颗粒形状的影响比树脂砂小得多。从理论上说，抗压强度值并不能准确反映型砂的粘结状况，但由于其测定简便易行，试验机对于精度及操作者的技巧不敏感，一般不会因此造成太大的误差，故被广泛推广使用，是传统的检测项目。

（2）湿拉强度和湿抗劈强度　评定型砂的粘结状况，最直接的办法是测定其湿拉强度。湿拉强度值原则上只决定于型砂的粘结状况，可以综合反映紧实状况、粘结剂的分布情况和粘结剂的附着等因素，不受原砂粒形状的影响。但粘土湿型砂的湿拉强度很低，不及湿压强度的1/10，测定时对操作者要求很高，稍有不慎就可能导致很大的误差。故湿拉强度的测定多用于研究工作，生产中常用湿劈强度的测定来代替湿拉强度试验。湿拉强度≈0.65湿抗劈强度。

（3）可紧实性　粘土湿型砂的可紧实性是表述型砂在标准舂实的条件下可以紧实到什么程度的性能参数。在不同的造型条件下，对可紧实性的要求是不同的，用手工造型或震实造型机造型时，可以多次填砂，而且操作者能够控制铸型的紧实度，型砂的可紧实性高是可以的；用射压造型机造型时，射砂空间的容积是固定的，有些机型压实时压头的行程也是固定的，如果型砂的可紧实性太高，则会出现压头加压行程已经到位，而铸型仍未达到预期紧实度的情况，而铸型不紧实会导致铸件产生冲砂或粘砂的缺陷，故在高速、高压造型条件下型砂的可紧实性应比较低，约为（40±5）%的范围。

型砂在输送、存放过程中也会出现变化，如通常型砂自混砂机放出用带式输送机送到造型机的过程中，可紧实性的数值将会因输送距离不同，可能降低3%～6%；型砂中活性膨润土含量低、含泥量偏高，也可能出现输送、存放过程中可紧实性增高的现象。在生产中，可通过对砂处理系统的优化和严格的过程控制，尽可能地使这种变化稳定，以保证型砂质量。

回收砂在进入混砂机时的性状，对型砂在运送中可紧实性的变化影响很大，如回收砂的水分低、砂处理系统型砂周转太快等都会使可紧实性降低幅度增大，型砂的温度、室温、大气中的湿度等也都会使型砂的可紧实性在运行过程中发生变化。因此，在铸造厂只在混砂机出口取砂样检测型砂的可紧实性，常会造成从记录上看型砂的可紧实性完全符合要求，实际上型砂是不合格的，往往是铸件产生冲砂或粘砂的原因。因此，铸造厂应规定在造型机上方取样测定型砂的可紧实性。如果受条件限制，只能在混砂机出口取样，则控制值应由多次试验求得，务必使进入造型机型砂的可紧实性符合要求，且应经常校核。

三、粘土湿型砂的配制与性能

在拟定型砂的配方之前，必须首先根据浇注合金种类、铸件特征和要求、造型方法和工艺、清理方法等因素确定型砂应具有的性能范围，然后再根据各种造型材料的品种和规格、砂处理方法和设备性能、砂铁比等因素拟定型砂的配方。一个车间的型砂性能指标和配方要经长期生产检验才能确定。

由于铸铁件、铸钢件和铸造非铁合金件的合金特性和浇注温度不同，因此它们使用的湿型砂也不同。

1. 铸铁件湿型（芯）砂

铸铁件的合金熔点较高（略低于铸钢），浇注温度一般在1200～1400℃，因此对湿型砂耐火度的要求可比铸钢件低。铸铁件用湿型砂的配比与性能可参考表2-1。

表2-1　铸铁件用湿型砂的配比与性能（供参考）

序号	配比（质量分数）（%）								性能		使用范围	
	新砂 粒度组别	新砂 加入量	旧砂	膨润土	煤粉	碳酸钠	重油	水	湿透气性	湿压强度/kPa		
1	15或10	10～20	80～90	1.0～1.5	2～3	—	—	4.0～4.5	>80	50～70	普通机器造型	单一砂
2	10或15	40～50	50～60	3～4	3～5	0～0.15	1～1.5	4.5～5.5	>50	60～80		面砂
3	15或21	0～10	90～100	1～1.5	—	—	—	4.5～5.5	>80	60～80		背砂
4	15或10	10～20	80～90	2～3	2～3	0～0.1	0～1.0	4.0～5.0	>80	70～90	手工造型	单一砂
5	10或15	40～50	50～60	4～5	4～5	0～0.2	1～1.5	4.5～5.5	>50	90～110		面砂
6	15或21	0～10	90～100	0～1.5	—	—	—	4.5～5.5	>80	60～80		背砂
7	30	20	71.5	5	3.5	—	—	6.0～6.5	70～100	80～90	球墨铸铁中小件	
8	21	30	59	4.5	6.5	—	—	5.0～5.5	60～90	90～110	球墨铸铁曲轴、凸轮轴	
9	30	10	81	5	4	—	—	5.0～5.5	60～90	100～110	球墨铸铁件流水线单一砂	
10	15	0～10	90～100	1.2	0.8	—	—	2.8～3.6	>80	80～120	机器造型拖拉机小件	
11	15	0～10	90～100	1.2	0.8	—	—	3.8～4.5	>80	80～120	手工造型拖拉机小件	
12	15	53.5	35	0.5	白泥 0.4	红砂 10	—	4.5～5.6	105	80	活塞环	
13	15	20	80	5	2	0.1	—	6.5～7.0	50～60	70～77	大型电动机外壳	
14	10	30	70	6.5	6.5	0.1	—	7.0～7.5	>30	70～77	中小型电动机外壳	

铸铁件湿型砂的显著特点是其中普遍加入了煤粉，因而也称“煤粉砂”。煤粉的作用主要在于防止粘砂，如煤粉和渣油液混合使用可使铸铁件表面更加光滑，同时也减少了夹砂缺陷的倾向，还有利于保持砂型中水分和消除型砂中的团块，使型砂比较松软，从而使流动性得到改善。

2. 铸钢件湿型砂

铸钢件的合金熔点很高，浇注温度高达1450~1550℃，因此要求湿型砂有较高的耐火度和透气性。铸钢件湿型砂的配比与性能可参考表2-2。

表2-2 铸钢件湿型砂的配比与性能（供参考）

序号	配比（质量分数）(%)								性能			使用范围
	新砂		旧砂	膨润土	碳酸钠	糊精	其他	水	透气性	湿压强度/kPa	紧实率	
	粒度组别	加入量										
1	—	100	—	7	—	0.6	α淀粉0.8	3.2~2.5	230~250	>50	55	高压造型面砂
2	—	—	100	0.2	—	—	α淀粉0.2	2.8	>150	≥40	45	高压造型背砂
3	—	100	—	11~14	0.2~0.4	—	纸浆0.6~1.2 重油2	4.8~5.8	>80	55~70	—	机器造型面砂
4	15	50	50	3	0.4	—	—	4~4.7	≥100	≥50	—	机器造型单一砂
5	10	100	—	9~11	0.2	0.2~0.4	—	3.8~4.3	100~200	56~77	—	小型铸钢件
6	15	100	—	7.5	—		—	3.5~4.0	>100	50~75	—	<100kg碳钢件
7	15	100	—	4.5	—	—	煤粉2~4	3.0~4.0	>80	50~70	—	<100kg耐热钢件

铸钢件湿型砂一般应具有以下一些特点。

1）采用耐火度高的硅砂，但粒度应比铸钢件干型砂细，常用15组（70/140）的砂粒。

2）新砂所占比例较大，在面砂中有的甚至全部使用新砂，以提高型砂的耐火度，降低型砂中的水分，减少旧砂带入的粉尘。

3）膨润土加入量相应增多，有时加入糖浆等附加物，力求在尽量减少膨润土用量的基础上提高型砂的强度，以有利于降低水分，防止粘砂、夹砂和气孔缺陷。

4）有时在面砂中加入少量煤粉和重油等附加物，以防止粘砂，但这些附加物过多时会使铸钢件产生气孔和渗碳，因此用量需加以限制。

5）严格控制湿型砂水分，提高型砂的透气性。

6）在湿型砂表面喷涂糖浆、纸浆废液或水玻璃，提高湿型砂表面强度，但喷涂这些有机溶性粘结剂之后必须停放数小时，并进行表面烘干。

3. 铸造非铁合金用湿型砂

铸造非铁合金件的合金熔点一般不高，铜合金浇注温度为1200℃左右，铝合金的浇注温度一般不超过700~800℃，镁合金的浇注温度更低，因此对湿型砂的耐火度和化学稳定性要求不高，但非铁合金一般极易氧化，主要要求是防止合金液渗入铸型，要求铸件有较清晰轮廓和光洁表面。所用的原砂粒度大多较细，一般选用筛号为140的硅砂或天然粘土砂（如六合红砂）。要求型砂的水分不可过高，以提高流动性和减少发气性，避免由于型砂透气性低而造成呛火和气孔缺陷。铸造非铁合金件湿型砂的配比与性能可参考表2-3。

表 2-3　铸造非铁合金件湿型砂的配比与性能（供参考）

序号	配比（质量分数）（%）									性能		用途
	旧砂	新砂		红砂	粘土	膨润土	氟化物	水	其他	透气性	湿压强度/kPa	
		粒度组别	加入量									
1	70～90	15	10～30	—	8～12	—	—	4.5～5.5	重油 1.0～1.5	≥30	30～60	铜合金铸件
2	30	10	47	18	—	5	—	4～5	泥含量 9～14	>40	80～100	
3	70～85	10	10～20	5～10	—	2～3	—	4～5	泥含量 <12	>40	>50	铜、铝合金铸件
4	80～85	15	15～20	—	—	0.5	—	6.5～7.5	—	100～200	50	铝合金铸件
5	75	15 10	15 5	5	—	—	—	3.8～4	—	>100	120	
6		15 10	33 17	50	—	—	—	3.5～5.0	—	60～100	100～130	
7		21 10	100	—	—	—	6～8	适量	—	≥40	>40	镁合金铸件
8	85～90	21 10	10～15	—	0～1.5	—	1～3	适量	硫磺 0～3	≥35	>50	
9	90～95	21 10	5～10	—	0～1.5	—	0.35～0.5	适量	尿素防护剂 0.59～0.98	≥35	>50	

由于非铁合金的浇注温度较低，热容量小，对砂粒和粘结剂的破坏少，因此型砂可反复使用。

对于较大或重要的铜合金铸件可以用干型。所用型砂要求退让性要好，可以加入木屑以增加型（芯）砂的退让性，防止铸件产生裂纹缺陷。在铜合金用湿型砂中，常加入重油以提高铸件的表面质量。

四、气缸体湿型砂的制备

图 2-3 所示为采用 HT250 制造发动机配件——气缸体，质量为 200kg，属中小型铸件，采用机器造型，造型材料采用粘土湿型砂。根据铸件的材料、生产条件、技术要求等确定以下任务实施方案。

1. 面砂配方

新砂：粒度（筛号）140～100，加入量（质量分数）30%～35%。

旧砂：质量分数为 65%～70%。

膨润土：质量分数为 3.5%～4.5%。

碳酸钠（以膨润土为基）：加入量（质量分数）0.1%～0.2%。

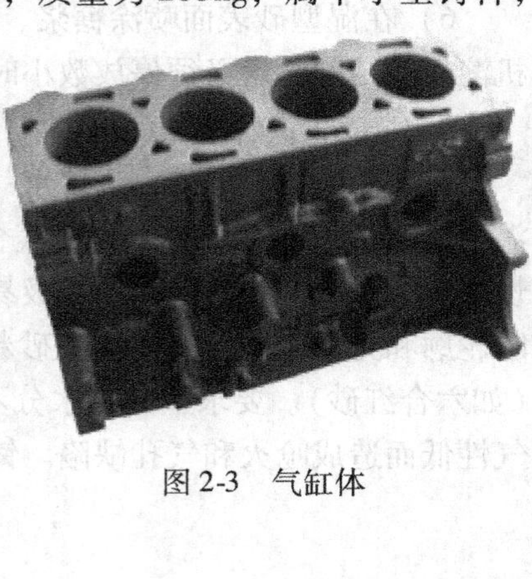

图 2-3　气缸体

煤粉：质量分数为7%～8%。

水分：质量分数为4.5%～5.5%。

2. 性能指标

湿压强度：>85kPa。

透气性：70～90。

紧实率：40%～50%。

破碎指数：65%～75%。

3. 混制

先加砂和水，湿混后再加粘土和煤粉混匀，最后加少量水调整紧实率，以便更快地达到预定的型砂性能，缩短混砂时间。

型砂混制设备为碾轮式混砂机。

混制时间为5～8min。

任务三 粘土干型砂制备

一、任务描述

本次任务使学生了解粘土干型砂的特点和烘干工艺，掌握常用合金粘土干型砂的配制方法。

二、粘土干型砂简介

1. 粘土干型砂的特点

干型砂常用普通粘土作粘结剂，因为普通粘土主要含有高岭石类粘土矿物，晶体之间的连接比较强，水不能渗入晶体的内部致使晶体膨胀。而且用干型砂制作干型时，对砂型（芯）烘干过程中体积的收缩所造成的砂型（芯）的开裂倾向也较小。但是，由于膨润土的粘结性高，因此在用普通粘土作干型砂粘结剂的同时，有时也加入一定量的膨润土，故干型砂实际上是以粘土和膨润土作粘结剂的一种烘干砂型用的型砂。

干型砂主要用于生产中、大型铸件，对表面质量要求高或需经受高压力的液压试验、结构特别复杂的铸件也常采用干型铸造。

因砂型需要烘干（干燥层深度>50mm），故干砂型具有以下特点。

1）湿强度可稍低，含水量可稍高，已达到较高的干强度。

2）干砂型主要靠涂料保证铸件表面质量，故对原砂化学成分和耐火度要求不高。

3）可采用水基涂料和较粗的原砂，以使铸型有较高的透气性，不宜产生冲砂、粘砂、气孔等缺陷。

缺点是：需要专门的烘干设备，生产工序复杂，周期长；溃散性差，落砂清理时粉尘大，劳动条件差；能源消耗多。因此，大的干砂型可用树脂自硬砂型代替。

2. 砂型（芯）的烘干工艺

烘干砂型和砂芯的目的是除去水分，降低砂型（芯）的发气量，提高强度及透气性。

粘土砂型的烘干过程，实际上是表面水分蒸发和内部水分不断向表面迁移的连续过程。烘干速度取决于蒸发速度和迁移速度。

水分从砂型表面蒸发的速度受砂型的表面积、炉气的温度和流动速度等因素的影响。水分由内部向表面移动的速度，受砂型表面和内部的含水量之差及温度差影响。水分移动的方向是由高水分处向低水分处移动，以及从温度高处向温度低处移动。合理的烘干工艺，应该是让砂型（芯）由开始表面温度高，到内外温度趋于一致，然后变成内部温度高于表面温度，使水分总是从内层向表层移动，再从表层蒸发掉，直到烘干为止。根据以上要求，将烘干过程分为三个阶段，并在生产上制订相应的烘干工艺规程。

（1）均热阶段　目的是使砂型（芯）从表及里整体加热。为此，烘炉要缓慢地升温，尽量减少表面水分蒸发，使砂型（芯）内外的温度差和湿度差尽量减小，有利于内外层同时升温。在操作上常把烟道闸门大部分关上，使炉内燃烧不旺，炉气循环几乎停止，炉气水分很快达到饱和，避免砂型表面的水分蒸发，使砂型（芯）在湿态下整体得到加热。这一阶段直到炉内温度稳定达到要求的保温温度为止。这时砂型（芯）内外温度达到一致。

（2）水分迅速蒸发阶段　要求砂型（芯）的水分不断由表面蒸发掉，内部的水分不断迁移到表面。因此，要求炉温在预定温度下保温一定时间后，把烟道闸门完全打开，使炉气加速循环，让炉气把水分带走。这一阶段要持续到砂型（芯）水分基本被排除才结束。

（3）缓冷阶段　把烟道闸门半闭，使砂型（芯）和烘炉一同冷却，同时利用烘炉内的余热，进一步排除型内残余水分，保证彻底烘干。

砂型（芯）的干强度和烘干温度有关。当烘干温度较低时，干强度随温度升高而增加；当烘干温度超过一定温度后，干强度反而下降。这是由于粘土矿物在较高温度下，晶体结构受到破坏所致。因此，烘干温度要控制适当，一般粘土干型砂的适宜烘干温度为300～400℃，含木屑的粘土砂芯则为300～350℃。

铸铁件不同体积砂型（芯）的烘干温度和烘干时间可参考表2-4。

表2-4　铸铁件不同体积砂型（芯）的烘干温度和烘干时间

砂型			砂芯		
砂型平均尺寸（长/m）×（宽/m）	烘干时间/h	烘干温度/°C	砂芯体积/m^3	烘干时间/h	烘干温度/°C
（0.6×0.5）～（1.2×0.9）	6～8	350～400	<0.001	2～3	250～300
（1.2×0.9）～（3.0×2.0）	8～12	350～400	0.001～0.015	4～5	250～300
（3.0×2.0）～（5.0×3.5）	12～24	350～400	0.015～0.025	6～7	250～300
（5.0×3.5）～（5.5×4.0）	24～36	350～400	0.025～0.05	8～9	250～300
>（5.5×4.0）	36～48	350～400	0.05～0.10	10～11	250～300
			>0.10	12～14	250～300

大砂型的烘干深度应大于40～60mm，砂芯最好干透。烘干深度可用仪表测量，或用手轻敲铸型，声音“清脆”则已烘干，声音“沙哑”则未烘干。也可用金属棒插入砂型内，如有水气凝聚在金属棒上，则可确定其还未烘干。

3. 改善重、大型铸件干型砂性能的方法

1）选用粒度较粗的原砂，粒度（筛号）：40/70、30/50、20/40，可提高透气性，防止气孔产生。

2）选用耐火度较高的硅砂和粘土，在型腔表面刷水基耐火涂料，可提高干型砂的耐火度，防止粘砂。

3）增加粘土含量，加入纸浆废液、糖浆、沥青乳化剂等，可提高干型砂的干强度、湿强度，防止冲砂、落砂、胀砂。

4）加入木屑（质量分数）0.5%～2%，加入焦炭粒（质量分数）10%～20%，加入沥青（质量分数）2%～5%，可提高干型砂的退让性，防止裂纹。

5）加入木屑，适当降低干强度，可提高出砂性，减轻清理劳动强度。

三、粘土干型砂的配比与性能

1. 铸铁件干型砂

铸铁件用于干型砂的旧砂回用量（质量分数）一般占50%～80%，粘土和膨润土的总量控制（质量分数）应为8%～12%，两者的比例一般在1∶1左右，可根据铸件大小适当调整。为了提高芯砂的干强度和溃散性，还可加入（质量分数）2%～3%的石油沥青乳液或其他有机水溶液粘结剂。

铸铁件干型（芯）砂的配比与性能见表2-5。

表2-5　铸铁件干型砂的配比与性能

序号	配比（质量比）（%）							性能				使用范围
	旧砂	新砂粒度（筛号）			粘土	膨润土	其他	$w(H_2O)$（%）	湿透气性	湿压强度/kPa	干剪强度/MPa	
		20/40	30/50	40/70								
1	30	20	50	—	8～10	—	—	7～8	>200	50～70	>0.15	大型铸件面砂
2	70	—	30	—	—	4～5	沥青乳浊液2	7～8	>100	50～70	>0.2	中型铸件面砂
3	70	—	30	—	4～5	2	—	7～8	>100	45～60	>0.15	中型铸件面砂
4	70	—	—	30	4～6	—	—	7～8	>100	45～60	>0.15	中、小型铸件面砂
5	20	15	40	—	10～12	—	焦炭粒	7.5～8.5	>200	50～70	>0.15	大型铸件芯砂
6	40	—	60	—	8～10	—	木屑（体积）15～20	7.5～8.5	>100	50～70	>0.15	中、大铸件芯砂
7	40	—	60	—	5～7	—	纸浆废液2～3	7.5～8.5	>100	50～70	>0.2	中、小铸件芯砂
8	—	85	—	—	6	8	纸浆废液3.5 焦炭粒15 鳞片石墨6	7.5～8.5	≥90	60～80	—	厚壁铸件芯砂
9	80	20	—	—	—	4～6	松香1	8～10	>100	65～85	—	薄壁铸件芯砂
10	40	60	—	—	5	7	糖浆1	6.5～7.5	≥400	67～87	—	钢锭模芯砂
11	—	100	—	—	4	12～14	糖浆3	6.5～8.0	≥400	85～95	≥0.21	汽轮机气缸衬芯砂
12	55～52	—	—	—	15～20	—	焦炭渣粒28～30	8～10	>80	60～90	>0.08	易产生夹砂处用面砂

2. 铸钢件干型砂

铸钢件用干型砂大都采用新砂配制，原砂 SiO_2 大多在 96%（质量分数）以上，含泥量在 1.5%（质量分数）以下的天然硅砂或人造硅砂，筛号为 30 ~ 70 的粗砂和中砂粒。生产大型厚壁件、合金钢铸件，用硅砂难以解决粘结缺陷时，可以选用碱性、中性或某些不易与金属氧化物起化学反应的非石英质砂，如镁砂、锆砂、铬铁矿砂和石灰石砂等。

铸钢件干型砂一般选用的型砂中加入的耐火粘土或膨润土较多，耐火粘土加入量（质量分数）为 15% ~ 20%，膨润土加入量（质量分数）为 9% ~ 10%，有的芯砂和型砂中还可加入 1.5% ~ 3.0% 的有机水溶性粘结剂和木屑。使用膨润土或膨润土与耐火粘土混合使用，有利于防止粘砂、裂纹、夹砂等缺陷。

为了防止粘砂，铸钢件干型要刷涂料。一般铸钢件用硅石粉涂料；生产大型铸钢件、高锰钢、耐热钢、不锈钢件时，若硅砂粉涂料不能有效地防止粘砂，可采用锆砂粉、镁砂粉、铬铁矿粉、刚玉粉作为防粘结材料配制涂料。铸钢件干型砂的配比与性能见表 2-6。

表 2-6　铸钢件干型砂的配比与性能

序号	配比（质量比）（%）							性能				使用范围
	旧砂	新砂粒度（筛号）			粘土	膨润土	其他	$w(H_2O)$（%）	湿透气性 ≥	湿压强度 /kPa	干剪强度 /MPa	
		12/30	20/40	40/70								
1	—	—	80	20	8	6	糊精 0.5	7 ~ 8	200	45 ~ 60	—	>100kg 碳钢件
2	30	53	—	—	9	—	纸浆废液 2 木屑 6	6 ~ 8	100	50 ~ 70	0.05 ~ 0.15	大齿轮芯砂
3	—	50/100 5	30	65	6	8	糖浆 2	7 ~ 8	160	45 ~ 60	—	高锰钢重要碳钢件
4	—	140 筛 85	50/100 15	—	11 ~ 13	—	纸浆废液 2 ~ 3	6 ~ 7	550	15 ~ 55	0.15	大、中型铸钢件
5	—	30 筛 60	140 筛 40	—	10 ~ 14	—	纸浆废液 0.5 ~ 1.0	7 ~ 8	400	20 ~ 30	0.1	大、中型铸钢件面砂
6	50 ~ 60	—	140 筛 40 ~ 50	—	6 ~ 8	—	—	6.5 ~ 7	300	25 ~ 35	—	大、中型铸钢件背砂
7	—	—	100	—	7 ~ 7.8	钠基 7 ~ 7.5	—	7.5 ~ 9	150	30 ~ 42	干剪 0.3	大型铸钢件型砂
8	—	140 筛 75	—	50/100 25	11 ~ 13	—	纸浆废液 1.5 ~ 2	7 ~ 8	200	40 ~ 50	0.2	大、中型铸钢件
9	0 ~ 30	20/40 ~ 30/50 70 ~ 100			7	7	糖浆 0.5	7.5 ~ 9	150	49 ~ 60	—	大、中型铸钢件
10	—	30	60	10	—	9	—	7 ~ 8	350	40 ~ 60	—	大型铸钢件
11	—	—	100	—	4	钠基 6 ~ 7	氧化铁粉 0.04 ~ 0.08 木屑（体积） 15	10 ~ 11.5	80	28 ~ 40	干剪 0.18	大型铸钢件背砂

任务四 粘土表干型砂制备

一、任务描述

本次任务使学生了解粘土表干型砂的特点、常见合金表干型砂的配制和性能。

二、粘土表干型砂简介

在生产大型和中型铸铁件时，也常采用表干型砂。

1. 粘土表干型砂的特点

表干型砂是在湿型砂的基础上发展起来的，且砂型表面需要烘干。因此，表干型砂的性能及配置基本上兼有湿型砂与干型砂的要求，介于两者之间。成分特点是采用粗砂、活化膨润土、加入木屑。

1）在湿型砂的基础上将膨润土加入量增大，当全部采用新砂时膨润土（质量分数）一般都为8%～10%，总含泥量（质量分数）控制在16%～18%以下，如采用湿强度和热湿拉强度较高的钙膨润土时，仍需在配砂时加入占膨润土量4%（质量分数）左右的碳酸钠进行活性处理，以提高表干型砂的强度。但表干型砂的湿强度也不能过高，否则将会影响成型性，并降低了退让性和溃散性，使铸铁件（尤其是可锻铸铁件）容易开裂，清砂困难。表干型砂的湿压强度与湿型砂相近，大部分控制在80～120kPa。对表干型砂，应重点控制热湿拉强度，且最好控制在2kPa以上。

2）用于生产大中型铸铁件的表干型砂均采用较粗的砂子，比干型砂的原砂还粗，一般为85组1.60～0.585mm（12/30）、60组0.900～0.400mm（20/40）、42组0.585～0.355mm（30/50）的石英—长石砂，因采用粗砂可以保证表面干型砂有高的透气性和临界受热时间，可显著减少夹砂、气孔等缺陷。表干型砂的透气性应不低于300，一般为600～800，复杂铸铁件有时高达2000。

3）表干型砂中常加入木屑0.5%～1.5%（质量分数），以助于防止夹砂缺陷，并提高铸型的退让性和溃散性。加入木屑应预先浸湿。

4）表干型砂的含水量要比湿型砂高，一般控制在6%～8%。

三、粘土表干型砂的配比及性能

1. 铸铁件表面烘干型砂的配比和性能（见表2-7）

表2-7 铸铁件表面烘干型砂的配比和性能

序号	配比（质量比）							性能			使用范围
	旧砂	新砂		膨润土	碳酸钠	木屑	焦炭粒<4mm	w (H_2O)（%）	湿透气性>	湿压强度/MPa	
		粒度	加入量								
1	50	20/40	50	10～12	0.5～0.6	2	—	6.5～7.5	600	100～120	10t以上大型铸铁件型砂和芯砂

（续）

序号	配比（质量比）							性能			使用范围
	旧砂	新砂		膨润土	碳酸钠	木屑	焦炭粒 <4mm	$w(H_2O)$ (%)	湿透气性>	湿压强度 /MPa	
		粒度	加入量								
2	40	20/40	60	10~12	0.5~0.6	2	5	6.5~7.5	600	100~120	10t 以上大型铸铁件要求耐火度高的芯砂
3	—	20/40	100	14~16	0.55~0.65	2	—	6.5~7.5	900	100~120	10t 以上大型铸铁件要求透气性好的芯砂
4	80	20/40	20	4~6	0.3~0.5	1	—	6.5~7.5	400	90~110	5~10t 铸铁件面砂
5	30	20/40	70	8~10	0.4~0.5	2	—	6.0~7.0	400	90~110	5~10t 铸铁件芯砂
6	80	30/50	20	4~6	0.2~0.3	1	—	6.0~7.0	300	90~110	5t 以下铸铁件型砂和芯砂
7	30	30/50	70	6~8	0.3~0.4	—	—	6.0~7.0	300	80~100	5t 以下铸铁件型砂和芯砂
8	30	30/50	70	8~10	0.4~0.5	2	—	6.0~7.0	400	90~110	5t 以下铸铁件大的芯砂

2. 大型铸铁件表干型造型工艺特点

（1）模样　要求光滑，以利起模；高大模样做成抽芯模最有利。

（2）紧实度　舂砂要匀、实，用砂型硬度计测量。

（3）浇口　采用开放式浇注系统；内浇道应多而均布。

（4）出气　多开出气孔；上箱多扎通气孔。

（5）刷涂料　修好型后，一般刷 2~4 遍涂料；第一遍涂料应较厚，自然风干 24h；或用喷灯喷烘后才可刷第二遍。

（6）表面烘干　采用喷灯，或表面烘炉，进行低温短时间烘干；小型铸件干燥深度 >15mm，中、大型铸件（5~10t）干燥深度 >20~30mm；烘干后及时浇注，间隔不宜过长。

单元三　水玻璃砂

【学习目标】

1. 了解水玻璃砂的特点，钠水玻璃砂存在的主要问题及解决的措施。
2. 掌握水玻璃 CO_2 硬化砂的特点及制备方法。
3. 掌握有机酯水玻璃自硬砂的特点及制备方法。

任务一 认识水玻璃砂

一、任务描述

本次任务使学生了解水玻璃砂的特点及应用，掌握水玻璃砂常见问题的解决措施。

二、水玻璃砂简介

水玻璃粘结砂简称水玻璃砂，是铸造生产中广泛采用的化学粘结砂。水玻璃可以采用多种硬化工艺，但基本上可分为三类，即脱水硬化、吹气硬化和自硬化。

20 世纪 50 年代曾大力推广 CO_2 水玻璃砂造型和造芯，但后来由于存在着砂层容易剥落、型砂强度低、溃散性和存放性差以及吸湿性和粘砂（尤其铸铁件）问题，因而在 20 世纪 60 年代已大多被树脂砂所取代。20 世纪 70 年代以来，由于树脂砂产生较多有害气体，成本较贵，供应紧张，而且还影响铸件质量，因而各工业国家又提出把发展无机粘结剂，特别是水玻璃改性，放到重要位置上。1975 年，日本水玻璃用量为 10 万 t，英国 4 万 t，美国 2 万 t。英国某生产发动机缸体和变速器箱体等铸件（每件质量 76～216kg；每年产量 6 万 t）的铸造厂，每周要消耗芯砂 700t，其中较大的砂芯约 600t（占 85%），采用改性水玻璃砂做成。目前英国已把水玻璃的用量从过去的 4%～5% 减少到 2.5%～3%（采用加有机物改性或加其他无机硅酸盐类等）。日本和英国等还大量用水玻璃再加有机酯（相当于水玻璃量的 10%）催化的自硬砂（水玻璃模数可提高到 2.7）以及其他水玻璃流态砂。

图 3-1 所示为采用水玻璃工艺制造的工程机械铸件。

铸造技术的不断发展和工艺的进步为水玻璃砂的应用打开了更大的空间。

图 3-1 工程机械铸件

三、水玻璃砂的生产

1. 水玻璃砂的特点

水玻璃型（芯）砂与粘土砂比较，其优点是：型（芯）砂流动性好，易于紧实，故造型（芯）劳动强度低；硬化快，硬化强度较高，可简化造型（芯）工艺，缩短生产周期，提高劳动生产率；可在型（芯）硬化后起模，型（芯）尺寸精度高；可取消或缩短烘烤时间，降低能耗，改善工作环境和工作条件。

钠水玻璃砂 CO_2 法自 1947 年问世以来，由于混砂、紧实、硬化、起模等操作简单，同时 CO_2 价格便宜、安全、不需要净化，从而迅速得到推广。这一方法的主要缺点是铸型浇注后溃散性差；旧砂难以用摩擦法再生；硬化的型芯保存性差（尤其在寒冷潮湿的条件下）；对某些铸件，型芯硬化后的强度还不够理想。因此，其使用受到一定限制。

2. 水玻璃砂的配制

水玻璃砂的配制对原砂的要求较高，一般要求二氧化硅的含量高（铸钢件用原砂 SiO_2 质量分数≥97%，铸铁件用原砂 SiO_2 质量分数≥90%），其次要求有较低的含泥量（质量分数≤0.4%）和含水量（质量分数≤0.5%）。对水玻璃的要求应满足标准 JB/T 8835—1999

的规定，并结合生产条件选择合理的水玻璃模数和密度。

此外，还应注意以下问题。

1）尽可能选用新鲜的水玻璃。

2）尽可能选用抗老化能力强的水玻璃。

3）尽可能选用使用成功的改性水玻璃。

4）在强度许可的条件下选择较高模数的水玻璃。对其他材料（如粘土、NaOH 溶液、重油、溃散剂等）的要求，应以有助于降低水玻璃的加入量为原则。粘土的加入是为了提高水玻璃砂的湿强度，重油的加入可有效防止水玻璃砂粘模，溃散剂的加入是为了有利于铸件凝固后水玻璃砂的清理。

3. 改善水玻璃砂溃散性和表面粉化的技术方案

（1）水玻璃砂溃散性

1）传统的 CO_2 硬化水玻璃砂，一般要求有一定的湿压强度，以满足“先起模后硬化”的工艺需要，因此配比中不得不加入一定量的粉状材料，水玻璃粘结作用不能充分发挥，导致水玻璃加入量居高不下，型砂易烧结，溃散性差。

2）新型 CO_2 硬化水玻璃砂，配比中不加粉状材料，没有湿强度。采用改性水玻璃，结合科学的吹 CO_2 工艺（如脉冲吹 CO_2），先硬化后起模，使得水玻璃加入量降低，溃散性提高。改性水玻璃有 RC 系列双组分硅铝复合水玻璃、强力 2000 多重变性水玻璃、Solosil－433 改性水玻璃、有机改性硅酸复盐水玻璃等。

3）溃散剂。水玻璃砂中加入的溃散剂有：多糖类，如蔗糖、葡萄糖、糊精、淀粉；树脂类，如呋喃树脂、水溶性酚醛树脂、酮醛树脂、有机酯；油类，如渣油、沥青、动物油、植物油；纤维素类，如聚醋酸乙烯、羧甲基纤维素；碳质类，如煤粉、石墨粉；无机物类，如氧化铁、氧化铝、氧化镁、碳酸钙；矿石类，如氟化钙、氟化铝。

（2）水玻璃砂的粉化

1）钠水玻璃砂吹 CO_2 硬化并放置一段时间后，有时会在砂型或砂芯表面出现“白霜”，这种现象称为粉化。“白霜”的主要成分是呈粉状的 $NaHCO_3$，$NaHCO_3$ 容易随水向外迁移到砂型（芯）的表面，形成“白霜”，使砂型（芯）的表面强度降低。粉化严重的砂型（芯）只能报废。防止方法是限制水分和吹 CO_2 的时间，特别应避免因吹气压力不足而延长吹气时间，导致表面层反应过度，并且不要将砂型（芯）久放，冬季尤其应注意。因为 CO_2 在水中的溶解度随着温度降低而升高，冬季和雨季水分蒸发慢，有助于钠离子伴水外移，“白霜”严重。

2）在钠水玻璃砂中加入占原砂质量 1% 的糖浆或刷涂料后进行表面烘干，可以防止砂型（芯）表面粉化。

4. 水玻璃砂的分类

水玻璃砂根据硬化方式的不同可分为 CO_2 硬化的水玻璃砂、加热硬化的水玻璃砂和硬化剂硬化的水玻璃砂。

任务二　水玻璃 CO_2 硬化砂

一、任务描述

本次任务是在学习 CO_2 硬化水玻璃原理的基础上，掌握水玻璃 CO_2 硬化砂的制备方法及常见缺陷的改进方法。

二、水玻璃 CO_2 硬化砂简介

1. CO_2 硬化原理

在水玻璃溶液中存在着下列的水解平衡

$$Na_2O \cdot mSiO_2 + (n+1)\ H_2O \rightarrow mSiO_2 \cdot nH_2O + 2NaOH$$

通入 CO_2 气体，由于 CO_2 是酸性氧化物，与水解产物 NaOH 作用生成盐和水，即

$$CO_2 + 2NaOH = Na_2CO_3 + H_2O + Q\ (放热)$$

不断地将 NaOH 移去，促使水玻璃水解平衡向右进行，生成更多的硅酸分子。由于水解时伴有热量放出而使体系的温度升高，也有利于水解的进行。

硅酸分子间不断失去缩合形成硅酸溶胶，长链状硅酸溶胶分子之间继续相互结合形成网状的硅酸凝胶薄膜，包覆在砂粒表面，从而将砂粒粘结在一起，使砂型（芯）具有一定的强度。其反应式为

$$mSiO_2 \cdot nH_2O \rightarrow mSiO_2 \cdot xH_2O + (n-x)\ H_2O$$

实际上，上面的三个反应是同时进行的，不能机械地把它们分开，因此可以归并为一个总的化学反应式

$$Na_2O \cdot mSiO_2 \cdot nH_2O + CO_2 \rightarrow mSiO_2 \cdot xH_2O + (n-x)\ H_2O + Na_2CO_3 + Q\ (放热)$$

2. 吹 CO_2 硬化水玻璃的方法

（1）插管法　将带小孔的空心金属管直接插入砂型（芯）中，吹入 CO_2 气体，待型（芯）砂硬化后将金属管取出。此法适用于大型砂型或砂芯，硬化过程如图 3-2 所示。

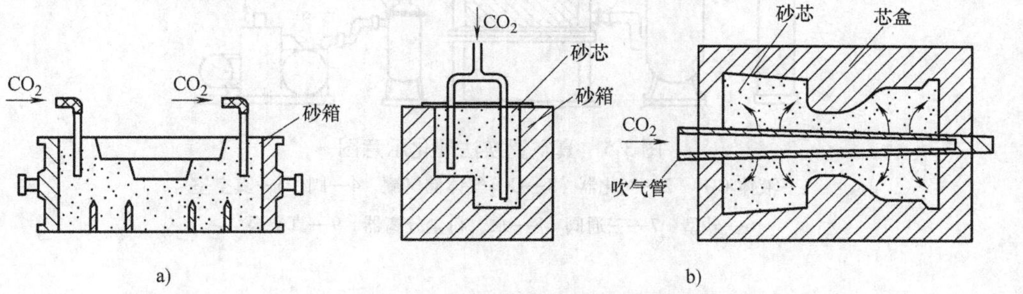

图 3-2　插管法硬化示意图

a）砂型硬化　b）砂芯硬化

（2）盖罩法　将金属或木板制成的盖罩盖在修好的砂型（芯）上，然后吹入 CO_2 气体使其硬化，此法适用于较小的砂型或砂芯，硬化过程如图 3-3 所示。

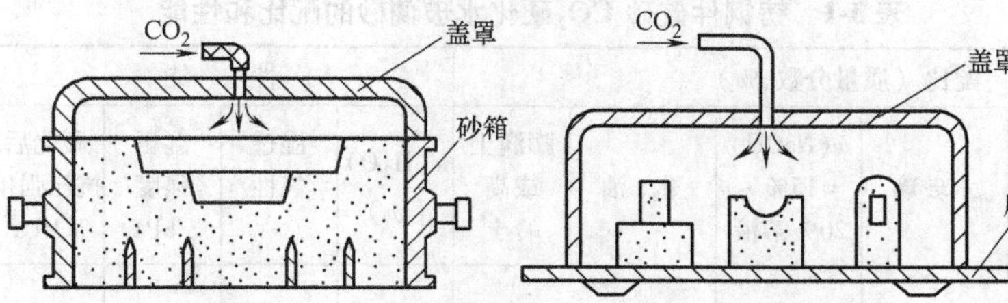

图 3-3　盖罩法硬化示意图

a）砂型硬化　b）砂芯硬化

（3）模样吹气法　通过模样上的孔隙吹入 CO_2 气体使砂型（芯）硬化，硬化过程如图3-4所示。其特点是可以节约 CO_2 气体，并克服插管法硬化不均的缺点，但模样上需要钻孔。

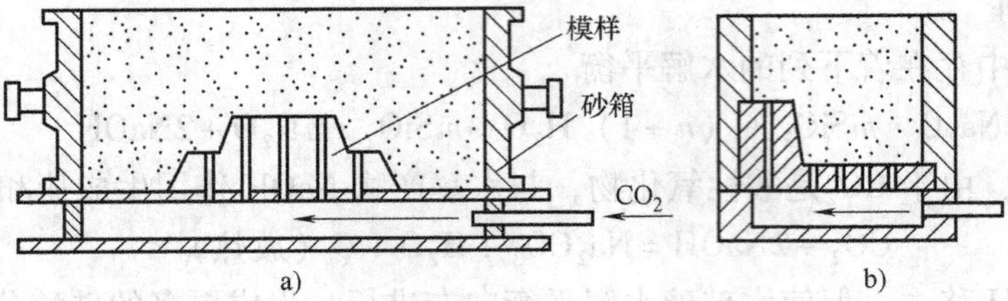

图3-4　模样吹气法硬化示意图

a）砂型硬化　b）砂芯硬化

（4）脉冲吹气法　间断地向砂型（芯）中吹入 CO_2 气体，可减少 CO_2 气体的消耗。

（5）真空置换硬化（VRH）法　将砂型（芯）放入真空室抽真空，然后充入 CO_2 气体使砂型（芯）硬化，其硬化过程如图3-5所示。该硬化法的特点是抽真空过程中伴随水分及气体的挥发，促进水玻璃凝胶的形成，降低了水玻璃的加入量（水玻璃的加入量降到质量分数3%～4%），减少 CO_2 气体的消耗，同时提高砂型的强度和铸件质量，改善砂型的溃散性，但是设备投资过大。

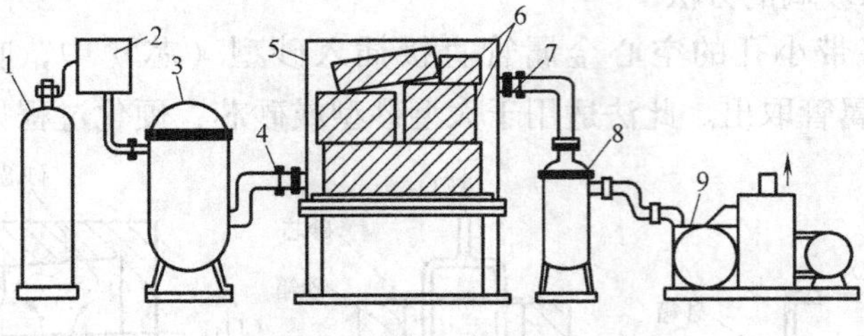

图3-5　真空置换法硬化示意图

1—液体 CO_2　2—气化器　3—CO_2 气体储气罐　4—阀　5—真空室　6—砂型　7—三通阀　8—水、粉尘分离器　9—真空泵

三、传统水玻璃 CO_2 硬化砂的配比和性能

传统的水玻璃 CO_2 硬化砂，水玻璃加入量大，溃散性差，但目前仍在不少工厂应用。

1）铸钢件硅砂 CO_2 硬化水玻璃砂的配比和性能见表3-1。

表3-1　铸钢件硅砂 CO_2 硬化水玻璃砂的配比和性能

序号	配比（质量分数，%）						性能				应用
	新砂		水玻璃	w(NaOH) =15%～20%溶液	重油	膨润土或高岭土	$w(H_2O)$ (%)	湿透气性 >	湿压强度 /kPa	硬化后抗压强度 /MPa	
	粒度（筛号）	加入量									
1	700/140	100	8～9	0.7	—	4～5	4～5	100	25～30	>1.5	大型铸钢件型（芯）面砂

（续）

序号	新砂		配比（质量分数，%）				性能				应用
	粒度（筛号）	加入量	水玻璃	w(NaOH) =15% ~20%溶液	重油	膨润土或高岭土	$w(H_2O)$（%）	湿透气性 >	湿压强度 /kPa	硬化后抗压强度 /MPa	
2	40/70	100	6.5 ~ 7.5	—	—	—	4.5 ~ 5.5	300	5 ~ 15	—	铸钢件型（芯）砂
3	—	100	7	0.75 ~ 1.0	0.5 ~ >1.0	3	4.5 ~ 5.5	200	17 ~ 23	1.0	
4	50/100	100	4 ~ 4.5	LK—2 溃散剂3	水0.4 ~0.6	—	<3.5	150	—	>1.0	
5	40/70	100	易溃水玻璃5	溃散剂 1.0	水1 ~ 1.5				5.5	>1.3	
6	40/70	100	ZNM—2 改性7	—	—	—	3.5 ~ 4.2	2450	7	>1.3	
7	再生砂	30 70	8	—	—	1 ~ 2	3.8 ~ 4.4	100	8 ~ 12	>3.0	铸钢件型砂

2）铸钢件石灰石水玻璃砂的配比和性能见表3-2。

表3-2 铸钢件石灰石水玻璃砂的配比和性能

配比（质量分数，%）						性能				混砂工艺
石灰石砂 1	水玻璃 2	粘土 3	柴油 4	膨润土 5	外加水 6	$w(H_2O)$（%）	湿强度 /kPa	干强度 /kPa	透气性	
100	7 ~ 8	—	0.2	0.5 ~ 1.0	适量	4.5 ~ 5.5	16	—	>230	1 +2 +4 +5 混碾10min
100	6 ~ 7	—	—	—	适量	4.5 ~ 5.5	5 ~ 10	>150	>550	1 +2 +6 混碾6min
100	7 ~ 8	—	—	—	适量	5 ~ 6	5 ~ 25	>80	>800	1 +2 混碾5min
100	7 ~ 8	<3	—	0.5 ~ 1.0	适量	5 ~ 6	25 ~ 30	>50	>400	1 +3 混碾2min 2 +5 混碾5min

3）铸铁件硅砂 CO_2 硬化水玻璃砂的配比和性能见表3-3。

表3-3 铸铁件硅砂 CO_2 硬化水玻璃砂的配比和性能

序号	砂		配比（质量分数，%）				性能		应用
	粒度	加入量	水玻璃	膨润土或高岭土	水	煤粉	湿透气性	湿压强度 /kPa	
1	新砂 50/100	50	4.5 ~ 5.5	1 ~ 2	4 ~ 6	—	>80	25 ~ 40	<1t 铸铁件型砂
	旧砂	50							
2	新砂 50/100	50	5.5 ~ 6.5	1 ~ 2	4 ~ 6	2 ~ 4	>80	25 ~ 40	
	旧砂	50							

（续）

序号	配比（质量分数,%）						性能		应用
	砂		水玻璃	膨润土或高岭土	水	煤粉	湿透气性	湿压强度/kPa	
	粒度	加入量							
3	新砂 40/70	60	5~6	2~4	4~6	—	>100	30~50	1~5t 铸铁件型砂
	旧砂	40							
4	新砂 40/70	60	5.5~6.5	2~3	4~6	木屑 1.0~1.5	>100	30~50	1~5t 铸铁件芯砂
	旧砂	40							

四、水玻璃 CO_2 硬化砂的常见缺陷及改进方案

1. 可使用时间太短

可使用时间太短的主要原因有以下几个方面：原砂烘干后没有冷却到室温；水玻璃的模数和密度大；混砂时间过长；出碾时水分过低；出碾后型砂保存不好等。

因此，应保证原砂烘干后冷却到室温使用；夏季应用低模数的水玻璃；混匀即可，时间尽量短；混砂时，加水质量分数应控制在 0.51%～1.0%；出碾后型砂应放在有盖容器中或用湿麻袋盖好。

2. 冬季室温低于 10℃时砂型吹不硬

当型砂的出碾含水量过高，水玻璃模数、密度低或室温及砂温过低时，往往会导致砂型吹不硬。因此，在冬季温度较低，应选模数与密度较高的水玻璃；原砂烘干后使用，且冬季原砂应预热到 30℃左右；在混砂时还要考虑加入促凝剂、硫酸亚铁（$FeSO_4$）质量分数 0.5%左右，以防止型砂吹不硬。

3. 粘模

当型砂的含水量过高，模样表面的脱模漆不合适时，易出现粘模问题。为防止粘模，原砂应在烘干后使用；水玻璃密度应合适；模样表面涂耐碱的脱模漆，如过氧乙烯漆、外用磁棒、聚氨酯漆等；若还存在粘模，可在脱模漆的表面再涂脱模漆。

4. 表面稳定性太低，出现表面粉化

出现表面粉化现象往往是由于水玻璃密度低，原砂含水量过高，或吹 CO_2 的时间过长，或水玻璃加入量过低造成的。可以选用模数和密度合适的水玻璃；对含水量过高的原砂烘干后使用；控制吹 CO_2 的压力和流量；适当增加水玻璃的加入量。

5. 铸件气孔

当型砂的残留含水量高，型砂的出气孔少或太浅时，铸件出现气孔。为防止铸件产生气孔，应采用烘干的原砂、尽量减少水玻璃的加入量、多扎出气孔或其他有力排气的措施，必要时可将砂型烘干。

6. 铸件粘砂

当砂型表面没有舂实，原砂粒度太粗，涂料质量不好或涂刷操作不当时，会出现铸件粘砂的情况。为有效防止铸件粘砂，需选用粒度较细的原砂；砂型（芯）要舂实；使用优质涂料、涂膏并注意涂刷质量；厚壁铸钢件采用铬铁矿砂或锆砂作面砂，并刷涂料。

7. 出砂困难

当水玻璃加入量过高，原砂中 SO_2 含量偏低，微粉含量和含泥量偏高时，会出现出砂困难。为避免出砂困难，应采用符合要求的原砂；尽量降低水玻璃的加入量；采用溃散性好的改性水玻璃；加入适量的溃散剂；采用石灰石砂作原砂；采用铅铁矿砂等配制面砂；采用优质的涂料或涂膏。

五、改性水玻璃 CO_2 硬化砂

改性水玻璃 CO_2 硬化砂中水玻璃的加入量很少，浇注后具有良好的溃散性。改性水玻璃 CO_2 硬化砂的配比和性能见表 3-4。

表 3-4 改性水玻璃 CO_2 硬化砂的配比和性能

序号	改性水玻璃名称	原砂（质量分数,%）		水（质量分数,%）	RC 复合物（质量分数,%）	水玻璃（质量分数,%）	抗压强度/MPa
		新砂	旧砂				
1	RC 系改性水玻璃	10	90	1	1	3~4	24h，2.5
2	强力 2000 多重变性水玻璃	水洗砂 100		—	—	3	3h，2.4
3	Solosil—433 改性水玻璃	100	—	—	—	4.5	放置 24h，0.358
4	有机改性硅酸复盐水玻璃	100	—	—	—	3~3.5	24h，0.3~0.5

Solosil—433 水玻璃中加入助粘剂（质量分数为 30% 的氢化水解淀粉溶液及少量的促进剂和树脂），提高水玻璃的粘结强度和溃散性。

六、水玻璃 CO_2 硬化砂的混制工艺

水玻璃砂可用任何混砂机混制。混砂时间在保证混匀的前提下应尽量缩短，以免型砂发热变硬。一般的混砂工艺为：

砂＋干粉状物→干混 2~3min→加 NaOH 溶液→湿混 1~2min→加水玻璃＋水→湿混 3min→加重油→混匀→出砂。

模数低时，混砂时间可稍长。模数高时，应尽量缩短混砂时间，以免水玻璃砂硬化。出砂后最好放在有盖的容器中，以免水分蒸发或与 CO_2 接触而变硬。

改性水玻璃 CO_2 硬化砂混砂工艺：砂（新砂质量分数 10%＋旧砂质量分数 90%）＋水（质量分数 1%）＋复合物 RC（质量分数 1%）→预混 2min→加水玻璃（质量分数 3%~4%）→混砂 2min，出碾。

任务三 有机酯水玻璃自硬砂

一、任务描述

本次任务是让学生了解有机酯水玻璃自硬砂的特点，掌握配制方法和解决有机酯水玻璃自硬砂常见缺陷的方法。

二、有机酯水玻璃自硬砂简介

有机酯水玻璃自硬砂克服了自硬树脂砂成本高、生产现场气味浓、劳动条件差的缺点，

又具备树脂自硬砂的优点，已成为铸钢件生产工艺改造的重要选择。

水玻璃砂最常用的液态固化剂是有机酯。有机酯是多元醇和弱酸形成的酯，在碱性水溶液中发生水解生成有机酸和醇，有机酸与水玻璃反应生成皂化物和由硅酸形成的硅酸凝胶，硅酸凝胶逐渐脱水使凝胶达到一定强度。所以说，有机酯水玻璃自硬砂的硬化是水玻璃形成凝胶和凝胶脱水的综合结果。

目前，由于铸造厂生产的有机酯除了丙烯碳酸酯外，最常用的有机酯有四种：①乙二醇二乙酸酯（硬化速度慢）；②二乙二醇二乙酸酯（硬化速度快）；③丙三醇二乙酸酯（硬化速度极快）；④丙三醇三乙酸酯（硬化速度极慢）。其中丙三醇二乙酸酯和丙三醇三乙酸酯用于调节硬化速度。

选择有机酯时，首先应根据铸件的结构特点及所需要的操作时间来确定型砂的使用时间；然后，在这个基础上，经过严格的工艺试验（包括与之配合的水玻璃），确定选用快速酯、中速酯或慢速酯，或根据工厂具体情况，再用调节酯进行调节。某公司新近推出的新型水玻璃及其配套专用酯类固化剂见表 3-5。

表 3-5　某公司推出的新型水玻璃性能指标

序号	新型水玻璃				（与新型水玻璃匹配的）专用酯类固化剂				
	牌　号	粘度/(mPa·s)	密度/(g/cm³)	型砂抗拉强度(24h)/MPa	牌　号	粘度/(mPa·s)	密度/(g/cm³)	残酸量（质量分数,%）	使用温度/°C
1	ZCS—101	150～350	1.3～1.6	0.7～1.4	ZCG—130	<100	1.1～1.2	≤2	特慢酯≥30
2	ZCS—102	150～350	1.3～1.6	0.6～1.4	ZCG—131	<100	1.1～1.2	≤2	慢速酯≥25
3	ZCS—103	150～350	1.3～1.6	0.6～1.0	ZCG—132	<100	1.1～1.2	≤2	中速酯 15～25
4	ZCS—104	150～350	1.3～1.6	0.5～1.0	ZCG—133	<100	1.1～1.2	≤2	快速酯 10～15
5	ZCS—105	150～350	1.3～1.6	0.5～1.2	ZCG—134	<100	1.1～1.2	≤2	快速酯 5～10
6	ZCS—106	150～350	1.3～1.6	0.5～1.2	ZCG—135	<100	1.1～1.2	≤2	特速酯≤0

注：型砂可使用时间为 5～0min。

三、有机酯水玻璃自硬砂的配比和性能以及混砂工艺

1. 有机酯水玻璃自硬砂的配比和性能（见表 3-6）

表 3-6　有机酯水玻璃自硬砂的配比和性能

序号	配比（质量分数,%）					性　能			
	原砂(40/70)	水玻璃		有机酯		$w(H_2O)$(%)	抗压强度/MPa		
		指标	加入量	名称	加入量		1h	24h	1000℃残留
1	100	水玻璃的模数 $M=2.6$ 水玻璃的密度 $\rho=1.46g/cm^3$	3.5	CSC—4 酯	0.21	—	0.34	2.6	0.41
2	100		3.0	CSC—4 酯	0.18	—	0.33	2.6	0.34
3	100		4.5～5.0	乙二醇二醋酸酯	0.4	3.0～3.5	—	≥1.8	—
4	100		2.5～2.8		0.22～0.34		—	≈2	≈0.2

CSC—4 酯主要成分为乙二醇醋酸酯。

有机酯水玻璃自硬砂要求铸钢件原砂中 $w(SiO_2)$ >97%，铸铁件原砂中 $w(SiO_2)$ >

90%。此外，w（泥）<0.5%，角形因数<1.3，$w(H_2O)$<0.3%，烘干的原砂冷却到室温后使用。

2. 混砂工艺

优先选用连续式混砂机、碗型或振动式等高速混砂机。

混砂加料顺序：原砂→有机酯→水玻璃。

混砂时间尽量短，混匀即可，因为有机酯水玻璃自硬砂的可使用时间较短。

四、有机酯水玻璃自硬砂常见缺陷及解决措施

1）有机酯水玻璃自硬砂出现可使用时间短（常发生在夏天的高温季节）、砂型强度低、砂型（芯）表面发酥时，应采用较低模数的水玻璃；采用硬化速度慢的水玻璃；缩短混砂时间；给原砂冷却至室温，不使用热砂；调整生产节奏，在尽可能短的时间内完成造型造芯。

2）在冬天低温季节，常出现硬化速度太慢的情况，可以采用较高模数的水玻璃；采用硬化速度快的有机酯；预热原砂、水玻璃、模板等；提高生产环境下的温度。

3）当砂型（芯）产生蠕变、塌落时，可调整配比，增加有机酯的加入量，或提高水玻璃的模数；加强对原材料质量的检测和监控，不用不合格的原材料；加强对混砂机定量系统的监控，保证原材料加入量的定量准确；注意小试样强度性能测试时的假象（受空气中 CO_2 和风干的影响）。

4）出现粘膜时，可在磨具表面涂刷不被有机酯重溶的油漆，如树脂漆等；待砂型（芯）硬化强度更高后起模。

5）若出现铸件冲砂和夹砂，则在设计浇注系统时，不使金属液直接冲击砂型（芯），在直浇道底部垫耐火砖片；大、中型浇注系统采用耐火砖；调整砂型配比，提高砂型（芯）的强度，加强造型操作管理；合型前吹净浇道和型腔中的浮砂。

6）若铸件出现粘砂，则要考虑选用质量好的涂料，涂刷到规定厚度；提高砂型紧实度，舂砂操作在型砂的可使用时间内完成；加强配砂和造型工序的质量管理控制；在铸件热节大、散热条件差的部位使用特种砂（如铬铁矿砂等）。

7）若铸件出现气孔，可加强原材料质量检测，严禁使用湿原砂；加强设备维修管理，确保运转正常；采用混砂功能好的设备；采取防止砂型（芯）回潮吸湿的措施，采用热风烘干原砂工艺。

8）若出现残留强度偏高的情况，则要尽量降低水玻璃的加入量，采用高质量原砂；采用改性水玻璃，加溃散剂等。

五、叶轮的硅溶胶—水玻璃复合型壳制壳工艺

图 3-6 所示为工程机械铸件——叶轮，材质为 35 钢，公差等级为 CT6，表面粗糙度值为 $Ra6.3\mu m$，要求具有良好的耐磨性，使用寿命长，拟采用硅溶胶—水玻璃复合工艺进行精铸生产。

1. 原辅材料

S830、S1430 单质硅溶胶 SiO_2 含量（质量分数）为 30%，密度为 1.19～1.20g/cm^3；锆砂粉 w（ZrO_2）≥65%，粒度<0.045mm（筛号 325）；锆砂 w（ZrO_2）≥65%，粒度为 0.150mm（筛号 100）；莫来石砂无细粉，熟料，粒度 0.600～0.250mm（筛号 30～60）；匣

钵粉粒度为0.075mm（筛号200）；匣钵砂粒度为0.850～0.425mm（筛号20～40）；表面湿润剂—JFC；长效消泡剂硅油类；硬化液采用结晶氯化铝；水玻璃模数3～3.4。

图3-6 叶轮

2. 操作工艺

（1）制蜡模　制蜡模时采用硅油脱模；蜡模必须逐个检查，尽量不修补；模组焊接时小件采用粘结蜡；中大件采用焊刀焊接；间距适当，带有内腔、孔、槽时，使其向外，有利于制壳、脱蜡和浇注；对带有文字、狭缝、凸缘、弯部应保持轮廓清晰；蜡模组制壳前应先吹去蜡屑，再经清洗液清洗，晾干后制壳。

（2）涂料的配制　面层采用S830单质硅溶胶与锆砂粉，新料配制时粉液比为1∶3.3，流杯粘度为40～45Pa·s，6h以后测粘度，若粘度≥50Pa·s，逐步加硅溶胶；若粘度≤40Pa·s，逐步加入锆砂粉；JFC和消泡剂在搅拌后期加入，JFC加入量为加入硅溶胶质量的0.3%～0.5%，可通过涂料涂挂性的优劣调整；消泡剂加入量为JFC加入量的一半，并按泡多少适当地调整。

（3）面层的配制及操作工艺

1）整个配料过程是在L型搅拌机连续运转条件下进行的，L型叶片必须超过中心，且叶片与筒边、筒底间隙约5mm。间隙过大，在配料过程中会出现沉淀。

2）先加入硅溶胶，再逐步均匀、缓慢地加入锆砂粉。如加入10包锆砂粉，加入总时间必须大于2h，加完后连续搅拌8～9h，然后用流杯粘度计测粘度，直至粘度达到要求后，接着测定密度。

3）测定粘度值时，在筒中心、筒边分别取料，然后取其平均值。

4）用玻璃片沾上涂料，对光观察，如无颗粒点则确定涂料搅拌已均匀。一般认为：每加2～3kg锆砂粉，涂料粘度可提高5Pa·s左右；每加0.5kg硅溶胶，涂料粘度可降低5Pa·s左右。根据这个规律适当加以调整。

5）涂料配好以后，接着将准备好的模组进行最后检查（如检查模头上的记号与铸件材质是否一致等），待涂挂。

6）模组顺转缓慢进入面层预湿浆中，稍等片刻，缓慢升起；在转筒上方停留，滴去多余涂料，顺便观察字迹、小孔是否清晰，并用微弱的压缩空气吹去小气泡，再缓慢进入面层浆中。操作同上，滴去多余涂料，模组即作左右、上下旋转，以便蜡模表面的涂料均匀覆盖，厚薄适中，避免局部涂料堆积或缺涂。注意在空气中停留时间不能太长，否则涂料会过分干燥。

7）撒砂。在雨淋式淋砂机中淋砂，模组不停地上下、左右旋转，有利于模组各部分均匀地撒上砂层。

8）将上表面层的模组立即推入干燥室（室内温度、湿度一定在要求范围内），干燥时间>4h，并将同一时间内涂料的模组放在一起，记录好操作（涂挂时间）。

（4）过渡层涂料的配制　根据不同的铸件要求采用不同的过渡层涂料。

当铸件复杂，薄壁、小孔、槽等要求高的过渡层采用锆砂粉涂料撒锆砂；当铸件要求不高时，过渡层采用莫来粉、砂涂挂。具体为：

在另两只L型搅拌桶内配制过渡层涂料，分别为：

S830 硅溶胶加锆砂粉。比例为 1：(1.7～1.9)，粘度为（20±1）Pa·s，预湿采用全硅溶胶 S830。

S1430 硅溶胶加莫来粉。比例为 1：(1.6～1.7)，粘度为（19±1）Pa·s，预湿采用 S1430 硅溶胶。

1）将已干燥的第一层模组先浸入硅溶胶，沥干，再浸入第二层涂料，操作方式与第一层相同。

2）涂挂后继续放入面层干燥室。

（5）第三层（背层）水玻璃涂料配制与性能的控制　第三层是关键，它是将硅溶胶型壳与水玻璃型壳过渡的关键。其工艺要求如下：

水玻璃模数 3～3.4；密度 1.35～1.38kg/dm³；粉液比 1：1；配料 2h 后使用，流杯粘度 >40Pa·s；涂料采用粒度为 0.075mm（筛号 200）匣钵粉；撒砂用粒度为 0.850～0.425mm（筛号 20～40）匣钵砂。硬化液用结晶氯化铝 pH 值（试纸）1.4～2.1；密度 1.16～1.18kg/dm³。其操作方法基本同前。

第四层～第五层涂料粉液比 1：(1.12～1.2)，流杯粘度 >60Pa·s，操作同前。

（6）参数　硅溶胶—水玻璃复合型壳工艺参数见表 3-7。

表 3-7　硅溶胶—水玻璃复合型壳工艺参数

型壳层次		浆料	撒砂	干燥硬化	环境温度	相对湿度
表面层		硅溶胶、锆砂粉	锆砂	>4h	24℃±3℃	≤65
过渡层	特殊件	硅溶胶、锆砂粉	莫来砂 40/70（筛号）	>10h	24℃±3℃	≤55
	普通件	硅溶胶、莫来粉				
背层		水玻璃涂料 匣钵粉 或水玻璃 莫来粉	匣钵砂 16/30（筛号） 或莫来砂 16/30（筛号）	自干 1～2h 后，硬化 10min，干燥 30min	室温	—

（7）脱蜡　制壳完成后，型壳放置 10h 以上，脱蜡。

操作工艺：检查型壳浇口顶部，除掉多余的壳层；脱蜡水中加入质量分数为 3%～5% 的氯化铵以维持脱蜡水的酸性，达到在脱蜡时得到硬化补充的目的；脱蜡水温度控制在 95～98℃，但不沸腾；脱蜡时间控制在 20min 以内；用蒸汽加热脱蜡水；用干净的热水冲洗型壳内腔 1～2 次；脱蜡后型壳倒放搁置。

（8）焙烧　型壳脱蜡后放置 6h 以上才可焙烧，由于是复合型壳，因此要求焙烧温度为 950～1100℃，保温时间大于 30min，出炉后立即浇注。

单元四　树　脂　砂

【学习目标】

1. 了解树脂砂的种类，特点及造型与合箱工艺。
2. 掌握加热硬化树脂砂的常用方法、工艺特点及制备。
3. 掌握吹气（雾）硬化树脂砂的常用方法、工艺特点及制备。
4. 掌握树脂自硬砂的常用方法、工艺特点及制备。

任务一　认识树脂砂

一、任务描述

本次任务使学生了解树脂砂的分类、生产特点及质量控制方法。

二、树脂砂简介

树脂粘结砂简称树脂砂，最早是一种热固性树脂砂，由德国克罗宁（CRONING）博士于1944年发明。自从20世纪40年代中期人工合成树脂开始用于铸造生产以来，作为型砂粘结剂的树脂，品种不断增多，质量也不断完善。目前，使用树脂砂的工艺方法日趋完善，树脂砂已完全可以满足各种铸造合金及不同生产条件的要求。

树脂砂铸造就是把原砂和树脂混合后形成树脂砂，把树脂砂打入模具型腔中，通过加热或催化剂方法使其成形，成形后的坭芯再放入浇注模具中进行浇注。

树脂砂方法是铸造中常用的造型、造芯方法之一，适用于多品种、小批量铸件的生产，具有流动性好，浇出的铸件尺寸精度高、表面质量好，浇注后的型（芯）砂溃散性好、容易再生等特点，在机床、水利机械、工程机械、矿山机械等领域普遍使用。在欧美、日本等发达国家，树脂砂工艺发展很快。据不完全统计，英国70%以上的铸铁件和20%以上的铸钢件均是采用呋喃树脂砂工艺生产的；在美国，化学粘结剂中，40%左右为树脂砂（不包括壳型壳芯、热芯盒、冷芯盒）；在日本大型铸件生产中，50%以上采用树脂砂，树脂砂工艺已占其铸造生产的第二位，仅次于湿型砂工艺。

用于铸造生产的各种树脂砂的造型（芯）工艺可分为三类：加热硬化工艺、自硬工艺和吹气（雾）硬化工艺。

常用的树脂砂造型法有呋喃自硬树脂砂法、酚脲烷（PEPSET）自硬树脂砂法、碱酚醛（α-Set）法等。常用的树脂砂造芯法有呋喃热芯盒法、壳芯法、三乙胺冷芯盒法等。

树脂砂的生产系统如图4-1所示。

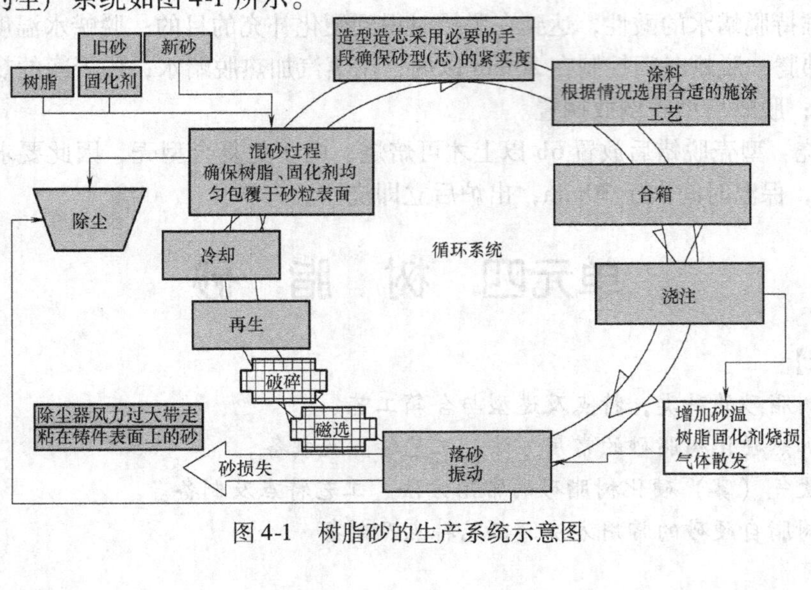

图4-1　树脂砂的生产系统示意图

三、树脂砂的生产

树脂砂铸件的质量取决于树脂砂的配方、性能和使用情况。树脂砂铸件如图4-2所示。

1. 树脂砂配方的依据

在旧砂满足要求的前提下，要求：

1）新砂的补加量根据旧砂LOI（树脂砂的砂粒表面存在的树脂膜含量）和浇注的金属种类决定，旧砂的LOI控制：灰铸铁2.5%～3.5%，球墨铸铁<2.5%，铸钢<2.0%。

2）树脂的补加量根据砂型强度决定，砂型（芯）终强度：灰铸铁0.8～1.0MPa，球墨铸铁>1.0MPa，铸钢0.6～0.8MPa。铸钢件考虑裂纹倾向；球墨铸铁件考虑石墨化膨胀，关注浇注后的溃散性和开箱的难易等。

图4-2 树脂砂铸件

3）固化剂的补加量根据硬化速度和环境条件决定，固化速度一般控制在9～30min，旧砂的温度或环境温度每升高10℃，硬化速度提高1倍。

2. 树脂砂的性能

1）为了获得高致密度的砂型（芯），树脂砂应具有良好的流动性，该性能与树脂粘度有关，受旧砂温度等的影响。

2）具有足够长的可使用时间，保证砂型（芯）具有良好的表面稳定性。从混砂开始到强度下降到70%的时间，经过不断试验现定为B型硬度计测硬度达到40的时间。

3）具有合理的脱模时间。B型硬度计达到60的时间，与原砂水分、固化剂种类等有关，受旧砂温度和环境温度、湿度等因素影响。脱模时间太长影响生产率，太短影响砂型（芯）的表面质量。

4）树脂砂必须具有足够的初强度以满足搬运、涂刷涂料等的需要。

5）树脂砂必须有足够的终强度以满足合箱时砂型（芯）不被损坏，浇注时不产生冲砂等铸造缺陷。

6）树脂砂必须有低的发气量使浇注的铸件无气孔缺陷。

7）再生砂必须具有合理的灼烧减量来满足浇注各种铸件的需要，同时达到节约成本的目的。

3. 树脂砂的使用

（1）造型　造型之前检查模具是否清洁、完整，是否涂刷脱模剂。造型时确保型（芯）砂的紧实度，必要时填砂块，对易产生裂纹的铸件埋草绳等。

（2）脱模　在砂型未完全硬化时轻敲铸型，延长模具寿命。

（3）涂料　涂刷水基涂料可以在起模后10min后施涂，涂刷醇基涂料需在起模后1h后进行。根据工厂的情况确定涂刷方式，常用的有刷涂、喷涂、浸涂、流涂等。

（4）合箱　采用封箱材料以免产生飞边、碰伤、钻渗铁液等现象。

（5）浇注　采用半封闭式浇注系统（截面积为直：横：内=3：8：4），高温出炉，低温快速浇注，并注意引火。

（6）冷却　树脂砂的保温性好，冷却时间比其他砂种要长。

（7）开箱　由于溃散性好，注意防止铸件碰伤。

（8）再生　根据设备状况检测脱模率。

4. 涂料施涂方法的选用（见表4-1）

表4-1　涂料施涂方法

方　法	刷　涂	喷　涂	流　涂	浸　涂
可操作性	简单	需经验	简单	简单
设备投资	无	1000元	1000~5000元	500~1000元
维修费	无	高	低	低
配套设备	无	无	行车	无
场地	无	$<1m^2$	2~10孔洞	$1\sim4m^2$
可靠性	低	低	复杂型腔	高
涂层表面	粗糙	粗糙	高	光滑
限制	孔洞	孔洞	光滑	无
	复杂型腔	复杂型腔	无	
效率/（m^2/min）	1~2	2~4	4~6	6~10

5. 混砂过程中容易出现的问题

树脂和固化剂泵未校验，长期使用后未清理造成阀口堵塞，开机前管路气泡未排尽，头砂放得不够（未呈网状）。可以考虑混砂头叶片涂刷脱模剂，连接树脂桶的塑料管采用过滤，经常用清水清洗固化剂泵等。

四、树脂砂硬化主要工艺因素及对模具工艺的要求

1. 砂温对树脂砂铸造硬化的影响及控制

呋喃树脂自硬砂的硬化原理是：树脂在固化剂的催化作用下逐渐发生交联反应而自行硬化，固化剂的催化作用受温度的影响较大，温度升高催化作用加速，温度下降催化作用减慢，因而呋喃树脂自硬砂在硬化过程中，硬化反应的速率与砂温有密切的关系，同时硬化反应速率对硬化后铸型的强度有着重要的影响。所以，要得到满足生产需要的铸型强度，就必须控制砂温。

2. 固化剂的加入量和酸值对铸型的影响及控制

固化剂的加入量是按其占树脂的比例来确定的。在固化剂酸值一定的情况下，固化剂加入量越大，树脂砂的硬化速率就越快；反之，越慢。在固化剂加入量一定的情况下，所用固化剂酸值越高，树脂砂硬化速率越快；反之，越慢。树脂砂铸型的硬化速率过快或过慢，都会降低铸型硬化后的强度，因此必须合理控制树脂砂的硬化速度。

3. 树脂砂生产对模具的要求

与粘土砂相比，树脂砂铸造的外观质量依赖于模具的质量，因而树脂砂对模具的质量要求较高。主要有以下几个方面。

（1）起模斜度　树脂砂在起模时已具有一定的硬化强度、较小的退让性、较大的摩擦力，若采用敲击的方法起模，容易损坏模具，同时树脂砂的可修补性差，起模时若受到破坏，较难修补。采用树脂砂造型时，应根据生产实际和产品结构加大模具的起模斜度，能顺利地起模，得到质量较好的铸型。

(2) 模具的表面粗糙度 模具表面的粗糙度对树脂砂铸件的表面粗糙度起决定性的作用，因而尽量降低模具表面粗糙度值，是获得高品质铸件的重要措施。

(3) 加工余量 硬化后的树脂砂铸型有较好的刚度和较高的尺寸精度，且不易变形，所以在选择工艺参数时，可以选取较小的机械加工余量，以减少金属溶液的消耗和机械加工的成本，从而提高铸件的尺寸精度。

随着市场对铸件产品外观质量要求的不断提高，树脂砂铸造在品质上的优势必将日益受到重视，树脂砂铸件生产工艺也必将得到迅速的发展和普及。

五、降低树脂砂铸造成本的措施

1. 树脂砂原砂的选择

树脂砂原砂分为普通树脂砂、水洗树脂砂、擦洗树脂砂等几类，由于擦洗树脂砂中含泥量已经很少，故可大大减少树脂砂的浪费，应优先选择。

2. 树脂砂树脂的选择

对树脂砂原材料的选择，不能只根据生产厂家提供的技术数据确定，而应对树脂砂生产厂家的生产设备、生产过程及质量控制手段有所了解，并尽量企业自己对树脂的各项指标进行检验或请有关的有较好信誉的检验部门进行检验，或借鉴同类使用厂家的经验，或选择信誉较好的知名大企业的树脂砂产品。

3. 树脂砂其他原材料的选择

树脂砂其他原材料的选择原则是既考虑其质量问题，又要考虑其与主要材料的匹配，如采购、运输方便等问题。

只要树脂砂设备选择合理、性能可靠、运行正常，原材料选择匹配、质量稳定、供应及时、生产工艺参数制订合理、工装器具保证，自硬树脂砂铸造就能够控制并降低铸造成本，给企业带来发展和效益。

任务二 加热硬化树脂砂

一、任务描述

本次任务使学生了解加热硬化树脂砂的特点及工艺。

二、加热硬化树脂砂简介

加热硬化的特点是所用硬化剂为潜硬化剂，在常温条件下不起作用或作用甚微，经加热后才起作用，使树脂发生交联反应而硬化。

加热硬化工艺包括壳芯（包括制造壳型）工艺、热芯盒工艺、温芯盒工艺。

三、壳型（芯）工艺

1. 概述

铸造生产中，砂型（芯）直接承受液体金属作用的只是表面一层厚度仅数毫米的砂壳，其余的砂只起支撑这一层砂壳的作用，这就促使人们寻求用壳型、壳芯来制造铸件，从而产生了壳型（芯）工艺，如图4-3所示。

壳型（芯）砂有粉状砂和覆膜砂两种。

（1）粉状砂　采用普通的混砂方法，主要是使树脂粉末与砂粒混合均匀。为了使粉状树脂粘附在砂粒表面，在混砂时须加入润湿剂。粉状砂的混制比较简单，得到的铸件表面比较光洁，但树脂用量高，且混制时有灰尘，劳动条件差，储存、运输及吹制时树脂容易偏析，因而仅在小批量生产中使用。

（2）覆膜砂　在造型造芯前，将砂粒表面上已覆有一层固态树脂膜的型砂和芯砂称为覆膜砂。它可以完全发挥树脂的粘结作用，改善树脂砂的性能，节省树脂用量，故生产中以树脂覆膜砂为主。

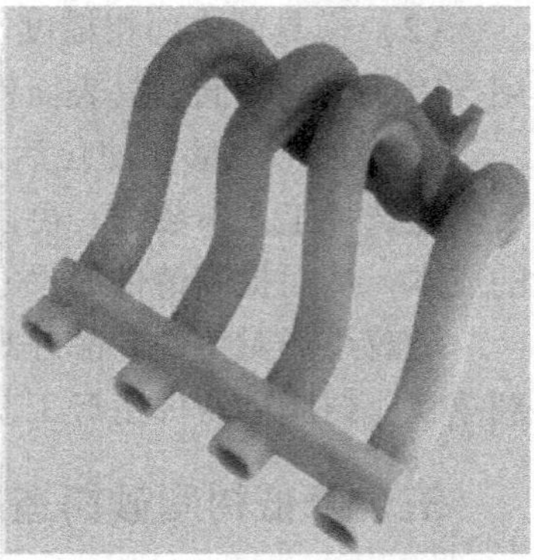

图4-3　典型壳芯

（长城GW2.4Y进气管壳芯）

壳型（芯）工艺自20世纪50年代各工业国相继采用以来，一直保持良好的发展势头，是应用最广泛的树脂砂工艺之一。

2. 壳型（芯）用树脂覆膜砂的配方

壳型（芯）用树脂覆膜砂主要由原砂、树脂、固化剂、润滑剂和特殊添加剂组成。

（1）原砂　构成树脂覆膜砂的主体（骨料），对树脂用量及铸件质量有很大影响，一般应选用天然擦洗硅砂，若有特殊要求的铸钢件或铸铁件，还可选用锆砂或铬铁矿砂。

对硅砂的要求如下：

1）铸铁和铸造非铁合金件用的硅砂SiO_2的质量分数应大于90%，铸钢件用的硅砂SiO_2的质量分数应大于97%。

2）泥含量质量分数应小于或等于0.2%。

3）粒度分布应在相邻的3~5个筛号上。

4）一般平均细度应为50~65（筛号）。

5）粒形应尽量圆整，角形因数应小于或等于1.3。

6）酸耗值应小于或等于5mL，硅砂需用水洗过，如有特殊要求时还应进行酸洗或高温活性处理（900℃焙烧），以减小硅砂的高温膨胀量。

（2）树脂　制备树脂覆膜砂的粘结剂，通常采用热塑性固态酚醛树脂，为淡黄色固体，一般以片状或粒状供应。加热时能熔化，有可塑性，能溶于酒精等溶剂。加入量为原砂质量的3%~7%。其性能应符合标准JB/T 8834—2001《铸造用壳型（芯）酚醛树脂》的规定。

（3）固化剂　通常采用乌洛托品即六亚甲基四胺，要求为工业一级品，加入量为树脂质量的10%~15%。

（4）润滑剂　一般采用硬脂酸钙，其作用是防止树脂覆膜砂结块，增加流动性，使砂型（芯）表面致密及改善砂型（芯）的起模性。

（5）特殊添加剂　主要有耐高温添加剂（如含碳材料或其他惰性材料）、易溃散性添加剂（如二氧化锰、重铬酸钾、高锰酸钾、已内酰胺等）、增强增韧添加剂（如超短玻璃纤维材料、有机硅烷KH—550等）以及防粘砂添加剂和抗老化添加剂等。

3. 壳型（芯）用树脂覆膜砂的制备

（1）树脂覆膜砂配比　壳型（芯）用树脂覆膜砂是用热塑性酚醛树脂加潜伏性固化剂（如乌洛托品）与润滑剂（如硬脂酸钙）通过一定的覆膜工艺配制成的覆膜砂。覆膜砂受热时，包覆在砂粒表面的树脂熔融，在乌洛托品分解出的亚甲基作用下，熔融的树脂由线性结构迅速转变为不熔不溶的体型结构，从而使覆膜砂固化成形。覆膜砂的砂芯表面质量好，可使铸件尺寸精度达 CT7 ~ CT8 级，表面粗糙度值可达 $Ra=6.3\sim12.5\mu m$。其基本配方见表 4-2。

表 4-2 覆膜砂基本配方

配方（质量分数,%）				
硅砂	粘结剂	固化剂	润滑剂	添加剂（占原砂质量）
	酚醛树脂（占原砂质量）	乌洛托品（占原砂质量）	硬脂酸钠（占原砂质量）	
100	1.0 ~ 3.0	10 ~ 15	5 ~ 7	0.1 ~ 0.5
擦洗砂	热塑性固态酚醛树脂	乌洛托品 1∶1	一级品的硬脂酸钠	各种性能添加剂

壳型（芯）用树脂覆膜砂，必测的性能指标有常温抗弯强度、热态抗弯强度、灼烧减量、粒度和熔点。

（2）混制工艺

1）混制设备。树脂覆膜砂的混制设备是专用设备，主要包括加热器和混砂机。

砂加热器的加热方式有直接加热式和间接加热式；热源有电加热、液化气或天然气加热、油加热、煤加热和焦炭加热等。可因地制宜，标准是少污染、能均匀和高效加热原砂。

对于混砂机，常选用的是具有充分搅拌和一定冷却破碎功能的叶片式和高速摆轮式混砂机。

2）混制方法。壳型（芯）用树脂覆膜砂的混制方法有冷法、温法和热法三种。

冷法也称冷容法，是一种初级方法，先将粉状树脂固化剂预先溶解在工业酒精丙酮或糠醛中，再加入砂中进行混砂，此时溶剂逐渐挥发，树脂就在砂子上呈一层覆膜包覆，最后混合碾碎过筛即可使用。也有先加粉状物再加溶剂的。这种方法的缺点是树脂加入量多，有机溶剂消耗量大；混砂时间长，混制的各批覆膜砂性能不均，成本高，也存在易脱壳倾向，现已很少采用。

温法混制是将热塑性液态酚醛树脂与 60 ~ 80℃的原砂混合，混制 2 ~ 3min 后出砂，然后冷却、破碎、筛分即可。用热法混制时，若采用叶片式混砂机进行混制，其基本过程如下：先将原砂加热到 140 ~ 160℃；然后将热砂放入混砂机内，同时徐徐加入粉状树脂（为原砂质量分数的 1% ~ 3%），由于砂子将树脂加热融化，故而形成覆膜砂（时间 45 ~ 50s）；待砂温将至 105 ~ 110℃时，再加入乌洛托品水溶液（乌洛托品∶水 = 1∶1，该溶液占树脂质量分数的 10% ~ 15%）作固化剂，时间约 10s；再加入硬脂酸钙（为原砂质量分数的 5% ~ 7%）作润滑剂，提高芯砂的流动性，防止使用前结块和造芯时粘芯盒；继续混碾 10s，由于水分蒸发而使砂温下降至 70℃以下时，放入碾碎器碾碎过筛，并冷却到低于 40℃后使用。

4. 壳型（芯）法制型（芯）工艺

壳型（芯）法制型（芯）的方法有两种，即翻斗法和吹沙法。翻斗法常用于制造壳型，吹沙法用于制造壳芯。

（1）翻斗法 图 4-4 所示为翻斗法制造壳型工序示意图。模板预热到 250 ~ 300℃，喷涂分型剂；将模板置于翻斗上并紧固，翻斗转动 180°使覆膜砂落到模板上，保持 15 ~ 50s（常称结壳时间），砂子表面树脂软化重熔，在砂粒间接触部位形成连接“桥”，将砂粒粘结在一起，并沿模板形成一定厚度塑性状态的壳；翻斗复位，未起反应的覆膜砂仍旧落回翻斗中；对塑性薄壳继续加热30~90s（常称烘烤时间）；顶出，即得壳厚为5~15mm的壳型。

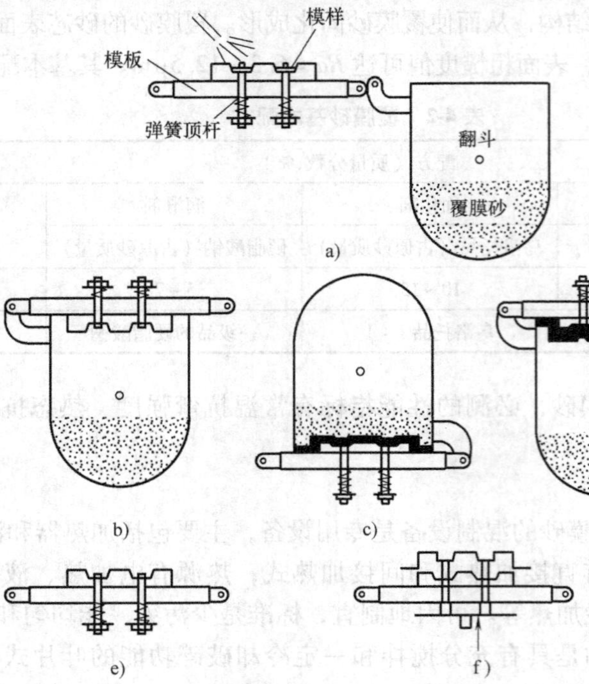

图4-4　翻斗法制造壳型工序示意图

a）模板上喷涂分型剂　b）模样旋转到翻斗上夹紧　c）结壳　d）结壳完毕复位
e）壳型附模板移烘炉硬化　f）脱壳、制成壳型

（2）吹砂法　吹砂法分顶吹法和底吹法两种，如图4-5所示。吹砂压力：一般顶吹法为

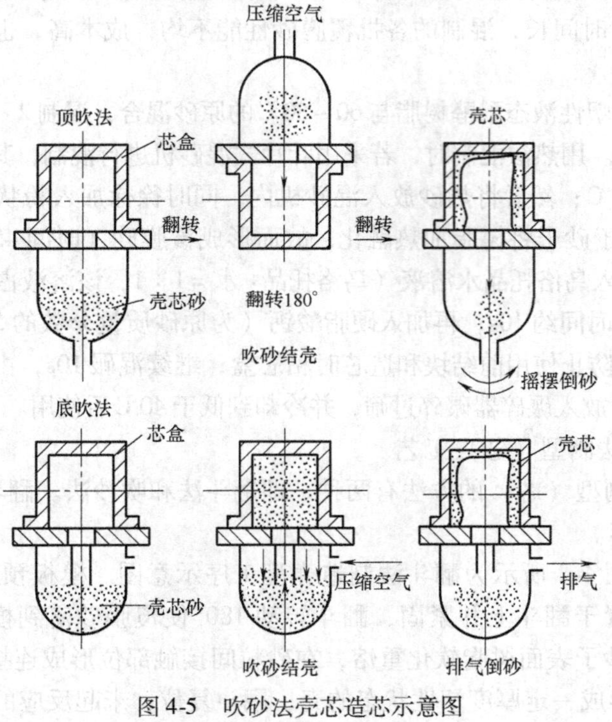

图4-5　吹砂法壳芯造芯示意图

0.1～0.35MPa，吹砂时间为2～6s；底吹法为0.4～0.5MPa，吹砂时间为15～35s。芯盒加热温度以能保证覆膜砂上的树脂膜软化及硬化所需的足够热量为限，一般控制在250～300℃。结壳时间的长短取决于砂芯壳厚，壳厚由砂芯所要求的强度而定。壳厚在6～8mm时，结壳时间为10～30s；壳厚在10mm以上时，结壳时间为20～70s。

为了使砂壳充分硬化，砂芯应持续在加热的芯盒中硬化。硬化时间一般为结壳时间的1.5～3倍。硬化时间是否合适，可根据砂芯的颜色来判断。壳芯表面为均匀的黄褐色，断口为淡黄色，说明硬化时间合适；若砂芯表面呈褐色甚至黑色，则说明过烧；若砂芯表面呈黄色，断口为白色，则表示硬化不良。

制造壳芯时，为使壳芯容易顶出，在芯盒表面应涂脱模剂，脱模剂多用甲基硅油乳剂，其配比（质量分数）为：甲基硅油8.3%，汽油25%，太古油0.16%，氢氧化钠0.8%，其余为水。每喷涂一次可制壳芯10～40次。

芯盒材料为铸铁，应避免使用铜或黄铜，因为硬化过程中释放出氨，将引起腐蚀。模板或芯盒的加热采用电器或煤气，且为连续加热。

5. 壳法造型（芯）的优缺点

壳法造型（芯）是铸造的一项重要工艺方法。有很多优点，如酚醛树脂砂固化后强度很高；壳芯是中空的，具有良好的透气性和出砂性，故可用较细的原砂（筛号100/200），获得表面光洁的铸件，芯砂消耗量也很小；壳型（芯）砂在室温下一般不发生固化反应，能保存几个月。固化后的型芯吸湿性很小，可长期存放；壳芯砂在固化前是松散的干态混合料，流动性特别好，能吹制形状很复杂的型芯等。但对于大型芯质量不够稳定，大壁厚的铸钢件表面粗糙，带有很多皱纹和凹坑，采用导热性能好的锆砂、铬铁矿砂代替硅砂可提高大壁厚铸钢件的表面质量。

四、热芯盒工艺

1. 概述

热芯盒造芯是将树脂粘结剂、固化剂和原砂混合好的芯砂通过射芯机射入到加热的芯盒中，在芯盒的热作用与固化剂的催化作用下，树脂发生缩聚而使芯砂硬化，而且砂芯从芯盒中取出后在余热的作用下，砂芯内部未固化的部分仍可继续固化，从而提高了造芯效率。该方法自20世纪50年代问世以来，在汽车、拖拉机等行业得到了广泛的应用。图4-6所示是用热芯盒工艺制作的典型热芯和生产现场。

a)

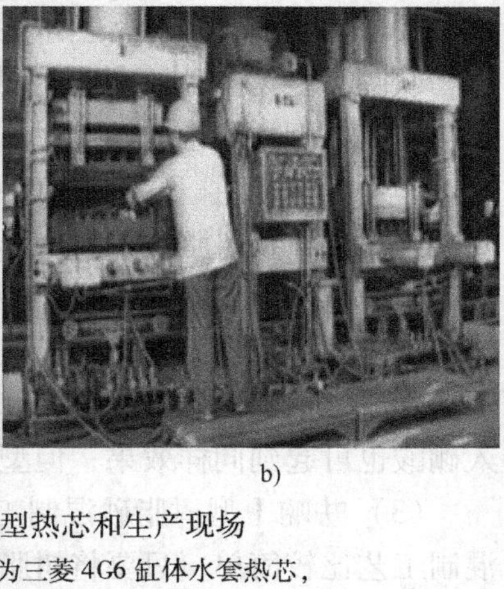

b)

图4-6 典型热芯和生产现场

a）典型热芯（上图为三菱4G6缸体水套热芯，下图为长城GW2.4S缸盖热芯） b）生产现场

热芯盒型芯用树脂粘结剂比壳芯用的树脂粘结剂来源丰富，

成本低，用量少，混制工艺也较简单。热芯盒用树脂品种较多，目前国内应用较广的有呋喃Ⅰ型树脂砂、呋喃Ⅱ型树脂砂。

热芯盒砂用原料：

（1）原砂　原砂粒度一般采用筛号为50/100的中粗砂，粒形最好为圆形或椭圆形，含泥量（质量分数）在1%以下，pH值<7为中性或偏酸性，并充分干燥，防止水分加热时逸出破坏树脂膜而影响粘结强度，砂温最好为15~30℃。

（2）树脂　热芯盒砂用树脂粘结剂大多为呋喃树脂，大致分为三种类型，即呋喃Ⅰ型，含氮量较高，是脲醛与糠醇的缩合物；呋喃Ⅱ型，含氮量较低或不含氮，是酚醛与糠醇的缩合物；再有就是介于二者之间的中氮树脂，如ZNR—I型中氮树脂，是脲醛、酚醛和糠醇三者的混合物。可根据铸件对含氮量的要求进行选择，在保证铸件质量的前提下选择成本较低的树脂。

（3）固化剂　由于热芯盒砂用树脂种类繁多，因而其固化剂种类也很多。呋喃Ⅰ型树脂用固化剂为氯化铵或氯化铵与尿素的水溶液；呋喃Ⅱ型树脂用的固化剂为苯磺酸或对甲苯磺酸的水溶液；脲醛、酚醛和糠醇三者缩合物的固化剂为氯化铵∶尿素∶水=1∶3∶3配制的固化剂。

（4）添加剂　为了改善热芯盒砂的某些性能，通常加入一些添加剂。主要的添加剂有氧化铁粉、硼砂、硅烷及三氯化铁等。氧化铁粉可减少气孔，减少渗碳，改善砂芯导热性；硼砂可以减小铸件的气孔倾向，但易增加吸湿性；硅烷可增加树脂与砂粒的粘合强度；三氯化铁在低温时加快硬化速度，但加入量过多会使树脂砂流动性变坏；尿素可消除游离甲醛的刺激气味，常温下可中和氯化铵的酸性。

2. 呋喃Ⅰ型树脂砂

（1）脲醛呋喃（呋喃Ⅰ型）树脂　脲醛呋喃树脂也称为糠醇改性的脲醛树脂，即通常所说的呋喃Ⅰ型树脂。该树脂为棕色或暗棕色粘稠液体，粘度为2~3Pa·s，pH值为5.5~5.2，含水量（质量分数）≤18%，可存放半年以上。它一般由糠醇、甲醛和尿素在乌洛托品的催化作用下缩合而成，糠醇、甲醛和尿素的摩尔比为0.92∶2.95∶1。

脲醛呋喃树脂综合性能好，价格便宜，硬化速度也易于控制。

（2）呋喃Ⅰ型树脂砂硬化剂　酸类或酸性盐都能使呋喃Ⅰ型树脂硬化，但从工艺上考虑，要求硬化剂在室温下呈中性或弱酸性，而在加热时放出强酸，促使树脂迅速硬化。

呋喃Ⅰ型树脂砂的潜硬化剂为强酸弱碱盐，最常用的是氯化铵水溶液。但是，氯化铵还能与呋喃Ⅰ型树脂中的游离甲醛反应而生成强酸

$$4NH_4Cl + 6CH_2O \rightarrow (CH_2)_6N_4 + 6H_2O + 4HCl$$

这将会导致树脂砂在射入芯盒之前硬化，因此宜在加氯化铵的同时加入碱性尿素作为缓冲剂，其配比为氯化铵∶尿素∶水=1∶3∶3。此外，尿素能稳定氯化铵水溶液，防止常温下长期存放时析出氯化铵结晶。

在原砂中加入质量分数为0.25%~0.30%的氧化铁可防止在铸件上产生皮下气孔；加入硼酸也可起到同样效果，但型芯吸湿性也增加。

（3）呋喃Ⅰ型树脂砂混制工艺　热芯盒砂所用的树脂和大部分固化剂均为液态，所以混制工艺比较简单，只要将树脂及固化剂均匀粘附在砂粒表面即可，因此各种混砂机均可使用。但混砂时间不宜过长，以免造成温度过高，影响砂的流动性。混制工艺如下：

干砂+添加物（Fe_2O_3）→干混（20~30s）→加硬化剂→湿混（40~50s）→加树脂粘结剂→混匀（80~90s）→出砂。

每次加料后，都要充分混匀后才能加下一种料。原砂的温度保持在20~25℃。

（4）呋喃Ⅰ型树脂砂造芯工艺　考虑到酸性催化剂对芯盒的腐蚀及受热情况，大多使用铸铁芯盒，芯盒采用电热管加热或煤气加热方式。

1）芯盒温度一般控制在180~230℃，超过240℃，砂芯表面容易烧焦，温度太低又影响造芯效率。

3）吹射用的压缩空气应经脱湿处理，射砂压力一般为0.5~0.7MPa。应在保证型芯有足够紧实度的条件下，尽量降低吹射气体的压力。

3）硬化时间根据砂芯大小而定，小砂芯一般为10~30s；中等砂芯为60s；大砂芯也不应超过120s。砂芯在芯盒内结成6~10mm的一层硬壳，型芯表面强度足以承受顶杆的作用时，即可起芯。

4）在芯盒中停留的时间，一般都不可能使型芯完全硬化。脱开芯盒后，借助于型芯的余热和树脂硬化放出少量热，型芯仍有一继续硬化的过程。大约要待2h后，才能装入铸型。

热芯盒造芯工艺过程如图4-7所示。

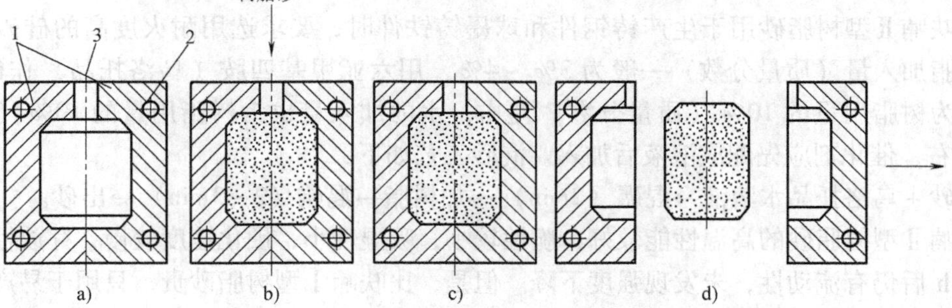

图4-7　热芯盒造芯工艺过程

a）合型加热　b）射芯砂　c）保温　d）出芯

1—芯盒　2—电热管　3—射砂口

（5）工艺性能及其影响因素

1）硬化温度及硬化速度。硬化温度在140~250℃较适宜，一般几十秒即可从芯盒中取出型芯。芯盒温度高，硬化快，热态强度较高，但型芯容易烧焦，表面硬度低，芯盒也易变形；反之，芯盒温度低，硬化较缓慢，但能达到的最高冷拉强度较高，型芯表面质量也较好。

2）流动性与存放期。用测孔法测定时，流动性在3~5g；在0.5~0.7MPa压力下，可射制形状复杂的型芯。但存放过程中流动性逐渐降低，存放期不宜超过4h，并需用湿布遮盖。含水量增加可延长存放期，但硬化速度减慢，也会使强度降低。

3）发气性。呋喃Ⅰ型树脂砂比油砂发气性强，发气速度也快，在105℃时，在15s内大部分气体就能逸出。树脂加入量增加，发气量也加大。

4）吸湿性。呋喃Ⅰ型树脂是水溶性高分子有机化合物，因此比油砂吸湿性强，易使铸件产生气孔。吸湿的型芯可进行二次烘烤，在100~200℃保温2h，强度可以回升。

5）退让性和出砂性。对一般铸铁件所要求的退让性、出砂性都能满足，但对复杂薄壁铸件型芯，其出砂性尚需进一步改善。

热芯盒工艺的能耗相当高，在使用过程中产生有刺激性的烟气。虽然在硬化剂中加入尿素后有所改善，但仍很严重。目前，由于其他高生产率造芯工艺的发展，此工艺已远不如过去那么重要。当用于生产铸钢件、部分球墨铸铁件和复杂薄壁的铸铁件时，易产生皮下气孔和针孔。

3. 呋喃Ⅱ型树脂砂

（1）酚醛呋喃树脂　酚醛呋喃树脂也称为糠醇改性的酚醛树脂，即通常所说的呋喃Ⅱ型树脂，是由糠醇和酚醛缩聚而成的，故又称糠醇改性酚醛树脂。

酚醛呋喃树脂不含氮，用于制造铸钢件，不会因氮而产生气孔缺陷，但酚醛呋喃树脂砂较脆，综合性能不够理想。

（2）呋喃Ⅱ型树脂砂　由于呋喃Ⅰ型树脂中含有尿素，在高温时分解产生氮气与氢气，当用于铸钢件、球墨铸铁件和复杂的薄壁铸铁件时，在靠近型芯的铸件表面下，易出现密集的皮下气孔和针孔。呋喃Ⅱ型树脂属于“无氮树脂”，铸件不易产生针孔和皮下气孔缺陷。与呋喃Ⅰ型树脂砂相比，呋喃Ⅱ型树脂砂强度较低，硬化速度较慢，溃散性和流动性较差，而且价格较高，因此一般用于易产生粘砂和皮下气孔的铸钢件和球墨铸铁件。

当呋喃Ⅱ型树脂砂用于生产铸钢件和球墨铸铁件时，要求选用耐火度高的硅砂作为原砂，树脂加入量（质量分数）一般为3%～4%，用六亚甲基四胺（乌洛托品）作硬化剂，加入量为树脂用量的10%（质量分数）左右，水的加入量也为树脂用量的10%（质量分数）左右，催化剂应先配成溶液后加入。混砂工艺如下：

原砂＋乌洛托品水溶液→混碾（2min）→加树脂→混碾（2～3min）→出砂。

呋喃Ⅱ型树脂砂的高温性能较好，脆性较小，吸湿性小，硬化速度较慢，存放性好，混制后24h后仍有流动性，未发现强度下降。但是，比呋喃Ⅰ型树脂砂贵，只用于易产生粘砂或皮下气孔的铸件，可制作厚度为5～20mm的型芯。

任务三　吹气（雾）硬化树脂砂

一、任务描述

本次任务使学生了解吹气（雾）硬化树脂砂的特点及工艺。

二、吹气（雾）硬化树脂砂简介

吹气（雾）硬化工艺是在热芯盒造芯工艺的基础上，为克服需要加热的缺点而发展起来的。这种树脂砂的硬化工艺是砂芯在常温的芯盒内硬化后再起芯的造芯方法。由于它在常温下硬化，无需加热，砂芯在芯盒内成形并自行硬化，故除了具有壳芯、热芯盒造芯工艺的优点以外，还可采用铝合金、塑料芯盒或木质芯盒等，特别适用于中小批量和多品种的生产。由于芯盒无需加热，故早期称之为冷芯盒工艺。

树脂砂吹射或舂实后，向芯盒导入气体硬化剂或液态硬化剂的蒸气，即可使砂芯硬化，如图4-8所示。

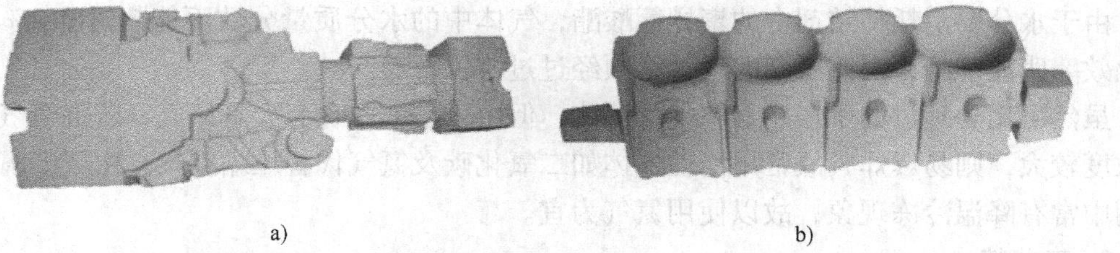

图 4-8 工业生产中的典型冷芯
a) 缸体水套冷芯 b) 缸体主体冷芯

吹气（雾）硬化工艺按使用的粘结剂和所吹气体的不同分为三乙胺法、二氧化硫法和物理气硬法。

三、三乙胺冷芯盒法

1. 概述

三乙胺冷芯盒法为美国 Ashland 油脂化学公司研制成的，在美国称为 Ashland 法，在英国称为 Isocare 法。

三乙胺法的粘结剂为尿烷树脂，它由两种可溶性有机材料组成，即聚苄醚酚醛树脂（组分Ⅰ）和聚异氰酸酯（组分Ⅱ）。混砂时分别加入，吹气（雾）硬化时，用混成砂制成型或芯之后，吹入胺蒸气，胺为三乙胺（TEA）或二甲基乙胺（DMEA），胺蒸气的载体为氮或二氧化碳，在胺硬化剂作用下两组分聚苄醚酚醛树脂的—OH 和聚异氰酸酯的异氰酸根—NCO 发生聚合，形成氨基甲酸酯树脂（尿烷树脂），使型砂在数秒之内硬化。

粘结剂的组分Ⅰ：组分Ⅱ =（40～60）：(60～40)，铸钢件常采用 60：40，以期降低氮的含量。两组分的总加入量为原砂质量的 0.8%～2.0%（质量分数）；铝合金用粘结剂加入量为 0.8%～1.0%（质量分数）。

2. 工艺过程

铸造生产中，多用射（吹）芯机造芯。为使型芯迅速均匀地硬化，液态三乙胺先雾化，然后吹入芯盒。三乙胺法造芯工艺过程如图 4-9 所示。

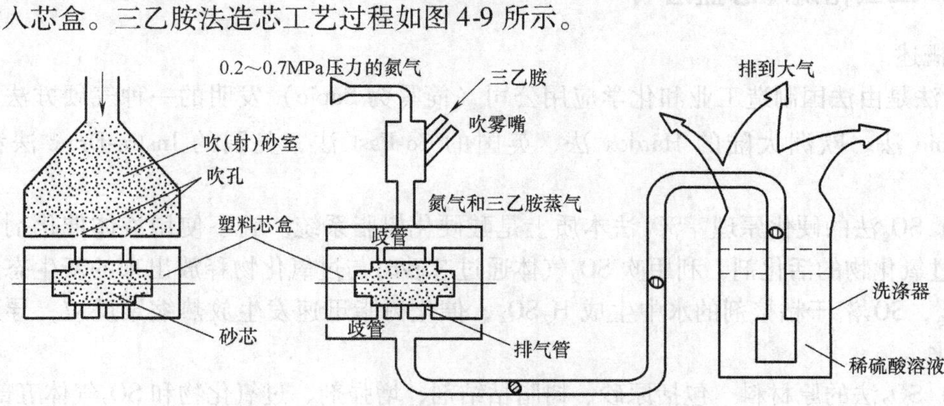

图 4-9 三乙胺法造芯工艺过程示意图

三乙胺以总质量的 2% 与气体载体混合，在 0.2MPa 的压力下吹入芯盒。吹气时间根据型芯尺寸大小而定，20kg 的型芯只需 10～20s 即可硬化。

由于水分要消耗粘结剂中的聚异氰酸酯，气体中的水分质量分数不能超过0.2%，否则硬化效率明显下降，因此所用的气体必须经过过滤及干燥。

虽然可用处理过的干燥压缩空气作载体，但由于空气中含有大量氧气，若混合气体中胺气浓度较大，则易爆炸，故常用惰性气体如二氧化碳及氮气代替压缩空气。由于二氧化碳在使用中常有降温冷冻现象，故以使用氮气为宜。

3. 工艺特点

对不同原砂适用性十分广泛，对耗酸值没有要求，硅砂、锆砂和石灰石砂均可使用；型芯硬化迅速，硬化后强度高；可以制造复杂程度不同、大小不等的型芯；浇注后的型芯落砂性很好，且制好的型芯可以长期储存。但粘结剂和硬化剂都易燃，需要妥善储存，特别是聚苄醚酚醛树脂与聚异氰酸酯的混合液尤其易燃，需要在30℃以下储存。催化剂胺有毒，不能直接与皮肤接触。树脂砂吹硬化气后还得吹压缩空气清洗砂粒间及管道中残存的硬化气。所有这些排出的气体统称为尾气。尾气必须经处理后才能排放到大气中。

4. 尾气的处理

由于胺是碱性，且易燃，故可用酸吸收法或燃烧法除去尾气中的胺。最常用的是洗涤塔，其作用原理如图4-10所示。

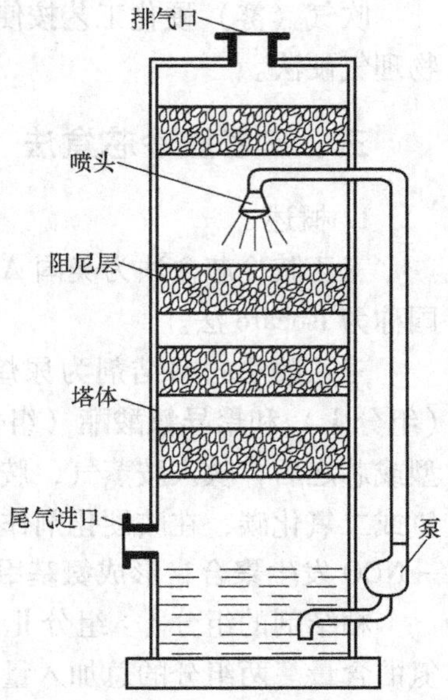

图4-10　尾气洗涤塔原理图

自芯盒排出的含硬化气的尾气从下方进入洗涤塔，在向上方流动的途中，经过2或3层硬塑料块构成的阻尼层，结果气流分散而且路径曲折。质量分数为8%～10%的稀硫酸液自上方喷淋而下，也通过阻尼层。这样，尾气中的胺就充分和酸作用，自上方排出的废气中，胺的浓度很低，可以向大气中排放。

四、二氧化硫冷芯盒法

1. 概述

SO_2法是由法国制造工业和化学应用公司（简写为Sapic）发明的一种气硬方法，所以也称Sapic法。欧洲大陆的Hardox法、英国的So-Fast法、美国的Instra-Draw法都是指SO_2法。

（1）SO_2法的硬化原理　SO_2法本质上是酸硬化树脂系统。它不使用液体催化剂，而是加入含过氧化物的活化剂，利用吹SO_2气体通过芯砂时与过氧化物释放出来的新生态氧反应生成SO_3，SO_3溶于粘接剂的水中生成H_2SO_4，催化树脂迅速发生放热缩聚反应，导致砂芯瞬时硬化。

（2）SO_2法的原材料　包括原砂、树脂粘结剂、增强剂、过氧化物和SO_2气体五部分。

1）原砂质量分数100%，含水量（质量分数）小于0.3%、低耗酸值及粒度大小分布合适的高纯度硅砂。

2）树脂质量分数1.2%～1.5%，普通的酚醛和呋喃型冷硬树脂也可以作为粘结剂，但专门设计的无氮、低糠醇树脂效果更好。

3）增强剂是一种硅烷产品，起增强作用，其用量很少，可以在生产树脂时直接加入，也可以在混砂时加入，加入量为树脂加入量（质量分数）的3%～10%。

4）过氧化物（MEKP）有无机和有机两大类。无机过氧化物价格便宜，但芯砂的有效期短，常用双氧水，多采用质量分数为50%的过氧化氢，为树脂质量的20%～25%，带进水分较多；有机过氧化物价格昂贵，但有效期较长，常用过氧化酮，加入量为树脂质量的40%，过少不足以使树脂充分硬化，过多则吹SO_2后生成的酸太多，会导致树脂砂强度降低。

2. SO_2法的混砂工艺及硬化

SO_2法可用任何一种混砂机混制，混砂的加料顺序是很重要的。用间歇式混砂机时典型混砂工艺如下：

原砂＋增强剂→混拌1min→加树脂→混拌3.5min→加过氧化物→混拌2.5min→出砂。

或原砂＋增强剂＋树脂→混拌2.5min→加过氧化物→混拌2.5min→出砂。

用连续式混砂机混砂加料的顺序与上相同。但没有必要使用高速混砂机，因为不吹SO_2时，混好的砂子不发生硬化反应。

所有常规的紧实方法，包括吹射、震实、机械振动和手工紧实都可用于SO_2法造芯和造型。

通过混砂工艺将原砂与增强剂、树脂粘结剂和过氧化物混合，然后把混好的砂填入芯盒，紧实后，再往芯盒中吹SO_2气体，此时过氧化物（MEKP）中的［O］立刻与SO_2化合，并与粘结剂和氧化剂中的水反应，形成一组络合的酸。这些酸是使树脂发生交联或硬化的催化剂，能使砂芯硬化，并放出热量。

吹SO_2气体的压力应足以克服管路系统及树脂砂的阻力，一般可为150～200kPa。使用液态SO_2时，在环境温度较低的条件下，可用蒸发罐，以保证有足够的蒸发量并建立所需的压力。

为了促进和加速硬化反应和改善砂芯质量，吹SO_2后，随即吹入干热并无油的净洗空气。这种热空气也起着清洗砂芯中残留的SO_2气体的作用。

3. 尾气的处理

SO_2气体从砂芯或砂型中清洗出来后称为尾气，也用洗涤塔处理，因为SO_2是酸性的，故塔中的洗涤液通常为质量分数为5%～10%的NaOH溶液，给定pH值为11～12，氢氧化钠与SO_2反应，生成亚硫酸钠的水溶液，废洗涤液应用双氧水或臭氧予以氧化，得到生化需氧量为零的硫酸钠后才可排放。

当洗涤塔中的溶液pH值降到7～8时，就不能再中和SO_2，必须更换。

4. SO_2法的特点

我国已成功地将SO_2法用于泵类、液压件、汽油机、柴油机等铁、钢及非铁合金铸件的生产。其主要优点是砂芯热强度高，使铸件的尺寸精度和表面质量提高；出砂性良好；树脂砂有效期特别长，混好的砂不接触SO_2气体，不会硬化；发气量是有机粘结剂中最低的，约为三乙胺法的1/2，浇注时烟雾气味小；硬化快，脱模后1h内强度可达终强度的85%～95%；生产率高，劳动强度小，节约能源。

SO_2法的缺点也很明显，主要是树脂中游离糠醇汽化，易使砂芯表面结垢；低碳钢芯盒用于大量生产砂芯时，锈蚀是一个严重问题；SO_2泄漏，将引起严重环境问题；过氧化物为强氧化剂，易燃烧，要妥善保管。目前，此法应用不太广泛。

五、帕萨特轿车缸盖的吹气硬化树脂砂冷芯盒工艺

图4-11所示为帕萨特轿车缸盖的型芯。欲采用吹气硬化树脂砂冷芯盒工艺制作帕萨特轿车缸盖冷芯，使树脂砂快速硬化，获得型芯。

1. 混砂操作规范

1）检查混砂设备应完好。

2）混砂操作工艺。原砂100%（质量分数）+固化剂1.4%～1.7%（质量分数）干混2～3min+树脂3.5%～4.5%（质量分数）湿混5～10min出砂，在混碾过程中不使用铁锤敲打混砂机侧壁，防止侧壁涂挂固化剂和树脂。

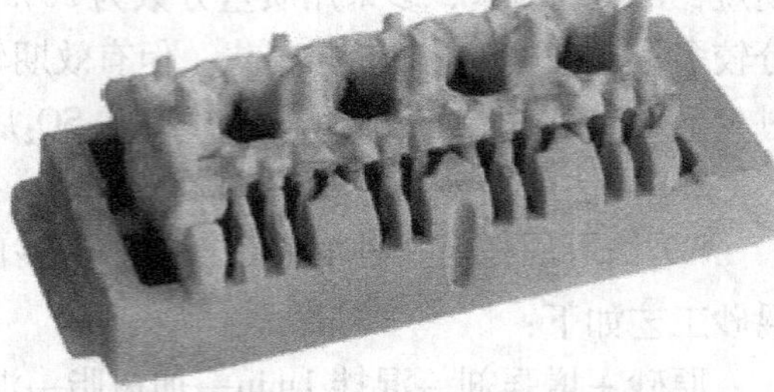

图4-11　帕萨特轿车缸盖型芯

3）因季节和粘结剂的粘度不同，加入量可适当调整，但调整后应不影响性能。

4）芯砂性能应作周期检查。操作者应根据经验，对芯砂质量加以控制。

5）为避免干燥，混好的芯砂应用塑料布盖好。

6）混砂完毕将树脂和固化剂用盖盖好，防止吸潮，变质。

7）每日下班前将混砂机清理干净并切断电源。

2. 造芯操作规范

1）检查确定芯盒、芯骨完好，活块定位准确，表面光洁，起模方向正确，有明显的安装定位标记，起模装置齐备、合理。

2）填砂前应将芯盒分型面、内腔、活块等擦干净，视工作情况，芯盒内腔喷刷脱模剂或煤油，喷刷后要吹干净。金属芯盒分型面或配合面存在高点应用锉刀进行修平。

3）泥芯盒结构准备。造芯所需材料（如芯骨、冷铁、通气管、捣棒、提勾、压勺等）放于芯盒旁，便于使用。

4）填砂时，先放部分芯砂将凹陷及棱角处塞紧，然后分层紧实并按要求放冷铁、芯骨和通气管。注意：对于芯盒凹槽处、拐角处、活块凸台下部应用手或捣棒捣实，但捣棒不能太用力，以防撞坏木模或使活块离位。使用手舂用力要均匀，不可用力过大或过小，金属芯盒靠近芯盒部分要舂实。

5）砂芯上表面用刮板刮平，用木槌轻轻均匀振动芯盒后再在砂芯上均匀扎吹气眼，吹气眼距离80～120mm。在吹气眼中吹二氧化碳气体硬化，直到吹气眼吹出的气体无热气、潮气。

6）堵好吹气眼后起模，应根据活块的顺序、方向起模，并及时吹去表面浮砂。起模时必须使用木槌，严禁使用铁锤直接敲击木模。发现芯盒出现缺陷应及时通知木模工或钳工进行修复。

7）将起出的泥芯放于指定位置，对于起出泥芯紧实度不够或在起模、搬运过程中不慎破损的部位要及时修复。局部整块掉落的应用粘结剂粘接，如有必要再用铁钉加固。紧实不到位的部位应先钉铁钉，再用新混制的树脂砂按原样修补好。局部破损或紧实不到位的小部位用干涂料修补。所有修补不应高于原来表面。注意粘结剂和铁钉使用时不能露出表面。

8）每天下班前清理场地，将造芯工具放于指定位置，并在现场摆放好第二天要做的芯盒，收集所有辅料于箱内保存，以利再用。

3. 刷涂料的操作规范

1）检查确定泥芯的完整性，刮去泥芯披缝。发现有厚大披缝，应和技术员联系，查出原因。

2）戴好劳保用品（安全帽、口罩、手套），准备涂料，使用醇基涂料，要求用前用搅拌机或手工将涂料适当搅拌均匀，使桶内涂料成浆状无块状沉积。用后桶内涂料要上盖，以防酒精蒸发。

3）对于泥芯局部破损或紧实不到位的小部位用干涂料修补，以保证砂芯外围轮廓。

4）刷涂料前应将砂芯表面的浮砂吹净。刷涂料时要自上而下进行，应涂刷均匀，减少刷痕，不使涂料流挂、堆积，特别是转角与凹陷处。要避免泥芯头浸到涂料，以免影响铸件尺寸和出气。浸涂后的砂芯要用酒精刷洗一遍，特别是用刷笔将深凹处的涂料刷去。酒精刷涂好后应及时点燃，注意安全，禁止在酒精桶旁点燃涂料。

5）涂好的泥芯应放在干净、干燥而平整的地方，以利下芯、合箱。

6）最后将酒精桶、涂料桶归类分放，远离火源。用过的涂料大桶用铁质板盖好，以防酒精蒸发。

任务四　树脂自硬砂

一、任务描述

本次任务使学生掌握树脂自硬砂的特点、工艺。

二、吹气（雾）硬化树脂砂简介

树脂自硬砂是指以合成树脂为粘结剂，在相应的固化剂作用下，室温自行硬化成形的一类型（芯）砂，简称为树脂砂。其特点是：铸件质量高，占地面积小，型砂易紧实、溃散性好，旧砂可再生利用及便于实现机械化生产等。目前树脂自硬砂除了造芯外，已广泛用于造型，特别适合于单件和小批量生产的铸铁、铸钢和非铁合金铸件，不少工厂已用它取代粘土干砂型并部分取代了水玻璃砂型。

铸造行业用于自硬树脂砂的树脂按化学性能可分为：①酸硬化的，如呋喃树脂、酚醛自硬树脂等；②异氰酸盐基硬化，主要是各类改性尿烷树脂。因此，所用的自硬砂也主要有呋喃树脂自硬砂、酚醛树脂自硬砂和尿烷树脂自硬砂等。

三、呋喃树脂自硬砂

1. 原材料

原材料包括原砂、呋喃树脂、催化剂和偶联剂等。

(1) 原砂　树脂砂与其他粘结剂所配置的型砂相比，对原砂化学成分的要求主要区别在于要考虑原砂的需酸值和 pH 值，要求需酸值 <5，pH <7，一般铸钢件用原砂 w（SiO_2）>97%，铸铁件用原砂 w（SiO_2）>85%；原砂含泥量和微粉含量（质量分数）对树脂砂强度的影响也是很大的，要求原砂中微粉的质量分数小于 2%，最好能控制在 0.5% 以下；对原砂角形系数、粒度，一般要求原砂角形系数在 1.0 ~1.3 范围内，粒度选择要适中，对于不刷涂料的型（芯），可选用粒度为 21 组和 15 组混合砂，对于刷涂料的型（芯），可选用 30 组和 21 组混合砂，在粒度组成上，其主要组成部分应占80% ~90%；原砂的含水量高，树脂砂的强度降低，故对原砂的含水量（质量分数）应严格控制在0.2%以下，原砂使用前最好要进行烘干。

（2）呋喃树脂　以糠醇为基础，因其结构上特有的呋喃环而得名。就其基本结构而言，有糠醇呋喃树脂、脲醛呋喃树脂和甲醛呋喃树脂等。生产中配制树脂自硬砂多用呋喃树脂作为粘结剂。用于自硬砂的呋喃树脂，其糠醇含量都比较高，树脂存放性能得到改善，热强度高，但增加了成本。

（3）催化剂（固化剂）　呋喃树脂都是用酸作催化剂使呋喃树脂砂型（芯）硬化的，催化剂可分为无机酸与有机酸两大类。无机酸主要是磷酸，它是最先采用的催化剂。常用质量分数为75% ~85%的磷酸水溶液，其优点是价格便宜，缺点是砂子再生时残留的磷酸盐较多，会导致用再生砂配制的树脂砂强度下降；有机酸主要为有机磺酸，常用的有苯磺酸、对甲苯磺酸、对氯苯磺酸和酚磺酸等，其催化能力的顺序是对氯苯磺酸＜酚磺酸＜对甲苯磺酸＜苯磺酸，催化能力最小的对氯苯磺酸，与磷酸相当。呋喃树脂是酸硬化的树脂，加入量一般占树脂质量的30%左右。用于自硬砂时，对酸硬化剂的用量相当敏感，对酸的品种则没有那么高的要求。目前，国内外采用较多的有磷酸溶液（H_3PO_4）、硫酸乙酯和有机磺酸等。

（4）偶联剂　在呋喃树脂自硬砂中加入少量的硅烷作偶联剂，可以明显地提高树脂砂的强度。硅烷应封存于深色瓶中并盖严，以防止在空气中逐渐水解缩合，从而影响偶联效果。国内外主要采用氨基丙基三乙氧基硅烷（商品名为KH550）、缩水甘油丙基三甲氧基硅烷（商品名为KH560）和苯胺甲基三乙氧基硅烷（商品名为南大—42）。

2. 混砂工艺

呋喃树脂的价格较高，加入量过多会增加成本，故在满足型砂高强度和长时间工作条件下，必须尽量减少呋喃树脂的加入量。

混砂时间不宜长，因为混砂过程中摩擦产生热量，促进硬化，使型砂可使用时间缩短，所以在保证混拌均匀的前提下，混砂时间越短越好。正确选用加料顺序，避免因局部发生剧烈的硬化反应而影响树脂砂的性能。

树脂自硬砂必须采用快速混砂机，当采用间歇式混砂机时混砂工艺如下：

砂＋硬化剂→混拌（30 ~60s）→加呋喃树脂→混拌30 ~60s→出砂。

3. 硬化特性

（1）呋喃树脂自硬砂硬化过程的时间问题　呋喃树脂自硬砂的硬化反应是从树脂加入到已预混的混合料中的瞬间就开始的，习惯上是从混砂完毕算起的，这样计算比较方便，况且整个混砂时间也不过1 ~2min。在树脂自硬砂试验中，通常以24h为硬化终了时间，24h时的强度为终强度，超过24h的时间为可使用时间。

（2）呋喃树脂自硬砂的强度与硬化时间的关系　随着硬化时间的延长，自硬砂的强度增大。开始时强度缓慢上升，随后迅速增加；正常情况下，经过3 ~5h硬化后，强度增加又变得缓慢，到24h后硬化反应还在进行，但由于以后强度提高甚少，故可认为硬化终了。

（3）呋喃树脂自硬砂的强度与硬化剂加入量的关系　硬化剂加入量不足时，所造成的酸性环境不足以使树脂发生完全的交联反应，且树脂的交联反应要产生水，会使硬化剂稀释，从而限制反应的进行，因此呋喃树脂自硬砂的强度偏低。

自硬砂的强度随硬化剂加入量的增加而提高。在强度达到峰值后，继续增加硬化剂加入量，则强度急剧降低，这是因为交联反应的速率太高，树脂硬化形成的结构不完善，导致粘结膜和粘结桥脆化。因此，用呋喃树脂自硬砂时，必须控制硬化剂的加入量。

不管树脂的加入量如何，与自硬砂峰值强度对应的硬化剂加入量都占自硬砂的 0.4%（质量分数）左右。实际生产中硬化剂加入量在此基础上增加 20% ~30%（质量分数），即在自硬砂中加入 0.48% ~0.52%（质量分数）的硬化剂较适宜。

(4) 可使用时间　混砂机中放出的刚混好的树脂砂有极好的流动性，随时间的延长，型砂逐渐失去流动性，此时型砂的可使用时间结束，不能继续使用。因此，可使用时间是树脂砂可用于造型和造芯的一段时间。它有两种表示方法：一种是型砂抗压强度达到 7kPa 经历的一段时间；另一种是将混制好的树脂砂每隔一段时间制备几个标准试样测得的抗压强度为刚混好的型砂制成试样强度的 70% 时所经历的时间。

型砂过了可使用时间的终点后，如继续使用，型砂强度就逐渐降低，产生表面发“酥”现象。可使用时间与加入的原砂温度、环境温度和硬化剂加入量均有密切关系。一般可调节硬化剂加入量以控制可使用时间。

(5) 脱模时间　脱模时间是指试样抗压强度达到 0.14MPa 时所经历一段时间。脱模以后的试样，硬化还在继续进行，直至完全硬化为止。

实际生产中，型芯的脱模时间要根据型芯的尺寸和复杂程度来确定。型芯越大，形状越复杂，要求脱模强度也越大，即脱模时间也越长。

脱模时间的目的在于：在此时间起模，型芯已达到最起码的强度，保证不会塌箱和变形。脱模时间不应无必要地延长，因为这样不仅影响生产率和芯盒的周转使用，而且降低型芯的终强度，且使脱模困难。

4. 影响呋喃树脂自硬砂性能的因素

影响呋喃树脂自硬砂的因素主要包括原砂、硬化剂、温度和湿度。

(1) 原砂　原砂的粒度、颗粒形状、含泥量、含水量、pH 值、需酸量等都对呋喃树脂自硬砂的性能有很大影响。在这些因素中，凡能使颗粒表面积增加的因素都使强度降低；凡能使树脂砂中总含水量增加的因素都延缓硬化速度。

1) 粒度对自硬砂性能的影响。砂粒越细，总表面积就越大，砂粒表面覆盖一层树脂膜所需的树脂量就越多，当树脂量不变时，强度就降低；但若砂粒太粗，则砂粒与砂粒之间的总粘结点数就少，也使树脂砂强度降低。

2) 颗粒形状对自硬砂性能的影响。角形砂粒比圆形砂粒表面积大，在其他条件相同的情况下，多角形树脂砂具有较小的强度。

(2) 含泥量和含水量对自硬砂性能的影响　原砂的含泥量增多，将降低自硬砂的强度，由于水分稀释了砂粒表面上硬化剂浓度，同时降低了砂粒表面上粘结剂的浓度，因而使树脂砂的强度和硬化速度降低。原砂最好呈中性。

(3) 硬化剂对呋喃树脂自硬砂性能的影响　硬化剂的加入量对呋喃树脂自硬砂的强度有较大的影响，此外，硬化剂的种类和浓度也影响呋喃树脂自硬砂的性能。

(4) 温度和湿度对自硬砂性能的影响　工作场地的温度和湿度对树脂砂性能的影响也很大。

四、酸硬化甲阶酚醛树脂自硬砂

20 世纪 60 年代末，由于糠醇资源的短缺，一些工业国家开始着手研究甲阶酚醛树脂在自硬砂方面的应用。当时，由于用于呋喃树脂自硬砂的磷酸不适应这种树脂，甲阶酚醛树脂自硬砂未被推广应用。后来，随着有机磺酸的使用，甲阶酚醛树脂自硬砂有了较大的发展。

酸硬化甲阶酚醛树脂自硬砂多用于生产铸钢件。其主要优点是价格比呋喃树脂低 30% ~ 40%，高温强度较好，不含氮。其主要缺点是树脂保存期短，浇注时烟气大，硬化剂用量较多。

1. 甲阶酚醛树脂

甲阶酚醛树脂是苯酚和甲醛缩聚反应的产物。苯酚和甲醛缩聚的反应可分为三个阶段，在甲阶段，得到的是线型、支链少的树脂，可熔并可溶，称为甲阶酚醛树脂。

2. 酸硬化甲阶酚醛树脂自硬砂的硬化剂

酸硬化的甲阶酚醛树脂自硬砂，对酸性硬化剂的品种非常敏感，硬化剂选用不当，自硬砂的强度将大幅下降。

适用的硬化剂为游离硫酸含量较低的有机磺酸。随着硬化剂中游离硫酸含量的增多，自硬砂的强度急剧下降。一些在低温条件下用于呋喃树脂自硬砂的甲苯磺酸，由于游离硫酸含量较高（质量分数≥12%），不能用于酸硬化的甲阶酚醛树脂自硬砂，而且硬化后的强度极低。

此外，磷酸和硫酸乙酯也不能用于甲阶酚醛树脂自硬砂。在冬季可采用总酸度高、游离酸量较低的二甲苯磺酸醇溶液作为硬化剂。

3. 酸硬化甲阶酚醛树脂自硬砂的混砂工艺

混砂时，可先加树脂后加硬化剂，也可先加硬化剂后加树脂。酸硬化甲阶酚醛树脂自硬砂的强度对加料顺序不敏感。

4. 酸硬化甲阶酚醛树脂自硬砂的硬化特性

甲阶酚醛树脂自硬砂硬化剂不参与树脂的硬化反应，只起催化作用，这是与呋喃树脂自硬砂的相同之处。这种树脂有两点与呋喃树脂大不相同。

1）树脂是由苯酚和甲醛在碱性催化剂作用下缩合而成的，出厂前用酸将碱性催化剂中和并使其呈弱酸性。因此，树脂对酸性硬化剂不如呋喃树脂那样敏感，在酸浓度相当高时才发生交联反应。

2）此种树脂的含水量高，一般都在 15%（质量分数）左右或更高一些。发生交联反应时，除树脂本身缩合产生水外，还要释放很多与树脂互溶的水，这些水将使硬化剂稀释。

五、酯硬化甲阶酚醛树脂自硬砂

这种自硬工艺是英国 Bordon 公司开发的，也称为 α-set 工艺，于 1981 年获得专利，1984 开始被广泛采用。该工艺不采用大量磺酸硬化剂，浇注时不产生 SO_2 气体，这是其主要的优点。它最先是用于铸钢生产，现已广泛用于非铁合金、铸铁及高镍铬合金中。

1. 树脂的特点

该工艺所用的树脂是在酸硬化甲阶酚醛树脂的基础上研制发展起来的，据报道此种树脂供应状态的 pH 值为 11 ~ 13.5，故有人称之为碱性酚醛树脂。树脂的外观为暗红色的粘稠液体，粘度为 150 ~ 160mPa · s，密度小于 1.29g/cm^3；闪点低，约 65℃，易燃，能溶于水；不含氮，游离甲醛含量（质量分数）小于 0.5%。

此种树脂的缺点是保存期短，20℃以下可存放 6 个月，30℃以下为 2 ~ 3 个月。

2. 硬化剂和硬化特性

用此工艺所制的铸型或型芯，硬化后的强度不高，抗压强度只有 2 ~ 4MPa。但是在浇注后还有受热再硬化的过程，因而铸型的硬化剂以有机酯为主。多种低级有机酯均可作硬化剂，可根据对硬化速率的要求选用。

硬化剂的用量是树脂用量的 15% ~20%。由于硬化剂参与树脂的交联反应，不能用改变硬化剂用量的办法来调节自硬砂的硬化速率，只能通过改变硬化剂的品种来达到目的。这是与酸硬化甲阶酚醛树脂自硬砂的重要差别。

碱性树脂在硬化剂的作用下只发生部分交联反应，自硬砂硬化后仍有一定的热塑性，浇注金属后，还有一个因受热而完成交联反应的过程。这也是与酸硬化甲阶酚醛树脂自硬砂的不同之处。

铸型或型芯的稳定性及热稳定性好，制得的铸件尺寸精度高、表面质量好、不易发生脉状纹缺陷。

3. 影响树脂自硬砂的工艺因素

采用树脂自硬砂时，如控制得恰当，则能生产出优质的铸件，得到很好的效益；如使用不当，就会造成废品。因此，在铸造生产条件下，对一些工艺条件，特别是砂温、紧实度和发气性应予以重视。

（1）温度　砂温升高 10℃，则反应速度将提高 1 倍；砂温降低 10℃，速度将降低 50%。必须充分重视原砂的温度。最合适的砂温是 25 ~30℃，在此条件下，硬化剂的用量可减到最少；树脂砂的流动性也很好，铸型或型芯较易于紧实。

在生产条件下，砂温在 20 ~35℃都是可行的。可通过稍稍调整硬化剂用量，以使脱模时间不变，并获得良好的效果。砂温超过 40℃，则硬化太快，会导致铸型或型芯表面脆化。砂温太低，则硬化太慢，脱模时间明显增长，影响生产率。

在大批量生产的条件下，应设有砂温控制装置，包括加热和冷却两个方面。

（2）铸型的紧实度　树脂砂的流动性好，紧实铸型所需的能量远低于粘土砂，这是树脂砂的优点之一。但是，考虑到铸型的紧实度对其实际的强度影响极大，而且疏松部分在树脂热解之后极易剥落，用树脂砂造型时，对铸型或型芯的紧实度决不可松懈。造型时，最好用震实台，否则要用手工舂实。

（3）发气性　一般情况下，树脂自硬砂的发气性较大，因此为了防止气孔缺陷，扎气孔是最有效、最简便易行的办法，操作时应认真做好。

单元五　以油类为粘结剂的芯砂

➢【学习目标】

1. 了解砂芯粘结剂的分类、砂芯的分级及性能特点。
2. 掌握植物油粘结剂芯砂的种类、特点及制备工艺。
3. 掌握矿物油粘结剂芯砂的种类、特点及制备工艺。

任务一　认识油芯砂

一、任务描述

本次任务使学生了解砂芯粘结剂的分类及特点，掌握各级芯砂的特点、性能及材料的选用。

二、油芯砂简介

在树脂砂推广应用以前，油砂是主要的造芯材料。目前，尽管大量生产的铸造厂普遍采用热芯盒、冷芯盒工艺造芯，仍有一些铸造厂采用油砂芯。

油砂是以油类为粘结剂的一类型砂，主要用于制造形状复杂、断面细薄、内腔不加工铸件的砂芯。用油类粘结剂配制的芯砂其特点是：硬化前芯砂具有良好的流动性，便于紧实并获得轮廓清晰的形状；硬化后使芯砂具有较高的干强度；在金属液的高温作用下，油类粘结剂燃烧，使砂芯的高温强度和残留强度大幅度降低，表现出良好的退让性和出砂性；燃烧时产生的CO、H_2等还原性气体，能有效地防止铸件粘砂，使铸件表面光洁。但其发气量大，烘干过程中排放的烟气会污染环境。

油芯砂按选用粘结剂的来源不同分为植物油粘结剂芯砂和矿物油粘结剂芯砂。

三、常用油砂

1. 油类粘结剂分类

（1）按来源分类　包括植物油（桐油、亚麻油等）和矿物油（合脂油、改性渣油等）两类。

植物粘结剂的硬化是氧化、聚合的过程：脂肪酸的分子在双键处通过“氧桥”不断聚合、加大，最后形成体型结构的高分子化合物。为了加速油类粘结剂的硬化过程，可预先在植物油中加入少量催干剂（主要是铅、锰、钴、铁、钙、锌与松香、环烷酸或脂肪酸形成的皂类），以增加氧的吸收速率，促进聚合作用，加速油类的硬化。

矿物油类粘结剂的硬化是一个比较复杂的反应过程，需要比较高的烘干温度和比较长的烘干时间。但是矿物油的含碳量较高，高温强度较好，浇出的铸件内腔表面比较光洁。

（2）按比强度分类　铸造用有机粘结剂的强度特性可以用“比强度”为指标来衡量。比强度（或称单位强度）是指工艺试样中每加入1%（质量分数）的粘结剂可获得的常温抗拉强度。比强度高，意味着达到同样强度所需要的粘结剂加入量少。我国目前采用的比强度是包含溶剂的粘结剂的比干拉强度。该分类法还指明了化学属性（有机、无机）；粘结剂是否易吸湿，即基团、结构是亲水的还是憎水的。知道粘结剂比强度，就有利于按砂芯级别选用粘结剂。

各种粘结剂按比强度可分为三个组别，见表5-1。

表5-1　铸造用粘结剂按比强度分类

组　别	比强度/(N·m/kg)	有机物		无机物
		亲水材料	憎水材料	亲水材料
1	>0.5	呋喃Ⅰ型树脂 聚乙烯醇树脂	桐油、亚麻油、米糠油、 酚醛树脂、呋喃Ⅱ型树脂	
2	0.3~0.5	糊精	合脂、渣油	水玻璃
3	<0.3	纸浆残液、糖浆	沥青、松香	水泥、粘土

亲水材料表示可溶于水或可被水润湿；憎水材料则相反。粘结剂亲水特性不同，对芯砂性能有较大的影响。例如，对硬化反应式不可逆性质的亲水粘结剂，可以用水来调整粘度；但对

硬化反应式可逆的亲水材料，容易使型芯在存放过程中因吸湿造成强度降低，尤其在潮湿的环境中更为严重。憎水材料需要稀释时，应采用有机溶剂稀释或用乳化剂制成乳化液稀释。

2. 常用油砂的种类

（1）桐油砂　由于桐油不仅资源有限，是贵重而且用途广泛的工业原料，又是我国传统的出口商品，故应限制其在铸造生产中的应用。

（2）合脂砂　合脂是合成脂肪酸蒸馏残渣的简称，是将炼油厂原料脱蜡过程中得到的石蜡，制取合成脂肪酸时所得的副产品。它主要存在以下问题：

1）湿强度低。合脂砂的湿强度只有2.0～2.5kPa，比植物油砂还要低。加入膨润土或者含泥量高的天然粘土砂可以提高湿强度。

2）砂芯蠕变。合脂砂湿强度低，合脂本身在常温下粘度大，芯砂流动性差，造芯时不易紧实，因此合脂砂芯在湿态和烘干过程中易发生蠕变，即逐渐往下沉。在冬天，合脂变得更加粘稠，蠕变现象就更为严重。可采用加入膨润土和高温入炉烘干硬化的方法来减少蠕变的缺陷。

（3）改性渣油砂　改性渣油是以石油减压蒸馏过程中产生的残渣——减压渣油为原料，以柴油为稀释剂，以适量环烷酸盐为催化剂，外加少量香料，在一定的温度条件下经过混合、搅拌、稀释等处理工艺而制得的胶状液体，外观呈黑褐色，密度为0.92～0.96g/cm^3，30℃时的粘度为25～45Pa·s（用容量100mL、出口孔径为ϕ6mm的粘度杯测量）。

改性渣油砂不仅可以取代桐油砂、合脂砂制作各类砂芯，而且芯砂流动性比合脂砂好，砂芯蠕变性比合脂砂差，砂芯生产成本明显降低，具有较好的技术和经济效益。

在环境保护和清洁生产方面日益严格的今天，油类粘结剂的优点又再次受到重视。植物油既无污染又是可再生资源，使用合脂、渣油、塔油等则是废弃材料的再利用。若能解决其烘干周期长、易于变形等问题，应用的前景将会很好。

四、砂芯的分级

砂芯主要用来形成铸件的内腔、空洞和凹坑等部分，如图5-1所示。在浇注时，它的大

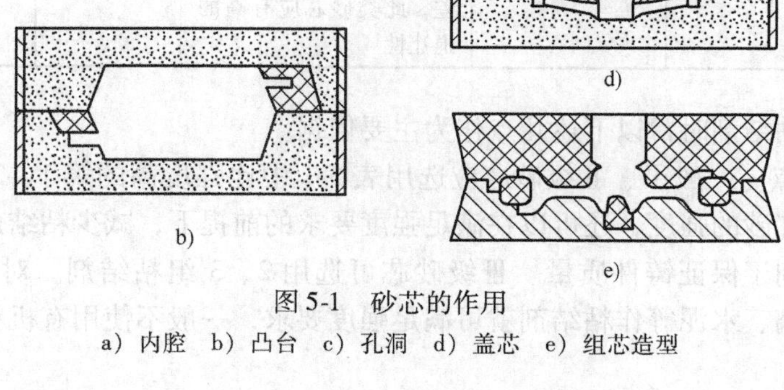

图5-1　砂芯的作用

a）内腔　b）凸台　c）孔洞　d）盖芯　e）组芯造型

部分或部分表面被液态金属包围，经受金属液的热作用、机械作用都较强烈，排气条件也差，出砂、清理困难，因此对芯砂的性能要求一般比型砂高。

为了合理地选用砂芯的粘结剂和有利砂芯的管理，根据砂芯形状特征及在浇注期间的工作条件和产品质量的要求，铸造生产上一般将砂芯分为五级，见表5-2。

表5-2　各级砂芯的特点、性能要求和使用粘结剂举例

砂芯级别	砂芯特点	实　例	对芯砂性能的要求	使用粘结剂举例		备　注
				普通造芯工艺	树脂及自硬砂	
Ⅰ	砂芯断面细薄，砂芯形状复杂，芯头窄小，大部分表面被液体金属包围，铸件内腔不加工，要求表面光洁	缸盖水套砂芯、液压件的多路阀体砂芯	干强度高，好的断裂韧度和高温强度，好的透气性、出砂性、防粘砂性，低的发气性	桐油、亚麻油、米糠油、渣油	酚醛树脂 呋喃Ⅰ型树脂 呋喃Ⅱ型树脂	
Ⅱ	形状较复杂，有局部薄断面，芯头比Ⅰ级砂芯的大，铸件内腔表面质量好、光洁，部分完全不加工	排气管、暖气片、液压泵叶轮、阀体砂芯	高的干强度、高温强度、耐火度、防粘砂性、透气性，出砂性，低的发气性，有一定的湿强度	桐油＋糊精、亚麻油＋纸浆、合脂＋纸浆渣油	呋喃Ⅰ型树脂 呋喃Ⅱ型树脂 酚醛树脂	
Ⅲ	形状中等复杂，没有很薄的部分，局部有凸缘、棱角、肋片，构成铸件中重要的不加工面，砂芯体积和芯头较大	曲轴箱、缸筒砂芯，车床溜板箱砂芯，靠近浇道及复杂的外廓砂芯	较高的干强度和湿强度，流动性、落砂性可比Ⅰ、Ⅱ级砂芯低一些	合脂＋粘土、渣油	呋喃Ⅰ型树脂	树脂砂不要求湿强度
Ⅳ	在铸件中构成需加工的内腔，或形成虽不加工但对表面质量要求不很严格的表面的砂芯，一般或中等复杂程度的外廓砂芯	离合器外壳、车床主轴箱体的砂芯	适度的干强度，较高的湿强度，良好的透气性、退让性和落砂性	粘土、水玻璃、沥青	水玻璃、水泥	
Ⅴ	形状简单、体积大的内腔砂芯	机床床腿等砂芯	湿强度高，透气性、退让性良好，有一定的干强度。有机粘结剂的大砂芯在浇注过程中只能热透很少一层，芯中有机粘结剂不能完全燃烧和分解，使出砂性很差，此类砂芯应有高的退让性	粘土、水玻璃		

选择芯砂的粘结剂时常以下述几点作为主要依据。

（1）砂芯特点　一般Ⅰ、Ⅱ级砂芯应选用表5-1中比强度高的第1、2组粘结剂，因为这不仅可以提高芯砂的强度，还可以在满足强度要求的前提下，减少粘结剂的用量，降低芯砂的发气量，有利于保证铸件质量。Ⅲ级砂芯可选用2、3组粘结剂。对于Ⅳ、Ⅴ级砂芯，选用粘土、水玻璃、水泥等作粘结剂就可满足强度要求，一般不使用有机粘结剂。

（2）生产条件　在大批量生产条件下，由于要提高造芯效率，且常要求砂芯具有高的尺寸精度，Ⅰ、Ⅱ级甚至Ⅲ级砂芯采用热芯盒、壳芯法和冷芯盒法生产砂芯是合理的，除Ⅰ级砂芯外，粘结剂常选用酚醛树脂和酚醛-异氰酸酯。在小批量生产条件下，采用自硬呋喃、酚醛、酚尿烷树脂，或者采用烘干法硬化的干性油、合脂、渣油作为Ⅰ、Ⅱ、Ⅲ级砂芯的粘结剂是合理的。为了提高铸件表面质量，提高生产率，有时Ⅳ、Ⅴ级砂芯也采用自硬法用树脂和无机粘结剂。造这类砂芯时，常将中心掏空或填焦炭等可回收的块料，以节约树脂砂。

（3）材料的来源和成本　各地区材料供应不同，选用粘结剂时要因地制宜，并注意降低成本。选择合理的芯砂成分和使粘结剂得到最有效的利用，对降低铸件成本和保证铸件的质量有重要的意义。但在许多工厂中，砂芯粘结剂的利用率极低。在大多数情况下，粘结剂所产生的强度只是正确使用时所能得到强度的2/3～1/2。粘结剂消耗过多的原因很多。例如：不必要地追求高强度，以致增加粘结剂加入量；为获得表面强度高的砂芯，而使用大量高级粘结剂；砂芯所用的原砂中含有大量粘土，无谓地消耗掉一部分高级粘结剂；使用某种粘结剂而不考虑其独特的使用范围等。

（4）发展方向　造芯工艺技术的发展方向及国家方针政策是要全面顾及环境保护、能源、效益、一次投资等。应指出的是，发展无污染粘结剂，开发壳芯法及无毒、无害和低毒气体硬化造芯是今后造芯技术发展的主流。

五、油芯砂的生产

1. 油芯砂中的水分

油芯砂中一般都应加有质量分数为2%～3%的水。其作用有以下两方面。

1）和糊精、膨润土等配合使用，使油砂具有起模所需的强度。

2）在烘干过程中，水分的蒸发有保护砂芯的作用，在烘干温度不均匀的情况下，砂芯不致产生局部过烧。

2. 油芯砂的混制

油芯砂混制时的加料顺序对烘干后的强度有很大的影响。

1）以先加水、后加油的方式混砂，水处于油膜和砂粒之间，烘干时水分的蒸发将使油膜破坏，导致烘干后的强度下降。

2）先加油混匀后再加水及其他附加物，水及其他附加物处于带油膜的砂粒之间，使油砂具有湿强度，便于起模。烘干时又不致损坏油膜，油砂干燥后的强度较高。

综上所述，合理的顺序是：先在干燥的原砂中加入油并混匀，然后加水并混匀，再加糊精或粘土，混匀后出砂。

任务二　植物油粘结剂芯砂

一、任务描述

本次任务使学生了解植物油粘结剂芯砂的特点和应用，掌握植物油粘结剂芯砂的制备工艺。

二、植物油粘结剂芯砂简介

植物油属于有机憎水粘结剂，以植物油为粘结剂（桐油、亚麻油），油在烘烤时生成强度很高的氧化膜。芯砂优点是流动性好，干强度高。缺点是湿态强度太低，砂芯在烘干前和烘干时容易变形，影响尺寸精度；不易实现铸造过程的机械化和自动化；而且植物油贵而稀缺。植物油芯砂用于制作Ⅰ、Ⅱ级砂芯。

三、植物油粘结剂芯砂的制备

1. 植物油砂的组成及配比

植物油砂由原砂、植物油和附加物组成。植物油砂的配方有三种类型，不加附加物的油砂主要用于Ⅰ级砂芯，保证干强度、出砂性和流动性，用成形烘干板等措施解决砂芯的变形问题；加水溶性附加物的油砂主要用于对湿强度要求稍高的Ⅱ级砂芯，南方常加糊精，北方常加粘土、纸浆废液；在纸浆废液为粘结的砂中加入少量油以改善芯砂的流动性，提高干强度，主要用于Ⅲ级砂芯。

植物油的加入量一般为原砂质量的2% ~3%，对于非铁合金铸件的芯砂，加入量可为原砂质量的0.3% ~0.6%，不必追求高强度而增加用油量。原砂要求选用粒形圆、杂质少、含泥量低、表面干净的砂或水洗砂。砂子的粒度一般选择40/70、50/100 和70/140 三种筛号。附加物主要有糊精、纸浆废液、淀粉、膨润土等。加入粘土可提高湿强度，但降低了干强度，一般加入量小于原砂质量的2%。糊精可提高湿强度同时保持干强度，但增加了砂芯的发气量，一般加入量为原砂质量的1% ~2%。纸浆废液与糊精的作用相似，加入过多易使砂芯吸潮。油砂的配比见表5-3。

表5-3 植物油砂的配比

序号	配比（质量分数,%）							应用	
	原砂	植物油	膨润土	糊精	纸浆废液	其他	水分	材质	说明
1	100	桐油2~2.5	2	2		—	3.2~2.8	铸铁件	柴油机V型砂型
2		桐油0.5	—	—	3	—	1.5		内燃机排气管砂芯
3		亚麻油2.5	—	—		200号溶剂油0.25	—		气缸体水套砂芯
4		改性米糠油1.6~1.8	1~1.3	0.5	—	—	<2		发动机缸体砂芯
5		桐油3	4.5	1		山芋粉0.4 糖浆2	7~9	铸钢件	纺织机圆盘件砂芯
6		桐油2.5	0.5	—	—	—	2.9~4	非铁合金件	汽轮机夹层砂芯

2. 植物油砂的混制

混制油砂时，对于不加附加物的油砂，混砂工艺很简单，只要使油均匀分布在砂粒表面即可。当附加物是粘土、糊精等粉状材料时，多采用以下混砂工艺。

先加水后加油，目的是使粉料和砂先被水润湿，使再加的油更易于分布在砂中，同时可避免粘土和糊精等干粉料吸收许多油。若粘土、糊精先配成浆料加入后再加油，则效果更好。若混砂时间过长，对水溶性材料会因砂发热，水分蒸发，芯砂性能变坏。如用烘干的原砂，应注意原砂的温度不可过高，一般应小于40℃。

比较常见的混制工艺如下：

1）砂子+粉状附加物→混拌1~3min→加水和液态附加物→混拌1~3min→加油→混拌4~10min→出砂。

2）砂子+水→混拌2min→加粉状附加物→混拌4~5min→加油→混拌2min→加其他附加物→混拌2min→出砂。

3. 植物油砂芯的烘干

植物油砂芯的硬化强度与烘干温度和烘干时间有一定的关系。

（1）烘干温度　温度过低时（如低于180℃），植物油氧化聚合反应不能进行完全，反应速度也很慢，烘干时间要很长，而且能达到的干强度较低，断面较厚大的砂芯烘不透，结果不能充分排除挥发物，使砂芯的发气量增大，铸件易产生气孔。但烘干温度过高或时间过长，油膜被分解破坏，油砂的干强度会大幅度降低，砂芯发酥或烧结。油砂的适宜烘干温度为200~220℃，最高不超过250℃。

（2）烘干时间　烘干时间可根据砂芯的厚度决定，一般为1~2h。

油砂芯的烘干程度可根据砂芯烘干后的表面颜色来判断：一般以深黄色或棕黄色为宜。如呈杏黄色，表明烘干不足；呈棕黑色，表明过烧。

烘干后的油砂芯不能冷却过快，以防止油膜内产生较大的内应力或开裂而降低干强度。

四、YCT及YCTD系列电磁调速电动机机座风窗孔的桐油砂芯

1）为了保证油砂芯的干强度和铸件表面粗糙度，根据实际情况，油砂芯的配方及性能见表5-4。

表5-4　通风孔桐油砂芯的配方及性能

配比（质量分数,%）						性能			
新砂	桐油	石墨粉	纸浆	膨润土	水	水分（质量分数,%）	透气性	湿强度/(kg/cm^2)	干拉强度/(kg/cm^2)
100	2~2.5	20~30	1.0~1.5	0.5~1.0	适量	2.5~3.5	>100	0.15~0.80	16~20

2）油砂芯烘烤温度为200~220℃，保温2~4h。桐油泥芯制成后应放在平整的铸铁平板上烘烤，以免变形。

3）为防止普通砂芯和油砂芯之间出现飞边，应把风窗口的油砂芯预先用铁钉固定在普通砂芯上，然后一起落在铸型内。

实践表明，浇注出的铸件无论从几何形状、尺寸和外观质量都达到预期要求，省去了切削加工，经济效益较好。

任务三　矿物油粘结剂芯砂

一、任务描述

本次任务使学生了解矿物油粘结剂芯砂的特点和应用，掌握合脂砂的制备工艺。

二、矿物油粘结剂芯砂简介

桐油或亚麻油等干性植物油都是重要的工业原料，而且资源有限，价格较高。为此，国

内于1956年起研究采用矿物油作铸造用芯砂粘结材料。曾先后研究和使用过石油沥青乳浊液、减压渣油、合成脂肪酸蒸馏残渣（简称合脂）等矿物油粘结剂，其中合脂粘结剂芯砂在铸造生产中得到了广泛应用。

三、合脂砂的制备

1. 合脂砂的组成及配比

合脂砂的组成通常有合脂、膨润土、糊精、纸浆废液和水等。合脂砂的粘度大，为提高芯砂的流动性，必要时可加入质量分数为0.5%～1%的植物油。

合脂砂对原砂的要求与植物油砂相同，可参考植物油砂要求来选择。

通常合脂砂的干强度随合脂粘结剂加入量的增多而增加，但发气量明显增加，湿强度逐渐下降。粘模性加重，蠕变加大，出砂性变差。因此，制备合脂芯砂时，合脂粘结剂的加入量不宜过多，一般质量分数在2.5%～4.5%为宜。

由于合脂砂的湿强度较低（低于油砂），一般只有2.0～3.5kPa，不能满足造芯的要求，通常也需要加入膨润土、含泥量高的天然粘土砂（一般用含泥质量分数10%～20%、粒度100/200、140/270的红砂）、糊精、淀粉和纸浆废液等附加物。附加物加入量如下：

1）加入膨润土时，与植物油砂一样，随着膨润土加入量增多，合脂砂湿态强度增加，但干拉强度显著下降，通常膨润土的加入量控制为砂质量的1%～2%。

2）加入糊精或纸浆废液，不仅可提高湿态强度，同时也可提高干拉强度，糊精的加入量一般为砂质量的1.0%～1.5%，纸浆废液的加入量一般为砂质量的3%左右，纸浆的吸湿量大，比较适用于干燥地区。

3）合脂砂中，随着糊精、膨润土的加入，合脂砂中还应加入砂质量2%～3%的水，但水的加入量不宜多，如果超出糊精、膨润土所需的润湿量，将使合脂砂的湿压强度和干拉强度降低。

合脂砂的配比见表5-5。

表5-5 合脂砂的配比

序号	配比（质量分数,%）							性能				铸件	应用范围
	原砂	合脂	亚麻油	膨润土	糊精	工业用油	山芋粉	$w(H_2O)$ (%)	湿透气性	湿压强度/kPa	干拉强度/MPa		
1	100	3.2～3.4	—	1.5	1.5	—	—	3～3.4	>110	13～14	1.3～1.7	铸铁件	柴油机铸铁件小砂芯
2	100	2	—	2	1	1.8	1	1.5～2.5	60～80	7～10	1.2		纺织机械铸铁件简单砂芯
3	100	1.5	0.5	(红砂2.5)	(糖浆0.6)	—	—	1～1.5	>110	3.5～5.5	1.1～1.4		铸铁气缸盖砂芯
4	100	4～4.5	—	—	1.2～1.4	—	—	2～3	>150	12～16	>1.2	铸钢件	铸钢件特殊要求砂芯
5	100	2.5～3	—	—	2.5	—	—	2～3	—			非铁合金铸件	消防器材非铁合金铸件砂芯

2. 合脂砂的混制

合脂芯砂的混制工艺与桐油芯砂基本相同，只是总的混砂时间要较长一些，这是因为合脂粘结剂粘度较大的原因。通常合脂芯砂的混制工艺如下：

原砂＋粉状附加物→混拌2~3min→加水＋水溶性附加物→混拌2~3min→加合脂→混拌10min→出砂。

采用合脂砂时，对某些较复杂的砂芯需设法改善所使用合脂砂的流动性。合脂粘度大，所配制的合脂砂流动性远比植物油砂差，造芯时，砂芯拐角和深凹处不宜紧实，有时会产生蜂窝状空洞。当大批流水作业制造较复杂砂芯时，此问题更为突出。为此，可采取以下措施来改善流动性。

1）降低合脂粘结剂的粘度，正确控制稀释比例，不可太粘，如果采用汽油，稀释比例与用煤油相同时，合脂粘结剂的粘度可降低20%左右。

2）在合脂砂中加入少量植物油，例如加入0.2%~1.0%（质量分数）的亚麻油，有明显效果。

3）在确保合脂砂具有砂芯所需最低干拉强度的前提下，尽可能减少合脂粘结剂的加入量。

4）适度控制粉状及水溶性附加物的加入量，因为湿强度提高了，流动性必然下降，所以这类附加物在满足生产要求的前提下，应尽量少加。

5）选用砂粒较圆、粒度分布较均匀、含微粉少的硅砂。

3. 合脂砂芯的烘干

合脂砂芯的烘干温度略高于植物油砂芯，以200~240℃为宜。烘干时应注意处理排出的炉气，避免稀释剂挥发后与空气混合，否则有发生爆炸的危险。

烘干时间与砂芯的大小和厚薄、合脂加入量和选择的烘干温度有关，约2~3h。合脂砂芯烘干出窑后，随着砂芯冷却，干拉强度逐渐升高。故合脂砂芯在未冷却前不宜搬动，以免损坏砂芯。

合脂砂制成的砂芯在常温放置中和烘干的初期易产生蠕变，原因如下：

1）芯砂的流动性较差，造芯时较难舂实，砂芯的紧实度较低，所以砂芯在放置过程中会因其自身的重力作用而变形。

2）烘干初期，在未达到硬化温度前，随着温度的升高，合脂的粘度急剧下降，砂粒间产生滑动而至砂芯变形。

所以，合脂砂中一般都加入膨润土和/或糊精，以提高其湿强度。另外在烘烤砂芯时，采取高温入炉，急速加热，以使砂芯表面尽快硬化。

四、改性渣油砂

改性渣油砂是用改性渣油作粘结剂的铸造芯砂。渣油是工业生产废弃材料的再利用，用渣油代替包括植物油在内的其他油类粘结剂，生产汽车、机械、液压件等各类合金铸件的Ⅰ级~Ⅲ级砂芯，可有效降低成本，且铸件质量良好。

1. 改性渣油砂的配比

在实际生产中，改性渣油芯砂的配方随合金的类别、砂芯形状及大小、铸件壁的厚薄等有所不同，其主要性能可以通过调整渣油加入量、附加物的类型及加入量、水的加入量等来控制。

改性渣油砂的干强度随改性渣油粘结剂加入量的增加而增加，当砂粒周围形成一定厚度的薄膜后，再增加改性渣油粘结剂，干强度不但不增加反而有所下降，同时湿压强度和透气性下降，发气量增加。因此，制备渣油芯砂时，改性渣油粘结剂的加入量不宜过多，一般对铸铁和铸钢件用芯砂，其渣油粘结剂加入量（质量分数）为4.5%～6.5%，铸造非铁金属其加入量（质量分数）为2%～3%。

加入膨润土和糊精等附加物的目的，主要在于提高湿态强度，但加入量不宜过多。考虑到烘干炉内温度不均匀，将膨润土与糊精配合使用为宜，膨润土与糊精的质量比以（3：1）～（2：1.5）为好。同时加入适量的水，以获得最高湿压强度为宜，过多会导致湿压强度下降，并增加渣油砂对芯盒的粘附性。加入膨润土时，适宜含水量约占膨润土的50%；加入糊精时，适宜含水量约占糊精的2/3。

改性渣油砂的配比见表5-6。

表5-6　改性渣油砂的配比

序号	配比（质量分数,%）					性　能				使用范围
	砂子	渣油		膨润土	糊精	含水量（质量分数,%）	湿透气性	湿压强度/MPa	干拉强度/MPa	
		牌号	加入量							
1	100	S61	6.5	—	2.5	1.6～1.8	120	19	1～1.6	柴油机缸盖砂芯
2	100	S76	4.6～4.8	3	1.5	4	100～150	15～30	1.3	纺织机械砂芯
3	100	S76	6.0	5	2	3.5～4.5	—	20～30	干剪>0.7	浮筒锚链架铸钢件砂芯

2. 改性渣油砂的混制

渣油砂的混制工艺与植物油砂相似，都是先干混后湿混，最后加渣油粘结剂，具体混制工艺为：

原砂+粉状附加物→混拌2min→加水+液状附加物→混拌10～15min→加渣油→混拌2～5min→出砂。

3. 改性渣油砂芯的烘干

渣油砂芯的适宜烘干温度为230～250℃，烘干时间随砂芯大小而定，一般为2～3h。烘干过程中必须注意排风和烘干板开通风孔，以使炉气循环良好。

烘干适度的渣油砂芯呈亮黑色或褐色，表面坚硬棱角清晰；呈暗黑色则烘烤过度；呈黄褐色则烘烤不足。若出现严重花斑，则因为烘烤过度而发生局部燃烧。

五、其他矿物油芯砂——乳化沥青芯砂

乳化沥青粘结剂芯砂的干强度不是很高，一般乳化沥青粘结剂加入3%（质量分数）时，干强度为0.6～0.8MPa。为提高芯砂的湿态强度，可加入一定量的粘土。砂芯烘干温度较高，为250～270℃。烘干时间，小砂芯为1.5～2h，大、中型砂芯应适当延长烘干时间。

乳化沥青一般用于Ⅲ级以下简单砂芯芯砂的粘结剂。

乳化沥青芯砂的配比（质量分数）为：砂100%，粘土<2%，乳化沥青3%～5%，木

屑8%～10%，水5%～6%。

混制时，一般是干混2min，加乳化沥青再混5min。也可以先将膏状的乳化沥青稀释，然后加入经干混均匀的砂中，再混碾15min。

单元六　铸型涂料

➢【学习目标】

1. 了解铸型涂料的组成和性能要求。
2. 掌握铸型涂料的制备工艺和涂覆方法。

任务一　认识铸型涂料

一、任务描述

本次任务使学生了解铸型涂料的组成及影响，掌握铸型涂料的性能及控制方法。

二、铸型涂料简介

铸型的质量对铸件的表面质量和性能影响很大。在铸造过程中，铸型（芯）的表面直接与金属液接触，在金属液浇注和凝固过程中，金属液与工作表面之间会发生一系列的物理和化学作用，因此铸型的质量在很大程度上取决于铸型工作表面的质量。为了提高铸型（芯）抵抗金属液作用的能力，降低铸件表面粗糙度值，防止粘砂，提高铸件表面质量，在铸型工作表面涂刷一层特殊成分的混合料，称为铸型的涂料。

砂型涂料的作用可以归结为以下几个方面。

(1) 防止铸件粘砂　防止铸件表面产生粘砂缺陷是涂料最主要的作用之一。耐热涂层可封闭型、芯表面存在的大量孔隙，提供了一层致密性、耐火性和热化学稳定性更高的屏障，可有效地阻止金属液的渗透或热化学反应，从而防止铸件机械粘砂和化学粘砂的产生，减少铸件的清理劳动量以及后序机加工时的刀具磨损。

(2) 降低铸件表面粗糙度值　涂覆了涂料的砂型（芯）表面更加光滑、致密，且不易被金属液润湿，故可大大降低铸件的表面粗糙度值。用涂覆了涂料的砂型生产出的铸件，其表面质量一般可比不使用涂料时提高1～2级[如对于铸铁件可由原来的$Ra=25\sim50\mu m$（GB/T 6060.1—1997）下降到$Ra=6.3\sim12.5\mu m$]。

(3) 加固砂型表面　具有一定强度和渗透性的涂料能明显提高砂型（芯）的表面强度，改善型、芯抗冲刷能力，减少金属液对砂型的热辐射，从而防止或减少由于冲砂或热膨胀引起的铸件砂眼和夹砂等缺陷。涂料的这一作用对于砂型表面稳定性较差的粘土砂和水玻璃砂造型工艺尤为重要。

(4) 屏蔽或隔离作用　致密的涂层可在砂型和金属液之间建立起一道屏障，从而防止或减缓某些树脂砂的热解产物对铸件表面的不良影响。例如，特殊配制的涂料可减少树脂砂易造成的氮气孔和不锈钢铸件的渗碳，以及磺酸类固化剂分解析出的硫系气体使铸件表层渗硫而引起的铸钢件热裂和球墨铸铁铸件表面组织的异常。当采用含有氧化钙和硅酸二钙的涂料时，除了具有屏蔽作用外，其分解产物对硫系气体还具有吸附作用，从而更有利于防止因渗硫而引起的上述缺陷。

（5）铸件表面合金化和晶粒细化　在涂料中添加某些特殊合金成分可实现铸件表面合金化。例如，在涂料中加入锡、锑、锌等元素可增加铸件表面的珠光体含量，加入碲、铋、铬等元素可使铸件表面形成较多的碳化物，提高铸件表面的耐磨性能；含有碲粉的涂料还被成功地用于防止耐压铸件的渗漏；添加稀土合金粉和硼铁粉等可使铸件表面组织细化，从而提高铸件的使用性能及使用寿命，并可防止铸铁件的厚大部位产生缩松；添加难熔的高熔点金属或合金粉末时，它们能以镶嵌的方式存在于铸件表面，使铸件局部具有抗磨、耐蚀和耐热等特殊性能。

（6）调节铸件凝固温度场　通过在涂料中加入保温或激冷材料可实现对铸件局部温度场的调节，加强对凝固顺序的控制。例如，当涂料中含有足够量的硅藻土粉、海泡石等保温材料时，可制成保温性能良好的绝热涂料；而含有某些特殊合金成分的涂料（如焓变涂料），对铸造热节有较强的激冷作用，在某些情况下甚至可代替冷铁。

（7）省时省力　减少铸件落砂和清理劳动量，节约工时。

三、铸型涂料的组成

铸造涂料是一种复杂的多相混合体，一般包括耐火填料、载液、悬浮剂、粘结剂和各种助剂五个基本组分，各个组分在涂料应用的不同阶段发挥着不同的作用，并可能相互影响。

1. 耐火填料

耐火填料是涂料的主体部分，也称耐火骨料，是涂料抗粘砂性的决定因素。它借助悬浮剂在载液内悬浮，并被均匀地涂敷在铸型或型芯的工作表面上。载液蒸发或挥发后，粘结剂使粉料变干结成致密涂层，起到保护工作表面的作用。耐火粉料在涂料中的含量（质量分数）通常在50%以上。

耐火粉料的性质决定了涂层的性质，选择耐火填料时应综合考虑其耐火度、烧结点、粒度组成、高温化学稳定性、pH值、与金属液及其氧化物的润湿性，线胀系数、热导率、结晶水、发气量等物理化学性质。此外还应考虑其价格、资源及环保等因素、常用耐火填料的物理化学性质。不同铸造合金、铸型（或面砂）种类，不同铸件尺寸应选用不同的耐火填料来配制涂料。一种涂料可以采用单一耐火填料，也可以采用两种以上的耐火填料。铸铁件常用石墨粉；铸造普通碳钢件则用硅砂粉、锆砂粉；铸造合金钢件用镁砂粉、锆砂粉、铬铁矿粉；铜合金件可用云母粉或石墨粉；铝合金及镁合金件可用滑石粉。

2. 载体

载体又称载液或溶剂。其主要作用是使耐火填料分散在其中，形成便于涂敷的浆状涂料。载体的选用主要取决于所用粘结剂的类别、操作条件和使用工艺等因素。常用的载体通常分为水和有机溶剂两类。以水作载体的涂料称为水基涂料；采用有机溶剂作载体的涂料称为有机溶剂涂料，其中以醇类作载体的涂料可称为醇基涂料。

（1）水　水是最常用的载体，代号为S。

它有以下一些优点：易使涂料获得良好的悬浮性、涂刷性、不流淌性、流平性、渗透性和流变性，且价廉、易得、无毒、无臭、安全。由于水中钙、镁盐类过多会破坏涂料的悬浮性和胶体的稳定性，导致涂料相关性能的恶化，因此用作涂料载体的水，其硬度不能过高。

铸造用涂料对水的硬度没有统一的规定，通常普通自来水可满足一般涂料的要求。必要时可通过蒸馏、离子交换处理，或加入化学改性剂来改善。水的 pH 值等于 7 时最佳。

（2）溶剂 有机溶剂代号为 Y，其种类很多，如乙醇、甲醇、丙乙醇、正丁醇、石油醚等。

点火干燥的涂料常用乙醇作载体，其燃烧速度和燃烧值适中，且无毒、无异味。异丙醇也是一种很好的载体，在国外被普遍采用，但是因其价格较贵，在我国应用较少。甲醇来源广、价格低，可作为醇基涂料的载体，一般和乙醇或异丙醇混合使用，单独使用时溶剂渗透过快、过深，涂刷性较差，粘度偏高，涂层覆盖能力较差，毒性也较高。石油醚一般作为辅助溶剂加入，可改善涂料的点火燃烧性能。由于其极易着火，危险性较大，使用或储存时必须注意安全防火。

采用容易挥发的有机溶剂可制成自干涂料，即不需要点火引燃而靠自然干燥。氯化烃类溶剂挥发速度很快，且不会燃烧，适合于作为自干涂料的溶剂。但氯化烃类溶剂毒性较大，使用时要注意加强通风。二氯甲烷的沸点仅为 40℃左右，在空气中的允许浓度也较高，因而是自干涂料常用的载体之一。三氯乙烷在国外最为常用。国内常用的烃类挥发性有机溶剂还有 200 号溶剂油、二甲苯、松节油等。

3. 悬浮剂

悬浮剂亦称稳定剂或稠化剂，在涂料中用来形成稳定的胶体体系，以使涂料在使用、储存或运输过程中保持均匀，防止沉淀，防止载体脱离耐火填料而单独渗入型（芯）砂，并易于涂刷均匀。

悬浮剂对涂料的流变性和工艺性能起决定性的作用。悬浮剂的选择主要应根据载体的种类，其次是耐火填料的类型。

涂料的悬浮剂分为两种类型：一类为无机矿物，主要是粘土类矿物；另一类为有机高分子化合物。通常将两种类型的悬浮剂配合使用，效果更好。水基涂料常用的悬浮剂有钠基膨润土、凹凸棒土、海泡石、羧甲基纤维素钠、纤维素醚、黄原胶、聚丙烯酰胺、海藻酸钠、聚乙烯吡咯烷酮等。有机溶剂涂料常用的悬浮剂有有机膨润土、锂基膨润土、凹凸棒土、有机棒土、海泡石、有机累托石、聚乙烯醇缩丁醛、氢化蓖麻油、聚乙烯吡咯烷酮、羟丙基纤维素、醇溶性聚丙烯酸酯等。

如果膨润土加入量多，则悬浮稳定性好，但涂料在烘干和浇注时易开裂，加入量一般为涂料的 4%（质量分数）。

4. 粘结剂

为了提高涂料层的强度和涂料层与砂型表面的结合强度，涂料中需加粘结剂。

对粘结剂的基本要求是：粘结剂能很好地溶解或均匀分散在载液中；在室温、干燥和浇注温度下，粘结剂在粉料颗粒间以及涂层与基底材料之间有牢固的结合能力；粘结剂在浇注温度下形成的混合物不应与浇注金属发生化学作用；比较理想的粘结剂兼有悬浮剂的作用，可省去使用悬浮剂；来源广，价格便宜。

在选用涂料的粘结剂时主要应考虑其溶解性、胶体性能、发气量及其 pH 值对胶体体系的影响。常用粘结剂有纤维素、树脂、煤焦油、糖浆、亚硫酸纸浆残液、沥青、淀粉、糊精、干性植物油、合脂等有机粘结剂和水玻璃、粘土、硫酸铝、硫酸镁、磷酸、磷酸铝、聚合氧化铝等无机粘结剂。

5. 助剂

助剂是为了改善涂料的某些性能而添加的少量附加物。

(1) 润湿渗透剂　造型造芯过程中由于使用了非极性的增水性脱模剂，使得水基涂料常常不能很好地润湿型芯表面，涂层的渗透及附着性也大受影响。加入适量的润湿渗透剂可解决上述问题。润湿渗透剂属表面活性剂，它的加入往往会带来消泡难的问题，因此在选择润湿渗透剂时应尽量选用低泡或无泡型表面活性剂。常见的润湿渗透剂有OP—10、T—80、JFC和渗透剂T等。它们对改善涂料的润湿性均有相当好的效果，但切忌多加，否则会造成涂料流淌，渗入型、芯过深使涂层太薄，甚至出现大量气泡等问题。

(2) 消泡剂　水基涂料在制备和稀释使用过程中常常会出现不同程度的气泡，影响涂层的表面质量，需加入适量消泡剂以消除其不良影响。优良的消泡剂要同时具有高效消泡和抑泡作用，而且效果持久。有的消泡剂起始消泡效果很好，但经过一段时间即失去活性，因此必须考虑消泡剂的持久性。常用的消泡剂有长链醇类（如正丁醇、正辛醇、正戊醇等）、磷酸酯类（磷酸三丁酯等）及有机硅乳液类。需要注意的是，在评价消泡剂的效果时，一定要在加入消泡剂至少24h以后进行观察评价。如果加入消泡剂后立刻观察评价，往往会得出错误的结论。消泡剂的加入量一般为涂料质量的0.02%左右。

(3) 防腐剂　防腐剂用来防止水基涂料在储存、使用中发酵、腐败、变质。加有糖浆、糊精、淀粉等有机物的涂料，或使用受到污染的水质时，涂料容易变质，夏季气温较高时更甚。常用的防腐剂有麝香草酚（又名百里酚）、五氯萘酚、五氯酚钠、苯甲酸钠和甲醛水溶液（福尔马林）。苯甲酸钠是食品工业用防腐剂，安全性好。甲醛水溶液在铸造厂自己配制涂料时使用较普遍，加入量一般为涂料质量的0.02%~0.04%。

(4) 分散剂　涂料中的耐火填料及无机悬浮剂必须达到最佳分散状态，才能使整个涂料体系保持悬浮稳定，并具备一系列优良的流变性能。仅靠制造时的机械分散很难达到最佳分散状态，需借助于有效的分散剂才能完成。分散剂的作用在于通过其特殊的化学结构，使聚集状态的填料粒子之间分开并吸附在粒子表面，使粒子间产生离子电荷、物理屏蔽、氢键偶极等作用，从而防止了粒子间的再次聚集和絮凝，使涂料能够保持稳定的分散悬浮状态。

常用的分散剂分为无机、有机及高分子三类：无机分散剂包括聚磷酸盐，如焦磷酸钠、六偏磷酸钠等；有机分散剂有阴离子型、阳离子型及非离子型，如烃基磺酸盐（阴离子型）、三甲基硬脂酰胺氯化物等（阳离子型）及山梨糖醇烷基化物等（非离子型）分散剂；高分子分散剂有聚羧酸盐、聚（甲基）丙烯酸酯类衍生物，顺丁烯二酸酐共聚物等。分散剂的使用效果与涂料所用的耐火填料及粘结剂种类有很大关系，必须通过试验来确定分散剂种类及加入量。分散剂的加入量不宜过多，否则会造成涂料分散体系的粘度异常。通常有机、无机分散剂配合使用时效果更好。

(5) 其他　其他助剂还有偶联剂，如氨甲基三乙氧基甲硅烷，用于酚醛树脂；固化剂，如六亚甲基四胺（乌洛托品），用于热塑性酚醛树脂。此外还有流平剂、助熔剂、芳香剂和着色剂等。

四、涂料的性能

为了达到理想的使用效果，涂料应具备一系列性能，主要包括以下三个方面：①物理化学性能，包括颜色、细度、密度、粘度、悬浮性、含固率、pH值、导热性等；②操作工艺性能，包括涂刷性、流挂性、流平性、流变特性、渗透性、润湿性、燃烧特性等；③工作性能，包括涂层表面强度（表面耐磨性）、附着强度、涂层厚度、烘干抗裂性、急热抗裂性、透气性、发气性、抗粘砂性、剥离性等。

涂料的各项性能之间可能存在相互制约。在制备、稀释、涂敷等不同阶段，需控制相应的性能指标。

1. 涂料的物理化学性能

（1）密度 涂料的密度在制备和使用过程中有重要意义，必须严格控制。涂料的密度主要取决于耐火填料的种类、含固率及悬浮剂的加入量等因素。同一种涂料密度的大小可间接地反映出该涂料中固体含量的多少。不同耐火填料配制的涂料其密度差异很大。如醇基锆砂粉涂料的密度一般为 $1.7 \sim 1.9 g/cm^3$，而醇基石墨粉涂料的密度只有 $1.2 \sim 1.4 g/cm^3$。

涂料的密度和涂料的其他性能如粘度、悬浮性、流平性、渗透性、覆盖能力等密切相关，是涂料制备和使用中的主要质量控制指标之一。一般来说，涂料的密度增加时，涂料的粘度、悬浮性、涂层厚度及抗流淌性等也相应增加，而渗透性、润湿性、涂刷性、流平性等则相应降低。

（2）粘度 涂料的粘度一般用条件粘度表示，即涂料从一定容量的涂杯中流出所需的时间，单位为秒。不同涂敷工艺对涂料粘度的要求有很大不同，如刷涂时一般要求粘度较高，而流涂、浸涂及喷涂时涂料的粘度较低。涂料的粘度对于流涂和浸涂工艺有重要的意义，粘度的微小变化对涂敷效果会有很大的影响，必须严格控制。

（3）悬浮性 优质涂料的一个重要特征，就是能长期保持耐火填料均匀悬浮在液体介质中不沉淀、不分层、不结块，并保持性能的均匀一致。涂料的悬浮性分为两种情况，一是静态悬浮性，二是动态悬浮性，两者既有紧密的内在联系又不完全一致。

（4）pH 值 涂料的 pH 值反映涂料的酸碱性。涂料的 pH 值主要取决于耐火填料和粘结剂的种类。有时为达到某一性能，需人为地调整涂料的 pH 值。涂料属于多元胶体悬浮体系，体系中的悬浮剂、高分子增稠剂、流变助剂、粘结剂等组分对 pH 值都十分敏感。

（5）含固率 涂料的含固率越高，涂层越容易干燥且干燥后涂层的收缩越小，因此涂层在干燥或高温激热时抗裂性也越好，涂层覆盖能力及抗粘砂性也越强。用同一种耐火填料配制出的涂料，在相同粘度时含固率越高，其综合性能越好。涂料中悬浮增稠剂加入量过多会降低涂料在适宜粘度下的含固率，削弱涂料的抗粘砂能力。在水基涂料中加入适量的减水剂可使涂料在不增加体系粘度的情况下提高涂料的含固率。醇基涂料中也可加入相应的粘度调节剂来提高涂料含固率。

2. 涂料的工艺性能

涂料的工艺性能主要有饱沾性、流淌性、涂刷性、流平性和渗透性等。

（1）饱沾性 指涂料应饱沾在刷子上而不淋滴的性能。涂料应具备一定的粘度才会有良好的饱沾性。

（2）涂刷性 指刷涂料时滑爽而无粘感的性能。如果涂料能在砂型表面形成均匀的薄层，不会在砂型表面流淌或涂刷不开，则说明涂料的涂刷性好。

涂刷性主要取决于涂料的粘度和密度。而粘度主要取决于粘结剂的种类和加入量，密度主要取决于防粘砂粉料的密度、粒度和稀释剂的加入量。

（3）流淌性 指由于重力的作用，涂料在铸型（芯）垂直壁上有向下流淌的趋势。若涂料的流淌性大且涂挂层厚，则涂料在垂直壁上很难获得均厚涂层。当湿涂层厚度薄，涂料粘度大、密度小时，涂层干结速度就快，能减少涂料的流淌。

(4) 流平性　指涂料涂刷后自动消失刷痕的能力。涂料用刷子涂刷在铸型（芯）的表面后，涂层表面往往出现沟槽或刷痕，这些沟槽或刷痕如能在短时间内消失，就可以保证涂层光滑。如果湿涂层厚度大、涂料粘度低、表面张力大、刷痕深度浅而窄、涂层干结慢，则有利于流平，所以水基涂料比有机溶剂涂料的流平性好。

(5) 渗透性　指涂料渗入到砂型（芯）孔隙中的能力，一般要求涂料能渗入砂型表面一定厚度（几个砂粒的深度）和形成一定厚度（大于0.5mm）的光滑涂料层。涂料渗入砂型太深，会使留在砂型表面的涂料层很薄，需刷几遍才能达到需要的涂层厚度，使涂料用量和涂刷工时增加，烘干涂层的时间延长；涂料渗入深度太浅，涂料层与砂型表面的结合强度低，涂层易起皮、开裂。所以要求涂料渗透性适中。

涂料的渗透性与铸型（芯）的透气性及涂料的粘度有关。

3. 涂料的工作性能

涂料的工作性能主要有抗粘砂性、悬浮稳定性、涂层的强度和抗裂纹性。

(1) 抗粘砂性　指涂料能否起到良好的防粘砂效果。为了提高涂料的抗粘砂性能，应选取合适的防粘砂材料，以及保证涂料层的厚度。涂层厚度应根据铸件的大小、壁厚、浇注时金属液压头大小等因素来确定。涂料层厚度一般在0.5~2mm，小件取下限。对于中大型铸钢件，为保证涂料层厚度，可用涂膏涂抹在铸型工作表面。

(2) 悬浮稳定性　指涂料中的粉料应悬浮在载液中。涂料在一定的储存期内应不沉淀、不分液（载液与粉料的轻度分层现象称为分液）、不失粘、不结块、不霉变。

涂料的悬浮稳定性主要取决于悬浮剂的性质和加入量，以及防粘砂材料的粒度。常采取的措施有：选用溶剂化能力较高的悬浮剂；使用复合悬浮剂，即高分子化合物加膨润土；耐火粉料中不宜混有大颗粒；在储存过程中不能有急剧的温度变化，尤其不能受冻结冰。

涂料失效原因是污染，在包装、储存和取用时，沾染了微量电解质（如铁锈），或在悬浮剂表面上吸附了引起失效的污物（如石灰石）。

涂料结块分为两种情况：一种是由于载液挥发涂料干枯而结块，若涂料中含有乳胶类粘结剂，一旦结块，则不能复原；另一种是由于形成坚固的立体骨架而结块，如水玻璃固化。

含有有机成分的涂料易发生霉变、酸败等现象，这是因为有机成分容易引起细菌繁殖。防止措施是容器要清洁密闭，加入一定量的防腐剂。

(3) 涂层的强度　主要取决于涂层对铸型（芯）的附着强度，它与粘结剂的性质、加入量以及砂型的烘干规范有关。粘结剂加入量多，涂层的强度就高；用糊精、纸浆残液、糖浆作粘结剂时，烘干温度超过200℃，强度会很快下降

(4) 抗裂纹性　指涂料层在烘干和浇注时不开裂的性能。膨润土的加入量越多，防粘砂材料的粒度越细、越集中，砂型表面的紧实度和干强度越低，涂料层越易开裂。

任务二　铸型涂料制备

一、任务描述

本次任务使学生了解铸型涂料的种类，掌握铸型涂料的常用配方、制备工艺及涂覆的

方法。

二、铸型涂料的种类

铸造涂料种类繁多，按合金种类分有铸铁、铸钢、非铁合金用涂料；按涂料中耐火填料分有石墨涂料、锆砂粉涂料、刚玉粉涂料、石英粉涂料等；按分散介质分有水基涂料、醇基涂料、氯化烃基涂料等；按铸型类型分有湿砂型用涂料、干砂型用涂料、水玻璃砂用涂料、树脂砂用涂料、消失模用涂料、金属型用涂料等。

1. 水基涂料

水基涂料以水为分散介质，粘结剂和悬浮剂均是亲水型的。根据砂型的不同可分为湿砂型涂料、干砂型涂料、树脂砂型和水玻璃砂型涂料等。由于湿砂型通常用于铸铁和非铁合金，而且铸铁湿砂型中含有一定量的煤粉，可不用涂料，但为了提高铸件表面质量和防止粘砂常采用涂料。不同砂型用水基涂料见表 6-1 ~ 表 6-3。

表 6-1 粘土湿砂型用水基涂料

组分（质量分数,%）												用途
石墨		滑石粉	重油	沥青清漆	矿物油	木沥青	聚醋酸乙烯乳液	煤油	汽油溶剂	水	工业酒精	
土状	鳞片	—	—	—	—	—	—	—	—	—	—	—
20	20	—	8	—	—	—	—	55	—	—	—	铸铁
—	20	—	—	40	—	—	—	—	40	—	—	
—	41.6	—	—	—	—	—	7.8	—	—	46.1	—	
20 ~ 25	30 ~ 20	—	—	—	5	—	—	40 ~ 55	—	—	—	铜合金
—	4	31	—	—	—	5	—	—	—	—	60	
25	—	—	65	—	—	—	—	10	—	—	—	

表 6-2 粘土干砂型用水基涂料

组分（质量分数,%）										用途
石墨粉	硅石粉	高铝矾土粉	锆砂粉	刚玉粉	镁砂粉	膨润土	CMC	糖浆	水玻璃	
100	—	—	—	—	—	4 ~ 8	—	—	—	铸铁
22	—	—	78	—	—	13	—	—	—	
—	—	100	—	—	—	4.5	—	—	11	
—	100	—	—	—	—	2 ~ 3	—	6 ~ 8	—	铸钢
—	100	—	—	—	—	2 ~ 3	0.3 ~ 0.5	3 ~ 4	—	
—	—	100	—	—	—	2	—	3.5	—	
—	—	—	100	—	—	1.5	0.3	糊精 1	—	

表 6-3　树脂砂和水玻璃砂用水基涂料

组分（质量分数，%）												用途
石墨粉	硅石粉	高铝矾土粉	锆砂粉	刚玉粉	镁砂粉	膨润土	CMC	聚乙烯醇	硅溶胶	糖浆	水玻璃	
100	—	—	—	—	—	3 ~ 4	—	2 ~ 3	—	—	—	铸铁树脂砂
—	—	—	100	—	—	2 ~ 4	0. 15 ~ 0. 5	—	4 ~ 7	—	酚醛树脂 1 ~ 2	
—	100	—	—	—	2 ~ 4	0. 15 ~ 0. 3	—	—	—	—	—	
90 ~ 95	滑石粉 5 ~ 10	—	—	—	—			—	—	—	酚醛树脂 3 ~ 5	
100	—	—	—	—	—	3 ~ 5	—	1 ~ 2	—	—	—	铸铁水玻璃砂
—	—	—	100	—	—	2 ~ 3	0. 3 ~ 1. 0	2	—	—	—	
—	—	100	—	—	—	4 ~ 9	0. 5 ~ 1. 0	2	—	—	—	
—	—	—	—	—	—	1 ~ 5	0. 15 ~ 0. 5	—	3 ~ 10	—	酚醛树脂 3 ~ 7	铸钢树脂砂
—	100	—	—	—	—	2	0. 5 ~ 1. 0	—	—	聚醋酸乙烯乳液 2 ~ 3		

2. 有机涂料

有机溶剂涂料在涂敷后点燃即可固化，不需烘干，常用的有机溶剂是乙醇。铸钢件和铸铁件的常用树脂砂及水玻璃有机溶剂涂料见表 6-4 ~ 表 6-7。

表 6-4　铸钢件树脂砂型用有机溶剂涂料配比（质量分数，%）

序号	硅石粉	高铝矾土粉	锆砂粉	锂膨润土	有机膨润土	PVB	酚醛树脂	二甲苯	乙醇
1	100	—	—	—	—	—	2 ~ 8	—	适量
2	—	100	—	6 ~ 8	—	0 ~ 0. 2	4 ~ 6	—	
3	—	—	100	4 ~ 8	—	0 ~ 0. 2	2 ~ 4	—	
4	—	—	100	—	1. 5	—	2	15	
5	—	—	100	6 ~ 8	—	0 ~ 0. 2	4 ~ 6	—	

表 6-5　铸钢件水玻璃砂型用有机溶剂涂料的配比（质量分数，%）

序号	耐火填料		锂膨润土	有机膨润土	石蜡	硬脂酸	PVB	酚醛树脂	二氧化钛	二甲苯	乙醇
1	硅石粉	100	—	—	4	4	—	—	—	—	适量
2	刚玉粉	100	—	—	—	—	0. 6	3	—	—	适量
3	锆砂粉	100	2 ~ 5	—	—	—	—	4 ~ 5	0. 1 ~ 1	—	适量
4		100	—	1. 5	—	—	—	2	—	5 ~ 15	适量
5		100	—	—	2	—	—	—	—	—	适量
6	镁砂粉	100	—	—	—	8	—	—	—	—	适量
7		100	—	—	—	—	0. 3	2. 7	—	—	适量

表 6-6　铸铁件树脂砂型用有机溶剂涂料的配比（质量分数，%）

序号	耐火填料		有机膨润土	锂膨润土	PVB	酚醛树脂	乌洛托品	乙醇
1	无定型石墨粉	100	—	—	—	4~5	0.8~1	适量
2	无定型石墨粉	100	4~5	0	0.2~0.5	1~1.5	—	适量
3	无定型石墨粉 鳞片状石墨粉	70 30	—	6~8	0~0.2	4~6	—	适量
4	鳞片状石墨粉 硅石粉 叶蜡石粉	10 25 65	—	5	—	3	—	适量

表 6-7　铸铁件水玻璃砂型用有机溶剂涂料的配比（质量分数，%）

序号	耐火填料		松香	酚醛树脂	乌洛托品	甲醇	乙醇	乙丙醇	汽油
1	无定型石墨粉	100	5~10	—	—	—	适量	—	—
2	无定型石墨粉 鳞片状石墨粉	70 30	—	—	—	—	25	—	25
3	无定型石墨粉	100	6~10	—	—	—	—	—	适量
4	硅石粉 滑石粉 镁砂粉 铁矿粉	15 40 40 5	—	4	石蜡油 6	40	—	50	—
5	高铝矾土粉	100	—	5	0.8~1	—	适量	—	—

3. 实型铸造用涂料

实型铸造（也称消失模铸造）用涂料就是指涂敷在泡沫塑料模样上的涂料。铸钢件和铸铁件实型铸造用涂料配比见表 6-8 和表 6-9。

表 6-8　铸钢件实型铸造用涂料配比（质量分数，%）

序号	耐火填料		活化膨润土	PVA	石油磺酸	聚醋酸乙烯乳液	酚醛树脂	乌洛托品	水	乙醇	汽油	洗涤液	其他
1	高铝矾土粉 刚玉粉	10~20 40~50	—	适量	—	—	—	—	—	35~45	—	—	—
2	高铝矾土粉 镁砂粉	10~20 40~50	—	适量	—	—	—	—	—	35~45	—	—	—
3	锆砂粉	100	2	—	—	—	—	—	适量	—	—	0.5	纸浆废液适量
4		100	1.5	—	0.05~0.2	2~2.5	—	—	适量	—	—	—	CMC适量
5		100	1.5	—	—	—	2	0.3	—	适量	—	—	松香1
6		67	—	—	—	—	2	—	—	—	21		45~80（胶10）

表 6-9 铸铁件实型铸造用涂料的配比（质量分数，%）

序号	无定型石墨粉	鳞片状石墨粉	高铝矾土粉	刚玉粉	活化膨润土	PVA	水	乙醇	糖浆
1	10～20	—	70～80	—	6～8	—	适量	—	2
2	60～70	20～30	10	—	4～6	—	适量	—	2
3	40～50	16～20	—	—	—	适量	—	40～50	—
4	5～10	0～10	50～60	—	—	适量	—	35～45	—
5	5～10	—	40～25	25～40	—	适量	—	30～45	—

实型铸造用涂料除了具有涂料的一般性能外，还应注重以下性能：良好的涂挂性和粘附强度、不与泡沫塑料模样反应、较高的高温透气性、空气中自然干燥或50～60℃烘干、涂层具有足够的强度和刚度。由于泡沫塑料的软化温度较低（约80℃），实型铸造涂料需低温干燥，因此采用醇基涂料不能通过点燃干燥，故实际生产上基本都采用水基涂料。

三、铸型涂料的制备

涂料的组分和配比确定后，制备工艺就是其重要的环节，主要保证各组分达到高度分散，使涂料具备要求的性能。

涂料制备工艺一般是先配制成膏状再稀释。配膏可以分为润湿和流动两个阶段：润湿阶段是先在粉料中加入少量粘结剂液体，强烈揉搓，使粉料成为硬膏体，此时加入的液体数量极限称为湿点；流动阶段是向达到湿点的粉料膏体中加水或其他液体，使涂料开始具有流动性，达到这种稠度所加入的液体数量极限称为流点。配膏与稀释以流点为分界，将配好的膏状涂料按使用要求加以稀释。

涂料的制备可采用搅拌法和研磨法。搅拌法就是直接用搅拌机来配制涂料，其优点是设备简单、操作简便、制备时间短、效率高；缺点是涂料的性能和质量往往不易控制。研磨法就是将涂料各组分加入有研磨作用的设备中，如轮辊机、辗轮式混砂机、球磨机和胶体磨等。其优点是通过研磨作用，可使涂料中的耐火填料进一步破碎，增加活性，有利于其在分散介质中充分分散，从而提高涂料的性能；缺点是设备投资较大、涂料制备周期较长、设备磨耗较大。

生产中一般先将各组分混合，干混10min，然后加入稀释剂在球磨机或碾轮机上研磨混压8～24h，制成膏状，使用时再将膏状物在叶片搅拌机中稀释成符合使用要求的涂料。厂家按照用途及涂敷方法将涂料分类，成品出售。使用时不需作任何调整，开罐后即可使用。

四、涂料的涂覆

涂料的涂敷方法主要有刷涂法、浸涂法、喷涂法、流涂法等。采用何种涂敷方法，主要取决于砂型（芯）的形状、大小、批量等。

1. 刷涂法

这是一种最简单的施涂方法，可以涂刷一遍或多遍。它要求涂料的触变性能要好，在刷子的剪切力作用下涂料粘度慢慢降低，使涂料的渗入深度增大，并可避免涂层过厚，但要求操作者技术熟练，劳动强度大，生产率低。

2. 浸涂法

将砂芯或砂型浸没在涂料槽中，经过一定时间后取出，然后通过振动、旋转、甩动或刷子等除去多余涂料。该方法施涂速度快，生产率高，涂层表面光滑，易于实现机械化生产，主要用于砂芯的涂料施涂。它要求涂料具有较好的流变性，既保证涂料涂于砂芯的各部分又保证砂芯取出后涂层不会下淌、滴落或撕裂。

3. 喷涂法

涂料在压力作用下经喷枪喷涂在砂型或砂芯表面。它要求涂料的熟度要低，触变性要好，以使涂料易于雾化和避免涂敷后下淌或撕裂。该方法比刷涂法要快，但涂料渗入砂型（芯）的深度和涂敷厚度不如刷涂好。

4. 流涂法

这是一种新型快速的涂料施涂方法，特别适合于较大砂型和砂芯生产线上的涂料施涂。该方法是将涂料用低压泵打出，经喷嘴喷浇到倾斜 75°～85°的砂型或砂芯表面，多余的涂料则流入到下部的集液槽返回涂料罐中，因此流涂法需要操纵大型砂型（芯）的专门设备。

5. 静电喷涂法

采用粉末涂料，如锆砂粉、硅石粉等，且粉末粒子表面包覆一层热固性树脂粘结剂膜，在高压直流电场及风压作用下，粉末粒子飞向砂型（芯）表面形成涂层，然后加热使粘结剂软化重熔并固化，建立涂层强度。

五、球磨机衬板高锰钢铸件的铸型涂料

图 6-1 所示是用实型法生产球磨机衬板高锰钢铸件，以前依靠购买商品涂料经常发生涂层开裂、粘砂等涂料废品，严重影响了产品的质量，降低了生产率，增加了生产成本，现拟解决涂料问题。

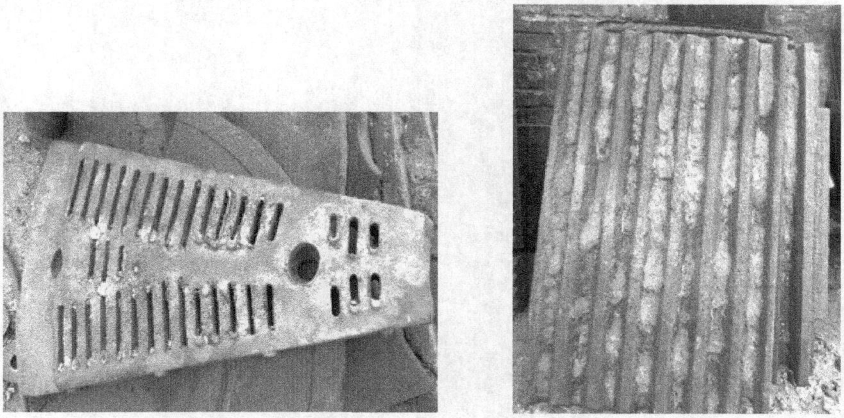

图 6-1　球磨机鄂板和衬板

球磨机鄂板和衬板是鄂式破碎机的主要部件，选用锰钢合金，耐磨程度高，使用寿命长。工作时，破碎板上下两部分磨损的速度是不一样的，下部比上部磨损得快些。在鄂式破碎机工作时，破碎板直接与物料接触，承受巨大的破碎力和物料的摩擦作用，破碎板的使用寿命直接关系到鄂式破碎机的使用寿命、工作效率和生产成本。

为了解决实型法生产球磨机鄂板高锰钢铸件，依靠购买商品涂料经常发生涂层开裂、粘砂等涂料废品的问题，对涂料进行研究和试验多种配方都没有成功，尤其是粘结剂和骨料的选择，问题很大。

采用 PVA 加硫酸盐粘结剂 + 高铝粉等配方，涂料的常温强度符合要求，但高温强度低，铸件粘砂严重。

现改用自行配制的配方，见表 6-10，成功生产出了大批铸件。

表 6-10　高锰钢实型醇基涂料配方

涂料组分	酚醛树脂	PVB	锂土	酒精	氧化铁粉	锆粉	电容镁粉	正辛醇
质量分数（%）	30	6	30	500	5	170	830	5

第二部分 铸型制备

铸件的形状和尺寸由铸型型腔来形成。在砂型铸造中，用砂型形成铸件的外轮廓形状和尺寸，用砂芯形成铸件的内腔形状和尺寸。制造砂型简称为造型，制造砂芯简称为造芯，将砂芯装配在砂型内组成铸型的过程称为配型。造型、造芯和配型是铸型制备过程的主要工艺环节，对铸件质量有很大的影响。砂型铸造工艺过程如图Ⅱ所示。

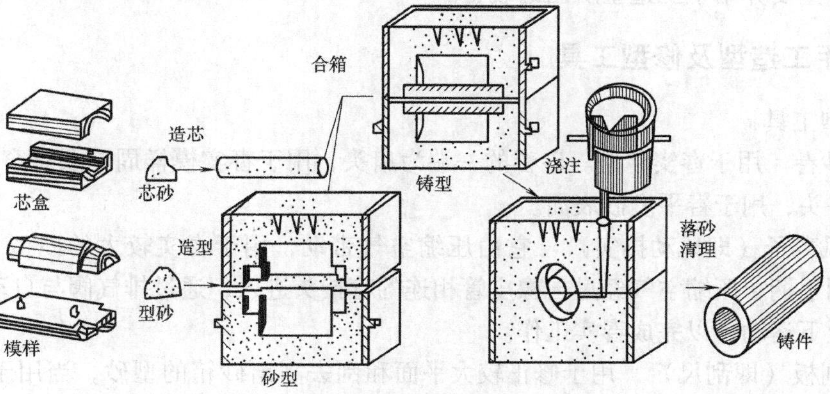

图Ⅱ 砂型铸造工艺过程

在铸造生产中有机器生产和手工生产两种铸型制备方法。通常根据铸件的结构特点、尺寸大小、生产数量、技术要求、交货期限和生产条件等因素来确定铸型制备方法。

本部分以手工造型和造芯为主，介绍铸型制备的方法和过程。

单元七 砂型制备

➤【学习目标】

1. 了解常用的造型装备。
2. 掌握常用的手工造型方法。

任务一 认识砂型制备

一、任务描述

本次任务使学生了解铸型的分类，掌握造型常用装备，如模样、模底板、砂型的种类及特点。

二、砂型制备简介

在铸造生产中，铸件的外形是由砂型决定的。制造砂型的工艺过程称为造型，造型是砂型铸造最基本的工序，造型方法按机械化程度通常可分为手工造型和机器造型两大类。单件或小批量铸件的生产，大部分采用手工造型。手工造型的方法很多，即使同一个铸件，也可采用不同的造型方法。尽管手工造型方法多种多样，但基本要求是一样的，即模样能够从砂型中顺利起出；铸件的加工面尽量朝下或者放在垂直面上；模样和浇冒口边缘必须与砂箱内侧保持一定距离（吃砂量），以便均匀舂实型砂，且防止因铸件各部分温差过大而产生铸造缺陷。常用的手工造型方法有整模造型、分模造型、活块模造型等。

选择合适的造型方法和正确的造型工艺操作，对提高铸件质量、降低成本、提高生产率有极其重要的意义。

铸造工艺装备是铸造生产中所用模具和工、夹、量具的总称，如模样、模底板、砂箱等。本任务主要介绍手工造型所用的装备。

三、手工造型及修型工具

1. 造型工具

（1）砂舂　用于舂实砂型。砂舂的一端为扁头，用于舂实模样周围及狭窄部位的型砂，另一端是平头，用于舂平型砂表面。

（2）风舂子（即风动捣实）　它由压缩空气带动，用于舂实较大的砂型（芯）。工作时打开控制手柄，压缩空气经过与橡皮管相连的管接头进入，通过排气阀与自动换向阀，使锤头不断上下运动，以完成舂实工作。

（3）刮板（即刮尺）　用于修正较大平面和刮去高出砂箱的型砂，当用于刮去高于砂箱的型砂时，刮板的长度应大于砂箱的宽度。

（4）通气针（即气眼针）　通气针分为直的和弯的两种，用铁丝和钢条制成，用于在砂型（芯）中扎出通气的孔眼，使浇注时产生的气体排出。

（5）起模针和起模钉　用于起砂型中的模样。起模针的一端是光锥形，用来起小的模样；起模钉的一端是螺纹形，用来起较大的模样。

（6）其他必备工具　包括铁锹、筛子、钢丝钳、活扳手、掉笔、皮老虎、粉代、手电筒等。

常用的手工造型工具如图 7-1 所示。

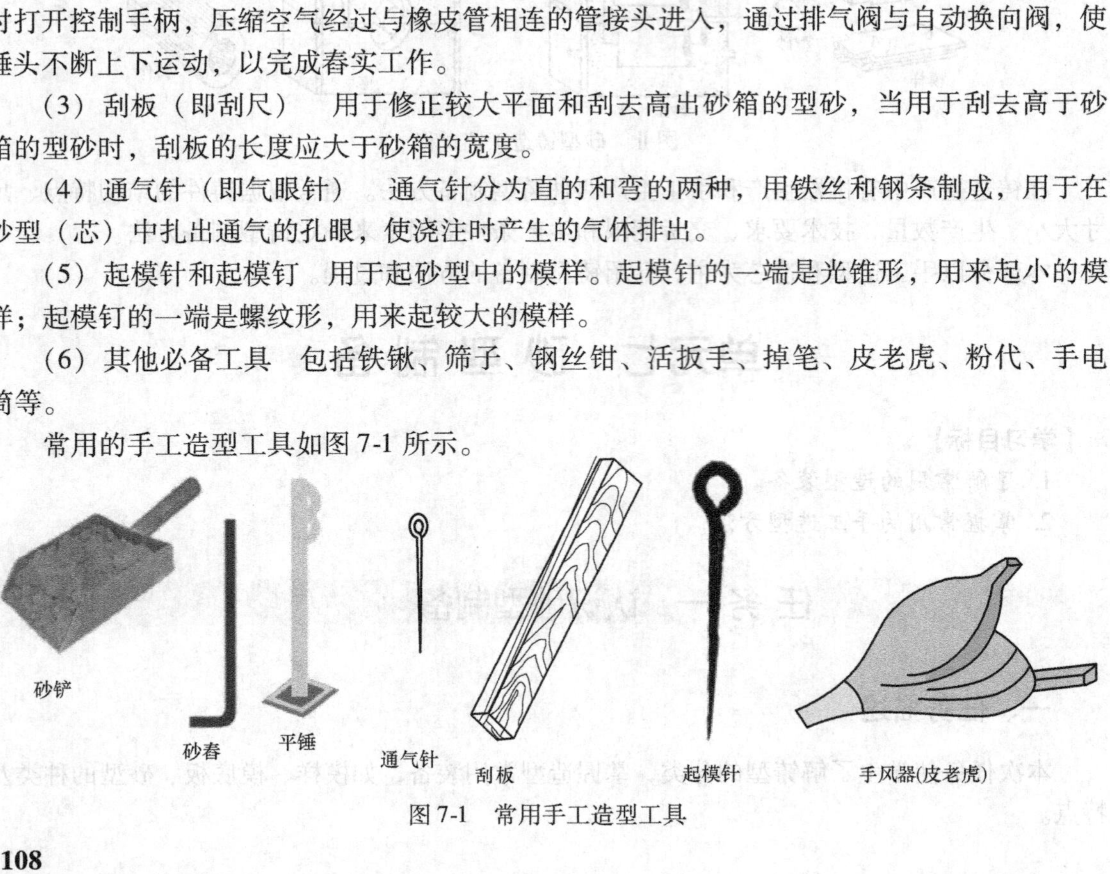

图 7-1　常用手工造型工具

2. 手工修型工具

（1）砂刀（刮刀、镘刀） 砂刀一般用工具钢制成，头部形状有平头、圆头、尖头。砂刀用于修整砂型（芯）的较大平面；开挖浇口、冒口；切割大的沟槽；向砂型插钉时，将钉子按入砂型。

（2）砂钩（提钩） 砂钩用工具钢制成，用于修整砂型（芯）深而窄的底面和侧面；提出落入型腔底部的散砂。

（3）半圆（平头杆、竹片梗） 用于修整垂直弧形的内壁和它的底面。

（4）圆头 用于修正圆形和弧凹槽。

（5）法兰梗（光槽镘勺） 法兰梗一般用钢或青铜制成，用于修整砂型（芯）深窄底面和管子两端法兰的窄边。

（6）压勺 压勺多用钢制成。压勺的一端是弧面，另一端是平面，勺柄斜度呈 30°，用于修整砂型（芯）较小平面，开挖较小浇道。

（7）双头铜勺（秋叶） 双头铜勺是一种铜制的两头均为勺形的修型工具，用于修整曲面和窄小的凹面。

（8）成形镘刀 成形镘刀一般用钢或铸铁制成，有的用青铜制成。用于修整和镘光砂型（芯）的内外圆角、方角；修整砂型的弧形面。

手工修型常用工具如图 7-2 所示。

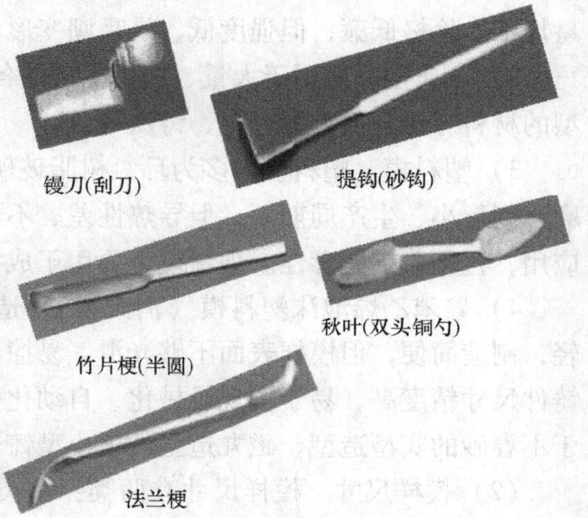

图 7-2 手工修型常用工具

四、造型工装

在铸造生产中，造型的工装质量直接影响到铸件精度、造型生产率和劳动强度。常见手工造型工装如图 7-3 所示。

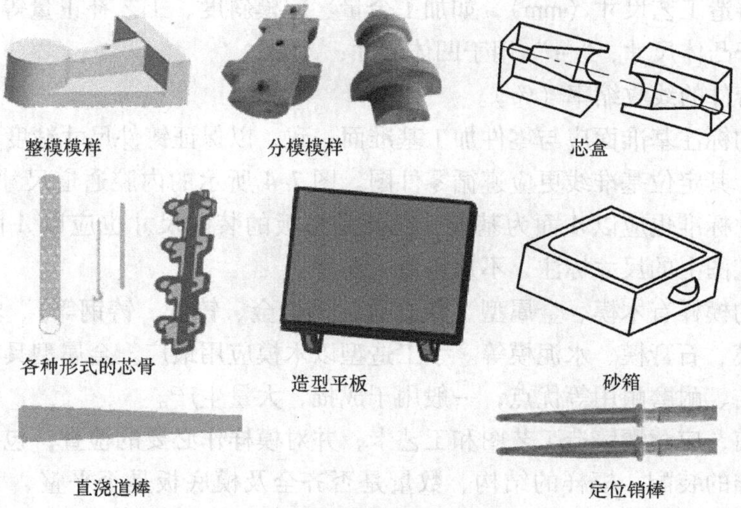

图 7-3 手工造型常用工装

1. 模样

模样是造型过程中必备的工艺装备，用来形成铸型的型腔，因此直接关系着铸件的形状和尺寸精度。

模样应满足的条件：具有足够的强度和刚度，且表面光洁，保证模样在造型操作时不损坏、不变形以及铸型表面光洁，此外使用方便、制造简便、成本低廉。

（1）模样材质　制作模样的材料种类很多，主要根据铸件数量的多少和造型方法来选择模样材料。用来制作模样的材料主要有木材、金属、塑料、菱苦土、泡沫塑料等。

1）木模。适合于单件、小批量生产的各种铸件。木模可做成各种结构形式，如整体模、分开模、刮（车）板、骨架模，以适应不同大小、形状和批量的铸件。木模轻便、容易加工、价格低廉，但强度低、易吸潮变形、寿命短，通常采用实心结构。

2）金属型。适用于大量、成批生产的各种铸件。制造前应经过专门的设计。制作金属型的材料有铝合金、铜合金、铸铁等。

3）塑料模。塑料模大多为环氧树脂玻璃钢和 ABS 塑料。它制造简便、修理方便、较耐磨、变形小、生产周期短，但导热性差、不可加热，不宜在型砂周转快、砂温高的流水线上应用，且硬化剂有毒性。塑料模主要用于成批生产的中小模件。

4）聚苯乙烯泡沫塑料模（消失模）。造型后不取出模样，直接浇注。它密度小，质量轻，制造简便，但模样表面不够光滑，易撞破，只能用一次。泡沫塑料的使用简化了造型，铸件尺寸精度高，易于实现机械化、自动化生产。因泡沫塑料模样舂砂时易于变形，故多用于不舂砂的实型造型、磁丸造型的中小型铸件，以及单件生产的中、大型铸钢件。

（2）模样尺寸　模样尺寸有两类：一类是与铸件有关的尺寸，即模样的工作尺寸；另一类为非关联尺寸，如芯头长度等。因此，模样的工作尺寸是其最重要的尺寸，决定着铸件的尺寸精度。模样的工作尺寸可以按下式计算

$$L_m = (L_j \pm L_y)(1 \pm K)$$

式中　L_m——与铸件尺寸有关的模样尺寸（mm）；

L_j——零件尺寸（mm）；

L_y——铸造工艺尺寸（mm），如加工余量、起模斜度、工艺补正量等之和，“+”用于凸体尺寸，“-”用于凹体尺寸；

K——铸件的线收缩率（%）。

模样尺寸的标注基准面应与零件加工基准面一致，以保证铸件尺寸精度。特别是在模板上安装模样时，其定位基准线更应遵循零件图。图 7-4 所示的内腔通道尺寸以 *A* 面为基准，所以模样的尺寸标准也应以 *A* 面为基准，尤其是模板的装配尺寸也应以 *A* 面定位。非关联尺寸按铸造工艺图上的尺寸标注，不加铸造收缩率。

造型常用的模样有木模、金属型（铝合金、铜合金、铸铁、铸钢等）、塑料模、菱苦土模、泡沫塑料模、石膏模、水泥模等。手工造型以木模应用最广。金属型具有强度高、尺寸精确、表面光洁、耐磨耐用等优点，一般用于成批、大量生产。

在造型之前，应读懂铸造工艺图和工艺卡，并对模样作必要的检查，包括检查模样的形状和尺寸、模样的装配、模样的结构、数量是否齐全及模底板是否平整、大小是否符合要求等。

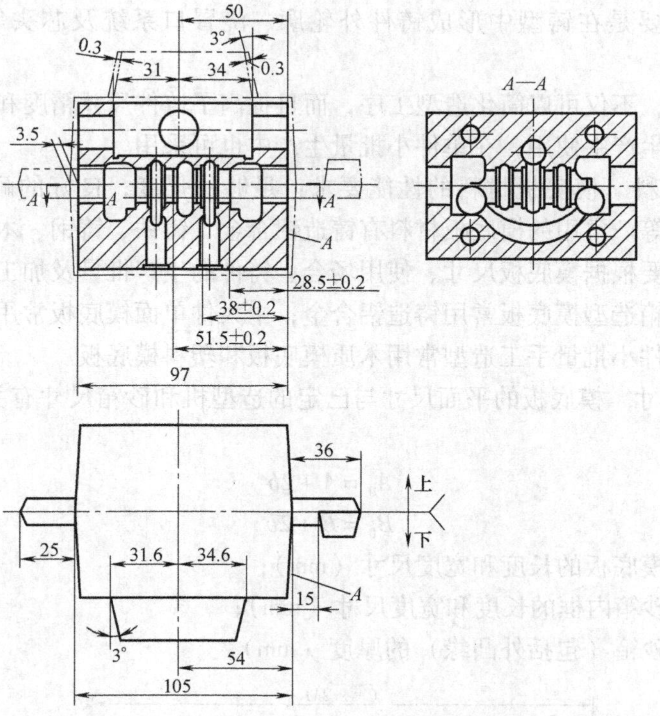

图 7-4　按零件加工基准面标注模样尺寸

2. 模板

模板一般由模底板、铸件模样、浇冒口系统、模样与底板定位元件等装配而成，也有整体铸造加工的，如图 7-5 所示。

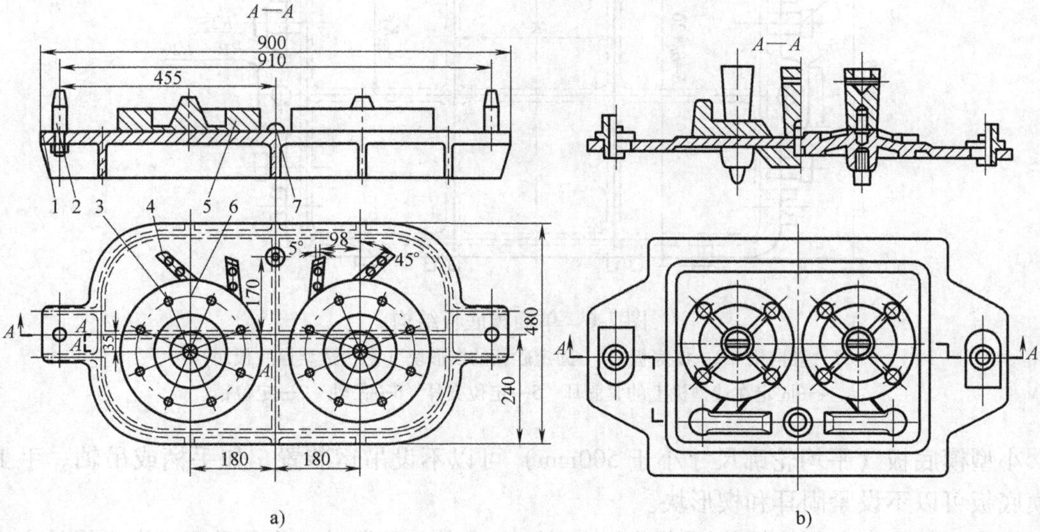

图 7-5　模板的结构图

a）装配式单面模板　b）整铸式双面模板

1—模底板　2—定位销　3—沉头螺钉　4—内浇道　5—下模样　6—圆柱销　7—直浇道窝

模板的作用主要是在铸型中形成铸件外轮廓、浇冒口系统及芯头等部分的型腔和分型面。

采用模板造型，不仅可以简化造型工序，而且提高了铸件尺寸精度和生产率，所以模板造型不仅在大批量生产中使用，在单件小批量生产中也可采用。

（1）模底板材料　模底板材料的性能要求：足够的强度，良好的耐磨性，抗振耐压，铸造和可加工性好等。常用的模底板材料有铸造铝合金、铸铁、铸钢、木材、塑料等。

模底板材料主要根据模底板尺寸、使用场合、铸件的生产批量及加工能力等来确定。大批量生产的小件脱箱造型模底板常用铸造铝合金；中大件单面模底板常用铸铁；高压造型模底板常用铸钢。单件小批量手工造型常用木质模底板和塑料模底板。

（2）模底板尺寸　模底板的平面尺寸与已定的造型机和砂箱尺寸有关，如图 7-6 所示，并可按下式确定

$$A_0 = A + 2b$$
$$B_0 = B + 2b$$

式中　A_0、B_0——模底板的长度和宽度尺寸（mm）；

A、B——砂箱内框的长度和宽度尺寸（mm）；

b——砂箱（包括外凸缘）的厚度（mm）。

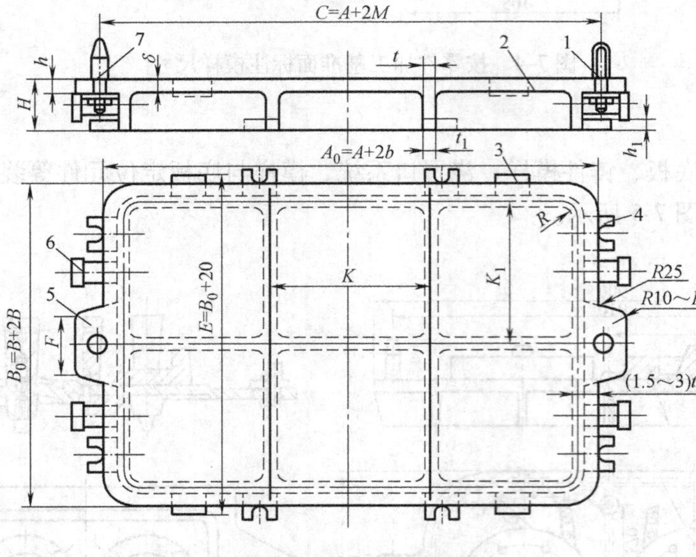

图 7-6　单面模底板结构

1—导向销　2—模底板　3—固定砂箱的楔形块（翻台造型模底板用）
4—固定在造型机上的紧固耳　5—定位突耳　6—吊轴　7—定位销

小型模底板（平均轮廓尺寸小于 500mm）可以不设吊运装置，如手柄或吊轴。手工造型模底板可以不设紧固耳和楔形块。

模底板的高度必须根据使用情况和造型机来确定。通常对于普通平面式模底板的高度可选为：铸铁模底板高度 80 ~ 150mm，铸造铝合金模底板高度 30 ~ 90mm。对于普通凹面式模底板，可以根据模样下凹的深度来确定。例如 Z148B 型造型机，工作台到压射冲头体座底面的最小距离为 490mm，最大距离为 750mm，因此模底板高度 + 砂箱高度 + 压射冲头体高

度+浇口杯模高度应大于490mm，而小于750mm。

模底板壁厚 δ 和加强肋壁厚 δ_1、δ_2 及连接圆角半径 r 可根据模底板平均轮廓尺寸和选用材料，查取相关手册确定。加强肋的间距依据模底板大小和材料的不同而不同，通常为100～400mm。

3. 砂箱

砂箱是铸件生产中必备的工艺装备之一，在设计零件的铸造工艺时就要考虑到砂箱的选用和设计。砂箱的选用和设计包括选择类型和材料，确定砂箱尺寸、结构、定位及紧固等。

（1）砂箱种类　根据用途、结构和使用，砂箱可以有如下的种类：专用砂箱、通用砂箱、整铸式砂箱、焊接式砂箱、装配式砂箱、手工造型用砂箱和机械造型用砂箱等。

1）专用砂箱。专为某一复杂或重要铸件设计的砂箱，如发动机缸体用的专用砂箱。

2）通用砂箱。模样尺寸适合的各种铸件均可使用的砂箱。

3）整铸式砂箱。用铸铁、铸钢或铸铝整体铸造而成的砂箱，应用广泛。

4）焊接式砂箱。用钢板焊接而成的砂箱，制造周期短，常用于单件、小批量的简易砂箱。

5）装配式砂箱。用铸钢、铸铁或木质加工箱壁、箱带等，然后用螺栓等组合而成的砂箱。木质装配砂箱多用于手工造型滑脱式砂箱，铸件装配砂箱常用于单件、小批量生产的大型砂箱。

6）手工造型用砂箱。用于单件、小批量生产的人工造型砂箱。

7）机械造型用砂箱。各种造型机所用的砂箱。

（2）砂箱材料　砂箱用的材料主要有木材、铝合金、铸铁和铸钢等。

1）木质砂箱。质量轻、制造方便、寿命短，用于单件、小件小批量生产的滑脱式砂箱。

2）铝合金砂箱。轻便、成本高、强度低，用于脱箱造型和小型铸件的造型。

3）铸铁砂箱。制造方便、强度较高、价廉、耐用、质量大，在铸造生产中广泛使用。

4）球墨铸铁砂箱。制造方便、强度高、耐用，在大量生产的造型线上使用较多。

5）铸钢砂箱。强度高、壁薄、质量较轻、耐用、成本较高，在大型铸钢件及大量生产造型线上使用较多。

（3）砂箱结构　主要包括箱壁、箱带、箱耳（定位）、搬运装置、紧固装置等。

砂箱有长方形、方形或圆形等，有时根据铸件结构做成特殊形状。砂箱的作用是牢固地固紧所舂实的型砂，以便于铸型的搬运及在浇注时承受液体金属的压力。

图7-7所示为常用砂箱结构实例。

砂箱的内框尺寸主要根据模样布置图和吃砂量来确定。机械造型用砂箱还应考虑造型机的结构和操作尺寸，然后根据砂箱规格系列来选择和确定合适的砂箱尺寸。除了自动线上用的砂箱设计成专用砂箱外，其他造型方法使用的砂箱尽量设计成通用砂箱。所设计的砂箱长度和宽度应是50mm或100mm的倍数，高度应是20mm或50mm的倍数。

砂箱壁的断面形状、尺寸将影响砂箱的强度和刚度，手工造型用砂箱常采用较厚的直壁形，不设内外凸台，制造简便，容易落砂，壁厚12～15mm，高度120～200mm。

箱带增加砂箱对型砂的附着面积和附着力，提高砂型的整体强度和刚性，防止塌箱和掉砂，并可延长砂箱的使用寿命。但增加箱带将使紧砂和落砂困难，限制浇冒口的布置，故箱

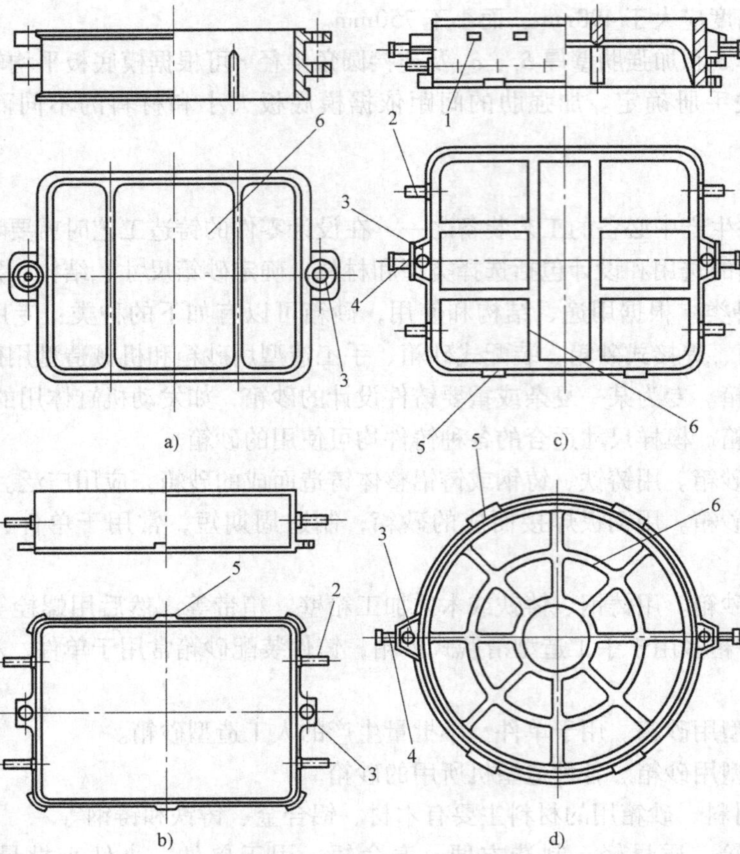

图 7-7　常用砂箱结构实例

a）小型砂箱　b）中型手抬砂箱　c）中型吊运砂箱　d）圆形砂箱

1—排气孔　2—手把　3—定位箱耳　4—吊轴　5—锁紧楔形凸台　6—箱带

带只用于中、大型砂箱。平均内框尺寸小于500mm的普通砂箱和平均内框尺寸小于1250mm的高压造型砂箱可不设箱带。

任务二　手工造型

一、任务描述

本次任务使学生了解手工造型的特点，掌握常用的手工造型方法。

二、手工造型方法简介

手工造型方法分为砂箱造型、刮板造型和地坑造型。

砂箱造型包括整模造型、分模造型、挖砂造型、假箱造型、多箱造型、活砂造型、砂芯造型、活块模造型、吊砂造型、一箱多模造型、模板造型、脱箱造型、叠箱造型、漏模造型、抽芯模造型、劈箱造型、组芯造型、埋泥芯造型和实物造型等。

刮板造型包括旋转刮板造型、导向刮板造型、骨架模刮板造型等。

地坑造型包括软砂床造型、硬砂床造型、加固硬砂床造型等。

当一种铸件具有多种造型方法时，应从保证铸件质量出发，选取最经济、简便、可靠的方法，并采取有效措施，防止铸件缺陷的产生。

三、手工造型方法

1. 整模造型

（1）原理 整模造型是指使用整体模样的造型方法，分型面（上下型之间的结合面）取于模样的一端，使模样可以直接从砂型中起出。根据铸件的技术要求，造型时可将模样放置在下砂箱或上砂箱中。

（2）造型过程 当零件的最大截面在端部，并选它作分型面，将模样做成整体的整模两箱造型步骤，如图 7-8 所示。操作过程包括：①造下砂型；②翻转下砂型，撒分界砂，放置上砂箱，画合箱定位记号等，造上砂型；③扎通气孔；④开箱起模；⑤开设横浇道、内浇道，修模（按要求确定是否烘干）；⑥合型。

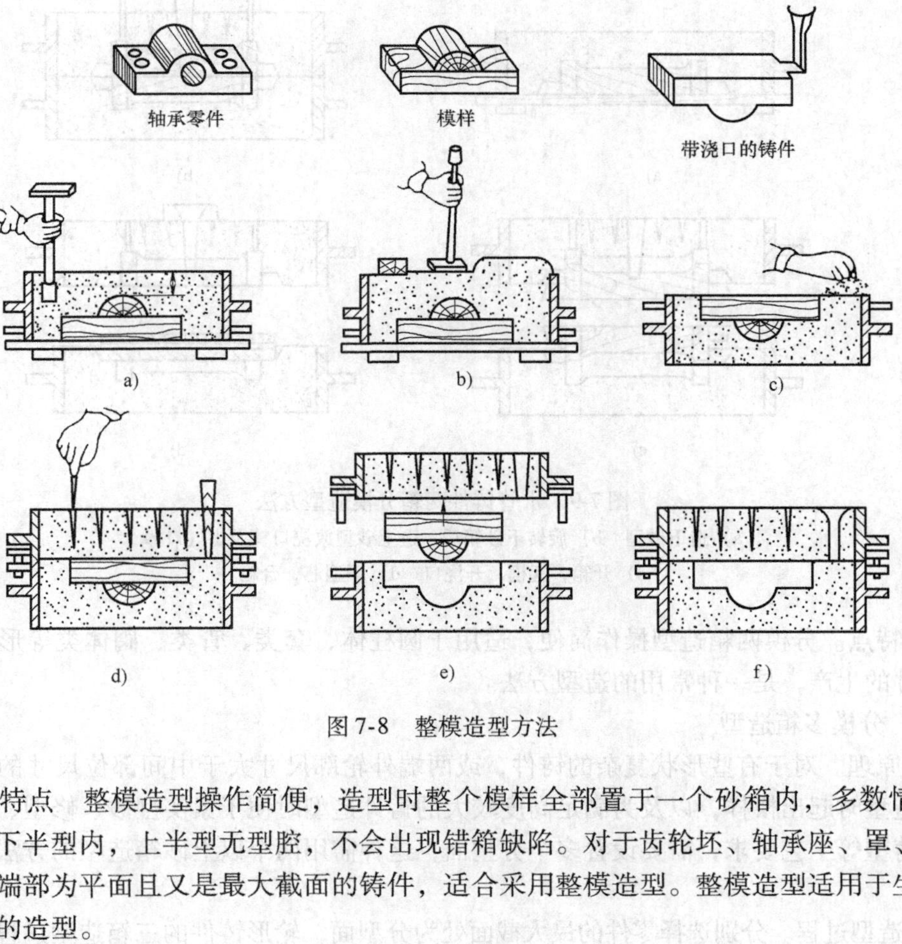

图 7-8 整模造型方法

（3）特点 整模造型操作简便，造型时整个模样全部置于一个砂箱内，多数情况下型腔全部在下半型内，上半型无型腔，不会出现错箱缺陷。对于齿轮坯、轴承座、罩、壳等形状简单，端部为平面且又是最大截面的铸件，适合采用整模造型。整模造型适用于生产各种批量铸件的造型。

2. 分模造型

铸件的最大截面不在铸件的端部时，为了便于造型和起模，模样要分成两半或几部分，这种造型称为分模造型。分模造型分为分模两箱造型和分模多箱造型。

（1）分模两箱造型

1）原理。当铸件的最大截面在铸件的中部时，应采用分模两箱造型，模样从最大截面处分为两部分，通常模样的分模面与砂型的分型面一致。为了便于操作，分模之间定位用的定位销或方榫必须设在上半模样上，而销孔或榫孔开在下半模样上。

2）造型过程。管类铸件分模两箱造型过程，选择零件的最大截面为分型面，如图 7-9 所示。操作过程包括：①造下砂型；②翻转下砂型，合模，撒分界砂，放置上砂箱，画合箱定位记号等，造上砂型；③扎通气孔；④开箱起模；⑤开设横浇道、内浇道，修模（按要求确定是否烘干）；⑥合型。

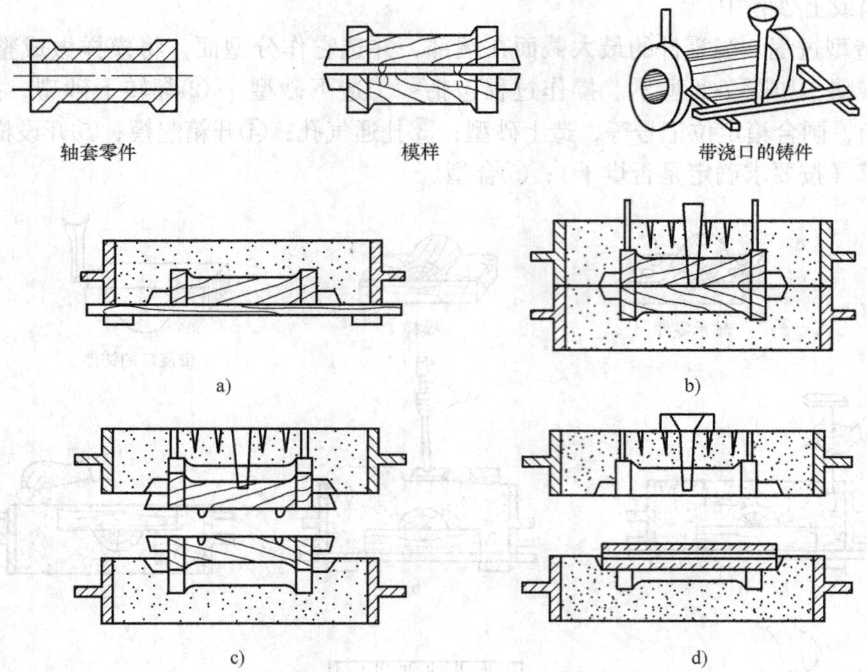

图 7-9　水管铸件两箱分模造型方法

a）造下砂型　b）旋转下砂箱后，造上砂型放浇口棒及出气口棒

c）开箱，起模，开浇口　d）下型芯，合箱

3）特点。分模两箱造型操作简便，适用于圆柱体、套类、管类、阀体类等形状较为复杂的铸件的生产，是一种常用的造型方法。

（2）分模多箱造型

1）原理。对于有些形状复杂的铸件，或两端外轮廓尺寸大于中间部位尺寸的铸件，为了便于造型时起出模样，以及为满足高度较大的铸件造型时便于紧实型砂、修型、开设浇道和组装铸型等工艺要求，需要设置多个分型面，这种需用两个以上砂箱造型的方法称为多箱造型。

2）造型过程。分别选择零件的最大截面处为分型面，轮形铸件的三箱造型过程如图 7-10 所示。操作过程包括：①造下砂型；②翻转下砂型，合中模，撒分界砂，放置中砂箱，画合箱定位记号等，造中砂型；③合上模，撒分界砂，造上砂型，扎通气孔；④分别开箱起模；⑤开设横浇道、内浇道，修模（按要求确定是否烘干）；⑥合型。

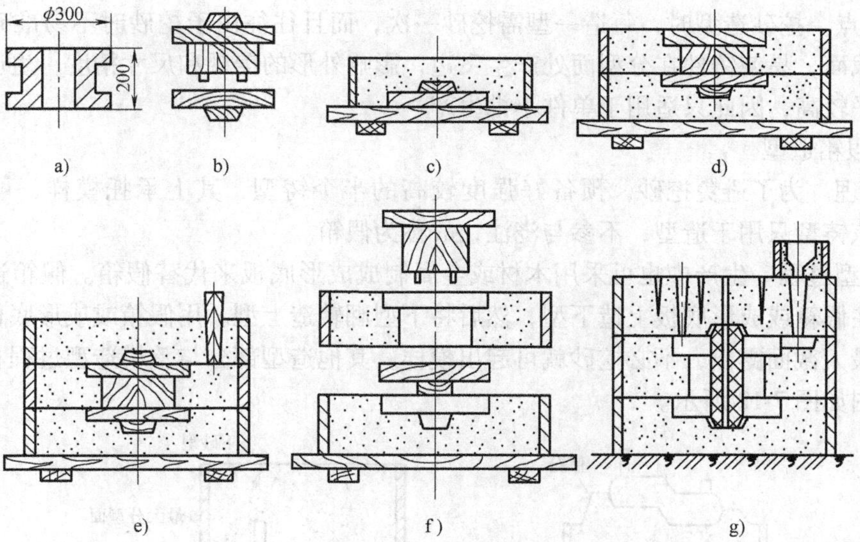

图 7-10　三箱分模造型方法

a）铸件　b）模样　c）造下砂型　d）造中砂型　e）造上砂型　f）起模　g）铸型

3）特点。多箱造型操作复杂，生产率低，增加了分型面处飞边的清整工作量，铸件尺寸精度不高。对于形状复杂、用两箱造型不能生产的铸件，可考虑用多箱造型。

3. 挖砂造型和假箱造型

（1）挖砂造型

1）原理。当铸件的最大截面积不在端部，且模样又不便分模（模样太薄或分型面不是平面等）时，可将模样做成整模，为起出模样，造型时用手工去除阻碍起模的型砂。

2）造型过程。挖沙造型时，舂实下型翻转后，挖去妨碍起模的那一部分型砂，并向上做成光滑的斜面，即形成凹形分型面，然后造上砂型。在挖沙造型中，挖沙深度要恰到模样最大截面处，挖割成的分型面要平整光滑，挖割坡度应尽量小，这样上砂型的吊砂就浅，便于开箱和合型操作。挖砂造型过程如图 7-11 所示。

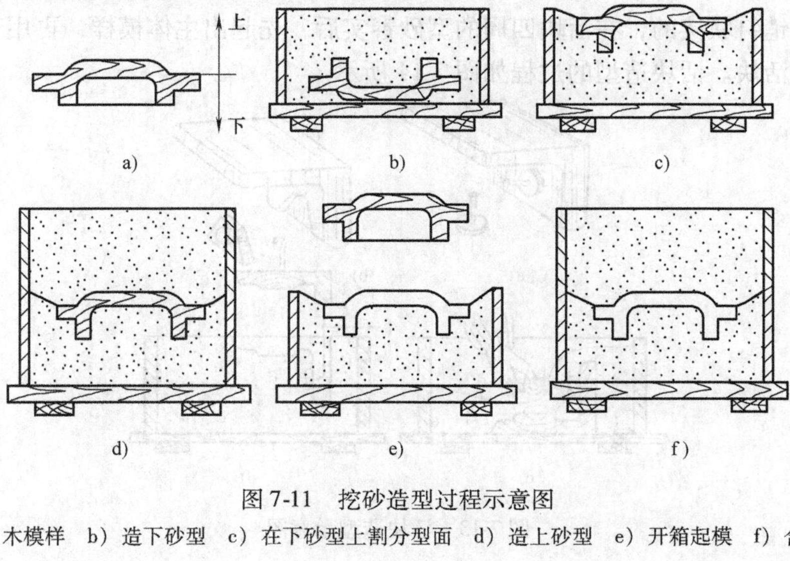

图 7-11　挖砂造型过程示意图

a）木模样　b）造下砂型　c）在下砂型上割分型面　d）造上砂型　e）开箱起模　f）合型

3）特点。挖砂造型时，每造一型需挖砂一次，而且往往由于挖砂时不易准确地挖出模样的最大截面，易使铸件在分型面处产生飞边，影响外形的美观和尺寸精度，生产率低，要求操作水平较高，因此只适用于单件小批生产。

（2）假箱造型

1）原理。为了避免挖砂，预备好强度较高的半个铸型，其上承托模样，可供造另半型。由于该铸型只用于造型，不参与浇注，故称为假箱。

2）造型过程。生产中也可采用木材或金属制成成形底板来代替假箱。假箱造型时，先将模样放在假箱或成形底板上造下型，然后将下型翻转造上型。用假箱或成形底板造下型可使模样的最大截面露出，不必挖砂就可起出模样。其他造型部分与整模造型过程相似。假箱造型示意图如图 7-12 所示。

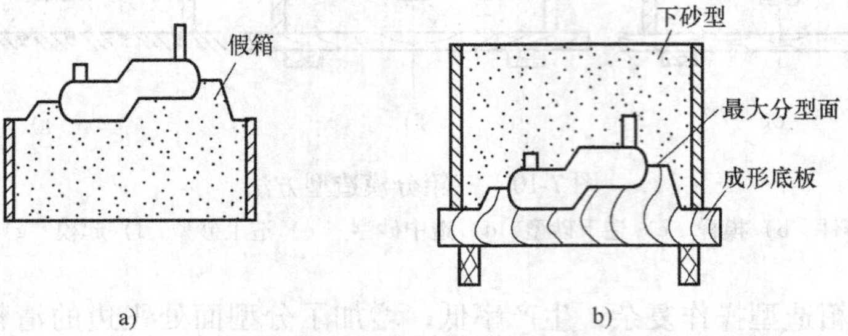

图 7-12　假箱造型示意图

a）假箱　b）成形模板

3）特点。假箱造型比挖砂造型简便，生产率高，适用于小批或成批生产。

4. 活块造型和砂芯造型

（1）活块造型

1）原理。当模样的侧面上有较小的凸出部分，且距分型面有一定的距离时，造型起模时便会受阻。为了减少分型的数目或避免挖砂操作，可以将凸出部分做成活块。

2）造型过程。活块可用销钉或燕尾槽与模样主体相连接，如图 7-13 所示。活块较小时，用销钉与模样主体联接定位；活块较大时，通常采用燕尾槽连接定位。用活块造型时，如果活块是用销钉联接的，在活块四周的型砂舂实后，先起出主体模样，再用弯曲的起模针通过型腔取出活块。活块造型的过程如图 7-14 所示。

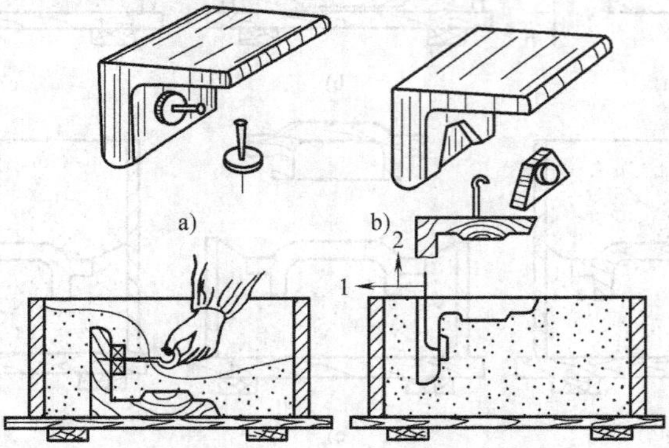

图 7-13　活块造型示意图

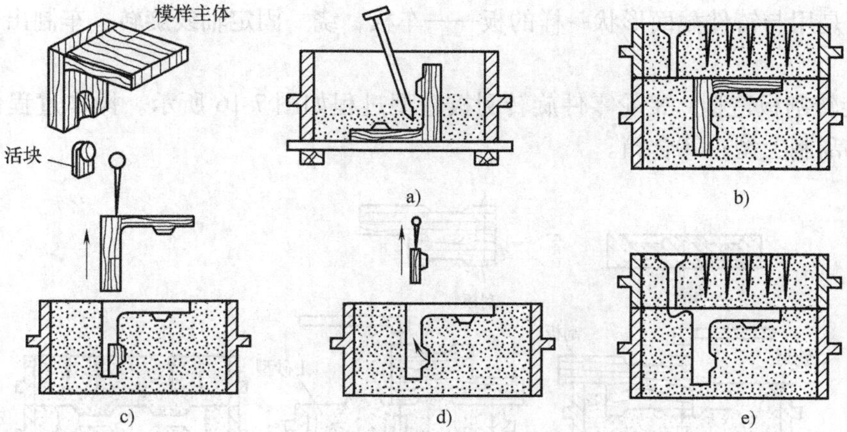

图 7-14　活块造型过程

a）造下型　b）造上型　c）起出模样主体　d）起活块　e）合箱

3）特点。活块造型操作复杂，对操作者技术要求较高；生产率低；铸件尺寸精度常因活块位移受到影响，只适用于单件或小批量生产。

（2）砂芯造型

1）原理。当活块的厚度超过主体模样形成的型腔尺寸，或者活块与分型面的距离较大，起出活块有困难，修型和刷涂料操作不方便，或为大批量生产铸件时，由活块形成的部分用砂芯来形成。用砂芯来形成型腔的造型方法，称为砂芯造型。

2）造型过程。除铸件的局部形状有砂芯做出外，其他造型过程与整模或分模造型过程相似，造芯的方法和过程可参考造砂芯制作的方法和过程。砂芯造型如图 7-15 所示。

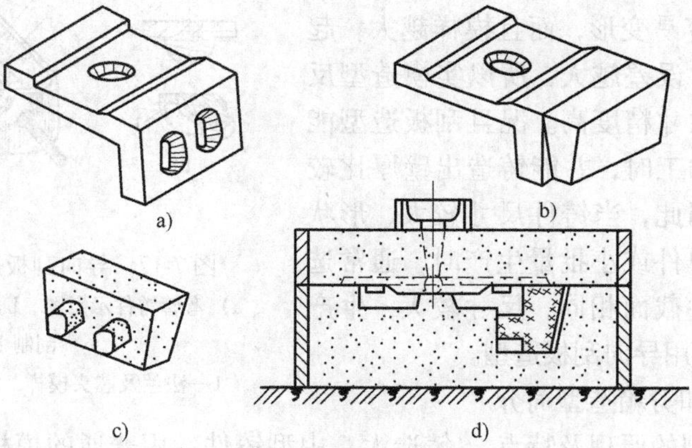

图 7-15　砂芯造型示意图

a）铸件　b）模样　c）砂芯　d）铸型

采用砂芯造型可简化复杂铸件的造型操作，提高了造型生产率。在机器造型时，这种方法被普遍采用。

5. 刮板造型

刮板造型是用一个与铸件轮廓形状相同的刮板代替模样，刮制出型腔的造型方法。根据刮板移动方式的不同，刮板造型分为旋转刮板造型和导向刮板造型等。

其原理是用与铸件截面形状一样的板——车板，绕一固定轴线旋转，车制出砂型的造型方法。

（1）旋转刮板造型　带轮零件旋转刮板造型过程如图 7-16 所示。操作过程包括：①刮制下型；②刮制上型；③合箱。

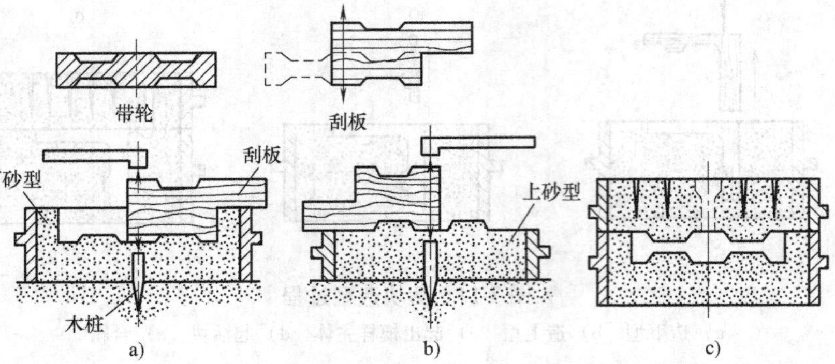

图 7-16　带轮零件旋转刮板造型过程

a）刮制下型　b）刮制上型　c）合箱

（2）导向刮板造型

1）造型过程。用刮板沿着规定方向（导向板）移动，将多余型砂刮掉而成形的造型方法，适用于铸件截面不变的铸件的刮板造型。导向刮板造型过程如图 7-17 所示。

2）特点。刮板造型操作复杂，耗工时多，对操作人员的技术要求也较高，小型铸件用刮板造型的尺寸精度低。但大中型铸件若用实模造型，尤其是薄壁的木模容易变形，而且模样越大，起模时造成的型腔尺寸误差越大，所以实模造型反而不如刮板造型的尺寸精度高。况且刮板造型能节省大量制模材料和工时，并能铸造出壁厚比较均匀的壳类铸件。因此，当铸件尺寸较大、形状又能用刮板制出、单件或小批量生产时，通常选用刮板造型。当铸件截面相同，尺寸较大，生产数量较少时，可以采用导向刮板造型。

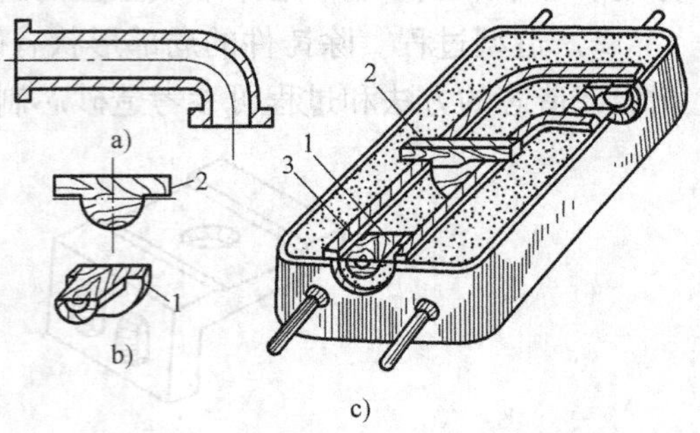

图 7-17　导向刮板造型过程示意图

a）弯管铸件示意图　b）刮板与实样模部分

c）刮制上砂型

1—法兰及芯头模样　2—刮板　3—导轨

6. 抽心模造型和劈箱造型简介

（1）抽心模造型的原理及特点　铸造大、中型铸件，用普通的模样造型，在起模时由于模样高大，型壁与模样表面之间有很大的摩擦力，起模困难，使砂型型腔的尺寸变动较大，且模样和砂型都易损坏。如果采用抽心模样造型，就会克服上述缺点。如图 7-18a 所示为一个高大的方筒形铸件，其抽心模样分成 8 块，如图 7-18b 所示，在分型上面做成 20° ~ 30°的斜度，造型起模时稍加松动，中心模块即可顺利抽出，然后将其他模块按图上的序号依次取出，这样就顺利地完成了起模工作，且基本不会影响砂型型腔尺寸。

（2）劈箱造型的原理及特点　劈箱造型是将三箱造型的中箱沿垂直方向再劈分成若干部分，分别造型，再组装而成的造型方法。中箱通常劈分成两部分和 4 部分，两端的称端箱板，两侧的称侧箱板。箱板和砂芯采用模板造型。然后，将砂芯先在专用的下型平面上装配，清除灰尘杂物后，再吊装侧箱和端箱板，并将其紧固。最后放上上型，形成一个完整的铸型。如图 7-19 所示，用劈箱造型生产机床床身类铸件。劈箱造型优点是：填砂、起模和修型等操作方便省力，用劈分的几块模样可以同时造型，缩短了造型周期，合型是在半敞开下进行的，因此下芯、检验、修型和清除散砂等都变得容易。这是一种优质高产的造型方法，在成批生产中，也很经济合理。

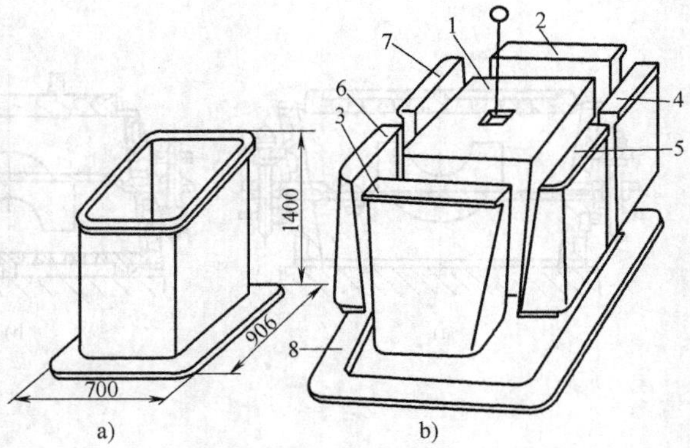

图 7-18　抽心模样示意图

a）铸件　b）抽心模样

1 ~8—模块起模次序

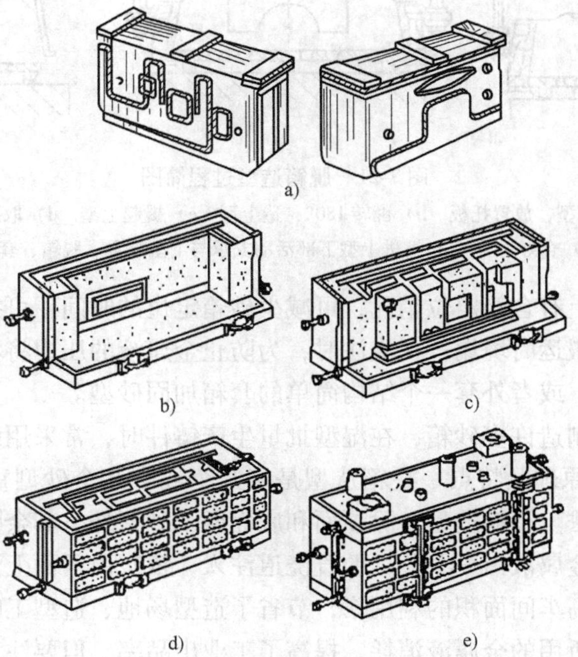

图 7-19　劈箱造型

a）劈为两半的模样　b）装配左侧中砂型　c）组装砂芯　d）装配右侧中砂型　e）装配上砂型后成为铸型

对于机床床身等大中型铸件，由于铸件内外形状比较复杂，造型时除起模困难外，舂砂、修理、下芯、检验等操作都比较困难，这种情况下可采用劈箱造型。

7. 脱箱造型和叠箱造型简介

（1）脱箱造型的原理及特点　脱箱造型用的砂箱是可以拆合的，如图 7-20 所示。造型时，将砂箱合拢，扣上搭钩锁紧，砂型造好后，搬到浇注场地，将砂箱脱开，以便继续造型使用。因为造型用的砂箱是可以拆合的，所以脱箱造型又称活箱造型。脱箱造型过程如图 7-21所示。

图 7-20　可脱式砂箱简图

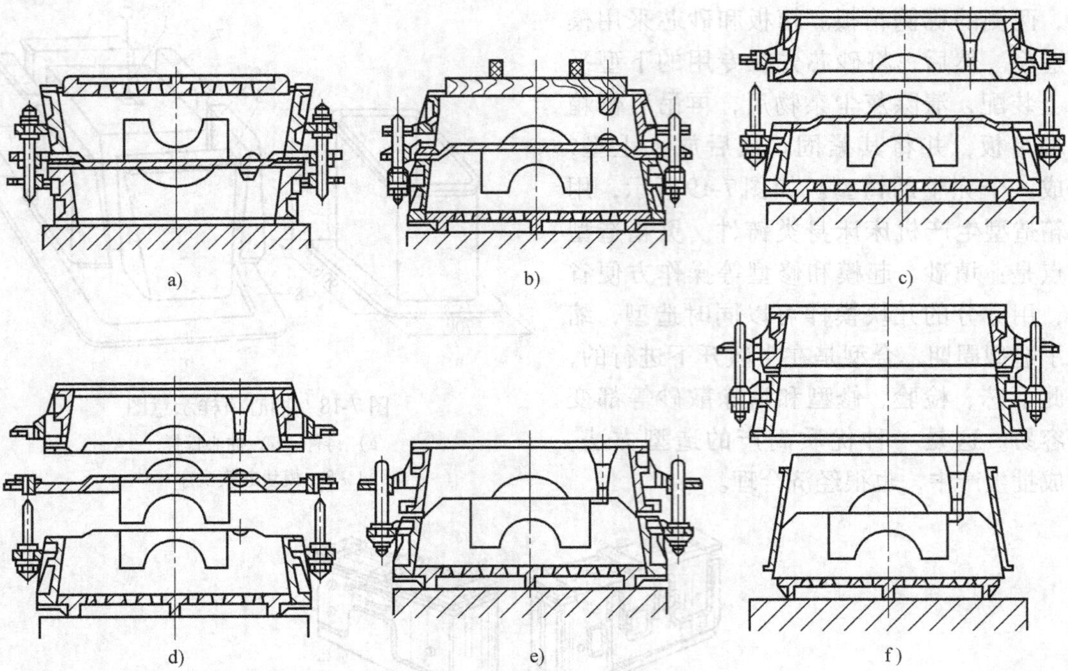

图 7-21　脱箱造型过程简图

a）造下型，放置托板　b）翻转 180°，造上型　c）提起上型　d）取出模底板

e）合好上型　f）缩进上型下部活动支承与下型缩紧、脱箱、套箱

脱箱造型的砂箱上有合箱定位销孔，可减少砂箱定位的时间；可拆式砂箱的内壁还开有凹槽，以防止砂型在搬运时坍塌；在浇注时，为防止金属液的压力将型胀坏，必须在排列好的砂型之间拥塞型砂，或者外套一个结构简单的套箱加固砂型。

脱箱造型可免去制造许多砂箱，在湿型批量生产铸件时，常采用脱箱造型。

（2）叠箱造型的原理及特点　叠箱造型是将几个或十几个砂型重叠起来，采用共用的直浇道浇注的造型方法。叠箱造型，除顶面和底面两个砂型外，其余每个砂型上下两面都将构成型腔的工作面，金属液由一个公用的直浇道注入，依次由下而上注入各个型腔。

叠箱造型可以提高车间面积的利用率，节省了造型场地、造型工时和材料，加快了浇注过程，减少了直浇道所用的金属液消耗，提高了工业出品率。但要注意不宜叠得过高，否则下部铸件会产生胀砂缺陷。

叠箱造型一般仅适用于大批量生产薄而小的铸件。图 7-22 所示是生产活塞环等薄而小的铸件时采用叠箱造型的方法。

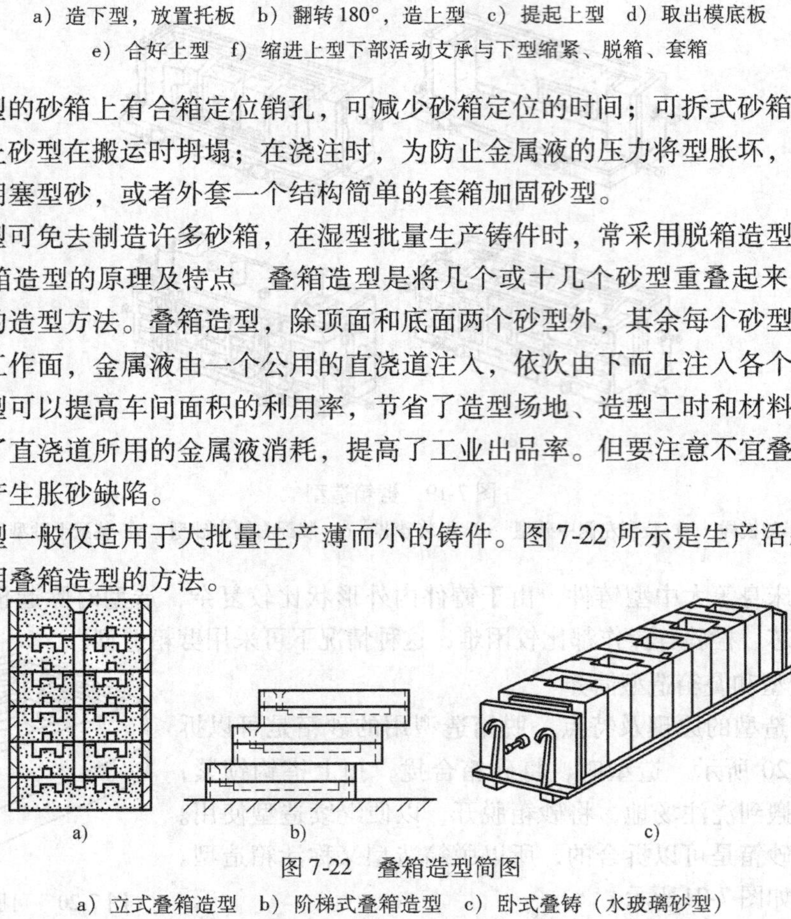

图 7-22　叠箱造型简图

a）立式叠箱造型　b）阶梯式叠箱造型　c）卧式叠铸（水玻璃砂型）

8. 漏模造型和模板造型简介

（1）漏模造型的原理及特点　生产形状复杂或高度较高的铸件时，起模过程中容易损坏砂型，如图7-23a 所示的暖气片铸件，如果用通常的整体模样造型起模时难以保证砂型（尤其是散热片之间）完好无损，为了提高造型的生产率和保证砂型的质量，可采用如图7-23b 所示的漏模造型，舂砂后散热片之间的砂被漏板挡住，便能获得完整清晰的型腔。

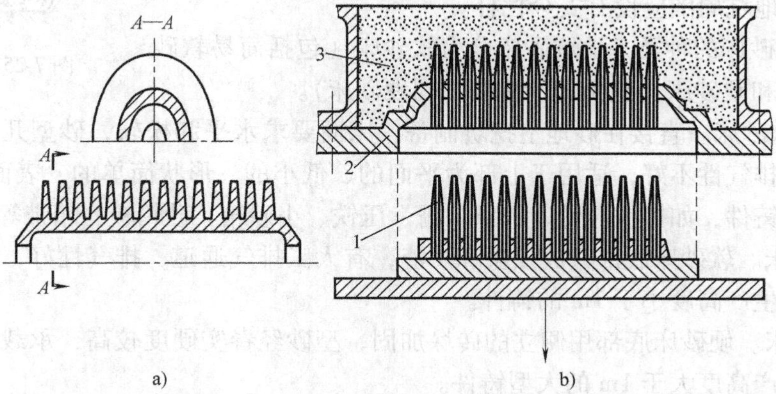

图7-23　暖气片铸件的漏模造型

a）暖气片铸件简图　b）散热片漏模起模

1—散热片模样漏板　2—漏板框　3—砂箱

漏模造型可以提高造型效率，确保砂型质量，模样的使用寿命长，但漏模的制造费用较高，这种造型方法适用于大批量生产中小型铸件，如电动机壳、齿轮坯等。

（2）模板造型的原理及特点　在大批量生产铸件时，为了提高铸件质量和生产率，经常采用模板造型。如图7-24a 所示为手工造型用的木质模板，模板上除有固定的铸件模样和浇冒口模样外，还装有三个合型用的定位锥，上下砂型分别在上下两块模板上同时造型。

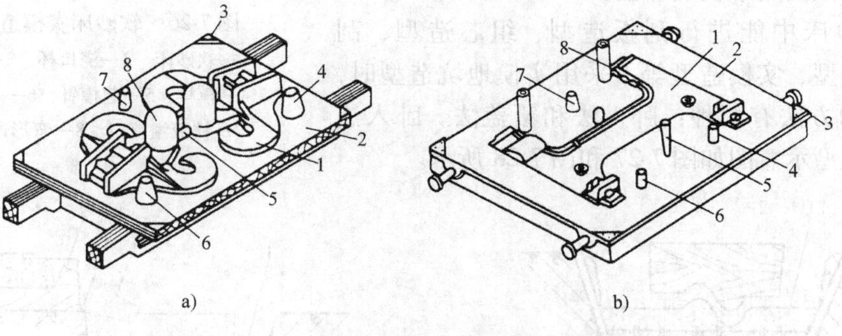

图7-24　手工造型用模板

a）木质模板　b）金属模板

1—模样　2—模底板　3—镶角　4、6、7—定位锥　5—浇道　8—冒口

模板造型可节省放置模样及开挖浇冒口等的时间，特别是一箱多模的造型时，可以提高造型的生产率。但制造模板的费用多，周期长，仅适合于大批量生产的中小型铸件。

9. 地坑造型

在铸造生产中，除了在砂箱内造型以外，还可直接在砂坑内造型，如图7-25 所示。这种直接在车间地面上或砂坑里制备出砂床，不用砂箱或少用砂箱的造型方法称为地坑造型。

（1）地坑技术要求　地坑与地下管道、电缆、厂房柱脚的距离应大于2m，相邻地坑上沿的距离应大于等于1.5m或大于地坑深度，高大铸件的地坑四周应筑防水墙，较大铸件的地坑尽量采用水泥地坑。一个水泥地坑中同时造两个砂型时，应用挡板铁或砂箱圈隔离，地坑周围应设有安全栏杆。

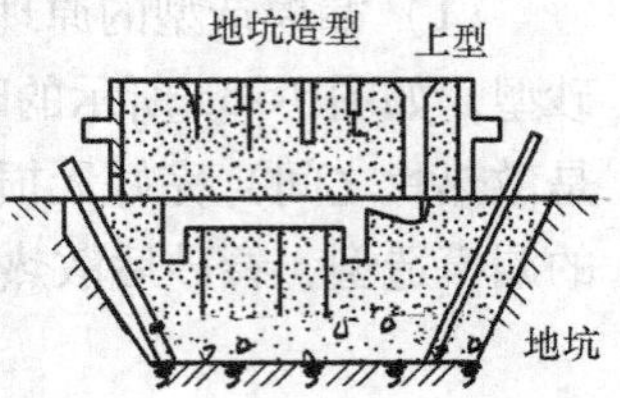

图7-25　地坑造型

（2）地坑砂床的种类　地坑砂床分为软砂床（包括简易软砂床和软砂床）和硬砂床（包括硬砂床和加固硬砂床）。

1）简易软砂床。直接在砂地上挖坑制备，床面要求水平和松软，砂型几乎不舂实，承载能力较低，排气性不好，适用于上部为平面的、低小的、形状简单的，表面要求不高的、允许有杂质的铸件，如铸铁芯骨、炉条炉栅、压铁、小砂箱、砂箱板、箱带等。

2）软砂床。软砂床底部只放焦炭和炉渣，有人工排气通道，排气性好，有一定的承载能力，适用于生产高度小于1m的铸件。

3）硬砂床。硬砂床底部用侧立的砖垛加固，型砂经舂实硬度较高，承载能力高于软砂床，适用于生产高度大于1m的大型铸件。

4）加固硬砂床。其砂床底部用铺钢轨替代侧立砖垛，型砂经舂实硬度高，承载能力高于硬砂床，适用于特大型铸件。

（3）地坑造型方法

1）软砂床实模地坑造型。软砂床床面松软，可将模样直接压入床面造型，如图7-26所示。

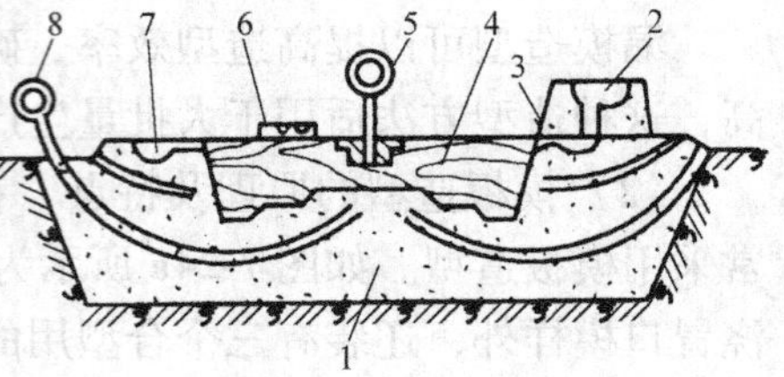

图7-26　软砂床实模造型简图

1—软砂床　2—浇口杯　3—浇道
4—模样　5—起模针　6—水平仪
7—铁液溢流口　8—弯形通气针

2）硬砂床实模地坑造型。硬砂床主要用于大件和特大件的生产，分为有盖地坑造型和无盖地坑造型。采用有盖地坑造型时，必要时其上盖可用砂箱制作，但多数使用水玻璃砂型。

在硬砂床中能进行刮板造型、组芯造型、刮板—实模造型、实模造型等。采用实模地坑造型时，取得轨迹的方法有两种：卧入法和覆盖法。卧入法和覆盖法造型示意图如图7-27和图7-28所示。

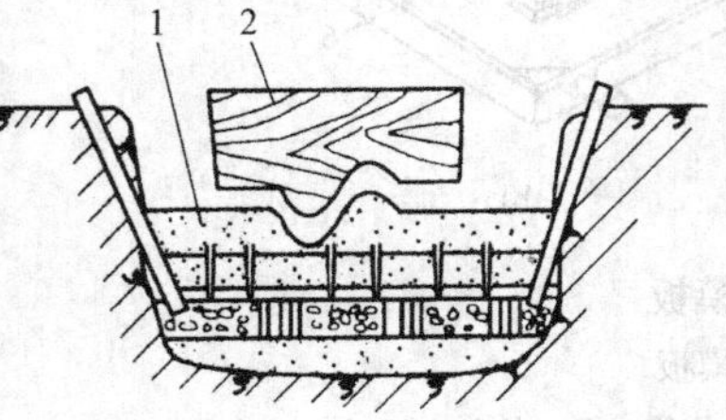

图7-27　卧入法形成痕迹

1—砂床　2—模样

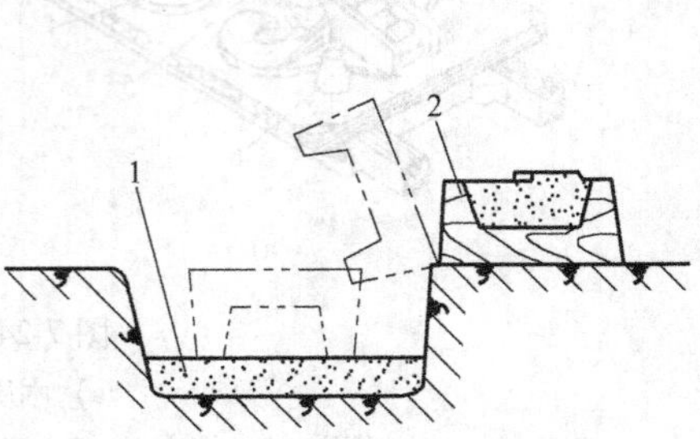

图7-28　覆盖法形成轨迹

1—砂床　2—模样

一般在铸件生产数量较少，同时又没有合适的砂箱采用，尤其在大型铸件单件生产时，采用地坑造型能节省铸造大型砂箱的工时和费用，缩短大型铸件的生产周期。此外，将砂型制在坑内，可以降低柱形顶面距底面的高度，使浇注时既方便又安全。

单元八 砂芯制备

➢【学习目标】

1. 了解砂芯的特点及结构。
2. 掌握手工造芯常用工装及造芯方法。

任务一 认识砂芯

一、任务描述

本次任务使学生了解砂芯的特点，掌握砂芯的组成、结构及手工造芯常用工装的种类及特点。

二、砂芯简介

型芯的主要作用是形成铸件的内腔，有时也形成铸件局部形状。由于砂芯的表面被高温金属液包围，受到冲刷及烘烤比砂型厉害，因此要求砂芯要有更高的强度、透气性、耐火性和退让性等。为了满足以上性能，生产中常采取放芯骨、开排气通道、刷涂料、烘干等措施。

三、砂芯的结构

砂芯由砂芯主体和芯头两部分组成，如图 8-1 所示。砂芯主体的作用是形成铸件的内腔，芯头起支撑、定位和排气作用。

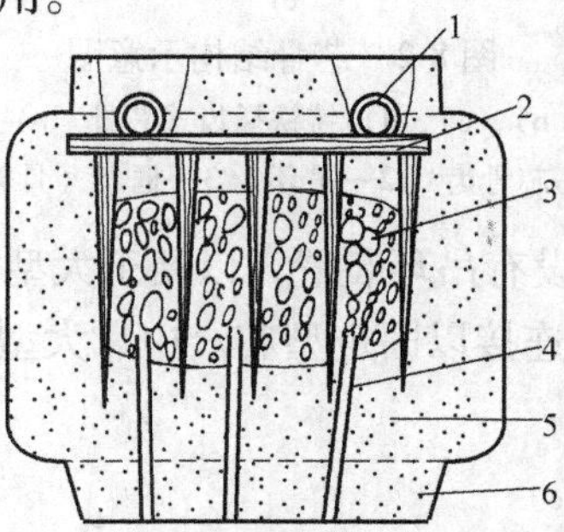

图 8-1 砂芯的结构示意图

1—吊环 2—芯骨 3—焦炭 4—通气孔 5—砂芯主体 6—芯头部位

为了加强砂芯的强度和刚度，制造型（芯）时应在其内部放置芯骨；为了使型芯排气通畅，型芯中应开设排气通道；为了提高砂芯表面的耐火性和降低表面粗糙度值，防止铸件产生粘砂缺陷，砂芯的表面常刷一层耐火涂料。

四、芯骨

1. 芯骨的作用和使用要求

在型芯中安放芯骨，可以有效增强型芯的强度和刚度。由于芯骨的增强作用，使型芯在吊运和受金属液冲刷时不变形和断裂。常见的芯骨形式如图 8-2 所示。

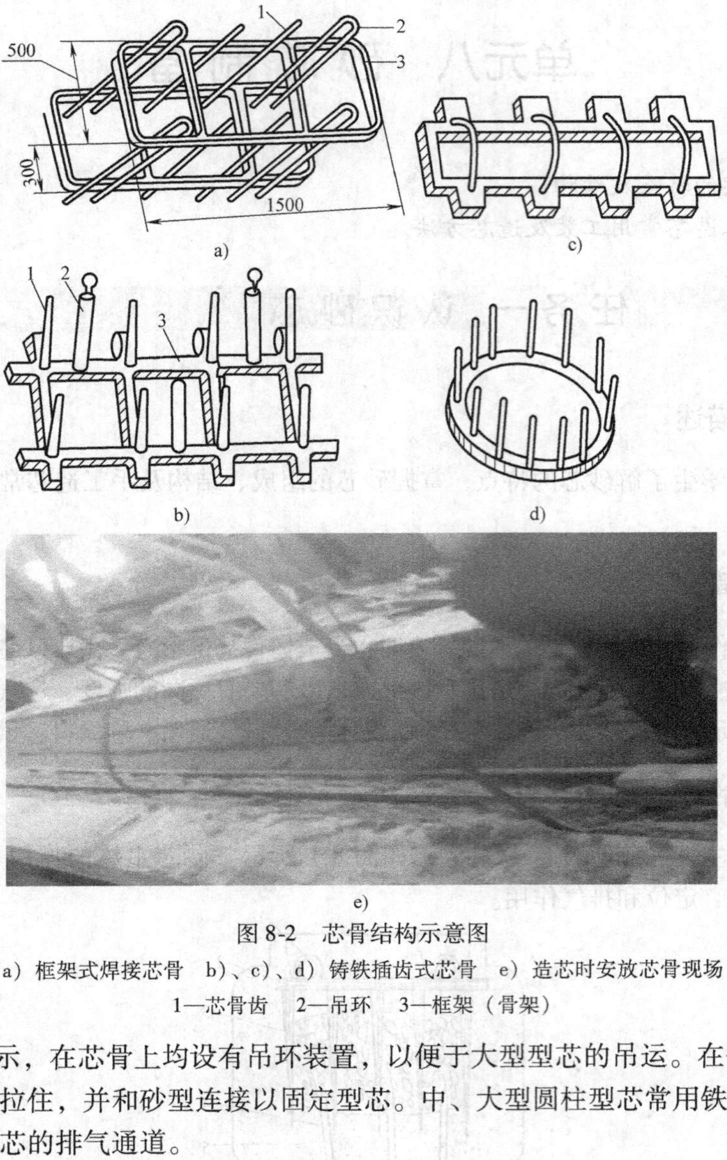

图 8-2 芯骨结构示意图

a）框架式焊接芯骨 b）、c）、d）铸铁插齿式芯骨 e）造芯时安放芯骨现场

1—芯骨齿 2—吊环 3—框架（骨架）

如图 8-2 所示，在芯骨上均设有吊环装置，以便于大型型芯的吊运。在合箱时，常用铁丝和螺栓将芯骨拉住，并和砂型连接以固定型芯。中、大型圆柱型芯常用铁管做芯骨，铁管的内孔就成为型芯的排气通道。

合格的芯骨应满足下列条件。

1）有足够的强度和刚度。

2）不应妨碍铸件收缩。

3）清砂时容易取出。

4）设置的吊环必须保证起吊平稳。

5）结构简单，方便造芯。

6）有合适的吃砂量。

2. 芯骨的种类及制作方法

选用芯骨应根据型芯的结构和工作条件进行，常用的芯骨有以下几种。

（1）铁丝芯骨 铁丝经退火处理，常用于小型芯的简单芯骨，多用手工弯制而成。当铁丝芯骨形状较复杂且数量较多时，可用靠模弯制，中型型芯芯骨可用铁丝扎成格架框。

（2）圆钢芯骨　大、中型芯骨，可用不同规格的圆钢焊接成所需形状。

（3）管子芯骨　柱形铸件芯骨可用壁上钻有许多小空洞的铁管制成。

（4）铸铁芯骨　铸铁芯骨由骨架、骨齿、吊环组成。其应用最广泛，特别是用在中、大型型芯上。

（5）可拆式芯骨　芯骨的顶端可插入另段芯骨的斜方孔中连接起来，清砂时只要在芯骨头部撬动芯骨，即可将其抽出。

铸铁芯骨的结构、尺寸及制作可参照相关手册。

五、型芯的排气

浇注时，为使在型芯中产生的气体能顺利通过芯头及时排除，在型芯中都要开设出气孔。

1. 型芯中出气孔的要求

1）尺寸足够大，数量足够多，以保证产生的气体都能及时排出。

2）气孔要相互连通，不可中断或堵死。

3）气孔只应从芯头处引出，不应通到型芯的工作面，以免金属液钻入堵塞气孔。

2. 型芯的排气方法

型芯的主要排气方法如图 8-3 所示。

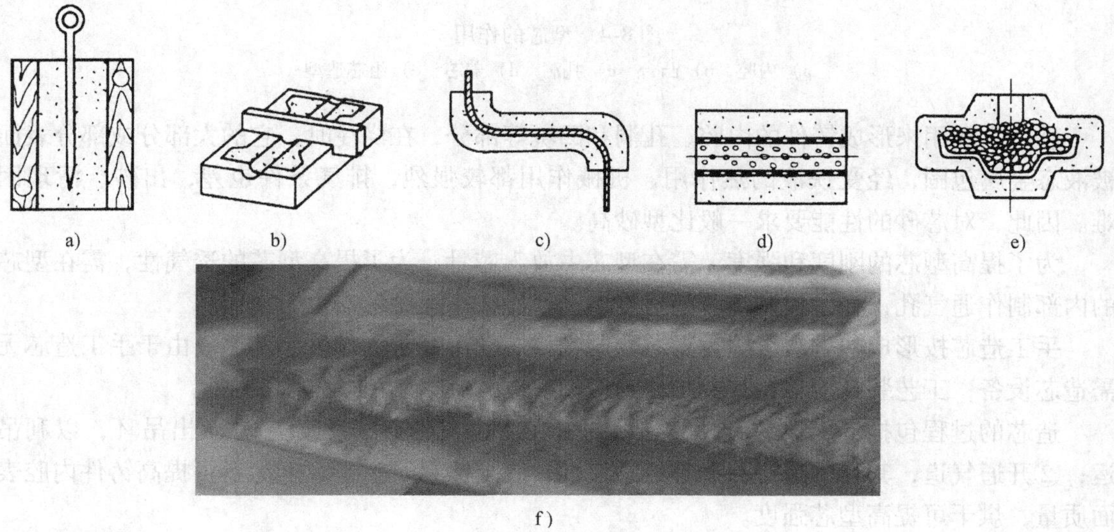

图 8-3　型芯的排气方法

a）用通气针扎出出气孔　b）用刮板刮出气孔　c）用蜡线　d）用带孔的钢管

e）埋焦炭或干砂块做通气材料　f）造芯时芯骨上缠绕草绳现场

任务二　手工造芯

一、任务描述

本次任务使学生了解手工造芯工装，掌握手工造芯的方法及相关的工艺过程。

二、手工造芯简介

型芯用来形成铸件内部空腔或局部外形。由于型芯的表面被高温金属液包围，长时间受到浮力作用和高温金属液的烘烤作用，铸件冷却凝固时，砂芯往往会阻碍铸件自由收缩，砂芯清理也比较困难，因此造芯用的芯砂要比型砂具有更高的强度、透气性、耐高温性、退让性和溃散性。

当制作空心铸件，或铸件的外壁内凹，或铸件具有影响起模的外凸形状时，经常要用到型芯，制作型芯的工艺过程称为造芯。图 8-4 所示为常见型芯的作用，可用手工制造，也可用机器制造。形状复杂的型芯可分块制造，然后粘合成形。

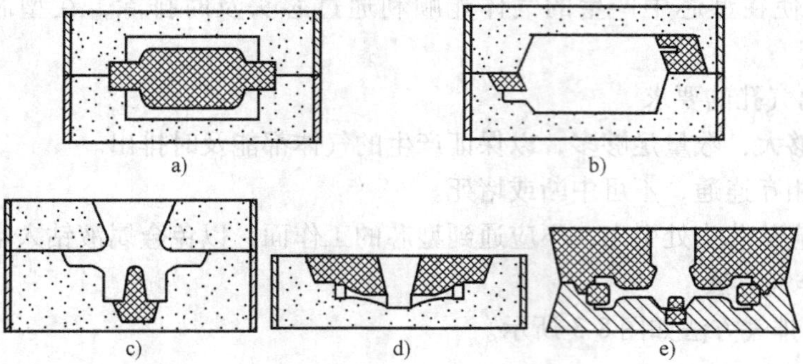

图 8-4　型芯的作用

a）内腔　b）凸台　c）扎洞　d）盖芯　e）组芯造型

砂芯主要用来形成铸件的内腔、孔洞和凹坑等部分，在浇注时，它的大部分或部分表面被液态金属包围，经受铁液的热作用、机械作用都较强烈，排气条件也差，出砂、清理困难。因此，对芯砂的性能要求一般比型砂高。

为了提高型芯的刚度和强度，需在型芯中放入芯骨；为了提高型芯的透气性，需在型芯的内部制作通气孔；为了提高型芯的强度和透气性，一般型芯需烘干使用。

手工造芯按形成的方法可分为用芯盒制作砂芯和用刮板制作砂芯两类。由于手工造芯无需造芯设备，工艺装备简单，得到了普遍应用。

造芯的过程包括：①放芯骨，其作用是加强型芯的强度，大型芯骨做出吊环，以利吊运；②开通气道，其目的是提高型芯的透气性；③上涂料及烘干，上涂料可提高铸件内腔表面质量，烘干可提高型芯强度。

三、芯盒造芯

1. 芯盒的种类

芯盒是制成型芯的工艺装备。

芯盒按材质可分为木质芯盒、金属芯盒、塑料芯盒及混合结构芯盒。由于木质芯盒和塑料芯盒制造周期短、成本低，一般用于手工造芯，有时也用于冷芯盒造芯。而大批量生产的铸造车间，为提高砂芯的尺寸精度，保持芯盒的耐用性，大多采用金属芯盒。小型芯盒用铝合金，中、大型芯盒则用铸铁制造。

按芯盒的结构分为敞口整体式芯盒、对开式芯盒、套框式芯盒和拆卸式芯盒四大类。

在震实造型机上造芯的芯盒，应有和造芯机台面相适应的固定装置，一般还要配备承接型芯的托芯板。用射芯机（见造芯机）造芯的芯盒，除与机器配合的部分外，还应有排放射入气流的排气系统。用热芯盒法造芯的芯盒，除射砂和排气装置以外，还要有加热芯盒的装置和顶出型芯的装置。芯盒温度经常保持在200℃以上，所以通常都用铸铁制成。冷芯盒法造芯是靠吹入气体的催化作用使型芯硬化的，这种芯盒应有使催化气体均匀散布到各处的排气系统。手工造芯的芯盒相对比较简单。

手工造芯用芯盒，根据砂芯的大小和复杂程度有整体式芯盒、对开式芯盒和可拆式芯盒等几种方式，如图8-5所示。

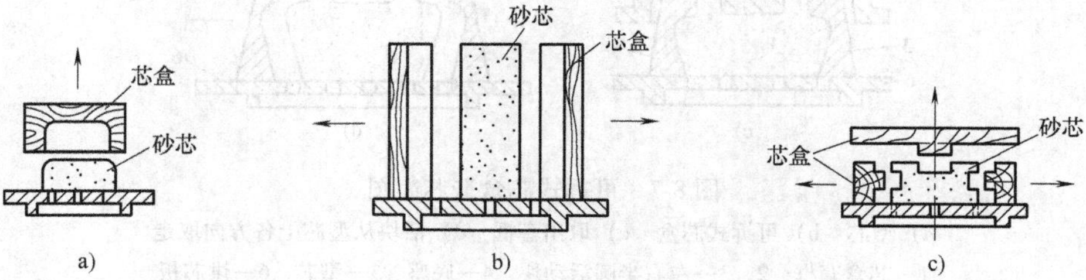

图8-5　芯盒结构示意图

a）整体式芯盒　b）对开式芯盒　c）可拆式芯盒

2. 造芯方法

1）结构简单的砂芯一般用整体式芯盒或对开式芯盒制作。图8-6所示是采用粘土砂为芯砂，用对开式芯盒制作铸造套筒用砂芯的造芯过程。

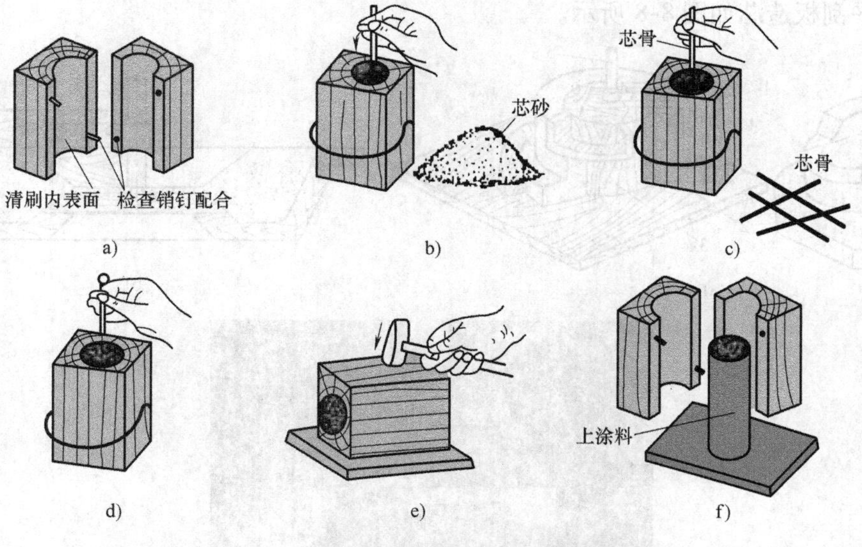

图8-6　套筒用砂芯的造芯过程示意图

a）检查芯盒是否配对　b）夹紧两半芯盒，分次加入芯砂，分层捣紧　c）插入刷有泥浆水的芯骨，其位置要适中　d）继续填砂捣紧，刮平，用通气针扎出通气孔　e）松开夹子，轻敲芯盒，使砂芯从芯盒内壁松开　f）取出砂芯，上涂料

2）结构复杂的砂芯一般用可拆式芯盒制作。图8-7所示是可拆式芯盒造芯简图。

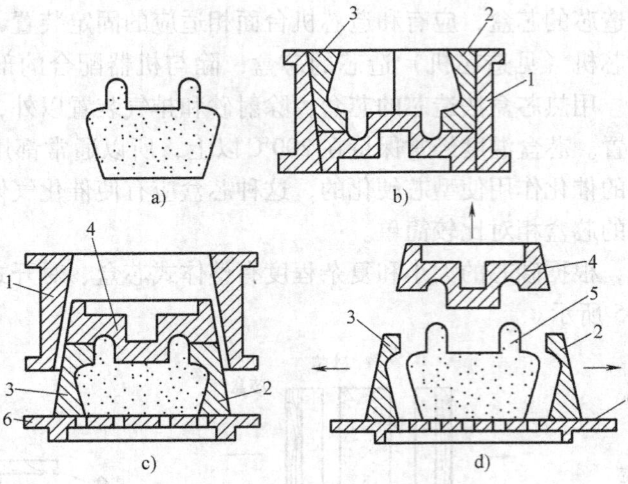

图 8-7　可拆式芯盒造芯简图

a）型芯　b）可拆式芯盒　c）取出套框　d）活块从型芯上各方向取走

1—芯盒套框　2、3—左右半圆活动块　4—底座　5—型芯　6—烘芯板

四、刮板造芯

根据刮板移动方式的不同，刮板造芯分为水平刮板造芯和导向刮板造芯。

1. 水平刮板造芯

当圆柱体类砂芯的尺寸较大时，为节省制造芯盒的材料和工时，可用水平刮板进行刮板造芯。水平刮板造芯如图 8-8 所示。

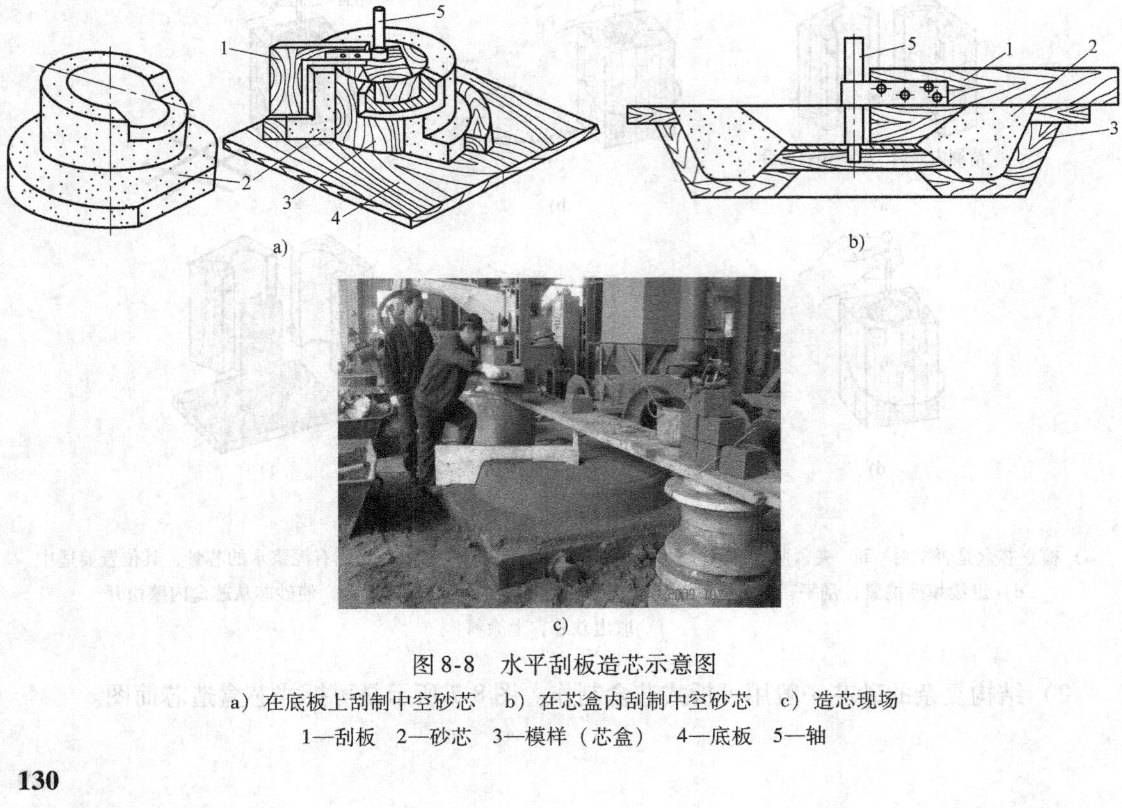

图 8-8　水平刮板造芯示意图

a）在底板上刮制中空砂芯　b）在芯盒内刮制中空砂芯　c）造芯现场

1—刮板　2—砂芯　3—模样（芯盒）　4—底板　5—轴

2. 导向刮板造芯

对于截面形状为圆形或多边形且截面形状无变化的砂芯，可用移动刮板刮制其半片砂芯；对于圆台形等变径的砂芯，可用平行于素线的移动刮板刮制其半片砂芯。移动刮板造芯如图 8-9 所示。

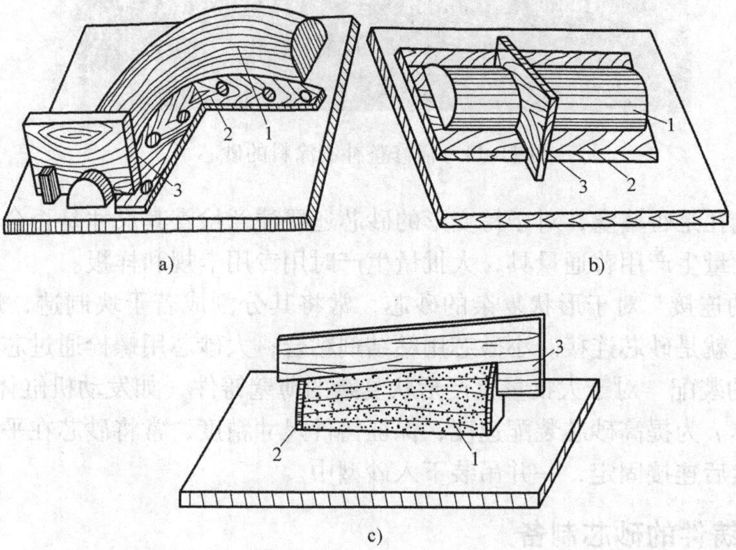

图 8-9 移动刮板造芯

a）刮弯形砂芯 b）刮直砂芯 c）刮圆台形砂芯

1—砂芯 2—轨道 3—刮板

尺寸较大的圆柱或圆台等变径的砂芯，一般用芯盒配合移动刮板制作，如图 8-9 所示。图 8-10 所示是采用 CO_2 硬化法水玻璃砂为芯砂，用芯盒配合移动刮板制作的较大带芯骨的砂芯。

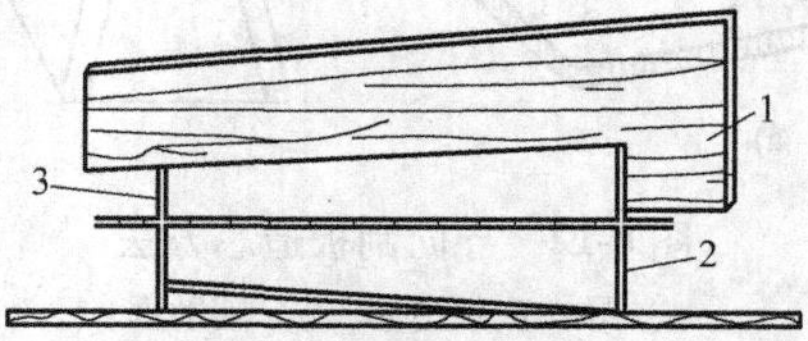

图 8-10 芯盒配合移动刮板造芯

1—刮板 2—芯盒 3—轨道

五、涂刷涂料、烘干砂芯、修整及检验

（1）涂刷涂料、烘干砂芯和修整 根据需要在砂芯的工作表面刷耐火涂料，按要求烘干砂芯。烘干后的砂芯需要进行清理和修整，对于分块制造并在烘干后装配使用的砂芯，在装配之前，用刮刀或砂轮加工平整，补刷涂料等。图 8-11 所示为烘干后待修整补刷涂料的砂芯。

（2）砂芯的检验 检验是在砂芯下芯前的最后一道工序，应检查砂芯是否烘干、是否

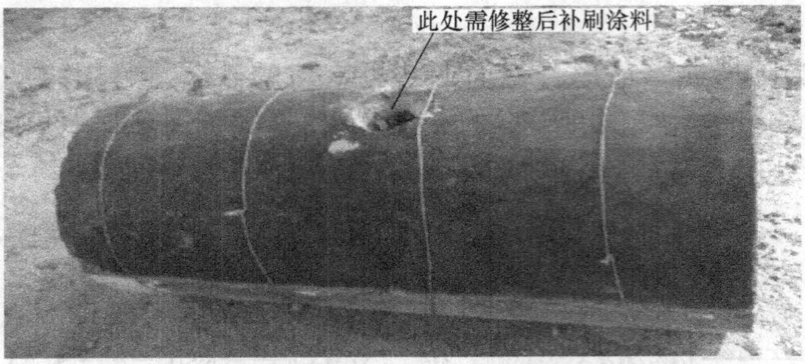

图 8-11　需修整补刷涂料的砂芯

开裂损坏、通气孔是否堵塞，对于易变形的砂芯还要注意检查其尺寸是否合格。检查砂芯尺寸时，单件小批量生产用普通量具，大批量生产时用专用卡规和样板。

（3）砂芯的连接　对于形状复杂的砂芯，常将其分割成若干块制造，烘干后再将它们连接成一体，这就是砂芯连接。小砂芯用粘结剂粘合；大砂芯用螺栓通过芯骨将其连接。

（4）砂芯的装配　对于大批量生产形状复杂的薄壁铸件（如发动机缸体等），在砂型中要放置多种砂芯。为提高砂芯装配速度，保证铸件尺寸精度，常将砂芯在平台上或在专用夹具内组装好，然后连接固定，一并吊装下入砂型中。

六、弯管铸件的砂芯制备

1. 确定造芯方法

根据铸件的形状，采用导向刮板造芯的方法制作弯管铸件的砂芯，如图 8-12 所示。

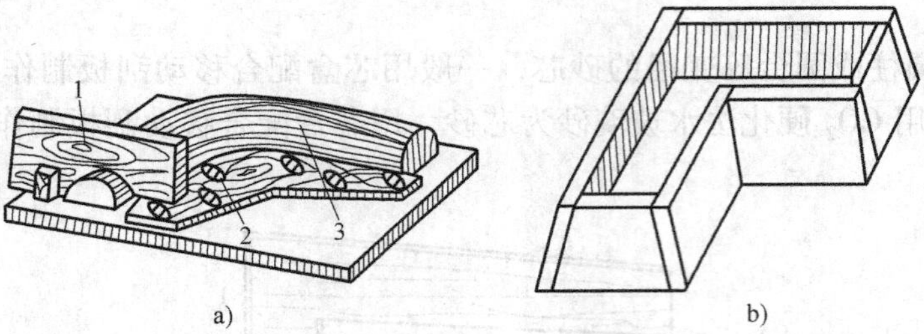

图 8-12　导向刮板造芯方法

a）导向刮板造芯　b）辅助框

1—刮板　2—导轨　3—砂芯

2. 造芯过程

1）检查刮板尺寸及有无变形，把导轨放在造芯板上并试刮几次。

2）在底板上铺上一层芯砂，厚度为 30～40mm。

3）放上浸过泥浆水的芯骨，摆放端正，并用刮板沿导轨来回试刮一次，检查芯骨是否妨碍刮板移动。

4）放入焦炭，填入芯砂并舂实。为了防止舂砂时芯砂散开，可做一个辅助框将芯砂挡住。

5）取走辅助框，用刮板沿导轨刮去多余芯砂。

6）取走导轨，用镘刀将砂芯光平压实，修出铸造圆角，薄弱部位插铁钉加固。

7）上涂料，通常要上两次涂料，然后准备进窑烘干。

8）按上述过程刮制另半个砂芯，但导轨在底板上的方向相反。

单元九 铸型装配

➢【学习目标】

1. 掌握下芯的原则及方法。
2. 掌握合型的原则及定位的方法。
3. 掌握紧固的方法。

任务一 下芯

一、任务描述

本次任务使学生通过对下芯原则的学习，掌握下芯的操作方法。

二、下芯原则

1. 熟悉工艺图

下芯前必须熟悉铸造工艺图和工艺要求，了解铸件的基本结构、砂芯间及砂芯与铸型的相对位置、砂芯数量等，防止下芯位置和方向发生错误或漏放砂芯。

2. 确定下芯次序

复杂铸件往往一型有多个砂芯，应根据砂芯间的相对位置关系确定下芯次序，以提高铸型装配精度，防止因下芯次序不当而损坏砂型和砂芯。

3. 检查砂芯质量

不得使用破损、返潮、表面粉化的砂芯。修补过的砂芯应作表面加固或补充烘干处理后才能使用。芯头尺寸过大的砂芯应对芯头作适当修剪后才能下到砂型中。芯头尺寸过小的砂芯，下芯后应采用芯砂或其他填塞材料对芯头与芯头座的间隙作适当填补。有排气通道的砂芯应检查通道是否畅通，下芯后应填塞芯头间隙，以防止金属液堵塞排气通道。

4. 组装砂芯

复杂铸件的砂芯，常须将几个砂芯预先组装后再下到砂型中。下芯前应检查组装砂芯的相对位置是否正确、砂芯间接合是否牢固、分芯面是否合适。

5. 下芯后检查

下芯后检查项目有：砂芯位置、方向和数量；砂芯与砂箱相对尺寸；砂芯间相对位置；芯头与芯头座间隙及填塞；砂芯排气通道。

三、复杂砂芯下芯过程

下面以六缸发动机铸铁气缸体为例，说明复杂砂芯的下芯过程。铸件图如图 9-1 所示，所用组芯模具及下芯夹具如图 9-2 所示。

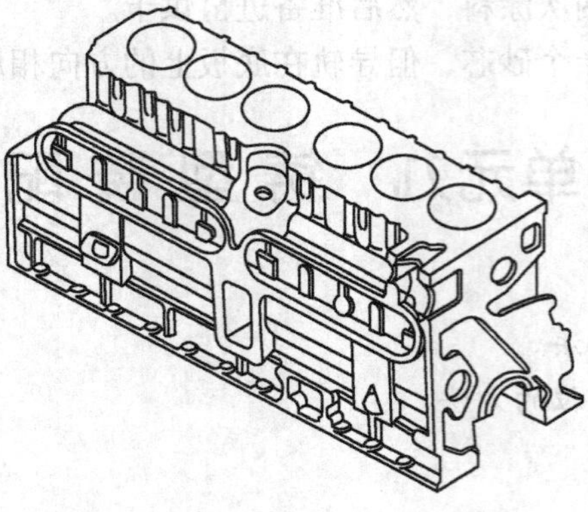

图 9-1　气缸体铸件图

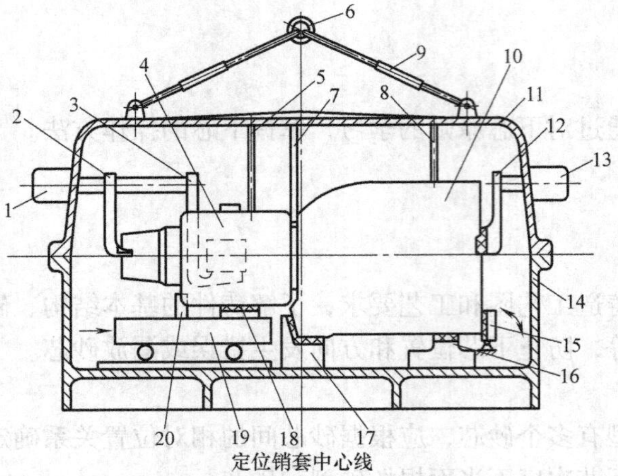

图 9-2　发动机气缸体组芯模具及下芯夹具示意图

1、13—夹紧气缸　2—缸筒芯头吊臂　3—水套芯头吊臂　4—水套芯（5 号）　5—水套芯高度检具　6—吊环　7—缸筒曲轴箱芯横向定位板　8—缸筒曲轴箱芯高度检具　9—下芯夹具水平调整螺栓　10—缸筒曲轴箱芯（8 号～13 号）　11—下芯夹具　12—曲轴箱芯头吊臂　14—组芯模具　15—缸筒曲轴箱芯横向夹紧板　16、17、18—定位块　19—水套芯推进小车　20—水套芯中间定位块

下芯操作过程如下：

1. 定位

以缸体中心为纵向定位中心，来保证组芯、下芯的定位基准与缸体机械加工定位基准的一致，从而保证缸体加工后的壁厚均匀。生产实践表明，这种定位基准可保证缸筒加工后壁厚差小于 ±1mm。

2. 组芯

1）先将 14 号砂芯靠在后端定位块 1 上，如图 9-3 所示。

2）依次将 13 号、12 号、11 号、10 号、9 号、8 号、7 号砂芯摆放在组芯模具上，在 10 号、11 号砂芯中心有定位块 2、4，从而保证六个缸筒曲轴箱砂芯的纵向位置。开动设在定位块 1 和 3 两侧的气动夹紧机构，使这 8 个砂芯紧靠定位块 2、4。

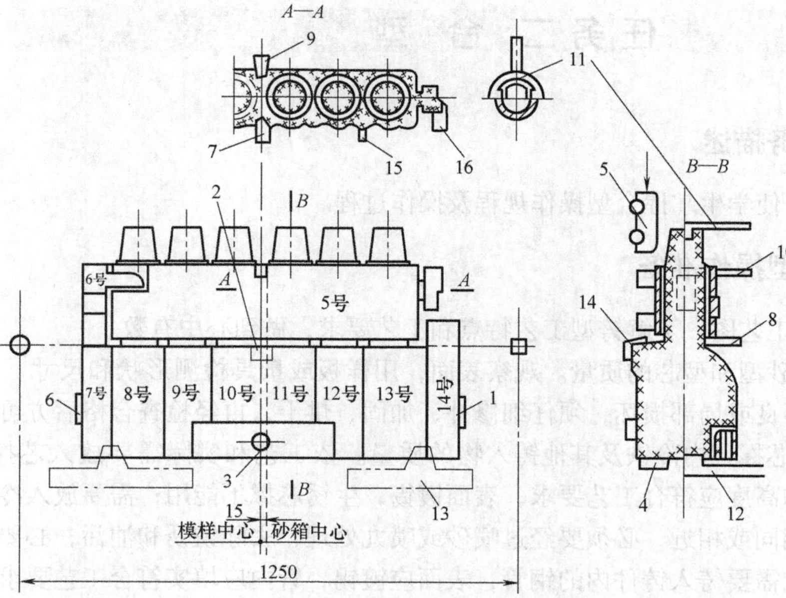

图 9-3　发动机缸体砂芯组合图

1、2、3、4、5、6、7、8、9、12、15—定位块　10、14、16—吊臂　11—滑车　13—挡板

3）开动翻转式挡板 13，使这 8 个砂芯在横向上紧靠在定位块 12 上。

4）将水套砂芯（5 号）放在滑车 11 上，靠定位块 7，将其纵向定位。

5）推动滑车 11，使其套进缸筒砂芯中，并采用其他辅助定位块 8 和 9 等来保证水套芯的横向及上、下方向的位置，从而使水套芯与缸筒芯间的间隙均匀一致。

3. 下芯夹具

1）将下芯夹具沿组芯模具的定位销落上。

2）定位块 6 插入 5 号砂芯中，将水套芯纵向定位块 15 插入缸筒曲轴箱芯盒水套芯中，保证水套芯和缸筒曲轴箱芯的横向位置，件 5 为圆棒芯与端头芯的两个定位块。

3）打开下芯夹具的夹紧机构，使吊臂 14 勾住曲轴箱芯头，吊臂 10 勾住缸筒芯头，吊臂 16 勾住水套芯头，同时将 7 号 ~ 14 号砂芯夹紧。

4）松开组芯模具的夹紧机构，用气吊吊起下芯夹具，并将其推到砂型上方。

5）在下型定位销孔中插入合型销，下芯夹具沿合型销下落，将整套砂芯下到型中。

6）观察下芯夹具上指示水套芯与缸筒曲轴箱砂芯高度位置的指针，若符合尺寸要求，则打开下芯夹紧机构。

7）吊起下芯夹具，放上 6 号及其他砂芯，完成整个下芯过程。

为提高气缸类复杂铸件的尺寸精度及生产率，可使用四立柱下芯机。另外，针对发动机的气缸体和缸盖等复杂铸件开发了 KEY－CORE 自动锁芯工艺，大大降低了修芯和繁重的铸件清理工作，铸件几乎无披缝和飞边，尺寸精度非常高，金属切削量大大减少，生产率大大提高，铸件质量稳定。

任务二 合 型

一、任务描述

本次任务使学生掌握合型操作规程及操作过程。

二、合型操作准备

1）读懂工艺图，了解铸型工艺特点和工艺要求，做到心中有数。

2）检查砂型和型芯的质量。观察表面，用样板或量具检测形状和尺寸，若紧实度不合要求，烘干不良或局部损坏，须仔细修补、加固、烘干，再经检查合格后方可使用。

3）检查芯撑、内冷铁及其他铸入物的质量。依工艺和实际需要放入芯撑固定型芯时，芯撑的形状和高度应符合工艺要求，表面镀锡，生锈芯撑不能用；需要放入冷铁时，其材质必须与铸件相同或相近，必须要经过喷砂或喷丸处理，去除铁锈和油污，必要时镀锡或锌以防氧化；工艺需要铸入铸件内的钢管，表面应镀锡，管内应填实符合工艺要求的型砂，并需经烘炉烘干。

4）准备好紧固用工具，如拉芯铁丝或螺栓钩、紧箱的夹具等。

5）场地与摊箱。放置砂箱的砂地应挖松摊平，并挖出排气沟以利下砂芯排气；摊箱时，砂型底部要垫实，摆放要整齐，即成行成线，浇口杯在同一边，同牌号的要摆放在一起，并留出安全通道。

6）所有准备工序均须符合工艺要求，不合格不能转入下一工序。

三、装配

1）清型清芯。清净上下型、明暗冒口、浇注系统上的残砂，疏通芯座、暗冒口、分型面上的气孔，修平分型面和芯座的高出部分；清扫砂芯表面的浮砂、浮土，保持芯头出气孔畅通，严禁堵塞。

2）在下型的芯座中绕出气孔放一圈泥条或石棉绳，以防压崩及防钻芯。

3）下芯。

① 按工艺图规定的次序依次将合格型芯落入下型各自芯座上，并微调位置，用量具检测壁厚均匀程度，使其符合工艺图中壁厚要求。

② 需要芯撑支撑的型芯，先测出型芯和型壁的实际距离以确定芯撑高度；放置芯撑时应使芯撑平面与型腔壁随形；有间隙时应用芯撑垫片在型芯一边塞紧，使芯撑安稳不动；在压力试验区所用芯撑应选用特造芯撑。

③ 对于上型型腔中吊芯，首先应将上型平放，并在芯座中绕出气孔一圈放泥条或石棉绳；型芯要稳妥放入，大中型型芯用螺栓钩、小型芯用铁丝，一头连接型芯芯骨，一头经上型芯座上的孔穿透上型放入；检查壁厚均匀后用石棉绳将芯头处间隙填实并刷涂料（烘干），再用螺栓或铁丝拉住紧固在上箱箱带上；操作时，注意应将上箱四角架稳、架牢，防止滑脱伤人，保证安全生产；对于直径大于30mm的暗冒口，应下大气压力型芯，并安放牢固，以免翻箱和浇注时掉出。

④ 冷铁安放。需要安放冷铁时，冷铁的质量必须符合工艺要求，并控制其高度和型壁之间的距离。

⑤ 清理。在型腔内装配工作完成且各装配间隙填实、修平、烘干后，用皮老虎或压缩空气管将型腔内各角落的散砂吹吸干净。

⑥ 沿分型面型腔和浇口杯周围、芯头处绕一圈石棉绳或泥条；芯头出孔处放入稻草或绳子，绳子另一头引出型外。

准备合型。

四、合型

1. 合上型

用桥式起重机翻转上型并检查上型有无局部裂纹或脱落，轻轻敲击型壁去掉浮砂，并调整上型呈水平；在直浇道上端修筑一个高出箱带的平面，修光喇叭口，刷涂料，绕直浇道放上一圈泥条，将准备好的浇口杯对准并紧坐在直浇道上，然后在浇口杯的周围围上型砂（以防浇注时浇口杯抬起），清除上型上散砂；将上型吊至下型上方并缓慢平稳地（避免振动）按原来定位标记合在下型上。

2. 验型及再打开上型

1）检查直浇道是否对准下型中的横浇道。

2）检查合型后型芯是否牢固，型腔有无压坏。

3）放入软泥团后，上型厚度是否符合要求。

4）若需要在上型放芯撑，则按泥团厚度决定芯撑高度。若有损坏或壁厚不符合要求处，应修整、调整。此操作对大件和复杂件更为重要。

3. 终合型

验型合格后，若无误，进行最后合型，抽出连接芯头出气孔的稻草或绳子，留下排气道；在砂型四角填塞适当厚度铁片，以免紧型时压坏砂型；检查合型缝是否合严，为防跑火一般要求用烂砂泥糊型缝，但不要将排气道堵死；用铁皮或其他板盖好浇冒口，以防杂物落入。

4. 紧固

小件用压铁，按铸件重量的3~5倍压重计；大、中型铸件用原来砂型紧固设计方法夹紧。

合型后不宜放置过久，中、小型铸件不超过24h；大型铸件不超过48h。若放置过久，必须重新开型烘干才能浇注，以确保铸件质量。

任务三 紧固

一、任务描述

本次任务使学生掌握铸型装配中砂型紧固的重要性及紧固的方法。

二、铸型紧固简介

砂型在下芯、精整、检查合格后，合上上型。砂型合型后装配成铸型，浇注前一定要将上、下砂型紧固。紧固力要大于抬型力，否则会由于浇注时金属液的压力和砂芯的浮力作用，而将上砂型抬起，出现跑火（金属液泄漏）现象。

三、抬型力

在浇注过程中，金属液作用于型腔顶面的垂直压力称为抬型力。抬型力包括金属液压力作用于上型的抬型力和砂芯所受浮力而产生的抬型力两部分。为防止浇注时上砂型被抬起，需要估算抬型力的大小，据此确定铸型的紧固力。

抬型力的计算方法如下：

$$F_{抬}=k(F_{型}+F_{芯}) \tag{9-1}$$

式中 $F_{抬}$——抬型力（N）；

$F_{型}$——金属液压力作用于上型的抬型力（N）；

$F_{芯}$——砂芯所受浮力而产生的抬型力（N）；

k——安全系数，一般取1.2~1.5。

其中

$$F_{型}=\rho g S_{型} h \tag{9-2}$$

$$F_{芯}=g V_{芯}(\rho-\rho_{砂}) \tag{9-3}$$

式中 g——重力加速度，取 $g=10\text{m/s}^2$；

$S_{型}$——与金属液接触的型腔顶面水平投影面积（m^2）；

h——型腔顶面至浇口盆液面的平均高度（m）；

$V_{芯}$——被金属液包围部分的砂芯体积（m^3）；

ρ——金属液的密度（kg/m^3）；

$\rho_{砂}$——砂芯的密度（kg/m^3）。

按此式计算无需再扣除上砂箱及型砂的重量，这样会更安全些。

式（9-2）中 h 为型腔顶面至浇口盆液面的平均高度，如图9-4所示砂型浇注的铸铁件，砂型紧固力（安全系数1.5，金属液密度 $7000kg/m^3$，砂芯密度 $1500kg/m^3$）可依据图9-4中所示情况求得。

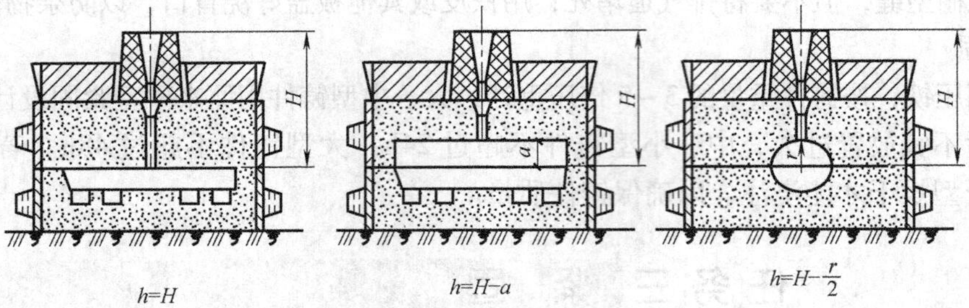

图9-4 平均高度 h 确定

四、紧固方法

为防止上型在金属静压力和砂芯浮力作用下被抬起，上、下砂型要紧固在一起。按使用工具的不同，其方法有压铁法和螺栓或弓形卡等紧固方法。压铁重力应由砂箱壁承受，以免压坏砂型；夹具紧固，一般在砂箱造型中常采用。具体的紧固方法需根据造型方法、型砂大小、砂箱结构和生产方式的不同来选择。

1. 砂箱造型紧固方法

在砂箱造型时，压铁的使用如图 9-5 所示。压铁重量一般为铸件重量的 3 ~ 5 倍，或由计算得出；压铁应对称平稳放置，尽可能放在砂箱中间，不应只压一边或放在箱角上以防碰掉；应压在箱壁或箱带上，并垫上木板，不应直接压在砂箱上；不应紧靠或盖住出气孔和冒口，更不能妨碍浇注操作；若必须两块压铁叠起来，则两块压铁之间要垫以木板，以防滑脱伤人；只有在铸件凝固后才能去掉压铁，否则易产生跑火。

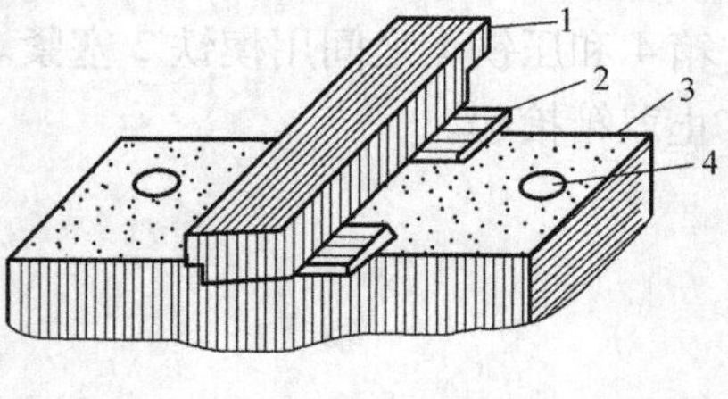

图 9-5 砂箱造型压铁的使用

1—压铁 2—木垫板 3—砂箱 4—浇口

如图 9-6 所示为砂箱常用的紧固方法。

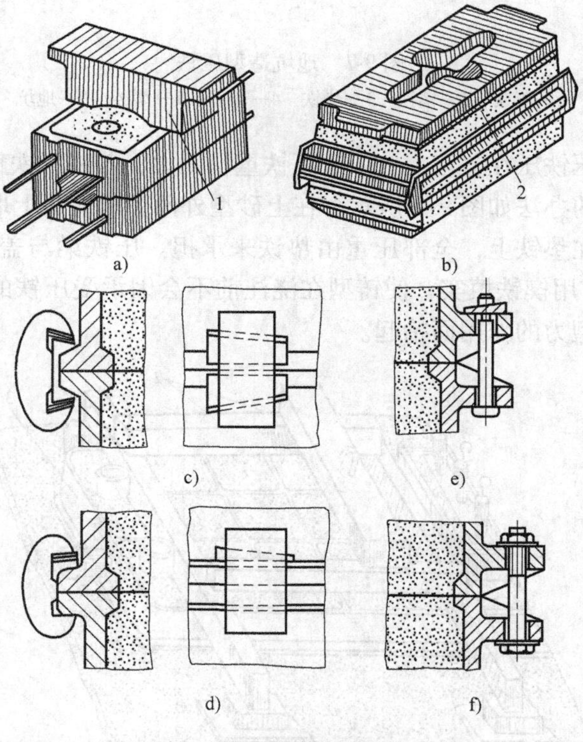

图 9-6 砂箱造型铸型的紧固方法

a）压铁 b）成形压铁 c）锁箱卡子 d）卡子打楔铁锁紧 e）楔铁打入柱栓 f）用螺栓紧固

生产小型铸件的铸型由于抬型力小，用压铁直接压在砂型上比较方便。如果小件用砂型造型，可将普通压铁压在砂箱的箱壁上，如图 9-6a 所示；小件脱箱造型时，宜采用高度低、平面较大、底面平整的成形压铁直接压在砂型上，如图 9-6b 所示。

生产大中型铸件的铸型一般用卡子、螺栓等紧固。图 9-6c 是用带斜面的卡子与砂箱壁上的楔形凸台相配合紧固铸型。图 9-6d 是用卡子和楔铁紧固铸型，图 9-6e 是将楔铁插入柱栓的长斜孔中紧固铸型。这些方法装拆方便，常用于中型铸件的生产中。图 9-6f 是用螺栓来紧固铸型，这种紧固方法多用于生产大型铸件砂箱的紧固。

紧固铸型前需在分箱面的四角用铁片将上、下砂箱间的缝隙垫实，以防止铸型紧固时砂芯或砂型被压溃。

2. 地坑造型紧固方法

地坑造型压铁采用“暗压法”，如图9-7所示，在浇注前，压铁1由垫铁3支撑，在盖箱4和压铁1之间用楔铁2塞紧。分型面砂型不承受压铁重力。盖箱通过楔铁紧靠压铁，防止盖箱抬起。

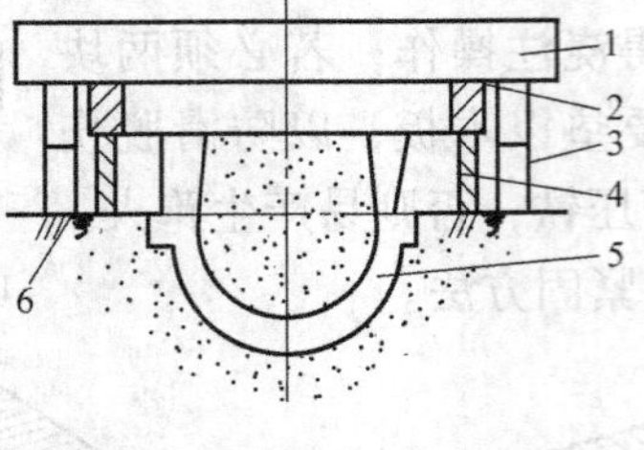

图9-7 地坑造型压铁

1—压铁 2—楔铁 3—垫铁 4—盖箱 5—型腔 6—地坑

地坑造型一般用压铁压在盖箱上，由于压铁重量太大，若将压铁直接压在盖箱上，必然会将铸型压溃，解决的办法如图9-8所示。在上砂型外两旁的底面上取4个点，把垫板放在地面上，把压铁梁放在垫铁上，全部压重由垫铁来承担。压铁梁与盖箱顶面之间留出15～30mm的间隙。浇注前用楔铁填实，使铸型在浇注前不会因承受压铁的重力而被破坏，在浇注时盖箱也不会因抬型力的作用而抬起。

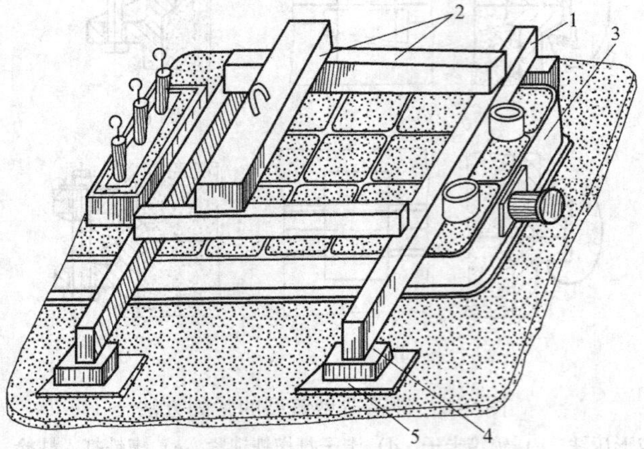

图9-8 大型铸件地面造型压铁架设方法

1—压铁梁 2—压铁 3—上砂型砂箱 4—垫铁 5—垫板

第三部分 浇注系统的设计

浇注系统是将液体金属引入型腔的一系列通道，因此浇注系统的设计是否合理将直接影响铸件的质量。

图Ⅲ所示为典型浇注系统的组成，包括浇口杯、直浇道、横浇道和内浇道等。

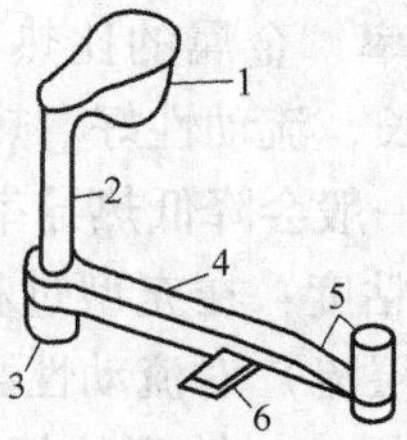

图Ⅲ　典型浇注系统的组成

1—浇口杯　2—直浇道　3—直浇道窝　4—横浇道　5—末端延长段　6—内浇道

本部分主要学习液态金属在浇注系统中的流动、浇注系统的分类与选择及浇注系统的设计。

单元十　浇注系统基础知识

➢【学习目标】

1. 掌握浇注系统的组成、特点。
2. 了解液态金属在浇注系统中的流动特点。
3. 掌握浇注系统的基本类型及特点。

任务一　液态金属在浇注系统中的流动

一、任务描述

本次任务使学生了解液态金属在砂型中流动的流体力学特点，掌握液态金属在浇口杯、直浇道、横浇道及内浇道中的流动特点。

二、液态金属充型简介

液态金属充满铸型型腔，获得形状完整、轮廓清晰铸件的能力，称为液态金属的充型能力。液态金属的充型能力主要取决于自身的流动能力，还受外部条件如铸型性质、浇注条件、铸件结构等因素的影响，是各种因素的综合反映。

影响液态金属充型能力的因素主要分为以下四个方面。

1. 金属性质方面

这类因素是内因，决定了金属本身的流动能力——流动性。铸型阻力影响金属液的充填速度；铸型与金属的热交换条件影响金属液保持流动的时间。

（1）合金成分　合金的流动性与化学成分之间存在着一定的规律性。在流动性曲线上，对应着纯金属、共晶成分和金属间化合物的地方出现最大值，而有结晶温度范围的地方流动性下降，且在最大结晶温度范围附近出现最小值。合金成分对流动性的影响，主要是成分不同时，合金的结晶特点不同造成的。

降低合金熔点的元素容易提高金属过热度，从而提高合金流动时间，提高流动性。合金净化后流动性提高，合金成分中凡能形成高熔点夹杂物的元素均会降低合金的流动性。

（2）结晶潜热　结晶潜热越高，凝固进行得越缓慢，流动性越好。

（3）金属的比热容、密度和热导率　金属的比热容和密度较大的合金，本身含热量较多，在相同过热度下，保持液态时间长，流动性好。热导率小的合金，热量散失慢，保持流动时间长。金属中加入合金元素后，一般会降低热导率。

（4）液态金属的粘度　合金液的粘度：在充型过程前期（属紊流）对流动性的影响较小，而在充型过程后期（凝固中，属层流）对流动性影响较大。

（5）表面张力　表面张力影响金属液与铸型的相互作用。造型材料一般不被液态金属润湿，即接触角 $\theta > 90°$，故液态金属在铸型细薄部分的液面是凸起的，而由表面张力产生一个指向液体内部的附加压力，阻碍对该部分的充填，所以表面张力对薄壁铸件、铸件的细薄部分和棱角的成形有影响。型腔越细薄、棱角的曲率半径越小，表面张力的影响越大。为克服由表面张力引起的附加压力，必须附加一个静压头。

综上所述，为了提高液态金属的充型能力，在金属方面可采取以下措施。

1）正确选择合金的成分。在不影响铸件使用性能的条件下，尽量将合金成分调整到实际共晶成分附近，或选用结晶温度范围小的合金。对某些合金进行变质处理使晶粒细化，也有利于提高充型能力。

2）合理的熔炼工艺。选择清洁的原材料；减少与有害气体的接触；充分脱氧精炼去气，减少气体、夹杂；高温出炉，低温浇注。高温出炉能使难熔固体质点熔化，未熔质点和气体在静置阶段上浮净化，提高流动性。

2. 铸型性质方面

（1）铸型的蓄热系数　铸型的蓄热系数越大，激冷能力越强，金属液保持液态的时间就越短，充型能力下降。如液态合金在金属型中的流动性比在砂型中差；金属型铸造时使用涂料可减缓冷却。

（2）铸型温度　预热铸型能减小金属与铸型的温差，从而增长液体保持时间，提高充型能力。

（3）铸型中的气体　铸型有一定的发气能力，形成的气膜可减小流动的摩擦阻力。但发气量过大时，充型反压力增大，充型能力下降。

减小铸型中气体反压力的途径：减小砂型发气量，如控制型砂含水量和发气物质含量；提高砂型透气性，增加排气能力，如在砂型上扎通气孔或设置通气冒口。

3. 浇注条件方面

（1）浇注温度　浇注温度越高，液态金属的粘度越小，过热度高，金属液内含热量多，保持液态的时间长，充型能力强。但超过某一温度界限，氧化吸气严重，充型能力提高不明显。

（2）充型压头　液态金属在流动方向上所受的压力称为充型压力。充型压力越大，充型能力越强。可增加静压头，或采用其他外加压力，如压铸、低压铸造、真空吸铸等增大充型压力。

（3）浇注系统的结构　浇注系统的结构越复杂，则流动阻力越大，充型能力越差。在设计浇注系统时，必须合理布置内浇道在铸件上的位置，选择恰当的浇注系统结构和各组元的断面积。

4. 铸件结构方面

衡量铸件结构特点的因素是铸件的折算厚度和复杂程度。

（1）折算厚度　折算厚度也称当量厚度或模数，是铸件体积与铸件表面积之比。折算厚度越大，热量散失越慢，充型能力就越好。铸件壁厚相同时，垂直壁比水平壁更容易充填；大平面铸件不易成形。对薄壁铸件应正确选择浇注位置。

（2）复杂程度　铸件结构越复杂，厚薄部分过渡面越多，则型腔结构复杂，流动阻力就越大，铸型的充填就越困难。

研究铸件温度场的方法有数学解析法、数值模拟法和实测法等。

三、液态金属在浇注系统中的流动

1. 液态金属在砂型中流动的流体力学特点

在正常浇注温度下，液态金属的充型过程可视为具有一定粘度的液体的流动，可以应用流体力学规律加以表征。但是，液态合金在砂型中的流动和水、油等一般粘性流体在金属管、塑料管或玻璃管中的流动不完全相同，其特点如下：

1）砂型型壁具有多孔性和透气性，但与合金液不相润湿，可以约束其流动。

2）在充型过程中，合金液和铸型之间有着激烈的热交换作用、机械作用和化学作用；合金液冲刷型壁，粘度增大，体积收缩，吸收气体、使金属氧化等。

3）充填过程中金属液的流量随时间而变化，是不稳定的流动过程。

4）合金液在浇注系统中一般呈紊流状态。

5）一般合金液总含有某些少量固相杂质、液相夹杂和气泡，在充型过程中还可能析出晶粒及气体，故充型过程属于多相流动。

2. 在浇口杯中的流动

浇口杯的作用是：承接来自浇包的金属液，防止金属液飞溅和溢出，便于浇注；减轻液流对型腔的冲击；分离渣滓和气泡，阻止其进入型腔；增加无型压力头。

浇口杯分漏斗形和盆形两大类。漏斗形浇口杯挡渣效果差，但结构简单，消耗金属少。盆形浇口杯挡渣效果较好（见图10-1），底部设置堤坝有利于浇注操作。

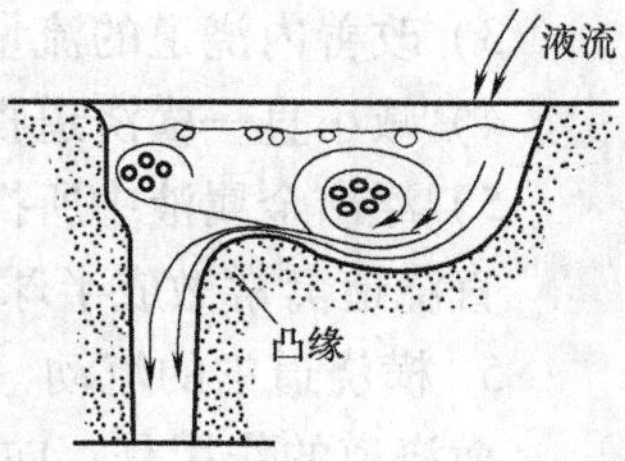

图10-1　盆形浇口杯

充填流动过程中，金属液有可能在直浇道的中心处形成水平漩涡，使浮在浇口杯液面上的非金属夹渣物和空气一起进入直浇道。为了减轻或消除水平漩涡，可使用深度大的浇口杯（深度应大于直浇道上端直径的5倍）；应用拔塞、浮塞和铁隔片等方法，使浇口杯内液体达到深度要求时，再向直浇道提供洁净的金属（见图10-2）；在浇口杯中设置闸门、堤坝等（见图10-3），降低浇注高度以避免水平漩涡，并促使形成垂直漩涡，从而有助于分离渣滓和气泡。

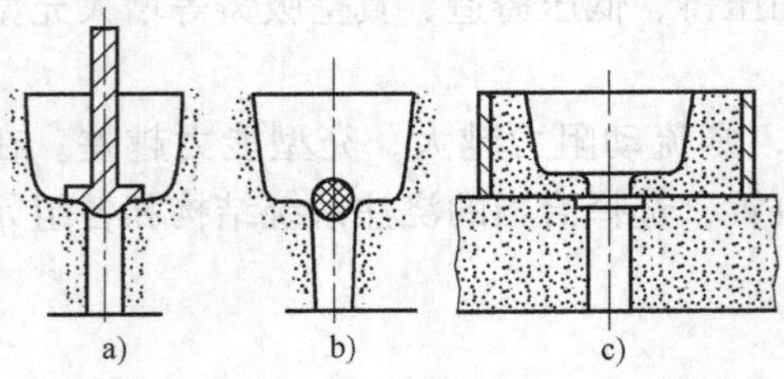

图10-2 有拔塞、浮塞或铁隔片的浇口杯
a）拔塞式 b）浮塞式 c）铁隔片式

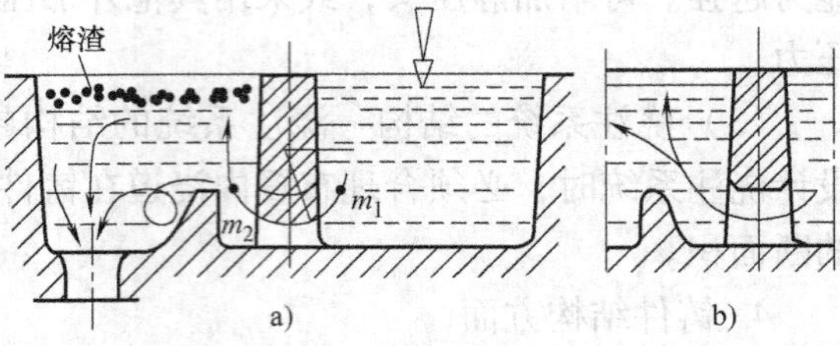

图10-3 带闸门和堤坝的浇口杯
a）合理 b）不合理

3. 在直浇道中的流动

直浇道的功用是引导金属液进入横浇道、内浇道或直接导入型腔；提供足够的压力头，使金属液克服各种流动阻力，在规定时间内充满型腔。

直浇道常做成上大下小的锥形、等断面的柱形和上小下大的倒锥形。生产中主要应用带有横浇道和内浇道的浇注系统，由于横浇道和内浇道的流动阻力，常使等截面的、甚至上小下大的直浇道均能呈充满式流态。

直浇道入口处（与浇口杯连接处）应圆角过渡，避免尖角型砂被冲掉引起冲砂缺陷，同时使直浇道呈充满流态，一般要求入口处圆角半径$r \geqslant d/4$（d为直浇道上口直径）。

直浇道尽量设在横浇道、内浇道的对称中心处，以使金属液流程最短，流量分布均匀。近代造型机（如多触头高压造型机）模板上的直浇道位置一般都被确定，在这样的条件下应遵守规定的位置。直浇道距离第一个内浇道应有足够的距离。

4. 直浇道窝

金属液对直浇道底部有强烈的冲击作用，并产生涡流和高度紊流区，常引起冲砂、渣孔和大量氧化夹杂物等铸造缺陷。设直浇道窝（凹井）可改善金属液的流动状况，其作用如下：

1）缓冲作用。吸收液流下落的动能，减轻其对直浇道底部铸型的冲刷。

2）缩短直—横浇道拐弯处的高度紊流区。直浇道窝可减轻液流进入横浇道的孔口压缩现象，缩短高速紊流（过渡）区，有利于减轻金属氧化、阻渣和减少卷入气体，如图10-4所示。

3）改善内浇道的流量分布，使多内浇道中的流量趋于均匀。

4）减小直—横浇道拐弯处的局部阻力系数和水头损失。

5）浮出金属液中所携带的气体。

直浇道窝常做成半球形、圆锥台等形状。

5. 横浇道中的流动

横浇道的作用是：向内浇道分配洁净的金属液；储存最初浇入的含气和渣污的低温金属液并阻留渣滓；使金属液流平稳和减少产生氧化夹杂物。

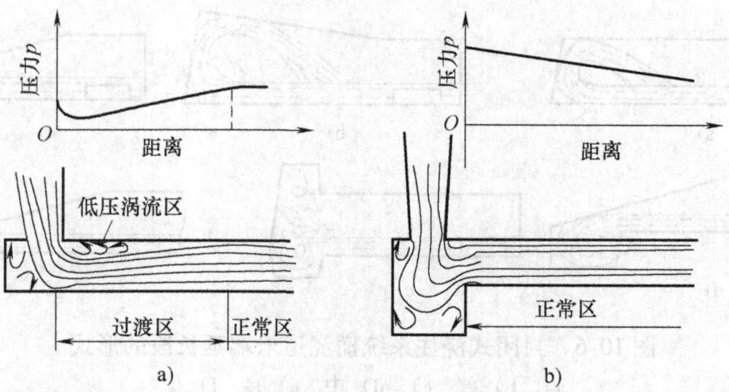

图 10-4　直浇道窝对液流的影响（试验条件：$S_{直下}:S_{横}:S_{内}=1:2.5:2.5$）

a）无直浇道窝　b）有直浇道窝

（1）横浇道的阻渣原理　横浇道的阻渣原理如图 10-5 所示。由于渣团密度比金属小，渣团一面上浮，一面随金属液作水平运动。横浇道内，在内浇道入口周围存在一个区域，被称为内浇道的吸动区，只要金属进入该区就会自动流入内浇道。如果渣团能上浮到横浇道顶部且超过内浇道吸动区，就不致进入型腔；图 10-5b 为设计不良的横浇道，内浇道的吸动区已扩展至横浇道的顶部，渣团将全部进入型腔。

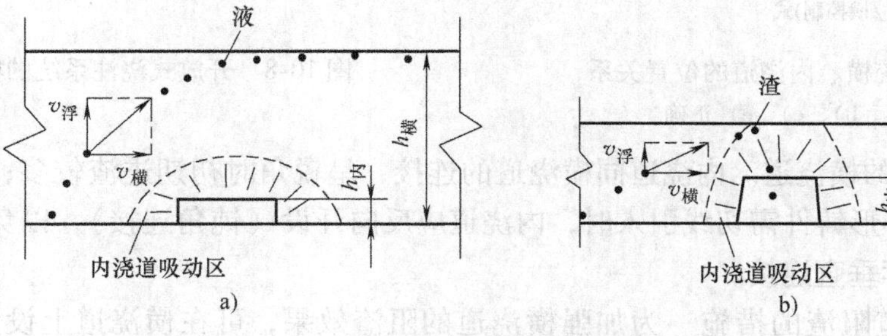

图 10-5　横浇道的阻渣原理

a）正确　b）不正确

（2）横浇道发挥阻渣作用的条件

1）设计合理的浇注系统各组元截面积，使横浇道中金属液呈充满状态。

2）横浇道中的流速应尽可能低，使其能够捕获更小的渣团。实践中常把横浇道截面积扩大、做高，如 $S_横/S_内=2\sim4$。

3）内浇道距直浇道应足够远，使渣团有条件浮起到超过内浇道的吸动区。

4）横浇道末端设置延长段（见图 10-6），收容最初浇注的低温、含气及渣污的金属液，防止其进入型腔；吸收液流动能，使金属流入型腔平稳。末端呈坡形，可阻止金属液流到末端时出现折返现象。为防止聚集在末端的渣滓回游，可在末端设集渣包。

5）封闭式浇注系统的内浇道应位于横浇道的下部，且和横浇道具有同一底面，有利于流头金属液靠惯性越过内浇道，纳于末端延长段而不进入型腔；横浇道应高而窄，一般取高度为宽度的 2 倍。内浇道宜扁而薄，以降低其吸动区。开放式浇注系统的内浇道应重叠在横浇道之上，且搭接面积要小，但应大于内浇道的截面积（见图 10-7），横浇道宜宽而矮（见图 10-8）。

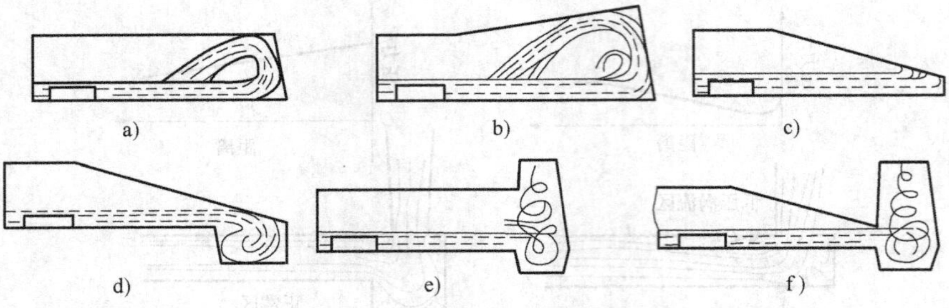

图 10-6　封闭式浇注系统横浇道末端延长段的形式

a)、b) 差　c)、d) 中　e) 良　f) 优

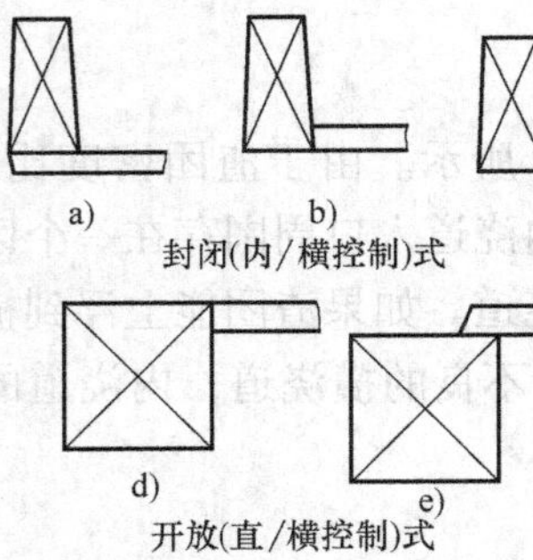

图 10-7　浇注系统横、内浇道的位置关系

a)、d) 错误　b)、c)、e) 正确

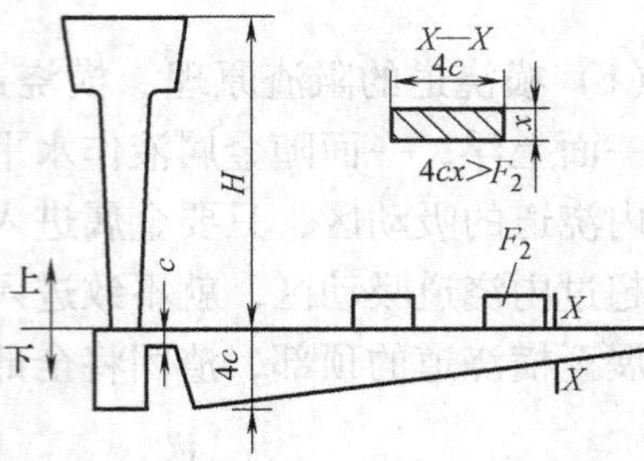

图 10-8　开放式浇注系统的横浇道

6）尽量使用直的横浇道。内浇道同横浇道的连接，呈锐角时初期进渣较多；呈钝角时增加紊流程度。当环形铸件需切线引入时，内浇道应反向开设（钝角连接），以免金属液流冲击型芯。一般推荐垂直连接。

(3) 强化横浇道阻渣的措施　为加强横浇道的阻渣效果，可在横浇道上设置筛网芯、集渣包。

1）设置筛网芯的浇注系统。安放筛网芯的浇注系统如图 10-9 所示。金属流过筛网芯时，由于断面突然扩大，在孔眼出口处出现垂直涡流，使渣团上浮并粘附在筛网芯的底部，所以筛网芯的作用并非“过滤金属”。为了使筛网芯底部能粘附渣团，其下部空间应被金属液充满，安放筛网芯时应使孔眼呈上小下大的状态。筛网芯可制成圆形或矩形，安放在浇口杯内、直浇道下端或横浇道内。

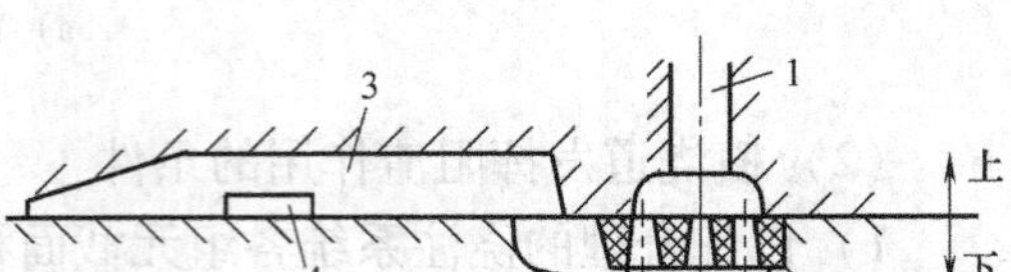

图 10-9　安放筛网芯的浇注系统

1—直浇道　2—筛网芯　3—横浇道　4—内浇道

2）设置集渣包的浇注系统。横浇道上被局部加高、加大的部分称为集渣包。金属液以切线方向进入圆形的集渣包，称为离心集渣包。金属流入集渣包，因断面突然增大，流速降低，并在集渣包内产生漩涡，使密度较小的渣团向漩涡中心集中、浮起而留滞在顶部。离心集渣包的出口截面积应小于入口，方向和液流旋转方向相反（见图 10-10），保证金属液流充满集渣包且使浮起的渣团不致流出集渣包。

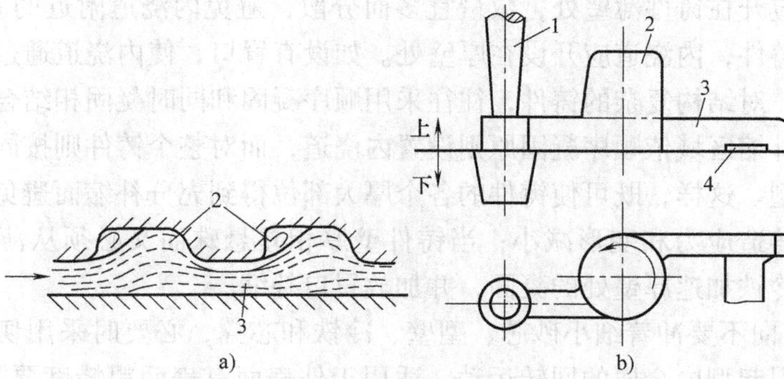

图 10-10　设置集渣包的浇注系统

1—直浇道　2—集渣包　3—横浇道　4—内浇道

当离心集渣包兼起冒口作用时，其结构与尺寸应按补缩需要设计，出口截面积应按冒口颈的大小来确定。

6. 内浇道中的流动

内浇道的作用是：控制充型速度和方向，分配金属；调节铸件各部位的温度和凝固顺序；作为浇注系统中金属液的补缩通道。

设计内浇道时，应避免金属液流入型腔时产生喷射和飞溅现象，使充型平稳。

（1）浇口比的影响　直浇道、横浇道和内浇道截面积之比（即 $S_{直}$：$S_{横}$：$S_{内}$）称为浇口比。以内浇道为阻流时金属液流入型腔时喷射严重；以直浇道下端或附近的横浇道为阻流时，充型较平稳，$S_{内}/S_{阻}$（$S_{阻}$表示阻流截面积）比值越大则越平稳。因此，轻合金铸件常采用 $S_{内}$比 $S_{阻}$大得多的开放式浇注系统。两种浇注系统的充型流态如图 10-11 所示。

（2）内浇道流量的不均匀性　同一横浇道上有多个等截面的内浇道时，各内浇道的流量不等。一般条件下，远离直浇道的内浇道流量最大，且先进入金属。近直浇道的流量小，且后进入金属。在浇注初期，进入横浇道的金属液流向末端时失去动能而使压力升高，金属液首先在末端充满并形成末端压力高而靠近直浇道压力低的态势，故而形成这种流量分布；但当总压头小而横浇道很长时，沿程阻力大，也会出现近直浇道处压力高的情况，这时近直浇道处的内浇道流量大。

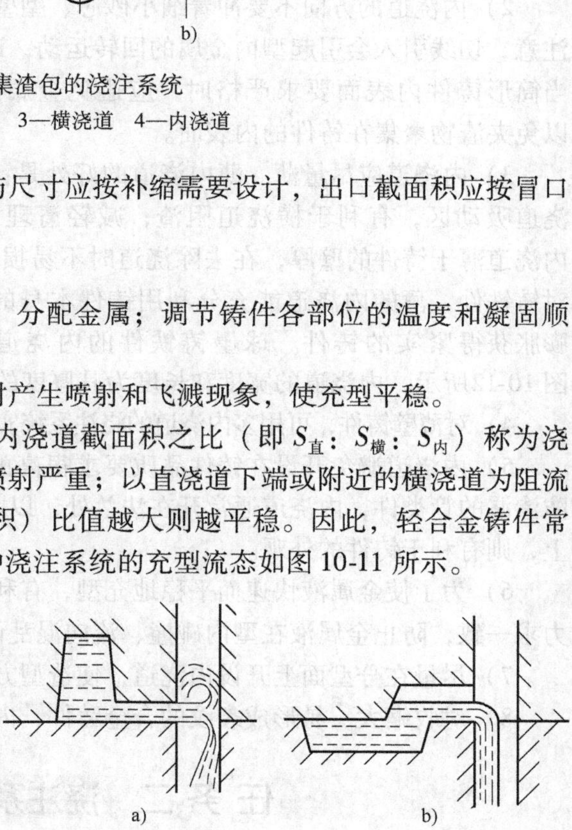

图 10-11　充型时的两种流态

a）封闭式　b）开放式

为了使各内浇道流量均匀，通常采用如下方法。

1）缩小远离直浇道的内浇道截面积。

2）增大横浇道的截面积。

3）每流经一个内浇道，使横浇道截面积依比值缩小。

4）设置直浇道窝。

（3）内浇道的基本设计原则

1）内浇道在铸件上的位置和数目应服从所选定的凝固顺序或补缩方法。对要求同时凝固的铸件，内浇道应开在铸件薄壁处，数量宜多而分散，避免内浇道附近的砂型局部过热；对要求顺序凝固的铸件，内浇道应开设在厚壁处。如设有冒口，使内浇道通过冒口，能够提高冒口的补缩效果；对结构复杂的铸件，往往采用顺序凝固和同时凝固相结合的原则安排内浇道，即对每一个补缩区域依顺序凝固原则设置内浇道，而对整个铸件则按同时凝固原则采用多内浇道分散充型。这样，既可使铸件的各个厚大部位得到充分补缩而避免出现缩孔、缩松，又可将铸件的铸造应力和变形减小；当铸件壁厚相差悬殊而又必须从薄壁处引入金属时，则应同时使用冷铁加速厚壁处的凝固，并加放冒口补缩。

2）内浇道的方向不要冲着细小砂芯、型壁、冷铁和芯撑，必要时采用切线引入。但应注意，切线引入会引起型内金属的回转运动，适用于外表面有表面粗糙度要求的圆形铸件。当筒形铸件内表面要求严格时，应避免金属液回转，以免夹渣物聚集在铸件的内表面。

3）内浇道应尽量薄。薄内浇道的好处是：降低内浇道吸动区，有利于横浇道阻渣；减轻清理工作量；内浇道薄于铸件的壁厚，在去除浇道时不易损害铸件；对铸铁件，薄的内浇道能充分利用铸件本身的石墨化膨胀获得紧实的铸件。球墨铸铁件的内浇道厚度如图 10-12所示，内浇道的宽度和长度为其厚度的 4 倍。

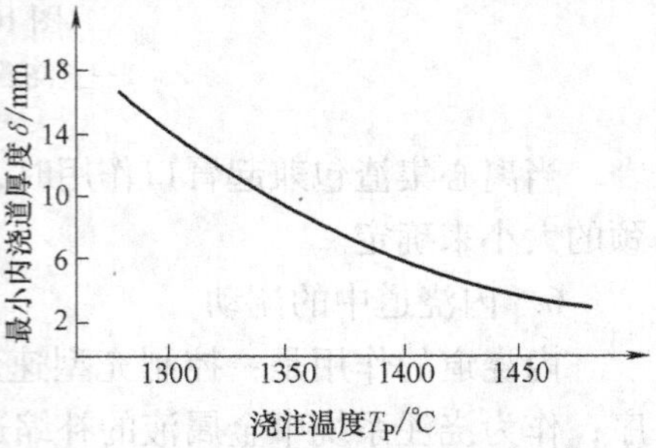

图 10-12　球墨铸铁件内浇道的厚度

4）对薄壁铸件，可用多内浇道的浇注系统实现补缩，这时内浇道尺寸应符合冒口颈的要求。

5）内浇道避免开设在铸件品质要求很高的部位，以防止金相组织粗大。对要求耐压、防渗漏的管类件，内浇道通常开在法兰处，以防止管壁处出现缩松；内浇道开设在加工表面上，则有利于铸件的外观。

6）为了使金属液快速而平稳地充型，有利于排气和除渣，各个内浇道中的金属流向应力求一致，防止金属液在型内碰撞、流向混乱而出现过度紊流。

7）尽量在分型面上开设内浇道，使造型方便。

8）对收缩大、易形成裂纹的合金铸件，内浇道的设置应尽量不阻碍铸件的收缩。

任务二　浇注系统的基本类型

一、任务描述

本次任务使学生了解并掌握浇注系统的分类、特点及应用。

二、浇注系统的基本类型

1. 按浇注系统各组元截面积的比例分类

浇注系统各组元截面积通常是指直浇道、横浇道、内浇道和阻流部分（即浇注系统截面积最小的部分）等截面积，分别用 $S_{直}$、$S_{横}$、$S_{内}$、$S_{阻}$ 等表示。根据浇注系统各组元截面的比例关系，可分为封闭式、半封闭式、开放式、封闭—开放式四种类型。

（1）封闭

$$S_{杯} > S_{直} > S_{横} > S_{内}$$

阻流截面在内浇道上，浇注开始后金属液容易充满浇注系统。挡渣能力较强，但充型液流的速度较快，冲刷力大，易产生喷溅；金属液消耗少，清理方便；常用于铸铁的湿型小件及干型中、大件。

（2）开放式

$$S_{直上} < S_{直下} < S_{横} < S_{内}$$

阻流截面在直浇道上口（或浇口杯底孔）。当各组元开放比例较大时，金属液不易充满浇注系统，呈无压流动状态；充型平稳，对铸型冲刷力小，但挡渣能力差；金属液消耗多，不利于清理；常用于非铁合金、球墨铸铁及铸钢等易氧化的金属铸件，灰铸铁铸件很少用。

（3）半封闭式

$$S_{直} < S_{横}；S_{横} > S_{内}；S_{直} > S_{内}$$

阻流截面在内浇道上，横浇道截面为最大。浇注中，浇注系统能充满，但较封闭式晚；具有一定的挡渣能力。由于横浇道截面大，金属液在横浇道中流速减小，故又称“缓流封闭式”。其充型的平稳性及对型腔的冲刷力都优于封闭式。适用于各类灰铸铁及球墨铸铁件。

（4）封闭—开放式

$$S_{杯} > S_{直} < S_{横} < S_{内}；S_{杯} > S_{横} > S_{集渣包出}$$

$$S_{直} > S_{阻} < S_{横后} < S_{内}；S_{直} > S_{阻} < S_{内} < S_{横后}$$

阻流断面设在直浇道下端，或在横浇道中，或在集渣包出口处，或在内浇道之前设置的阻流挡渣装置处。阻流断面之前封闭，之后开放，故既有利于挡渣，又使充型平稳，兼有封闭式与开放式的优点，适用于各类铸铁件，在中、小件上应用较多，特别是一箱多件时应用广泛。目前铸造过滤器的应用，使这种浇注系统应用更为广泛。

2. 按内浇道在铸件上的位置分类

（1）顶注式浇注系统　以浇注位置为基准，内浇道设在铸件顶部的，称为顶注式浇注系统，如图 10-13 所示。

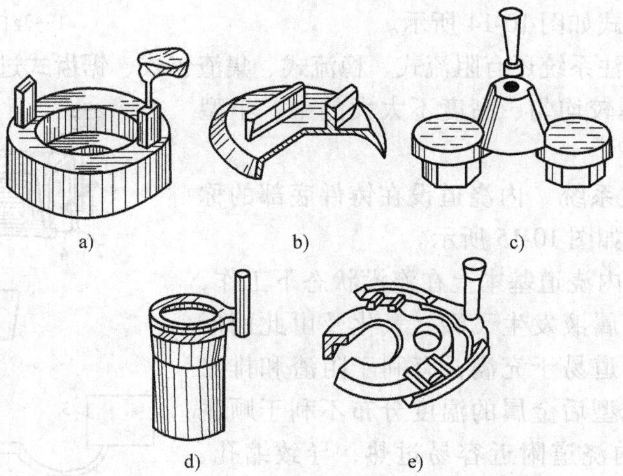

图 10-13　顶注式浇注系统

a）普通式　b）楔形（刀片）式　c）压边式　d）雨淋式　e）搭边式

顶注式浇注系统充型后上部温度高于底部，有利于铸件自下而上的顺序凝固和冒口的补缩；冒口尺寸小，节约金属；内浇道附近受热较轻；结构简单，易于清除。但易造成冲砂缺陷；金属液下落过程中接触空气，出现飞溅、氧化、卷入空气等现象，使充型不平稳，易产生砂孔、铁豆、气孔和氧化夹杂物缺陷；横浇道阻流条件相对较差。此系统主要有以下几种形式。

1）普通式。浇注系统简单，造型及清理方便，金属液消耗少，但对砂型的冲击力大，金属液易喷溅、氧化，易于形成砂眼、气孔、铁豆、氧化夹渣等缺陷，适用于结构简单的小件及要求补缩的厚壁铸件。

2）楔形式。楔形式俗称刀片式，内浇道呈缝隙状，根部窄面长，金属液流程短，能迅速充满铸型。其结构简单，造型清理方便，但内浇道与铸件连接处的型砂应较紧实，适用于薄壁容器类铸件。

3）压边式。金属液经压边缝隙进入型腔，充型慢，有一定补缩和阻渣作用，结构简单，操作方便，易于清理，适用于中、小型厚壁铸铁件及非铁合金铸件。

4）雨淋式。横浇道（又称雨淋杯）是界面最大单元，金属液由铸件顶部许多小孔（内浇道）流入型腔，状似雨淋，对型腔的冲击力小；炽热金属液流不断冲刷上升液面，使熔渣不易粘附在型（芯）侧壁上，排气方便，挡渣效果好，且有利于获得组织致密的铸件，适用于要求较高的筒类铸件，如缸套、大的铁活塞、机床卡盘等，也可用于床身、柴油机缸体等。

5）搭边式。金属液沿型壁自上而下注入，避免直接冲击铸型侧壁，充型快而平，可减少冲砂，清理内浇道残余较困难，适用于湿型铸造薄壁铸件，如纺织机铸件。

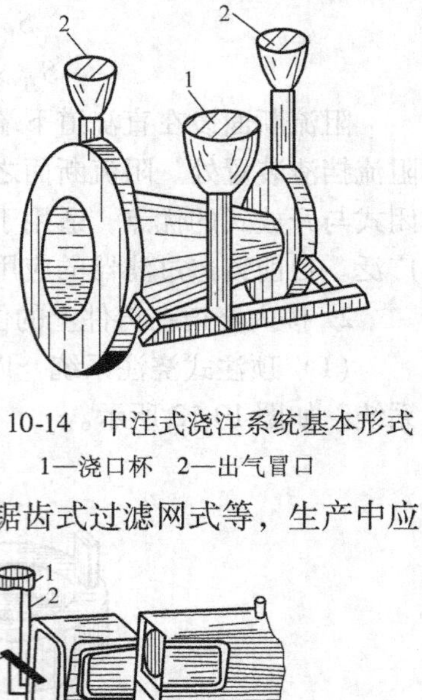

图 10-14　中注式浇注系统基本形式
1—浇口杯　2—出气冒口

（2）中注式浇注系统　从铸件中间某一高度面上开设内浇道的称为中注式浇注系统。内浇道以下的型腔为顶注；内浇道以上的型腔相当于底注。故它兼有顶注式和底注式浇注系统的优缺点。由于内浇道在分型面上开设，故操作方便。其基本形式如图 10-14 所示。

另外，中注式浇注系统还有阻流式、稳流式、集渣包式、锯齿式过滤网式等，生产中应用广泛，适用于壁厚较均匀、高度不太大的中、小型各类合金铸件。

（3）底注式浇注系统　内浇道设在铸件底部的称为底注式浇注系统，如图 10-15 所示。

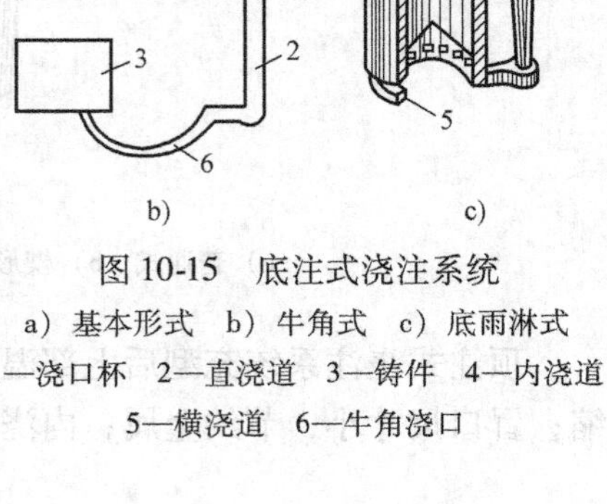

图 10-15　底注式浇注系统
a）基本形式　b）牛角式　c）底雨淋式
1—浇口杯　2—直浇道　3—铸件　4—内浇道
5—横浇道　6—牛角浇口

底注式浇注系统内浇道基本上在淹没状态下工作，充型平稳，可避免金属液发生飞溅、氧化及由此而形成的铸件缺陷；横浇道易于充满，有利于阻渣和排出型腔内的气体。但充型后金属的温度分布不利于顺序凝固和冒口补缩，内浇道附近容易过热，导致缩孔、缩松和结晶粗大等缺陷；金属液面在上升中容易结皮，难以保证高大的薄壁铸件充满，易形成浇不到、冷隔等缺陷；金属消耗较大。为了克服这些缺点，应采用快浇和多而分散的内浇道，主要有以下几种形式。

1）基本形式。有利于排除由浇注系统及金属液带入的气体，适用于有色合金铸件及铸钢件，也适用于较高或形状复杂的铸铁件。

2）底雨淋式。充型均匀平稳，可减少金属液氧化，且金属液在型腔中不旋转，可避免熔渣粘附在砂芯壁上，适用于要求高的缸套，外形及内腔复杂的套筒及大型机床床身等铸铁件。

3）牛角式。浇注时充型很快趋于平稳，对砂芯冲击力小，浇注系统内常设置过滤片，反牛角式可避免出现“喷泉”现象，能减小对砂芯和型壁的冲击，金属氧化轻，适用于各种齿轮及各种有砂芯的圆柱形铸件，在非铁合金铸件上应用广泛。

（4）阶梯式浇注系统　在铸件不同高度上开设多层内浇道的称为阶梯式浇注系统。其形式有多直浇道的阶梯式、用塞球法控制的阶梯式、控制各组元比例的阶梯式，以及带缓冲或反直浇道的阶梯式，如图 10-16 所示。

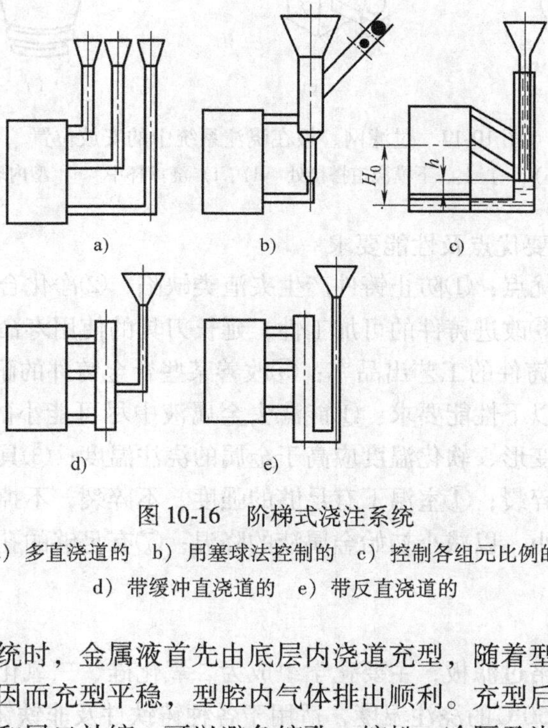

图 10-16　阶梯式浇注系统

a）多直浇道的　b）用塞球法控制的　c）控制各组元比例的

d）带缓冲直浇道的　e）带反直浇道的

采用阶梯式浇注系统时，金属液首先由底层内浇道充型，随着型内液面上升，自下而上顺序流经各层内浇道，因而充型平稳，型腔内气体排出顺利。充型后，上部金属液温度高于下部，有利于顺序凝固和冒口补缩，可以避免缩孔、缩松、冷隔及浇不到等铸造缺陷。但其造型复杂，有时要求有几个水平分型面，要求有正确的计算和设计结构，否则容易出现上、下各层内浇道同时进入金属液的“乱浇注”现象，或底层进入金属液过多，形成下高上低的不理想温度分布。阶梯式浇注系统的设计要点是：合理确定各组元的截面积及其结构，确保实现分层充填，尽量避免出现上下各层内浇道“乱浇注”的现象。

一般情况下，当铸件高度超过 600mm 时，就可采用阶梯式浇注系统，具有垂直分型面的中、大件应优先采用，如气缸体、机床床身及各种底座类等大型铸铁件、铸钢件等。

三、金属的过滤

金属过滤是指在浇注系统中设置过滤网、板，滤除金属液中的夹杂物，从而获得高纯净度铸件的一项有效、实用的技术。目前，市场供应的典型过滤网、板有三种：陶瓷网格过滤板、泡沫陶瓷过滤板和玻璃纤维过滤网。过滤网、板在浇注系统中的安放位置如图 10-17 所示。

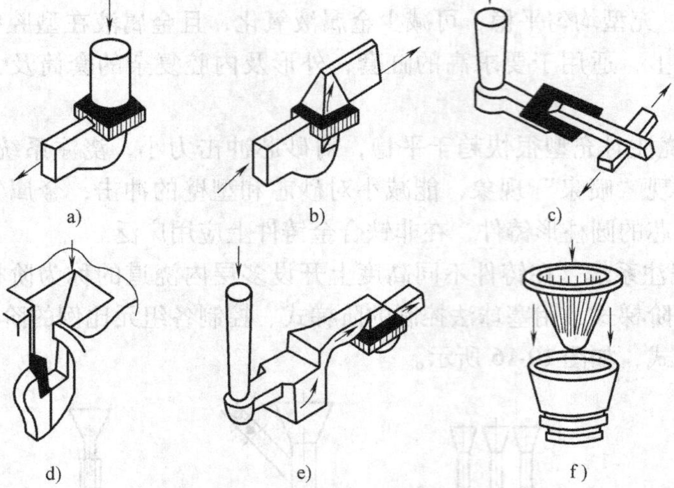

图 10-17 过滤网、板在浇注系统中的安放位置

a) 直浇道下端 b)、c) 上、下模浇道搭接处 d)、f) 浇口杯中 e) 型内球化或孕育反应室

1. 过滤网、板的主要优点及性能要求

过滤网、板的主要优点：①防止铸件产生夹渣类缺陷；②净化合金，改善合金的力学性能，特别是疲劳强度；③改进铸件的可加工性，延长刀具的使用寿命；④简化浇注系统结构（主要是横浇道），提高铸件的工艺出品率：⑤改善某些合金铸件的耐蚀性。

过滤网、板应满足以下性能要求：①能滤去金属液中尽可能小的夹杂物，净化效果好；②有足够的耐火度，其变形、软化温度应高于金属的浇注温度；③具有高的抗热冲击性和抗重力冲击性，浇注时不碎裂；④室温下有足够的强度，不碎裂，不掉粒或粉末；⑤不污染金属，不发气；⑥热容量小，以减小初始金属液的降温；⑦有足够的孔眼面积，保证金属液的充填速度。

2. 陶瓷网格过滤板

国内生产的陶瓷网格过滤板，主要化学组成为二氧化硅、三氧化二铝和氧化镁，采用挤压方法成形，能承受1450℃的浇注温度，适用于各种铸铁件及非铁铸件。

过滤板的网格为圆形或正方形。过滤板在浇注系统中可以水平、倾斜或垂直放置。设置过滤板的浇注系统结构宜简化。对于球墨铸铁件，过滤板的过滤面积大于4~8倍的阻流面积，才能保证正常的浇注速度。

3. 泡沫陶瓷过滤板

泡沫陶瓷过滤板是用有机泡沫材料浸泡于陶瓷浆料中，经挤压、烘干、焙烧而制成的，是多孔性的泡沫陶瓷块。陶瓷浆料组成为陶瓷材料粉、流变剂、粘结剂或空气硬化剂及适量水。

常用的陶瓷材料粉有氧化铝、氧化铬、氧化镁、氧化钛、莫来石、铝钒土及二氧化硅等，或者是它们之间的混合物。作为流变剂的有膨润土、粘土。用作粘结剂或空气硬化剂的有铝的正磷酸盐、镁正硼酸盐、氯化铝的羟基氧化物、硅酸钠（或硅酸钾）、硅酸乙酯等，以正磷酸铝的综合效果最佳。陶瓷浆料的适宜水量为10%~40%（质量分数）。

泡沫陶瓷过滤板的孔洞曲折，能有效地阻止非金属夹杂物通过。其主要技术特性有体积密度、孔隙率、常温抗压强度、抗热震性、高温抗弯强度等。产品按用途（耐受温度）和孔密度的不同进行分类，其耐受温度可达700～1700℃，根据铸件浇注温度的不同分成铸钢用过滤板、铸铝用过滤板及铸铁铜用过滤板。

一种用于铝合金、铜合金的陶瓷过滤板，以三氧化二铝为骨料，孔隙率为70%～90%。为了保证充型速度，横浇道中过滤板的过滤面积应大于横浇道的截面积。用于铝铸件时，过滤板面积为横浇道面积的4～8倍；用于铜铸件时，为横浇道面积的2～4倍。

以铝矾土为骨料、用磷酸盐作粘结剂的泡沫陶瓷板，可用于铸铁和非铁金属的过滤。

用稳定的氧化锆为基本材料配置浆液制成的泡沫陶瓷过滤板，可用于铸钢件。过滤面积主要与铸件质量相对应，一般应为阻流面积的4.5倍或以上。

4. 耐火纤维编织过滤网

生产中应用比较多的耐火纤维编织过滤网，是用高硅氧玻璃纤维网，经过浸涂耐火涂料并烘干处理制成。这种网片有较高的刚性和耐火度，且价格低廉，可用于铸铁件及非铁合金铸件。轻合金也可用更廉价的普通玻璃纤维网。

对轻合金铸件的浇注系统，过滤网的截面积取原浇道截面积的2～8倍。

对于铸铁件，每$1cm^2$过滤网面积通过的铁液量不得超过5kg，以防浇注过程中网面破裂。

单元十一 浇注系统设计

➤【学习目标】

1. 掌握浇注系统阻流截面的计算方法。
2. 掌握铸铁件浇注系统的设计与计算方法。
3. 了解其他铸造合金浇注系统的特点。

任务一 浇注系统设计概述

一、任务描述

本次任务使学生了解浇注系统阻流截面的计算方法，浇注时间的确定及影响。

二、浇注系统阻流截面的计算

当确定了浇注系统的类型、形式及布置之后，需要计算浇注系统各单元的尺寸，一般先确定浇注系统的最小断面（阻流断面）。对于封闭式浇注系统，最小断面在内浇道；对于开放式浇注系统，则是内浇道前的某个阻流断面，然后按经验比例关系确定其他组元断面。

浇注系统尺寸随着铸件材质、结构及具体生产条件的不同而变化。生产中常用的各种确定浇注系统尺寸的计算公式和图表，大多以流体力学原理为基础，与实际铸造条件下的充型过程存在一定差异。

应用中的浇注系统设计方法可分为三种：①基于流体力学原理推导提出的公式法；②基于实践经验总结出的经验计算法；③基于理论设计与实践经验的简化图表法。这里主要介绍流体力学计算法。

1. 阻流组元（或内浇道）截面积的计算

$$S_{内}=\frac{G}{0.31\mu t\sqrt{H_0}}$$

式中 $S_{内}$——内浇道截面积（cm^2）；

G——型内金属液的总质量（kg）；

μ——流量系数；

t——浇注时间（s）；

H_0——作用于内浇道的金属液静压头（cm）。

因式中 H_0 在浇注时大多是变化的，可用平均压头 $H_{均}$ 代替，则流体力学公式可改写为

$$S_{内}=\frac{G_1}{0.31\mu t\sqrt{H_{均}}}$$

式中 G_1——包括浇冒口在内的金属总质量（kg），浇冒口的质量按铸件质量的比例求出，见表 11-1；

$H_{均}$——平均压头（cm）。

表 11-1 浇冒口质量占铸件质量的比例

铸件质量/kg	大量生产（%）	成批生产（%）	单件、小批量生产（%）
<100	20～40	20～30	25～35
100～1000	15～20	15～20	20～25
>1000	—	10～15	10～20

若浇注系统为封闭式，则计算结果为阻流组元的截面积。

(1) μ 值的确定　影响 μ 值的因素较多，除了金属液在浇注系统中的沿程及局部损失（20%左右）外，μ 值基本依铸型的种类及其复杂程度而定。铸件形状越复杂，壁越薄，对金属液流动的阻力越大，μ 值越小。μ 值可按表 11-2 选取。

表 11-2 铸铁及铸钢的流量系数 μ 值

种类		铸型阻力 大	铸型阻力 中	铸型阻力 小
湿型	铸铁	0.35	0.42	0.5
湿型	铸钢	0.25	0.32	0.42
干型	铸铁	0.41	0.48	0.6
干型	铸钢	0.30	0.38	0.5

考虑到其他因素的影响，μ 值可适当修正。

(2) 平均压头 $H_{均}$ 的确定　平均压头 $H_{均}$ 的计算公式为

$$H_{均}=H_0-\frac{P^2}{2C}$$

式中 H_0——内浇道以上的金属液压头，即内浇道至浇口盆液面的高度（cm）；

C——浇注时的铸件高度（cm）；

P——内浇道以上的铸件高度（cm）。

对于封闭式浇注系统，在不同注入位置时，公式有以下形式：

顶注式 $P=0$，则 $H_{均}=H_0$；

底注式 $P=C$，则 $H_{均}=H_0-C/2$；

中注式 $P=C/2$，则 $H_{均}=H_0-C/8$。

从图 11-1 可以看出，浇注铸型的最小压头 $H_{小}$，对充满铸型是必需的。计算的压头不能低于 $H_{小}$，这一数值也可用来校核上砂箱的高度是否足够。

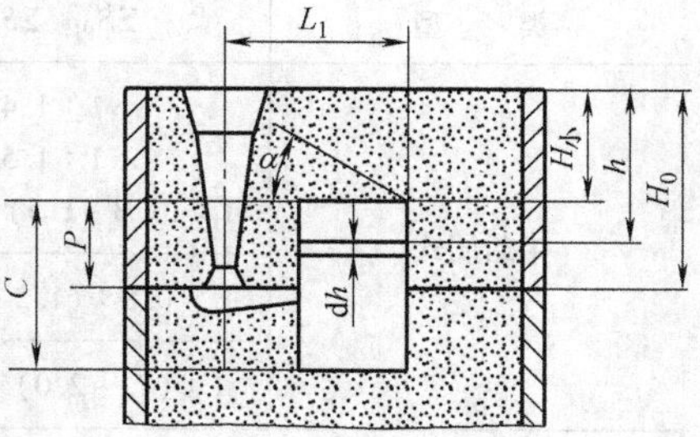

图 11-1　平均压头计算图

浇注铸型的最小压头 $H_{小}$ 的计算公式为

$$H_{小}=L_1\tan\alpha$$

式中　L_1——自直浇道中心线到铸件最高、最远点的水平距离。

α——保险压力角，可参考表 11-3 确定。

表 11-3　保险压力角 α 值　［单位：(°)］

铸件壁厚 /mm	L_1/mm													
	4000	3000	2800	2600	2400	2200	2000	1800	1600	1400	1200	1000	800	600
3 ~ 5	按位置具体确定										10 ~ 11	11 ~ 12	12 ~ 13	13 ~ 14
5 ~ 8	6 ~ 7	6 ~ 7	6 ~ 7	7 ~ 8	7 ~ 8	8 ~ 9	8 ~ 9	8 ~ 9	8 ~ 9	8 ~ 9	9 ~ 10	9 ~ 10	9 ~ 10	10 ~ 11
8 ~ 15	5 ~ 6	5 ~ 6	6 ~ 7	6 ~ 7	6 ~ 7	7 ~ 8	7 ~ 8	7 ~ 8	7 ~ 8	8 ~ 9	8 ~ 9	9 ~ 10	9 ~ 10	10 ~ 11
15 ~ 20	5 ~ 6	5 ~ 6	6 ~ 7	6 ~ 7	6 ~ 7	6 ~ 7	6 ~ 7	7 ~ 8	7 ~ 8	7 ~ 8	7 ~ 8	7 ~ 8	8 ~ 9	9 ~ 10
20 ~ 25	5 ~ 6	5 ~ 6	6 ~ 7	6 ~ 7	6 ~ 7	6 ~ 7	6 ~ 7	7 ~ 8	7 ~ 8	7 ~ 8	7 ~ 8	7 ~ 8	7 ~ 8	8 ~ 9
25 ~ 35	4 ~ 5	4 ~ 5	5 ~ 6	5 ~ 6	5 ~ 6	5 ~ 6	6 ~ 7	6 ~ 7	6 ~ 7	6 ~ 7	6 ~ 7	6 ~ 7	7 ~ 8	7 ~ 8
35 ~ 45	4 ~ 5	4 ~ 5	4 ~ 5	4 ~ 5	5 ~ 6	5 ~ 6	6 ~ 7	6 ~ 7	6 ~ 7	6 ~ 7	6 ~ 7	6 ~ 7	6 ~ 7	6 ~ 7
备　注	用两个或更多的直浇道浇入金属液（如从铸件两端注入）时，L_1 则取铸件平分线至直浇道中心线的距离										用一个直浇道注入金属液			

2. 浇注系统其他各组元的截面积

求得阻流组元的截面积后，根据合金和铸件的特点，参照表 11-4 选定浇注系统各组元比例关系的类型，确定其比例值，即可得出其他组元的截面积，然后再按选定的形状确定尺寸。

表 11-4　各种合金浇注系统组元截面之间的比例关系

类　型	$\Sigma S_{内}:\Sigma S_{横}:\Sigma S_{直}$	应用范围及说明
封闭式	1 : 1.5 : 2 1 : 1.2 : 1.4 1 : 1.1 : 1.15 1 : 1.06 : 1.11	大型灰铸铁件 中、大型灰铸铁件 中、小型灰铸铁件 薄壁灰铸铁件
	1 : 1.2 : 1.4	一般球墨铸铁件
	1 : 1.1 : 1.5 1 : 1.3	可锻铸铁件 可锻铸铁件（横浇道直接连接侧冒口）
	1 :（1.1 ~ 1.3）:（1.2 ~ 1.6） 1 : 1.1	铸钢件（转包浇注） 铸钢件（底包浇注）

（续）

类　型	$\Sigma S_{内}:\Sigma S_{横}:\Sigma S_{直}$	应用范围及说明
半封闭式	1 : 1.4 : 1.2 1 : 1.5 : 1.1 1 : (1.3 ~ 1.5) : (1.1 ~ 1.2)	重型机械铸铁件 铸铁件表面干型 中、小型铸铁件
	0.8 : (1.2 ~ 1.5) : 1	球墨铸铁薄壁小件
	1 : (1. ~ 2.0) : (1.1 ~ 1.2)	锡青铜阀体、内浇道处设有暗冒口
开放式	(1.5 ~ 4) : (2 ~ 4) : 1	球墨铸铁薄壁铸件
	(1.2 ~ 3) : (1.2 ~ 2) : 1	复杂的中、大型锡青铜件，内浇道处不设暗冒口
	(1.5 ~ 2) : 1.2 : 1 (3 ~ 10) : 1.2 : 1	中、大型无锡青铜及黄铜铸件 复杂的大型无锡青铜及黄铜铸件
	(2 ~ 4) : (2 ~ 3) : 1 (1 ~ 1.5) : (1.5 ~ 3) : 1	大、中型铝合金件 小型铝合金件

注：直浇道后如设过滤网，则网孔截面积 $S_{滤}$ 的比值取 0.9。

在砂型铸造中，一般内浇道（阻流组元）的最小截面积为 0.4 ~ 0.5cm^2，低于此值则容易产生浇不到缺陷。直浇道直径一般在 15 ~ 100mm 范围内，小于 15mm 会给浇注、充型带来困难，超过 100mm 则很罕见，过粗的直浇道可用两个较细的直浇道代替。

树脂砂型浇注系统总截面积可比粘土砂型大 50% 左右，以利于金属液快速充型。当采用封闭式浇注系统时，浇道横截面比例可取 $S_{内}:S_{横}:S_{直}=1:1.25:1.25$。

各种类型的浇口杯尺寸可参考有关图表。

3. 阶梯式浇注系统截面尺寸的确定

当铸件高度超过 800mm 时，宜采用阶梯式浇注系统，即从铸件的不同高度上开设内浇道，分别引入金属液的浇注系统。设计这种浇注系统应保证金属液从各层自下而上逐层注入，避免各层内浇道乱流或同时流入；同时避免大量金属液从底层内浇道流入，确保充型后上部金属液的温度高于下部温度。

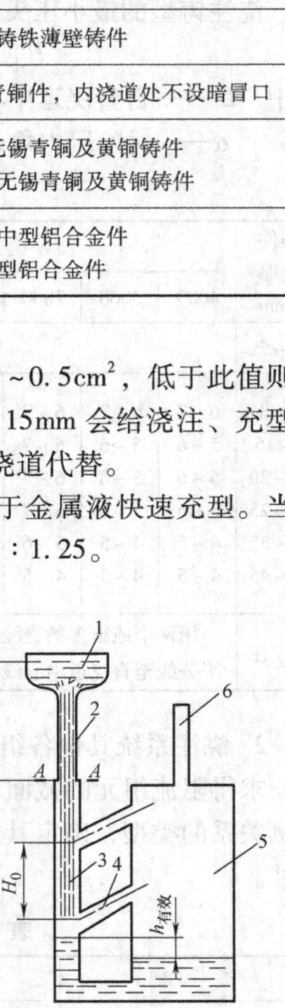

图 11-2　阶梯式浇注系统计算简图
1—浇口杯　2—主直浇道　3—分配直浇道
4—内浇道　5—型腔　6—出气孔

如图 11-2 所示，阶梯式浇注系统的计算方法和步骤如下。

1）最小控制截面 $S_{阻}$ 的计算。

$$S_{阻}=\frac{G_1}{0.31\mu t\sqrt{H_1}}$$

式中　G_1——浇入型内金属液总质量；

H_1——浇口杯液面到阻流截面的高度。

2）分配直浇道的截面积。

$$S_{阻}:S_{直(分)}=1:(1\sim2)$$

3）内浇道截面积的计算。只有当分配直浇道内液面与型腔液面的差值 $h_{有效}<H_0$ 时，才

能避免相邻两层内浇道同时注入的现象；在稳定流动时，通过阻流部位的流量可认为近似相等；当 $h_{有效}$ =（1/4～1/2）H_0 时内浇道的截面积为

$$S_{内(底)} = \frac{\mu_1}{\mu_2} \frac{\sqrt{H_1}}{\sqrt{\left(\frac{1}{4} \sim \frac{1}{2}\right) H_0}} S_{阻}$$

式中 μ_1——由浇口杯液面到阻流截面的流量系数，对于只有浇口杯和直浇道的二元系，μ_1 =0.76，对于有直浇道、横浇道、内浇道的三元系，μ_1 =0.58，对于有浇口杯和直浇道、横浇道、内浇道的四元系，μ_1 =0.48；

μ_2——分配直浇道中自由液面到型腔内自由液面的流量系数，湿型时 μ_2 =0.35～0.5，干型时 μ_2 =0.4～0.6，型腔内阻力大时取下限，阻力小时取上限；

H_1——浇口杯液面到阻流截面的高度；

H_0——阶梯浇注内浇口间的高度差；

$S_{内(底)}$——底层内浇道截面积；

$S_{阻}$——阻流截面积。

4）上层内浇道的总面积应取 $S_{内(底)}$ 的1～2倍，以保证铸件上部有较高的温度。

上层内浇道的总面积应取 $S_{内(底)}$ 的1～2倍，以确保铸件有较高的温度。

三、浇注时间

液态金属从开始进入铸型到充满铸型所经历的时间称为浇注时间，它是指铸件的适宜浇注时间范围。最大浇注时间取决于型砂的抗夹砂能力，使铸件不至于产生浇不到、冷隔、氧化夹渣和变形等；最小浇注时间则取决于使型腔中的气体得以排除，使铸件不至于产生气孔，不会冲坏铸型和由于过大的冲击引起胀砂和抬型，因此浇注时间对铸件质量有重要影响。

1. 快浇

快浇时金属的温度和流动性降低幅度小，易充满型腔，减少皮下气孔倾向。充型期间对砂型上表面的热作用时间短，可减少夹砂结疤类缺陷。对灰铸铁、球墨铸铁件，快浇可充分利用共晶膨胀消除缩孔、缩松缺陷。但快浇对型壁有较大的冲击作用，容易造成胀砂、冲砂、抬箱等缺陷。其浇注系统的质量稍大，工艺出品率略低。

快浇法适用于薄壁的复杂铸件、铸型上半部分有薄壁的铸件、具有大平面的铸件、铸件表皮易生成氧化膜的合金铸件、采用底注式浇注系统而铸件顶部又有冒口的条件下的铸件，以及各种中大型灰铸铁件、球墨铸铁件。

2. 慢浇

慢浇时金属对型壁的冲刷作用轻；可防止胀砂、抬箱、冲砂等缺陷；有利于型芯内气体的排除；对体收缩大的合金，当采用顶注式或内浇道通过冒口时，慢浇可减小冒口；浇注系统消耗金属少。但浇注期间金属对型腔上表面烘烤时间长，促成夹砂结疤和粘砂类缺陷；金属液温度和流动性降低幅度大，易出现冷隔、浇不到及铸件表皮皱纹。

慢浇法适用于有高的砂胎或吊砂的湿型，型内砂芯多、砂芯大而芯头小或砂芯排气条件差的情况，采用顶注法的体收缩大的合金铸件。

3. 浇注时间的确定

浇注时间与铸件结构、材质、铸型条件、浇注温度等因素有关。每种铸件在已确定的铸造工艺条件下，都对应有适宜的浇注时间范围。浇注时间一般依据各种经验公式与图表确定。无完善的计算公式时，一般依据铸件重量来确定。

（1）浇注时间的计算　常用的浇注时间经验公式为

$$t = k\sqrt[3]{\delta G_1}$$

式中　t——浇注时间（s）；

G_1——浇入型内的金属液总质量（kg）；

δ——铸件的平均壁厚（mm），对于圆形或正方形的铸件，δ 取其直径或边长的一半；

k——系数，对灰铸铁取 2.0，需快浇时（如铁液温度低，含硫较高，碳质量分数 $<3.3\%$，底注或有冷铁等），可取 1.7，对铸钢可取 1.3～1.5。

根据我国生产灰铸铁和球墨铸铁件的经验和相关资料的计算结果，k 值的选用范围为 1.0～1.4，具体数值选择可参照表 11-5。

表 11-5　铸件 k 值的选择

铸件种类或工艺要求	大型复杂铸件、高应力以及大型球墨铸铁件	防止侵入气孔和呛火	一般铸件	厚壁小件、球墨铸铁小件防止缩孔缩松
k 值	0.7～1.0	1.0～1.3	1.7～2.0	3.0～4.0

（2）浇注时间的验证　计算所得的浇注时间是否合适，通常以型内金属液面上升速度来验证。浇注时间过长会在金属液面上形成较厚的氧化皮，造成气孔、夹渣等缺陷。铸件允许的最小液面上升速度见表 11-6。

表 11-6　型内铁液液面允许的最小上升速度

铸件壁厚/mm	壁厚大于 40mm 以及所有水平位置浇注的平板铸件	11～40	4～10	<4
最小上升速度值/$mm \cdot s^{-1}$	8～10	11～20	21～30	31～100

型内金属液液面上升速度 v 可按下式计算

$$v = \frac{C}{t}$$

式中　C——铸件最低点到最高点的距离，按浇注位置确定（mm）；

t——计算的浇注时间（s）。

若按上式液面上升速度低于允许的最小液面上升速度，就要强行缩短浇注时间或调整铸件的浇注位置，使上升速度达到或高于最小液面上升速度。

（3）铸铁件和铸钢件浇注时间的经验数据　由于近年来普遍认识到快浇对铸件的益处，因此浇注时间比过去普遍缩短，特别是灰铸铁和球墨铸铁更是如此。对铸铁及铸钢件推荐用表 11-7 的经验数据决定浇注时间。

表 11-7　铸铁件、铸钢件的浇注时间

铸铁件		铸钢件	
浇注质量/kg	浇注时间 t/s	浇注质量/kg	浇注时间 t/s
<250	4～6	501～1000	12～20
251～500	5～8	1001～3000	20～50
501～1000	6～20	3001～5000	50～80（40）
1001～3000	10～30	5001～10000	（40～80）
>3000	20～60	>10000	（80～150）

注：1. 盛钢桶（底注式钢包）孔直径 40～65mm。
2. 括号内数据为两个桶孔的浇注时间。

对球墨铸铁件推荐用图 11-3 所示的经验数据决定浇注时间。

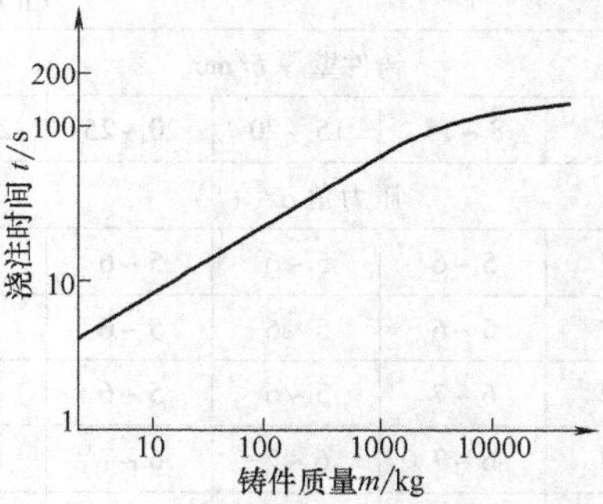

图 11-3　球墨铸铁件的浇注时间

任务二　铸铁件浇注系统的设计与计算

一、任务描述

本次任务使学生了解铸铁件浇注系统设计的特点，掌握设计方法。

二、铸铁件浇注系统设计简介

1. 设计步骤

1）选择浇注系统类型。

2）确定内浇道在铸件上的位置、数目和金属引入方向。

3）确定直浇道的位置、高度并进行高度校核。

4）确定浇注时间。

计算浇注时间并核算金属上升速度。主要是核算铸件最大横截面处的型内金属上升速度。当不满足要求时，应缩短浇注时间或改变浇注位置。

5）计算阻流截面积 $S_{阻}$。

6）确定浇口比并计算各组元截面尺寸。

2. 压力角

直浇道过低，则充型压头及液态补缩压力不足，易出现铸件棱角和轮廓不清晰、浇不到、上表面缩凹等缺陷。一般使直浇道高度等于上砂箱高度，但应检验该高度是否足够。条件是直

浇道的剩余压力角应大于规定数值，或者剩余压力头应满足压力角的要求，如下式所列

$$H_m \geqslant L\tan\alpha$$

式中　H_m——最小剩余压力头；

L——直浇道中心到铸件最高且最远点的水平投影距离；

α——压力角，其大小依表11-8中的要求而定。

表11-8　压力角α的最小值

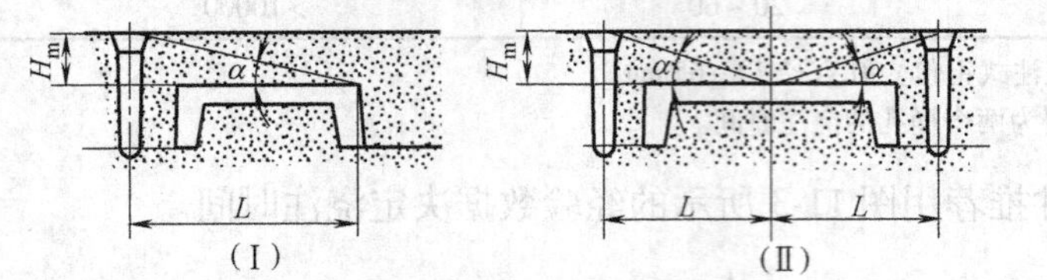

L/mm	铸件壁厚δ/mm 3~5	5~8	8~15	15~20	20~25	25~35	35~45	使用范围
	压力角α/(°)							
4000	根据具体情况确定	6~7	5~6	5~6	5~6	4~5	4~5	用两个或更多的直浇道浇注
3500		6~7	5~6	5~6	5~6	4~5	4~5	
3000		6~7	6~7	5~6	5~6	4~5	4~5	
2800		6~7	6~7	6~7	6~7	5~6	4~5	
2600		7~8	6~7	6~7	6~7	5~6	4~5	
2400		7~8	6~7	6~7	6~7	5~6	5~6	
2200		8~9	7~8	6~7	6~7	5~6	5~6	
2000		8~9	7~8	6~7	6~7	5~6	6~7	用一个直浇道浇注
1800		8~9	7~8	7~8	7~8	6~7	6~7	
1600		8~9	7~8	7~8	7~8	6~7	6~7	
1400		8~9	8~9	7~8	7~8	6~7	6~7	
1200	10~11	9~10	8~9	7~8	7~8	6~7	6~7	
1000	11~12	9~10	9~10	7~8	7~8	6~7	6~7	
800	12~13	9~10	9~10	8~9	7~8	7~8	6~7	
600	13~14	9~10	9~10	9~10	8~9	7~8	6~7	

近年来，大孔出流理论在浇注系统设计中得到广泛应用。其特点是：计算精度高，参数设计合理，符合工程实际，已经列入有关手册和教材，可供设计时参考。

三、离心泵体铸造工艺设计

铸件材料：HT200。

质量：32.5kg。

生产方法：砂型铸造。

生产批量：小批量生产。

轮廓尺寸：长、宽、高分别为410mm、390mm、110mm；壁厚范围为13~18mm。

技术要求：无缩孔、缩松缺陷。

1. 浇注系统类型的选择

（1）顶雨淋式浇注系统（$S_{内}:S_{横}:S_{直}=1:1.5:1.2$）　采用湿型三箱造型；三个砂芯，下箱砂胎；五个内浇道。优点是适合薄壁回转体铸件，充型较平稳；缺点是造型工艺复杂，多位置出现缩孔缺陷，工艺出品率低。

（2）压边式浇注系统（$S_{内}:S_{横}:S_{直}=1:2:1.2$）　采用湿型两箱造型；三个砂芯，下箱砂胎；一个内浇道。优点是造型工艺简单，无缩孔缺陷，工艺出品率高；缺点是充型不平稳。

2. 内浇道的位置、数目、引入方向

顶雨淋式：采用顶注式，五个内浇道，金属液由上而下雨淋样进入型腔。

压边式：金属液沿型壁自上而下注入。

3. 直浇道的位置和高度

1）确定直浇道的位置。

2）确定直浇道的高度。

轮廓尺寸的长、宽、高分别为410mm、390mm、110mm。

吃砂量为100～150mm。

砂箱长、宽、高分别为650mm、650mm、200mm。

本方案直浇道高度＝砂箱高度＝200mm。

3）效核直浇道高度和压力角。如图11-4所示，重要部位壁厚在15～20mm范围内；压力角为12°；H_m＝87mm；本方案直浇道高度＝砂箱高度H＝200mm；$H>H_m$，直浇道高度满足要求。

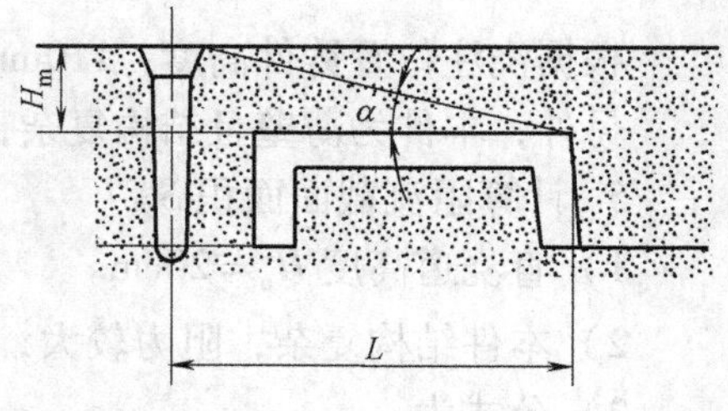

图11-4　压力角尺寸关系

4. 浇注时间的确定

材质为HT200；质量为32.5kg。

（1）公式计算　浇注时间t为

$$t=Am^n$$

式中　m——铸件或浇注金属质量（kg）；

A、n——系数，可查参考表11-9。

表11-9　系数A、n参照表

A	n	合　金	A	n	合　金
1.63～2.2	0.5	铸铁	2.4	0.38	铝合金
1.5～2.35	0.5	铸钢	2.5～3.5	0.33	球墨铸铁
1.0～1.35	0.417	铸钢	0.97	0.5	球墨铸铁
3.7	0.38	铸铁			

计算浇注时间：t＝9.3～12.5s。

由公式

$$t=B\delta^p m^n$$

式中　m——铸件或浇注金属质量（kg）；

δ——铸件壁厚（mm）；

B、n、p——系数，可参考表11-10。

表 11-10　系数 B、p 和 n 参照表

B	n	p	合　金	B	n	p	合　金
2.0	0.33	0.33	铸铁	2.3	0.33	0.33	镁合金
1.7～3.0	0.33	0.33	铝合金	1.25	0.35	0.35	铝合金

计算浇注时间：　$t=13.5\text{s}$。

（2）浇注时间的效核　薄壁壁厚 13～18mm 接近表中下限，按

$$\frac{C}{v_{\max}} \leqslant t \leqslant \frac{C}{v_{\min}}$$

校核，型中铸铁液最小上升速度可参考表 11-11。

表 11-11　铸铁液最小上升速度参照表

铸件壁厚 δ/mm	$v_{型\min}$/mm · s^{-1}
>40（水平浇注大平板）	8～10
>40（上型有大平面）	20～30
10～40	10～20
4～10	20～30
1.5～4	30～100

根据浇注位置铸件高度：110mm，$t<110/18\text{s}=6.1\text{s}$。

另外，本件为薄壁且结构复杂，为避免缺陷适合快浇，最终决定浇注时间 $t=6\text{s}$。

5. 计算阻流截面面积 $S_{阻}$

1）直浇道高度 $H_{\text{p}}=20\text{cm}$。

2）本件结构复杂，阻力较大，采用湿型顶注式。

3）公式为

$$S_{阻}=\frac{m}{\rho t\mu\sqrt{2gH_{\text{p}}}}$$

参数分别为：浇注时间 $t=6\text{s}$；质量 $m=32500\text{g}$；重力加速度 $g=980\text{cm/s}^2$；铸铁件流量系数 $\mu=0.5$；灰铸铁相对密度 $\rho=0.0069\text{kg/cm}^3$；最终 $S_{阻}=9.5\text{cm}^2$。

6. 浇口比和各截面尺寸的确定

1）通过查铸造工艺手册，灰铸铁、薄壁、复杂、小件、湿型铸造，浇口比定为：

雨淋式，$\Sigma S_{内}:\Sigma S_{横}:\Sigma S_{直}=1:1.5:1.2$；

压边式，$\Sigma S_{内}:\Sigma S_{横}:\Sigma S_{直}=1:2:1.2$。

2）从浇口比可以确定阻流截面为内浇道，通过浇口比确定浇注系统各截面尺寸。

雨淋式：

$\Sigma S_{内}=9.5\text{cm}^2 => S_{内}=\Sigma S_{内}/5=1.9\text{cm}^2 =>$ 查手册 $S_{内}=2\text{cm}^2$，$d_{内}=16\text{mm}$

$\Sigma S_{横}=1.5\times 9.5\text{cm}^2=14.25\text{cm}^2 => S_{横}=\Sigma S_{横}/5=7.125\text{cm}^2 =>$ 查手册 $S_{横}=7.2\text{cm}^2$

$\Sigma S_{直}=1.2\times 9.5\text{cm}^2=11.4\text{cm}^2 =>$ 查手册 $S_{直}=12\text{cm}^2$，$d_{直}=38\text{mm}$

压边式：

$\Sigma S_{内}=9.5\text{cm}^2 => S_{内} =>$ 压边弧长为 200mm，压边宽度为 5mm；实际 $S_{内}=10\text{cm}^2$

$\Sigma S_{横}=2\times 9.5\text{cm}^2=19\text{cm}^2 => S_{横}=\Sigma S_{横}/2=9.5\text{cm}^2 =>$ 查手册实际 $S_{横}=10\text{cm}^2$

$\Sigma S_{直}=1.2\times9.5cm^2=11.4cm^2=>$查手册 $S_{直}=12cm^2$，$d_{直}=38mm$

3）实际浇口比为：

雨淋式，$\Sigma S_{内}:\Sigma S_{横}:\Sigma S_{直}=1:1.44:1.2$；

压边式，$\Sigma S_{内}:\Sigma S_{横}:\Sigma S_{直}=1:2:1.2$。

4）工艺出品率：雨淋式77%；压边式81%。

任务三　其他铸造合金浇注系统简介

一、任务描述

本次任务使学生了解球墨铸铁件、可锻铸铁件、铸钢件、轻合金件及铜合金件等的浇注系统的特点。

二、球墨铸铁浇注系统

球墨铸铁液经过球化、孕育处理，温度下降较多，且易产生氧化，生成渣滓，要求浇注系统大流量地快速充型，且比灰铸铁液流动平稳和更好地挡渣。

生产中常采用的浇注系统截面比如下。

1）一般球墨铸铁件采用封闭式浇注系统，则截面比为

$$S_{内}:S_{横}:S_{直}=1:(1.2\sim1.3):(1.4\sim1.9)$$

2）厚壁球墨铸铁件采用开放式浇注系统，则截面比为

$$S_{内}:S_{横}:S_{直}=(1.5\sim4):(2\sim4):1\text{ 或 }(1.2\sim2.0):(1.2\sim2.0):1$$

3）薄壁小型球墨铸铁件多半采用封闭式浇注系统，截面比为

$$S_{内}:S_{横}:S_{直}=0.8:(1.2\sim1.5):1\text{ 或 }3:8:4$$

球墨铸铁大件的浇注时间如图11-5所示。

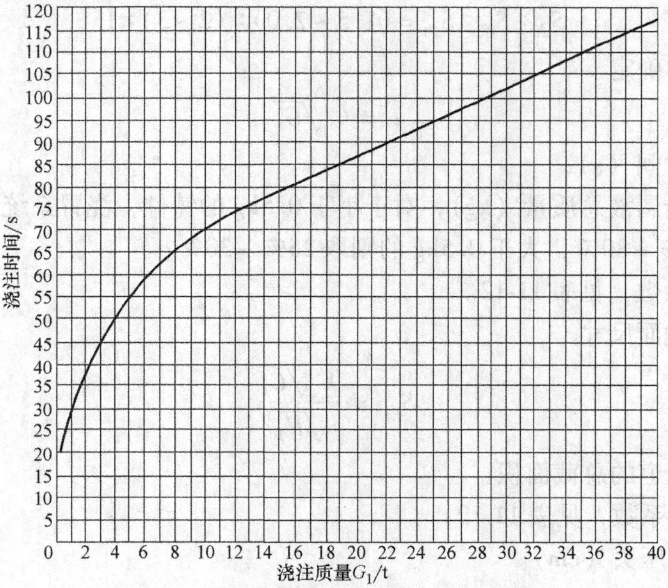

图11-5　球墨铸铁大件的浇注时间

常用的球墨铸铁件浇注系统各组元尺寸可参考相关手册。

三、可锻铸铁浇注系统

可锻铸铁件一般是薄壁、受力较大的中、小件，碳硅含量低，金属液流动性差，所以浇道尺寸一般大于灰铸铁件浇道尺寸；铁液收缩大，氧化性强，易产生缩孔、缩松、裂纹等铸造缺陷。因此，要求浇注系统挡渣能力强，一般采用封闭式浇注系统，浇冒口按顺序凝固原则进行设计。

一般设计成在内浇道或横浇道与铸件之间设置暗冒口的浇注系统，如图 11-6 所示。

常采用在分型面上开设节流、撇渣与补缩相结合的中注式浇注系统，很少采用顶注式。为使暗冒口能很好补缩，内浇道截面积要小于冒口颈的截面积，使之早于冒口颈凝固。典型可锻铸铁件浇注系统如图 11-7 所示。

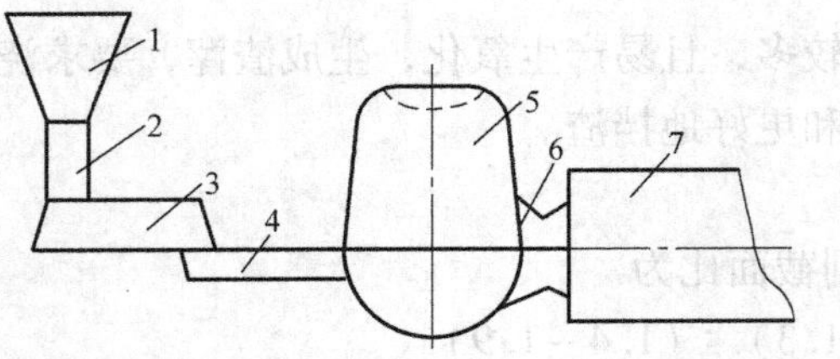

图 11-6　可锻铸铁件浇注系统的一般形式

1—浇口杯　2—直浇道　3—横浇道　4—内浇道
5—暗冒口　6—冒口颈　7—铸件

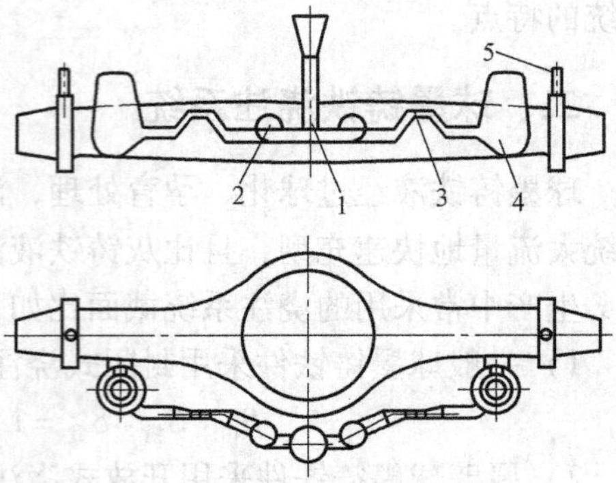

图 11-7　汽车后桥壳体的浇冒口系统

1—直浇道　2—集渣包　3—水封装置
4—暗冒口　5—出气孔

1. 常用浇注系统截面比

$$S_{直}:S_{横}:S_{内}=(1.5\sim2.0):(2\sim3):1$$

2. 浇注时间的确定

$$t=k\sqrt{G_1}$$

式中　t——浇注时间（s）；

G_1——型内金属液总质量（kg），对于小于 0.5kg 的铸件，浇冒系统质量可取铸件质量的 40% ~80%，大于 0.5kg 的则取 25% ~30%；

k——壁厚系数，见表 11-12。

3. 内浇道的截面尺寸

$$S_{内}=\frac{X\sqrt{G_1}}{\sqrt{H_{均}}}$$

式中　$S_{内}$——内浇道的总截面积；

X——壁厚系数，见表 11-12；

$H_{均}$——平均压头（cm）。

表 11-12　*k* 值和 *X* 值与铸件壁厚的关系

铸件壁厚/mm	<5	5~8	8~15
k 值	1.50	1.85	2.35
X 值	7.5	6.3	5.5

四、铸钢件浇注系统

铸钢件的浇注温度高、流动性差、易氧化，因此要求快速、平稳地充型。对不同类的铸件，液面上升速度有不同的要求。

铸钢件的浇注系统除用转包浇注的小型铸件采用阻流式浇注系统外，一般都采用开放式，用底注包浇注。用转包浇注时，应充分发挥浇注系统的撇渣作用；用底包浇注时，包孔尺寸与浇注系统要匹配。推荐采用带有自动分配型阶梯式浇注系统，可避免因人工控制浇包塞杆来控制实际包孔直径的困难，充分开启包孔浇注，已得到广泛应用。

铸钢件常采用漏包（底注包）浇注，漏包浇注保温性能好，流出的钢液夹杂物少，但漏包浇注时压力大，易冲坏浇道，所以中、大型铸钢件的直浇道通常使用耐火材料管。当每个内浇道流经的钢液量超过 1t 时，内、横浇道也用耐火砖管。

漏包浇注的金属液流出量主要取决于包底注孔的直径，浇注系统则是承受包中落下的钢液，使其不会外溢即可。这时包孔成为阻流截面，浇注系统对包孔是开放的。

漏包浇注时浇注系统的计算步骤如下：

1. 浇注时间的确定

$$t = k\sqrt{G_1}$$

式中　t——浇注时间（s）；

G_1——型内金属液总质量（kg）；

k——随铸件质量、形状而定的系数，其数值可参考表 11-13。

表 11-13　铸钢件浇注时间计算公式中的 *k* 值

浇注质量/kg	50	500	1000~10000
复杂形状	0.5	0.6	0.8
简单形状	0.75	0.9	1.2

计算得出的浇注时间是否过长，可用浇注时钢液在型腔中的上升速度验算，见表 11-14。

表 11-14　钢液在铸型中的上升速度

铸件质量/t	≤5	5~15		15~35			35~55			55~160		
铸件的结构特点	—	复杂	简单	复杂	一般	实体	复杂	一般	实体	复杂	一般	实体
上升速度 v（不小于）/（$mm \cdot s^{-1}$）	25	20	10	15	12	8	12	9	6	10	7	4

注：对于大型合金钢铸件或试压铸件，钢液上升速度应比表中数值增加 30%~35%。

2. 包孔直径的确定

已知型中浇注金属液总质量 G_1 和浇注时间 t，同时考虑浇包注孔数量 n，可按下式计算

钢液流量 q_m 为

$$q_m = \frac{G_1}{tn}$$

式中　q_m—— 钢液流量（kg/s），可参照表 11-15 选取；

n——浇包注孔数量（个）。

按钢液流量 q_m 值及钢液液面高度 H 可求出包孔直径 d。

表 11-15　钢液流量 q_m 值

包孔直径 d/mm	30	35	40	45	50	55	60	70	80
钢包流量/（$kg \cdot s^{-1}$）	10	20	29	42	55	72	90	120	150

3. 阻流截面积的确定

$$S_{孔} = \frac{G_1}{\mu_{孔} \rho t n \sqrt{2gH}}$$

式中　$S_{孔}$——包孔截面积（cm^2）；

G_1——型内金属液总质量（kg）；

t——浇注时间（s）；

$\mu_{孔}$——包孔的消耗系数，取 0.89；

ρ——钢液密度（kg/cm^3），取 $0.0071 kg/cm^3$；

g——重力加速度，取 $980 cm/s^2$；

n——浇包注孔数量；

H——钢液在包中的高度（cm）。

4. 浇注系统各组元截面积的确定

使用底注包浇注时，应采用开放式浇注系统，要满足 $S_{直} \leqslant S_{横} \leqslant S_{内}$ 的条件，各组元截面比例关系为 $S_{孔} \leqslant S_{直} \leqslant S_{横} \leqslant S_{内} = 1:(1.8\sim2.0):(1.8\sim2.8):2$。当使用耐火砖管时，可采用 $S_{直} = S_{横} = S_{内}$，也可根据漏包注孔直径直接按表 11-16 确定各浇道的尺寸。

表 11-16　根据注孔直径确定浇道尺寸　　（单位：mm）

注孔直径	直浇道的最小直径	直浇道不在横浇道对称位置时横浇道最小直径	直浇道在横浇道对称位置时横浇道最小直径	内浇道最小直径			
				40	60	80	100
				内浇道数量 n			
35	60	60	40	2	1	1	1
40	60	60	40	2	1	1	1
45	60	60	40	3	1	1	
50	80	80	60	3	2	2	
55	80	80	60	4	2	2	
60	80	80	60	5	2		
70	100	100	80	6	3		
80	100	100	80	8	4		

五、轻合金铸件浇注系统

轻合金是铝、镁合金的统称，其特点是：密度小、熔点低、容积热容量小而热导率高，只是在流动过程中温度迅速降低；化学性质活泼，极易氧化和吸收气体，且氧化物的密度高于铝液、镁液，混入铝液、镁液中的氧化物难以浮起；凝固收缩大。

常见的铸造缺陷有非金属夹杂物（由泡沫、熔渣和氧化物组成）、浇不到和冷隔、气孔、缩松以及裂纹、变形等。

轻合金的浇注温度低，对型砂的热作用较轻。如果出现夹砂结疤、粘砂等缺陷，通常是因型砂质量太差引起的。过热的铝合金有较高的氢溶解度，因此应严格控制熔炼温度，脱氢和变质处理应精心，否则易引起析出性气孔。改善充型过程无助于解决此类缺陷。

轻合金降温快，易快浇。有的轻金属结晶范围宽，凝固收缩大，易出现缩孔、缩松、变形甚至开裂等缺陷。有的糊状凝固特性强，难于消除缩松，浇注系统的设计应注意发挥冷铁、冒口的作用，要求有较大纵向温度梯度才能消除缩松缺陷。

轻合金液化学性质极为活跃，一旦接触空气或水分，表面立即被氧化，因此液体表面总是覆盖着极薄的一层氧化膜。这层氧化膜的强度很低，若流速高或流向急速变化，都会使氧化膜破裂。紊流运动促使氧化膜、空气混入合金内部，所形成的氧化物夹杂物的密度常比金属液的密度大，难以清除。因此，要求合金在浇注系统中流动平稳，不产生涡流、喷溅，以近乎层流的方式充型；尽可能缩短充型时间，撇渣能力要强，并利于补缩。

因此，轻合金铸件通常采用开放式浇注系统，且多为底注式或垂直缝隙式，对于某些大型复杂件采用联合式，对低于100mm的矮铸件或不重要的小件才可采用顶注式。

为了良好地撇渣，采用缓流或带滤网缓流式浇注系统。

浇口比如下：

小于20kg铸件，$S_{直}:S_{横}:S_{内}=1:2:(2\sim4)$；

$20\sim50$kg铸件，$S_{直}:S_{横}:S_{内}=1:3:(4\sim5)$；

大于50kg铸件，$S_{直}:S_{横}:S_{内}=1:4:(5\sim6)$。

铝合金的特点是热导率大，在流动过程中铝液降温快；易氧化吸气且氧化膜的密度与铝液相近，若混入铝液中就难以上浮；凝固收缩大，易产生缩孔、缩松。所以，要求铝合金的浇注系统充型平稳，无涡流，充型时间短，挡渣能力强，并有利于补缩。除了高度小于10mm不重要的小铸件可采用顶注式外，一般采用底注开放式或垂直缝隙式浇注系统。

铝镁合金铸件浇注系统各组元具体尺寸可参考有关手册图表确定。

六、铜合金铸件浇注系统

锡青铜及磷青铜氧化倾向小，易产生分散缩孔和缩松，对于长套筒铸件可使用顶注式雨淋浇道；短小圆筒、圆盘及轴瓦类铸件可采用压边浇道；对于复杂铸件，可采用带过滤网或集渣包的浇注系统，一般可不设大尺寸冒口。

铝青铜、铝铁青铜、锰青铜、铝黄铜等氧化性强，易形成氧化渣，收缩大，易产生集中缩孔，浇注系统采用底注开放式，并设有滤网或集渣包。浇道的位置有利于冒口补缩或使浇道通过冒口注入。

铜合金的浇注系统尺寸可在相关手册中查出。

第四部分 冒口及冷铁

金属由液态转变为固态的状态变化过程称为凝固。在铸件的凝固过程中，如果控制不当，就容易产生如缩孔、缩松、热裂、气孔、夹杂等铸造缺陷。本部分主要学习铸件的凝固过程、凝固特性对铸件质量的影响，介绍缩孔、缩松的形成机理，如何设计和使用冒口和冷铁防止缩孔和缩松等相关缺陷的产生，常用铸造合金的冒口设计与计算方法。

单元十二 铸件补缩基础知识

➢【学习目标】

1. 了解管铸件的凝固过程及特点。
2. 了解缩孔及缩松的形成机理。
3. 掌握冒口的种类及补缩原理。
4. 掌握提高冒口补缩效率的方法。
5. 了解冷铁的分类及作用。

任务一 铸件的凝固

一、任务描述

本次任务使学生了解铸件的凝固原理、凝固方式及影响因素，掌握铸件的凝固原则及控制方法。

二、铸件凝固简介

金属的熔炼和铸件凝固是生产铸件必须经历的过程。凝固过程对铸件微观组织和宏观组织都有决定性的影响，许多重要的铸造缺陷，如晶粒粗大、偏析、非金属夹杂、石墨形态不符合要求、缩松、缩孔、析出性气孔、热裂等，都是在凝固过程中产生的。目前，铸件的凝固过程已成为一门学科。

铸件无论采取什么铸造方法，都必须经历凝固的过程。而不同的凝固方式对铸件的影响有很大的不同，比如逐层凝固方式具有良好的充填及补缩条件，而糊状凝固方式则使铸件的充填和补缩条件变差。针对不同结构和不同合金的铸件，选取不同的凝固原则对能否获得优良铸件更是至关重要。

铸件的凝固过程就是从传热学的观点出发，研究铸件与铸型的传热过程，铸件断面上凝固区域的大小，凝固方式与铸件质量的关系，以及铸件的凝固时间等。对铸件进行正确的工艺设计，实现铸件的合理凝固和有效补缩，在生产中可避免由此产生的相关铸造缺陷。

三、凝固动态曲线

图 12-1 所示是铸件的凝固动态曲线，它是根据温度—时间曲线绘制的。曲线 Ⅰ 与铸件断面上各时刻的液相线等温线相对应，称为“液相边界”。曲线 *n* 与固相线等温线相对应，称为“固相边界”。“液相边界”从铸件表面向中心移动，所到达之处凝固就开始；“固相边界”离开铸件表面向中心移动，所到达之处凝固完毕。因此，也称液相边界为“凝固始点”，固相边界为“凝固终点”。

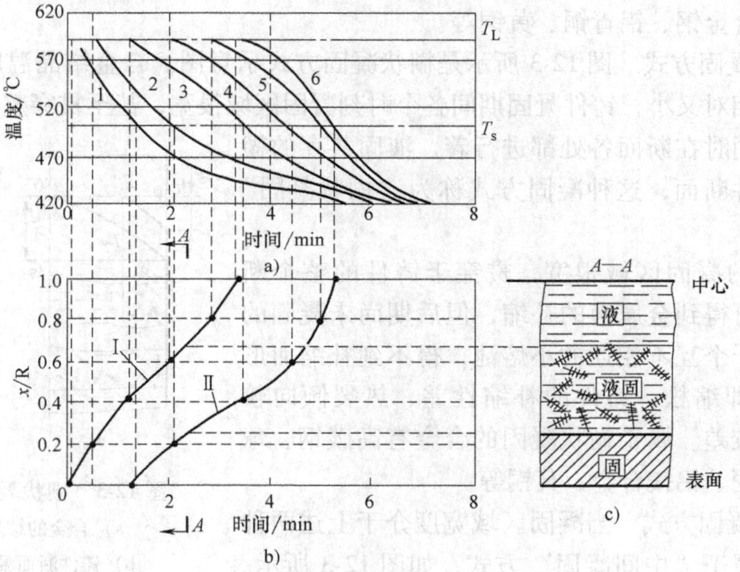

图 12-1 铸件凝固动态曲线

a）铸件断面的温度—时间曲线 b）凝固动态曲线 c）某一时刻的凝固状况

1，2，…，6 对应于 $x/R=0$，0.2，…，1.0

x—铸件表面向中心方向的距离 *R*—铸件壁厚之半或圆柱体和球体半径

Ⅰ—液相边界 Ⅱ—固相边界

除纯金属和共晶成分合金外，凝固过程中铸件断面上一般都存在三个区域，即固相区、凝固区和液相区，其中凝固区是固相和液相两相共存的区域。铸件的质量与凝固区域的大小和结构有密切关系。金属凝固时按凝固动态曲线所示的规律向铸件中心推进。

四、凝固方式及影响因素

1. 凝固方式

铸件断面的凝固方式一般可分为三种类型：逐层凝固、糊状凝固（体积凝固）和中间凝固。凝固方式取决于凝固区域的宽度。

（1）逐层凝固方式 图 12-2a 为纯金属或共晶合金与两时刻 T_1、T_2 温度场对应的凝固情况。铸件断面有一定的温度梯度，结晶在恒定温度下进行。凝固过程中的凝固区域宽度为零，液相边界和固相边界合二为一，形成凝固前沿，将液相与固相明显分开。随着温度下降，凝固层逐渐加厚直至凝固结束。这种情况为典型的“逐层凝固”方式。图12-2b也属逐层凝固方式。合金结晶温度间隔很小，凝固区域的温度梯度很大，凝固区域很窄，凝固层也是逐步加厚直到铸件中心。

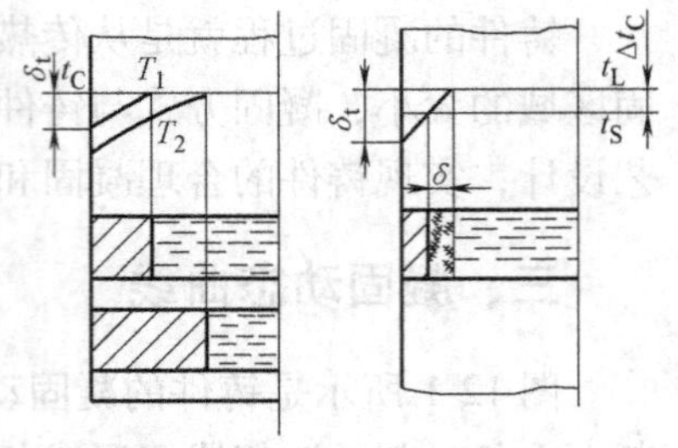

a)　　b)

图12-2　逐层凝固方式示意图

a）纯金属或共晶成分合金

b）窄结晶温度范围合金

铸件凝固过程中断面的凝固区宽度等于零，固体和液体由一条界线清楚地分开。凝固过程中的体积收缩可不断得到液态合金补充，铸件缩松倾向极小，只在最后凝固的地方留下集中缩孔，铸件的热裂倾向较小。这类合金有合金低碳钢、高合金钢、铝青铜、黄铜等。

（2）糊状凝固方式　图12-3所示是糊状凝固方式示意图。合金结晶温度间隔大，断面上的温度梯度相对又小，铸件凝固期间各个时刻凝固区域很宽，甚至贯穿整个铸件断面，即凝固过程可能同时在断面各处都进行着，液固共存的糊状区域充斥铸件断面，这种凝固方式称为“糊状凝固”或“体积凝固”。

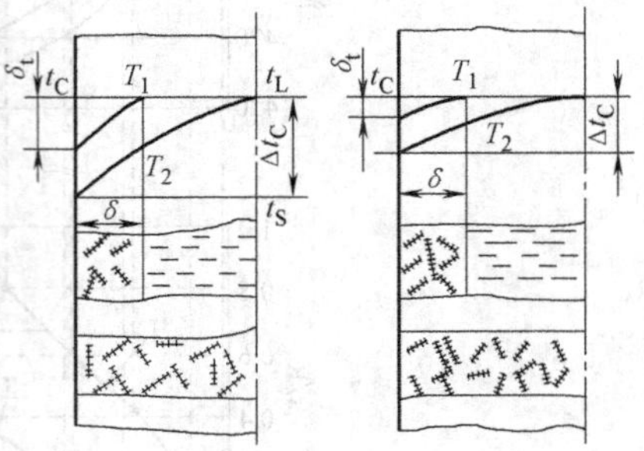

a)　　b)

图12-3　糊状凝固方式示意图

a）合金的结晶温度很宽

b）铸件断面温度场较平坦

铸件断面的凝固区域很宽，贯穿于铸件的整个断面。凝固初期可得到金属液的补缩，但后期尚未凝固的液体分割成若干个互不相通的小熔池，得不到补缩而形成许多小缩孔即缩松，铸件的补缩性差、热裂倾向较大、流动能力较差。属于糊状凝固的合金有高碳钢、球墨铸铁、锡青铜、铝镁合金、黄铜等。

（3）中间凝固方式　当凝固区域宽度介于上述两种情况之间时，属于“中间凝固”方式，如图12-3所示。其结晶温度间隔较小而断面温度梯度也较小（见图12-4a），或结晶温度间隔较大而断面温度梯度也较大（见图12-4b），凝固区域具有一定宽度又没有占满整个铸件断面。

铸件断面上的温度梯度较大，凝固区宽度介于逐层凝固和糊状凝固之间，属于中间凝固的合金有中碳钢、高锰钢、白口铸铁等。

2. 影响凝固方式的因素

铸件断面凝固区域的宽度是由合金结晶温度范围和断面上温度梯度两个量共同决定的，因而也决定了铸件的凝固方式。凝固区域较窄的情况下，倾向于逐层凝固；凝固区域较宽的情况下，倾向于糊状凝固。

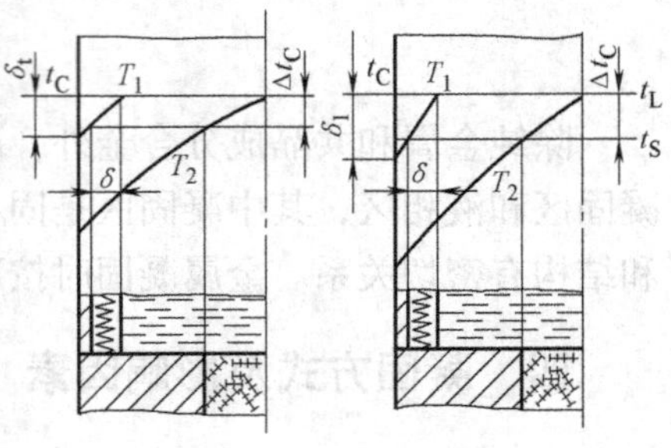

a)　　b)

图12-4　中间凝固方式示意图

a）合金的结晶温度范围较窄

b）铸件断面上的温度梯度较大

（1）合金结晶温度范围　在温度梯度相近的情况下，凝固区域宽度随合金结晶温度范围增大而加大。

（2）断面温度梯度　在合金结晶温度范围确定的情况下，凝固区域宽度随断面温度梯度增大而减小。

凡是影响温度梯度的因素都对凝固区域宽度起作用。其中主要因素为合金热扩散率、铸型蓄热系数和金属凝固温度（或合金的液相线温度）。合金热扩散率大、铸型蓄热系数小以及金属凝固温度低，都使温度梯度减小（温度分布曲线平坦），导致凝固区域加宽。

3. 几种典型合金的凝固方式

（1）灰铸铁和球墨铸铁的凝固方式　生产中常用的灰铸铁和球墨铸铁是接近共晶成分的合金，但是它们的凝固方式和铸造性能却与一般窄结晶温度范围的合金有很大差别。

以亚共晶成分的铸铁为例，其凝固过程可分为两个阶段：从液相线到共晶转变开始温度，析出奥氏体枝晶，这个阶段很像碳钢；从共晶转变开始温度到共晶转变终了温度（因为铸铁至少应视为 Fe-C-Si 三元合金，其共晶转变在一定范围内进行），发生奥氏体 + 石墨的共晶转变。

亚共晶铸铁的初晶凝固阶段，其奥氏体枝晶析出时有很大的连成结晶骨架的能力，这种枝晶骨架很快布满铸件断面。

在共晶凝固阶段，灰铸铁和球墨铸铁的凝固情况表现出明显不同。图 12-5 所示的试样是直径 50mm、长 203mm 的圆柱体，立浇，湿型。可以看出，灰铸铁经过 2. 5min 冷却，开始形成薄薄的固体壳，从壳向内约占中心至表面 1/3 的宽度内为液固两相共存区（即共晶凝固区域），再向内为液相区；4min 时，壳增厚了，中心部分已开始凝固，此时壳厚约占半径的1/10，其余部分皆在凝固中；8. 5min 后，铸件接近凝固完毕。由此可见，灰铸铁的共晶凝固为层状—糊状的中间凝固方式。

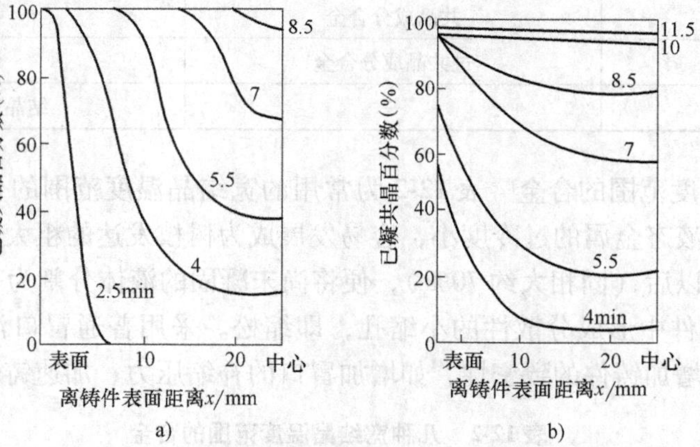

图 12-5　灰铸铁和球墨铸铁共晶凝固阶段的凝固方式

a）灰铸铁　b）球墨铸铁

球墨铸铁在 4min 时. 表面处只凝固了 70% 多，与此同时，中心部分已开始凝固，即铸件整个断面都处于凝固状态。直到 11. 5min 时，表面尚未结壳。因此，球墨铸铁的共晶凝固是典型的糊状凝固方式。

（2）铸钢合金的凝固方式　图 12-6 所示是三种不同含碳量的碳钢在砂型和金属型中铸造时测得的凝固动态曲线。可以看出，碳的质量分数增加，碳钢的结晶温度范围扩大。在砂型铸造条件下. 铸件断面的温度梯度很小，凝固区域随温度梯度变化。影响到低碳铸钢为逐层凝固方式，中碳钢为中间凝固方式，高碳钢为体积凝固方式。在金属型铸造条件下，铸件断面的温度梯度很大，以致温度梯度对凝固区域宽度的影响不明显。因此，三种铸钢都属于逐层凝固方式（其中高碳铸钢也可视为接近逐层凝固的中间凝固方式）。

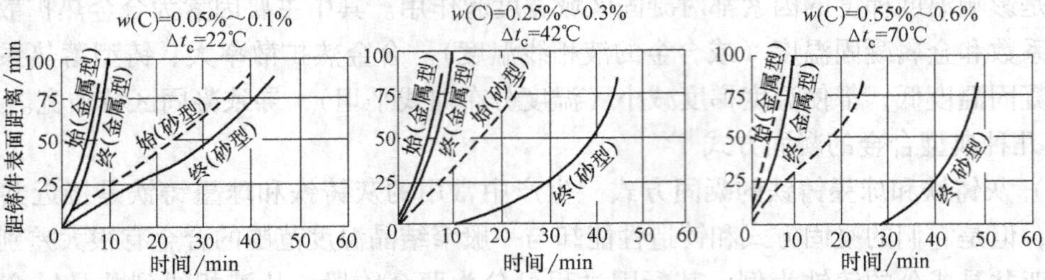

图 12-6 不同含碳量且碳钢在砂型和金属型中铸造时测得的凝固动态曲线

4. 合金的凝固方式与铸件质量的关系

（1）窄结晶温度范围的合金　在一般铸造条件下，这类合金以逐层方式凝固，其凝固前沿直接与液态金属接触。表 12-1 为常用的窄结晶温度范围的合金。

当液体凝固成为固体而发生体积收缩时，可以不断得到液体的补充，产生分散性缩松的倾向性小，而是在铸件最后凝固的部位留下集中缩孔。由于集中缩孔容易消除，因而补缩性能良好。由于收缩受阻而产生晶间裂纹时，也容易得到金属液的充填，使裂纹愈合，故铸件的热裂倾向性小。在充型过程中发生凝固时，也具有较好的充型能力。

表 12-1　几种窄结晶温度范围的合金

纯 金 属	共晶类合金	其他窄结晶温度范围的合金
工业用铜	共晶成分合金	低碳钢
工业用锌	过共晶成分合金	铝青铜
工业用锡	—	结晶范围小的黄铜

（2）宽结晶温度范围的合金　表 12-2 为常用的宽结晶温度范围的合金。这类合金倾向糊状凝固方式，其液态金属的过冷度小，容易发展成为树枝发达的粗大等轴晶组织。当粗大的等轴晶相互连接以后（固相大约 70%），便将尚未凝固的液体分割为一个个互不沟通的小“熔池”，最后在铸件中形成分散性的小缩孔，即缩松。采用普通冒口消除缩松很困难，常需采取其他措施以增加铸件的致密性，如增加冒口的补缩压力、加速铸件冷却等方法。

表 12-2　几种宽结晶温度范围的合金

铝合金、镁合金	铜 合 金	铁碳合金
铝铜合金	锡青铜	高碳钢
铝镁合金	铝青铜	球墨铸铁
镁合金	结晶温度范围大的黄铜	—

由于粗大的等轴晶比较早地连成骨架，在铸件中产生热裂的倾向性很大，这是因为等轴晶越粗大，高温强度就越低。此外，当晶间出现裂纹时，也得不到液态金属的充填使之愈合。这类合金在充填过程中发生凝固时，其充型能力也很差。

（3）中等结晶温度范围的合金　这类合金在工业上常用的有中碳钢、高锰钢、部分特种黄铜和白口铸铁等。它们倾向于中间凝固方式，其补缩特征、热裂倾向性和充型能力介于逐层凝固和糊状凝固方式之间。

五、铸件的凝固原则及选择

1. 凝固原则

（1）顺序凝固原则　通过采取工艺措施，使铸件各部分按照远离冒口部分先凝固，后是靠近冒口部分凝固，最后才是冒口本身凝固。即在铸件上远离冒口部分到冒口之间建立一个递增温度梯度，如图 12-7所示。

按顺序凝固原则，铸件冒口补缩作用好，铸件内部组织致密；铸件热应力较大，易产生变形或热裂；需加冒口补缩，增加了金属消耗和切冒口工作量。

（2）同时凝固原则　通过采取工艺措施保证铸件结构各部分之间没有温差或温差很小，使铸件各部分同时凝固，如图 12-8 所示。

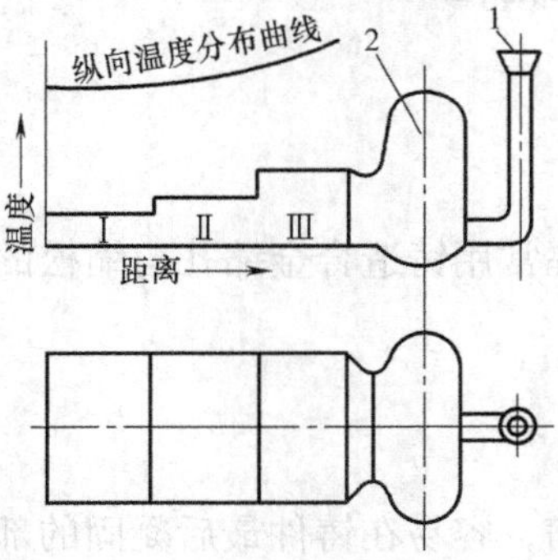

图 12-7　顺序凝固原则示意图
1—浇道　2—冒口

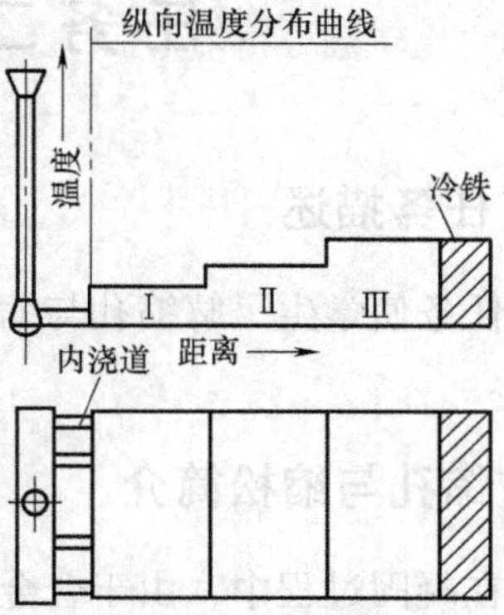

图 12-8　同时凝固原则示意图

采取同时凝固原则，铸件不易热裂，且应力和变形小；不用冒口或冒口小，节省金属，简化工艺和减少工作量；铸件中心可能产生缩松缺陷，铸件组织不够致密。

2. 凝固原则的选择

顺序凝固原则和同时凝固原则各有特点，如何选择凝固原则，应根据铸件的合金特点、工作条件和结构特点及可能出现的缺陷等综合考虑。

1）既承受静载荷又承受动载荷作用的铸件，以及承受压力而不允许渗漏的铸件或表面粗糙度值要求低的铸件（如气缸套、高压阀门或齿轮等），宜选择定向凝固或局部（指铸件重要部位）顺序凝固原则。

2）厚实的或壁厚不均匀的铸件，当其材质是无凝固膨胀且倾向于逐层凝固的铸造合金（如低碳钢）时，宜采用顺序凝固原则。

3）碳硅含量较高的灰铸铁，其铸件凝固时有石墨化膨胀，不易出现缩孔和缩松，宜采用同时凝固原则。

4）球墨铸铁件利用凝固时的石墨化膨胀力实现自补缩（即实现无冒口铸造）时，应选择同时凝固原则。

5）非厚实的、壁厚均匀的铸件，尤其是各类合金的薄壁铸件，宜采用同时凝固原则。

6）当铸件易出现热裂、变形或冷裂缺陷时，宜采用同时凝固原则。

3. 控制铸件凝固原则的措施

在生产中，控制铸件凝固原则的工艺措施有很多，包括正确布置浇口位置、确定合理的浇注工艺、采用冒口补缩、在铸件上增加补贴、采用冷铁和不同蓄热系数的铸型材料、浇注后改变铸件位置等。

如浇注系统的开设可以调节铸件的凝固顺序，当浇口从铸件厚大处（或通过冒口）或顶注式引入时，有利于顺序凝固；若在浇注时采用高温慢浇，则更能增大铸件的纵向温度梯度，提高补缩效果；当浇口从铸件的薄壁处均匀分散引入时，采用低温快浇，则有利于减小温差，有利于实现同时凝固。

而铸型材料的蓄热系数影响着铸件的凝固速度。凡比硅砂蓄热系数大的材料，如石墨、镁砂、锆砂、刚玉等，均可加速铸件局部冷却速度。可以根据需要，选用不同的铸型材料来控制铸件不同部位的凝固速度，实现对凝固过程的控制。

任务二　铸件的缩孔与缩松

一、任务描述

本次任务使学生了解缩孔与缩松的特点、分布，掌握常用铸造合金缩孔与缩松的特点及防止措施。

二、缩孔与缩松简介

铸件在凝固过程中，由于合金的液态收缩和凝固收缩，容易在铸件最后凝固的部位出现孔洞，容积大而集中的孔洞称为集中缩孔（简称缩孔），细小而分散的孔洞称为分散缩孔（简称缩松）。

缩孔或缩松不但使铸件的承载有效面积减小，而且在缩孔、缩松处产生应力集中，使铸件的力学性能下降，同时使铸件的气密性等性能降低。对于有耐压要求的铸件，如果内部有缩松，则容易产生渗漏或不能保证气密性，从而导致铸件报废。

三、缩孔

1. 缩孔的形成

以圆柱形铸件为例分析缩孔的形成过程。假定所浇注的圆柱形铸件由表及里逐层凝固。液态金属充满铸型后，由于温度下降发生液态收缩，此收缩得到浇注系统中液态金属的补充，因此在此期间型腔中总是充满着金属液（见图 12-9a）。

当铸件外表的温度下降到同线相线温度以下时，铸件表面凝固一层硬壳包裹着内部的液态金属，并且浇注系统的内浇道被冻结（见图 12-9b）。

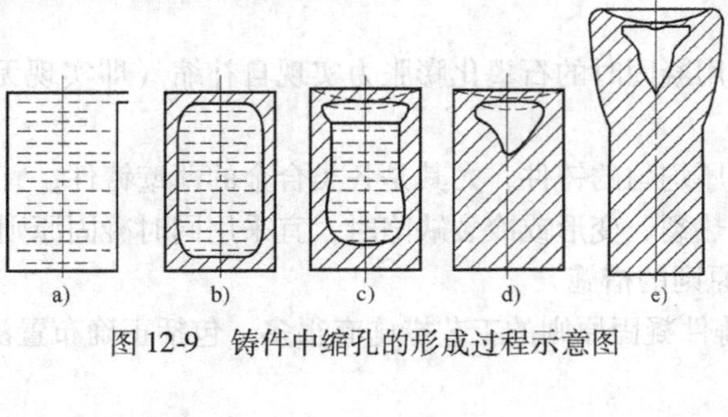

图 12-9　铸件中缩孔的形成过程示意图

进一步冷却时，硬壳内液态金属因温度降低发生液态收缩，以及对硬壳凝固收缩的补充，同时，凝固硬壳也因温度下降而使铸件外表尺寸缩小。如果硬壳内液态金属因液态收缩和凝固收缩造成的体积缩减等于铸件外表的体积缩小，则凝固的外壳仍和内部液态金属紧密接触，不会产生缩孔。但是，合金的液态收缩加凝固收缩远远超过硬壳的固态收缩，因而液体将与硬壳的顶面脱离而下降（见图 12-9c）。依次进行下去，硬壳不断加厚，液面将不断下降，金属全部凝固后，在铸件上部就形成了一个倒锥形的缩孔（见图 12-9d）。温度连续下降至室温，整个铸件的体积不断缩小，缩孔的绝对体积也相对减小，但与铸件的相对体积不变。如果铸件顶部设置冒口，缩孔将移至冒口中（见图 12-9e）。

在液态金属中含气量不大的情况下，当液态金属与硬壳顶面脱离时，液面上要形成真空。上面的薄壳在大气压力作用下，可能向缩孔方向凹进去，如图 12-9 中虚线所示。因此缩孔应包括外部的缩凹和内部的缩孔两部分。如果铸件顶面的硬壳强度较大，也可能不出现缩凹。

综上所述，铸件产生集中缩孔的基本原因是合金的液态收缩加凝固收缩率远远大于固态收缩率；产生集中缩孔的条件是铸件由表及里的逐层凝固，缩孔集中在最后凝固的部位。

2. 影响缩孔容积的因素

缩孔容积的确定对设计冒口体积有实际意义。生产实践中，影响缩孔容积的因素多而复杂，可以总结如下：

1）合金的液态体积收缩系数和凝固收缩率越大，则缩孔体积就越大。

2）合金的固态收缩系数越大，铸件的缩孔体积越小，但其影响比较小。

3）铸型的激冷能力越大，缩孔体积就越小。因为铸型的激冷能力大，就容易形成边浇注边凝固的条件，使金属的收缩在较大程度上被注入的金属液所补充，使实际参加形成缩孔的收缩的液态金属量减小。

4）浇注温度越高，合金的液态收缩就越大，则缩孔体积越大。冒口系统补缩条件下，提高浇注温度会增强浇冒口的补缩能力。

5）浇注速度越慢，即浇注时间越长，缩孔体积越小。

6）铸件越厚，当铸件表面形成硬壳以后，内部的金属液温度就越高，液态收缩就越大，则缩孔体积越大。

3. 缩孔的位置

集中缩孔产生在铸件最后凝固的区域，因此确定缩孔位置就是确定铸件最后凝固的区域。在实践中可采用等固相线法确定。

对于结晶温度范围很小的合金，可将凝固前沿视为固—液的分界线，也是一条等温线，称为等固相线。所谓等固相线法，就是在铸件断面上从冷却表面开始逐层向内绘制等固相线，直到最窄断面上的等固相线接触为止。此时，等固相线不相接连的地方，就是铸件最后凝固的沿，也就是缩孔的位置。

图 12-10a 所示是用等固相线法确定工字形截面铸件的缩孔位量，图 12-10b 所示是实际铸件的缩孔位置。如果在铸件底边放置冷铁，由于加大了该处的冷却速度，等固相线上移，缩孔全部集中在铸件上部，如图 12-10c 所示，如果冷铁尺寸适当，并在上部设计冒口，可以使铸件内部无缩孔，如图 12-10d 所示。

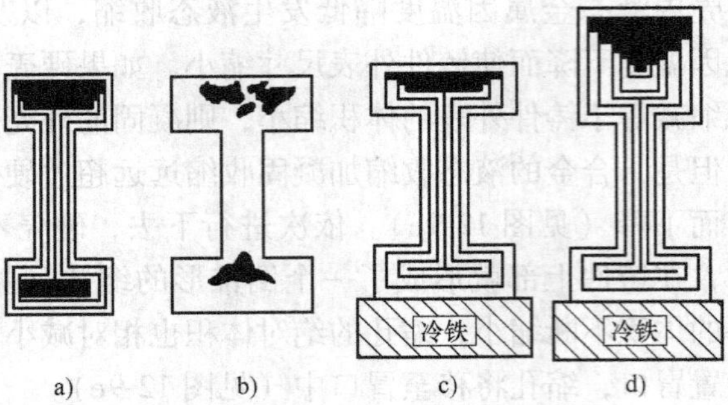

图 12-10　冷铁对缩孔位置的影响

若铸件结构上两壁相交之处的内切圆大于相交各壁的厚度，则此处凝固最晚，也是产生缩孔的部位，称为热节。此外，铸件厚壁处和内浇道附近，也是凝固缓慢的热节。

四、缩松

缩松按其尺寸可分为宏观缩松和微观缩松。宏观缩松常分布在铸件壁的轴线区域、厚大部位、冒口根部和内浇道附近，铸件切开后可直接观察到密集的孔洞。微观缩松产生在晶间。图 12-11 所示为可锻铸铁件联轴器厚断面处的缩松情况。铸件约 0.16kg，湿砂型铸造，在最后凝固的厚断面中心形成不规则形状的孔洞，利用扫描电镜可观察到树枝晶，说明是液体收缩所致。

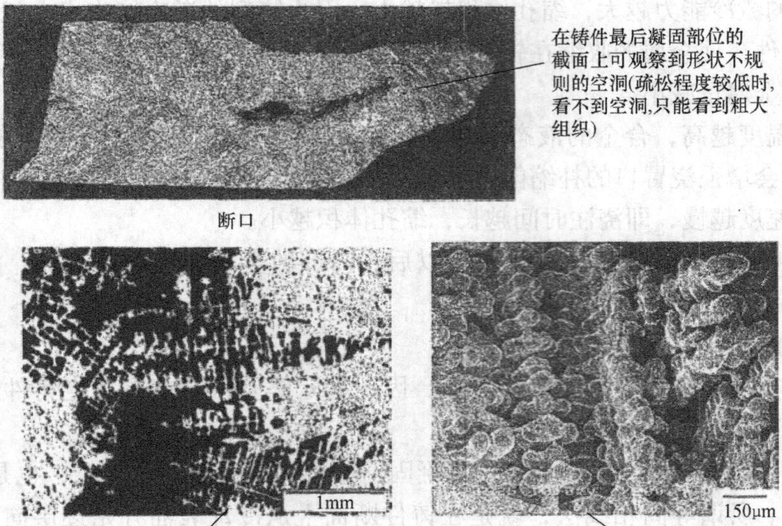

图 12-11　可锻铸铁件的内部缩松

微观缩松影响零件的常规力学性能，尤其是塑性和冲击韧度，而更重要的是强烈地降低了零件在动载荷条件下的抗疲劳性能，同时也降低铸件的气密性和物理化学性能。在有特殊要求的情况下，必须设法减少和防止微观缩松的产生。

缩松常常是由于合金的收缩和溶解气体的析出两个因素的结合形成的。

五、铸件缩孔与缩松及防止措施

1. 灰铸铁和球墨铸铁件的缩孔和缩松

灰铸铁和球墨铸铁在凝固过程中因析出石墨而发生体积膨胀，其缩孔和缩松的形成比一般合金复杂。图 12-12 所示是两种铸铁件的凝固进程曲线（铸件为 178mm × 178mm 方断面杆件，砂型铸造）。

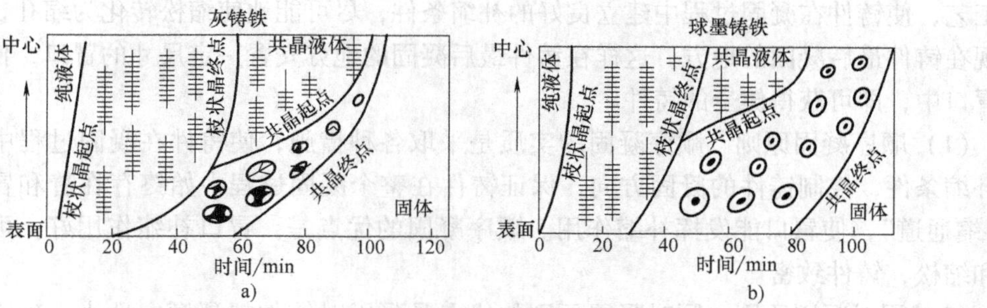

图 12-12 亚共晶灰铸铁和球墨铸件的凝固进程曲线

a）灰铸铁 b）球墨铸铁

凝固进程曲线表明，两种铸铁中初生枝晶的凝固过程十分相似。浇注后约经 12min，枝晶的凝固始点到达铸件中心。在此后 20min 时间内枝晶继续长大，整个铸件处于糊状凝固状态。大约在浇注后 30min 枝晶终点从铸件表面向中心移动。在 55min 后，中心部分的枝晶凝固完毕，在枝晶之间是共晶液体。这是凝固的第一阶段。

在靠近铸件的表面，共晶转变的潜热能够很快传出，当枝晶凝固一完成就立即开始共晶凝固，而使两条曲线在此重合。在铸件内部，由于共晶转变的潜热不易传出，枝晶间的液体约经过 47min 之久，才开始共晶凝固。随着共晶终点自型壁逐步推至铸件中心，凝固即告结束。

两种铸件的共同点是，枝晶始点都迅速到达中心，使铸件长期处于凝固状态，而且枝晶具有很大的连接成骨架的能力，使补缩难于进行。所以，两种铸铁都有产生缩松的可能性。但是，由于它们的共晶凝固阶段有很大差别，最后得到的结果是不同的。

1）灰铸铁的共晶始点和共晶终点的距离偏小，共晶凝固区域较窄，近似于逐层凝固方式，铸件表面较早形成完全凝固的外壳。球墨铸铁的共晶始点和共晶终点的距离大，共晶凝固区域很宽，近似于糊状凝固方式，在凝固后期表层没有完全凝固外壳。

2）两种铸件在共晶凝固阶段都析出石墨而发生体积膨胀。但是，由于它们的石墨形态不同，石墨化膨胀作用对合金的铸造性能有着截然不同的影响。

在灰铸铁共晶团中的片状石墨，与枝晶间的共晶液体直接接触的尖端优先长大。所以片状石墨长大时所产生的体积膨胀大部分作用在所接触的晶间液体上，迫使它们通过枝晶间的通道去补缩枝晶间的收缩孔洞，从而大大降低了灰铸铁产生缩松的严重程度。

球墨铸铁在凝固后期，石墨球长大到一定程度后，四周形成奥氏体外壳，碳原子是通过奥氏体外壳扩散到共晶团中使石墨球长大的。当共晶团长大到互相接触后，石墨化膨胀所产生的膨胀力，大部分作用在相邻的共晶团或奥氏体枝晶上，迫使型壁外移。这种膨胀力的消耗，使共晶团之间残余液体的收缩无法自补，从而在共晶团之间留下显微缩松。所以，球墨铸铁件产生缩松的倾向性很大。

如果铸型刚度足够大，石墨化的膨胀力有可能使共晶团或枝晶变形而将缩松压合，即球墨铸铁也具有很强的自补缩能力。这是球墨铸铁件实现无冒口铸造的基础。

2. 防止铸件产生缩孔和缩松的途径

防止铸件产生缩孔和缩松的途径有顺序凝固和同时凝固。

防止铸件中产生缩孔和缩松的基本原则，是针对该合金的收缩和凝固特点制订正确的铸造工艺，使铸件在凝固过程中建立良好的补缩条件，尽可能地使缩松转化为缩孔，并使缩孔出现在铸件最后凝固的地方。这样在铸件最后凝固的地方安置一定尺寸的冒口，使缩孔集中在冒口中，即可获得健全的铸件。

（1）顺序凝固原则　顺序凝固的实质是采取各种措施，使铸件在凝固过程中建立良好的补缩条件，控制铸件的凝固方向，保证铸件在整个凝固过程中始终存在着和冒口连通的“补缩通道”，使冒口能发挥补缩作用。顺序凝固的优点是，冒口补缩作用好，可以防止缩孔和缩松，铸件致密。

（2）同时凝固原则　同时凝固原则的优点是凝固时铸件热裂倾向性小，凝固后也不易引起应力和变形；由于不用冒口或冒口很小，节省金属，简化工艺，减小劳动量；缺点是铸件中心区域往往出现缩松，铸件不致密。因此，这种原则一般用于以下情况：①碳、硅含量高的灰铸铁，其凝固体收缩较小，甚至不收缩，合金本身就不易产生缩孔和缩松；②结晶温度范围大，容易产生缩松的合金（如锡青铜），对气密性要求不高时，可采用同时凝固原则，使工艺简化；③当铸件的热裂、变形成为主要矛盾时，应该采用同时凝固原则。

应该指出，两种凝固原则在凝固顺序上虽然是对立的，但是在某个具体铸件上又可以将两者结合起来。例如。从整体上看某个铸件壁厚均匀，但个别部位有热节。在这种情况下，从整体上可以采用同时凝固，为了个别热节部位的补缩，铸件局部应采用顺序凝固，或者相反。

任务三　冒口

一、任务描述

本次任务使学生了解冒口的种类及补缩原理，掌握通用冒口的设计方法。

二、冒口简介

冒口是在铸型内用以储存补缩金属液所设置的空腔，主要作用是防止铸件发生缩孔和缩松缺陷，同时也兼有调整铸件温度场、溢除流头冷金属液、排除气体和收集渣滓等作用，而冒口的主要作用是补缩。习惯上把冒口中金属液凝固后所形成的实体也称为冒口。

功能不同的冒口，其形式、大小和开设位置均不相同，所以冒口的设计要考虑铸造合金的性质和铸件的特点。

1）对于凝固过程中体积收缩不大的合金（如灰铸铁），或不产生集中缩孔的合金（如锡青铜），冒口的作用主要是排放型腔中的气体和收集液流前沿混有夹杂物或氧化膜的金属液，以减少铸件上的缺陷。这种冒口多置于内浇口的对面，其尺寸也不必太大。

2）对于要求控制显微组织的铸件，冒口可以收集液流前沿已冷却的金属液，避免铸件上出现过冷组织。这类冒口的大小和设置部位应根据铸件的显微组织要求确定。

3）对于凝固期间体积收缩量大而且趋向于形成集中缩孔的合金（如铸钢、锰黄铜及铝青铜等），冒口的主要作用是补偿金属液在型腔中的液态收缩和铸件凝固过程中的收缩，以获得没有缩孔的致密铸件。

铸件在铸型中冷却时，最薄的部位先凝固，其收缩可由附近较厚的部分补偿；较厚部分凝固时，又可由最厚部分得到补偿；最厚部分凝固时，如得不到外来的补偿，该处就会形成大缩孔。在这种情况下，冒口的作用就是要补偿铸件最后凝固的部分，所以冒口要置于铸件最厚部位的上方或侧面，并且它的凝固要求晚于铸件的最厚部分。

这类冒口及相关工艺补正量的设计是铸造工艺设计中的重要环节，冒口的尺寸一般都用计算方法确定，重要的大型铸件可用计算机辅助设计。可通过多种技术措施来提高冒口的补缩效率，例如，中、小型铸件可在冒口周围加一个保温套或发热套，以减缓冒口的凝固，达到缩小冒口尺寸的目的；大型铸件除可用保温套或发热套外，还可在冒口顶部用电弧或火焰加热以减缓其凝固。提高冒口补缩效率的另一种途径是采用不同的方法增加冒口中的压力。

三、冒口的种类和形状

1. 冒口的种类

冒口的种类很多，一般分类如下：

- 冒口
  - 通用冒口（传统）
    - 普通冒口
      - 依位置分
        - 顶冒口
        - 侧冒口
      - 依顶部覆盖分
        - 明冒口
        - 暗冒口
    - 特种冒口
      - 依加压方式分
        - 大气压力冒口
        - 压缩空气冒口
        - 气弹冒口
      - 依加热方式分
        - 保温冒口
        - 发热冒口
        - 加氧冒口
        - 电弧加热冒口、煤气加热冒口
      - 易割冒口
  - 铸铁件的实用冒口（均衡凝固）
    - 直接实用冒口（浇注系统当冒口）
    - 控制压力冒口
    - 冒口无补缩

（1）普通冒口　按在铸件上的位置，分为顶冒口和侧冒口，按冒口与大气相通又分为明冒口和暗冒口。

1）顶冒口。直接安放在铸件顶部的最后部位，靠金属液重力作用来补缩的冒口。顶冒口多为明冒口。

2）侧冒口。铸件要补缩的热节不在高处，而在侧面或下半型时，设置在侧边的冒口。

侧冒口多为暗冒口。

（2）特种冒口　特种冒口分为加压冒口、加热冒口和易割冒口。

1）加压冒口。包括：大气压力冒口（冒口顶部插1～2根伸入冒口内腔的小砂芯，当铸件和冒口表面结壳后，外边空气通过小砂芯压入冒口中，增加补缩压力，比自重压力冒口的补缩好）、压缩空气冒口（通入压缩空气来增加钢液补缩压力的冒口，附带有氧化发热作用，使钢液缓慢冷却，从而增加了冒口的补缩作用）、气弹冒口（在冒口内侧壁上固定一个气弹，当受金属压力和高温作用时，弹壳里装的发气剂如苏打、石灰石粉等分解产生气体并膨胀，将冒口内的钢液压入铸件）。

2）加热帽口。包括：发热冒口（冒口用发热材料造型，钢液进入冒口与发热材料接触，发生化学放热反应，加热冒口中的钢液）、保温冒口（用一种热导率和容积密度均非常小的保温材料作为冒口的保温套，如珍珠岩复合型保温套、纤维复合型保温套、空心微珠复合型保温套、陶粒保温套等）、电弧加热冒口（就是从浇注到完全凝固的全过程中始终对冒口通电加热，使冒口中的金属液保持熔融状态，保证铸件获得充分补缩，用于大型铸钢件）、煤气加热冒口（用煤气加热冒口内的金属液，增加冒口的补缩效率）、加氧冒口（向冒口中通入氧气，利用氧化发热作用减缓冒口冷却，使冒口补缩作用加强）。

3）易割冒口。即在铸件与冒口之间放一块强度高而薄的隔片，隔片中有一个直径等于0.39倍冒口直径的补缩孔。由于隔片的厚度薄，易热，使钢液不宜凝固，易于补缩，且便于切除冒口。

（3）球墨铸铁自补缩冒口

1）压力冒口。适用于铸造模数≤0.48cm的球墨铸铁件。冒口只是为了补给铸件的液态收缩。当液态收缩终止冒口颈即自行凝固，利用铸件全部共晶膨胀压力补缩铸件的二次收缩，已消除铸件缩松。

2）浇注系统当冒口。适用于铸造模数≤0.48cm的球墨铸铁件，常采用浇注系统当做冒口进行补缩。

3）控制压力冒口。适用于0.48cm＜铸造模数＜2.5cm的球墨铸铁件的湿型铸造。在共晶膨胀结束之前冒口颈凝固，利用部分共晶膨胀在铸件内建立适度的内压力，以抵消二次收缩缺陷。以暗侧冒口为宜，安放在铸件的厚大部分。

4）安全小冒口、无冒口。适用于干型、自硬砂型、水泥砂型等刚性大的砂型铸造、铸造模数＞2.5cm的球墨铸铁件。采用的安全小冒口（1～2个）重量不超过浇注重量的2%。

生产中常用冒口的种类如图12-13所示。

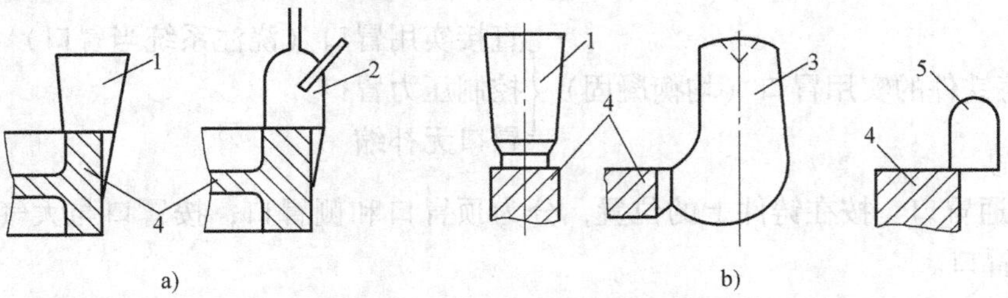

图12-13　生产中常用冒口的种类

a）铸钢件冒口　b）铸铁件冒口

1—明顶冒口　2—大气压力暗冒口　3—侧冒口　4—铸件　5—压边冒口

2. 冒口的形状

冒口的形状直接影响冒口的补缩效果。在相同体积的冒口中，散热面积越小，冒口的散热越慢，凝固时间越长，其补缩效果就越好。冒口体积与表面积之比称为模数。模数是冒口（或铸件）凝固时间长短的标志，模数大则凝固时间长、模数小则凝固时间短。

常用冒口的形状如图 12-14 所示，有球形、球顶圆柱形、圆柱形等。其中球形冒口的表面积最小，散热最慢，凝固时间最长，是最理想的冒口形状，但造型操作困难，故应用受限。生产中冒口的形状是根据铸件热节处的形状而定的。

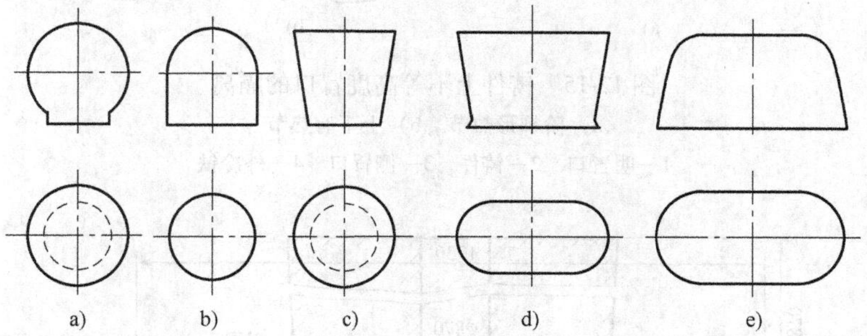

图 12-14　常用的冒口形状

a）球形　b）球顶圆柱形　c）圆柱形　d）腰圆柱形明冒口　e）腰圆柱形暗冒口

四、常用冒口的补缩原理

1. 基本条件

（1）凝固时间　冒口凝固时间应大于或等于铸件（被补缩部分）的凝固时间。

（2）补缩液量　冒口应有足够的金属液补充铸件的液态收缩和凝固收缩。

（3）补缩通道　在凝固期间，冒口和铸件被补缩部位之间存在液体流动的补缩通道，扩张角朝向冒口。

为实现通用冒口顺序凝固补缩，还要考虑冒口位置的选择，冒口有效补缩距离是否足够，并合理利用补贴和冷铁的作用，以强化冒口补缩效果。

2. 选择冒口位置的原则

冒口在铸件上的安放位置和数量，对铸件缩孔、缩松的形成有直接影响，因此在设计和施工过程中，确定冒口位置时应遵循以下基本原则。

1）冒口应设置或就近设置在铸件被补缩热节的上方（顶冒口）或热节的侧边（边冒口）。

2）冒口应尽量设置在铸件最高、最厚的部位，以利用冒口内金属液体补缩。当铸件上不同高度的热节需要补缩时，可分别设置冒口，同时要采用冷铁将各个冒口补缩区隔开，以防高位冒口对铸件进行补缩的同时又补缩低位冒口，导致铸件高位产生缩孔、缩松缺陷，如图 12-15 所示。

对低处的热节增设补贴或使用冷铁，造成补缩的有利条件。图 12-16 所示为铸钢件压力缸体补缩工艺方案，在主缸顶部设置冒口补缩，缸底部分内部设置补贴，一直上延至冒口，两侧部分同时使用补贴和冷铁。

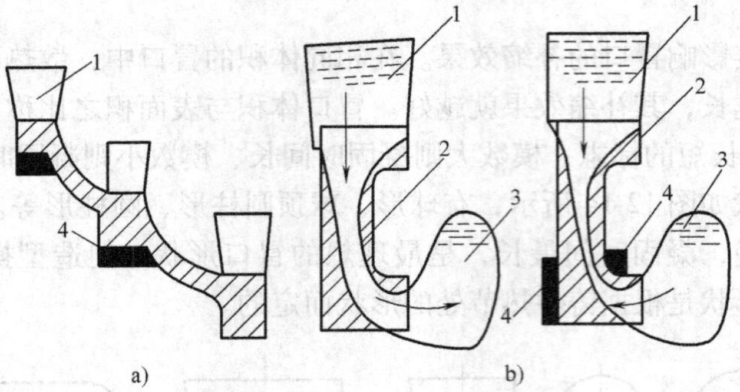

图 12-15 铸件上不等高度冒口的隔离

a）阶梯形热节 b）上下有热节

1—明冒口 2—铸件 3—侧冒口 4—外冷铁

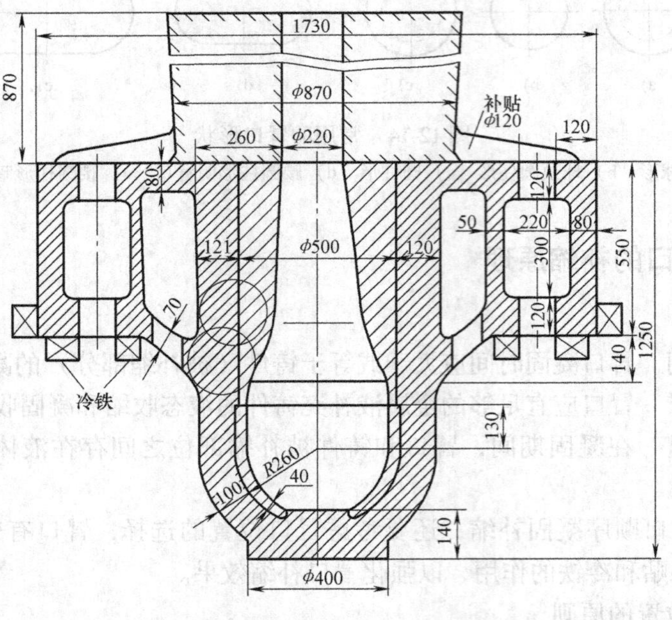

图 12-16 压力缸体铸钢件（补贴自缸底厚 140mm 处）用滚圆法导出冒口

3）冒口尽可能设置在铸件的加工面上，其残根在加工时去除，可节约精整工时，零件外观好。

4）冒口尽量不要设置在铸件应力集中的部位和阻碍铸件收缩的部位，应注意减轻对铸件的收缩阻碍，以免引起裂纹；不要设置在铸件受力大的部位，防止组织粗大，降低力学性能。

5）尽量用一个冒口同时补缩多个铸件热节，以提高冒口补缩效率和模板面积的有效利用，如图 12-17 所示。

6）不同高度上的冒口，应用冷铁使各个冒口的补缩范围隔开。

7）冒口的设置应使冒口切除方便、操作方便。

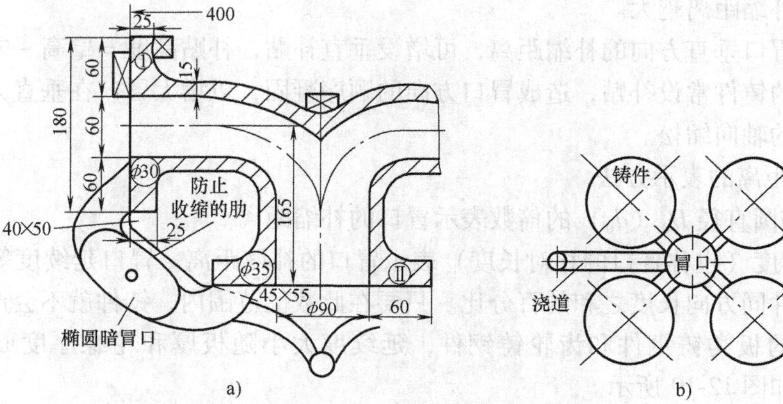

图 12-17　一个冒口补缩多个热节或铸件

a）一个冒口补缩两个热节　b）一个冒口补缩四个铸件

3. 冒口有效补缩距离的确定

（1）冒口有效补缩距离的概念　冒口的有效补缩距离为冒口作用区与末端区长度之和，它是确定冒口数目的依据，与铸件结构、合金成分及凝固特性、冷却条件、对铸件质量要求的高低等多种因素有关，简称为冒口补缩距离。

1）冒口水平方向的补缩距离。冒口水平方向的补缩距离如图 12-18a 所示，它是确定冒口位置和数量的基本依据。

冒口水平方向的补缩距离是有限的，为增加冒口的水平补缩距离，工艺上常设置水平补贴。由图可见，只有靠近铸件边缘的末端区和靠近冒口的冒口区相连接，才能获得致密的无缩松的铸件，即冒口的有效补缩距离 = 冒口作用区 + 末端区长度。超出这个距离，铸件中间将产生轴线缩松。

2）冒口垂直方向的补缩距离。冒口垂直方向的补缩距离如图 12-18b 所示，它是确定冒口补贴的基本依据。

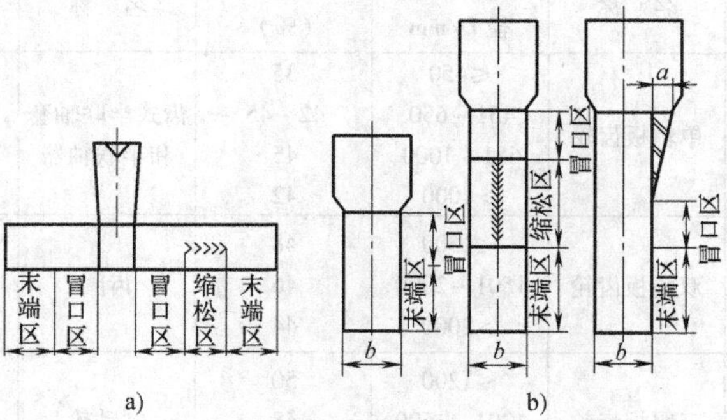

图 12-18　冒口补缩距离

a）冒口水平方向的补缩距离　b）冒口垂直方向的补缩距离

冒口垂直方向的补缩距离也是有限的。冒口垂直方向的补缩距离 ≥ 铸件高度，铸件不会出现轴线缩松；冒口垂直方向的补缩距离 < 铸件高度，在铸件中间一段仍会有轴向缩松。冒口垂直方向的补缩距离与铸件壁厚和冷却条件有关。被补缩铸件越厚，冷却条件越好，则冒

口垂直方向的补缩距离越大。

为了增加冒口垂直方向的补缩距离，可增设垂直补贴，补贴高度 = 壁高 - 末端区。如对致密度要求高的铸件常设补贴，造成冒口方向的顺序凝固，以增大冒口在垂直方向的补缩距离，消除铸件的轴向缩松。

（2）补缩距离的表示方法

1）用热节圆直径 D_0（d_0）的倍数表示冒口的补缩距离。

2）用延续度（也称冒口的相对长度）表示冒口的补缩距离。冒口延续度等于冒口根部尺寸之和与铸件同方向长度之和的百分比。只要在此数值范围内，铸件就不会产生缩孔和缩松。对于立浇的板类铸钢件和齿轮铸钢件，延续度大小随板厚和轮缘厚度而定，一般为30% ~45%，如图 12-19 所示。

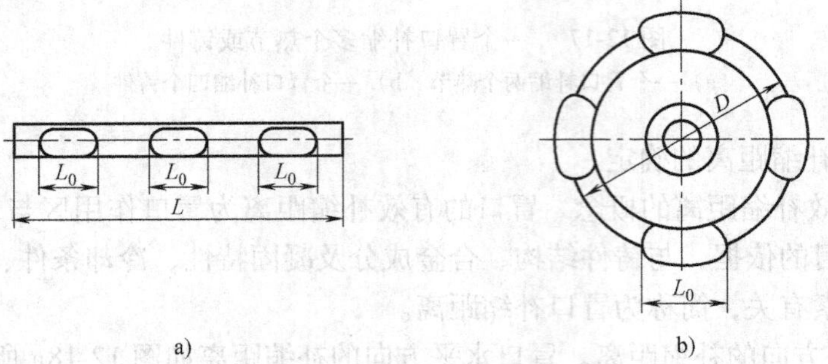

图 12-19　冒口延续度示意图

a）长形件的延续度 $=\frac{3L_0}{L}\times 100\%$　b）轮形件的延续度 $=\frac{4L_0}{\pi D}$

铸件及各种齿轮的冒口延续度可参考表 12-3。

表 12-3　铸件及各种齿轮的冒口延续度

一般铸件		齿轮铸件					
厚度/mm	冒口延续度（%）	名　称	轮廓最大直径 D/mm	冒口延续度（%）	名　称	轮廓最大直径 D/mm	冒口延续度（%）
≤100	38 ~40	单辐板齿轮	≤450 451 ~650 651 ~1000 >1000	35 42 ~45 45 42	齿式半联轴套和半联轴器	≤500 501 ~1500 >1500	25 25 ~30 30 ~32
>100 ~150	35 ~38	双辐板齿轮	≤1500 1501 ~2000 >2000	48 46 44	齿圈		42
>150	30 ~35	三辐板齿轮	≤1200 1201 ~1600 >1600	50 48 47	制动轮	600 ~1000	42 ~45

五、铸造合金有效补缩距离的确定

1. 碳钢（碳质量分数为 0.2% ~0.30%）铸件的水平补缩距离

可将铸件的被补缩部分简化为板形件（截面宽：厚≥5：1）和杆形件（截面宽：厚

<5∶1）。杆形件和板形件的补缩距离如图 12-20 所示。

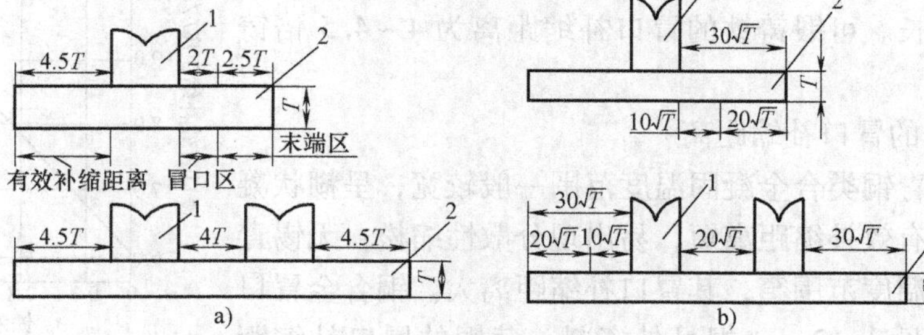

图 12-20　板形及杆形铸钢件冒口的补缩距离

a）板形件　b）杆形件

1—冒口　2—铸件

阶梯形铸钢件的冒口补缩距离比板形件的大，如图 12-21 所示。

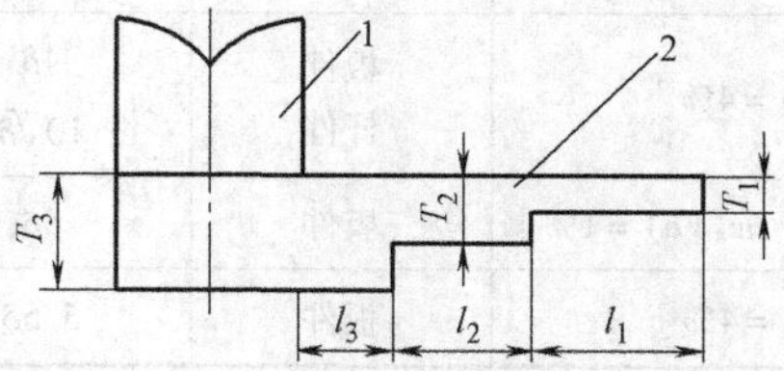

图 12-21　阶梯形铸钢件冒口补缩距离

1—冒口　2—铸件

（$l_1 = 3.5T_2$　$l_2 = 3.5T_3 - T_1$　$l_3 = 3.5T_3 - T_1 + 110\text{mm}$）

冒口的补缩距离随铸件厚度的增加而增加，并随铸件宽厚比的减少而减少。当铸件的壁厚为 T 时，冒口的有效补缩距离具体尺寸可通过图 12-22 和图 12-23 查出。

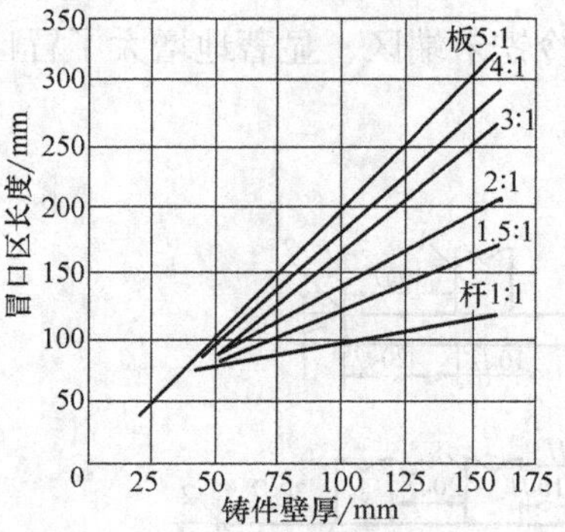

图 12-22　板形和杆形铸钢件冒口区长度与铸件壁厚的关系

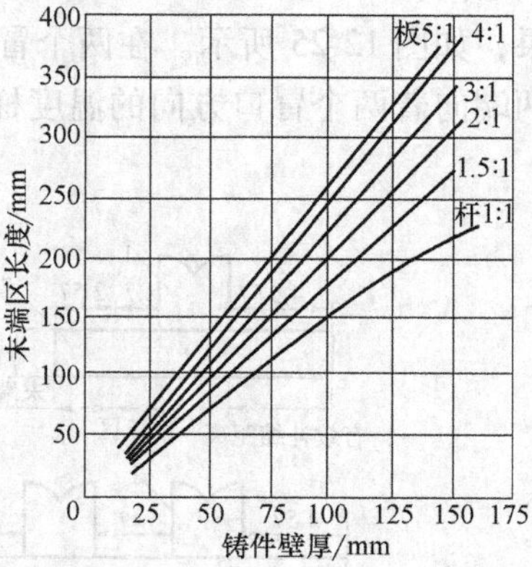

图 12-23　板形和杆形铸钢件末端区长度与铸件壁厚的关系

2. 灰铸铁的有效补缩距离

灰铸铁、球墨铸铁和蠕墨铸铁件，一般很少采用顺序凝固原则设置通用冒口补缩。灰铸铁凝固时，由于石墨化膨胀可以抵消部分凝固时所产生的体收缩，具有自补缩能力，因此冒口的补缩距离增大。冒口的补缩距离可由图12-24得出。

如果设置冒口主要补缩铸件的液态收缩，则冒口补缩距离可以看成是无限长。可锻铸铁的冒口补缩距离为4～4.5倍铸件壁厚。

3. 非铁合金的冒口补缩距离

锡青铜和磷青铜类合金凝固温度范围一般较宽，呈糊状凝固特性，冒口的有效补缩距离短，易出现分散性缩松；无锡青铜和黄铜的凝固温度范围窄，其冒口补缩距离大。铜合金冒口的补缩距离数据见表12-4。据另外资料，黄铜的冒口补缩距离为（5～9）δ（δ为铸件壁厚），铝青铜和锰青铜的冒口补缩距离为（5～8）δ。

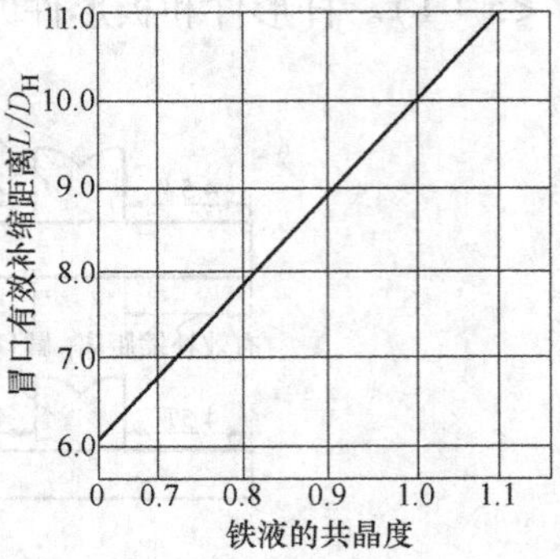

图12-24　灰铸铁冒口补缩距离和共晶度的关系

表12-4　铜合金的冒口补缩距离

合金种类	铸件形状	末端区长	冒口区长	补缩距离
锡锌青铜[w(Sn)=8%，w(Zn)=4%]	板件 杆件	4δ $10\sqrt{\delta}$	0	4δ $10\sqrt{\delta}$
锰铁青铜[w(Cu)=55%，w(Mn)=3%，w(Fe)=1%]	板件	5δ	2.5δ	7.5δ
铝铁青铜[w(Al)=9%，w(Fe)=4%]	板件	5.5δ	3δ	8.5δ

注：1. 在干型、水平浇注条件下获得。
2. δ为板厚或杆的边长。

共晶型铝合金的冒口补缩距离约为4.5δ，非共晶型铝合金的冒口补缩距离约为2δ。

六、外冷铁对冒口补缩距离的影响

在远离冒口的位置设置外冷铁，可以延长末端区，增大冒口有效补缩距离，强化冒口补缩效果，如图12-25所示。在两个冒口之间安放冷铁，相当于在铸件中间增加了激冷端，使冷铁两端向着两个冒口方向的温度梯度增大，形成两个冷铁末端区，显著地增大了冒口补缩距离。

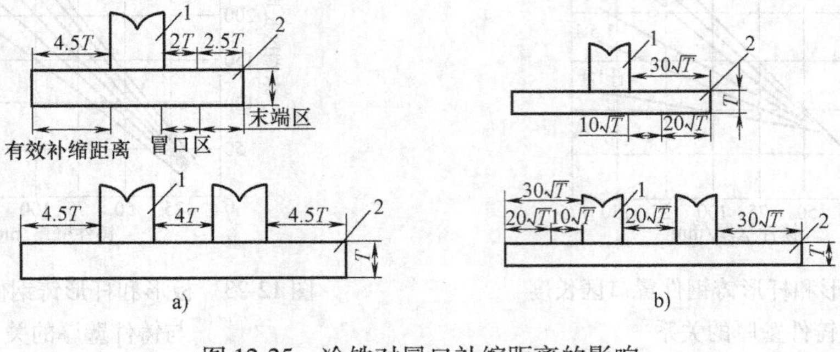

图12-25　冷铁对冒口补缩距离的影响

a）板件（无冷铁）　b）杆件（无冷铁）

1—冒口　2—铸铁

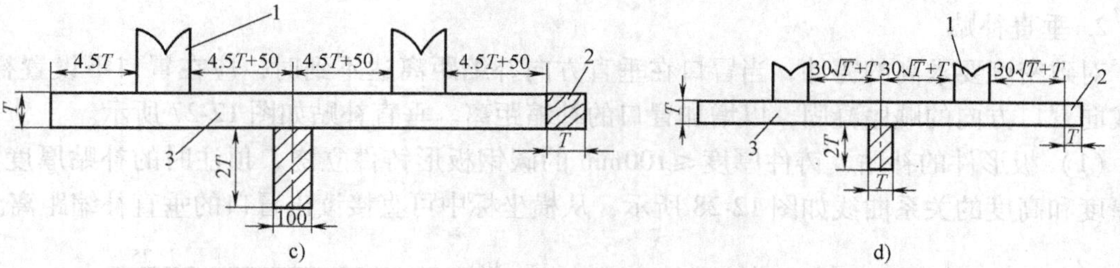

图 12-25 冷铁对冒口补缩距离的影响（续）
c）板件（有冷铁） d）杆件（有冷铁）
1—冒口 2—冷铁 3—铸件

七、冒口补贴

在靠近冒口的铸件壁一端向着冒口方向逐渐增加铸件壁厚，形成一个向着冒口补缩通道的扩张角，能显著增加冒口的补缩距离。这种人为的，在靠近冒口壁上铸件增加的厚度称为冒口补贴（简称补贴）。

设置冒口补贴，可以造成冒口的补缩通道，延长冒口补缩距离，强化顺序凝固，增强补缩效果，有效消除铸件下部热节处的缩孔，减少冒口数目，是增加冒口有效补缩距离的有效工艺措施。一般内补贴比外补贴小。补贴在铸钢件上应用较多，球墨铸铁件有时也采用，灰铸铁件应用很少。对结晶温度范围较大的合金（如锡青铜），采用补贴效果不大。

去除金属补贴会增加铸件清理和机械加工的工时，为克服金属补贴的这一缺点，可以应用加热补贴和发热（保温）补贴，保温补贴具有良好的经济效益。

1. 水平补贴（又称凸肩补贴）

水平补贴增设在冒口的侧面，以增加冒口水平补缩距离。水平补贴的形式及尺寸计算如图 12-26 所示。

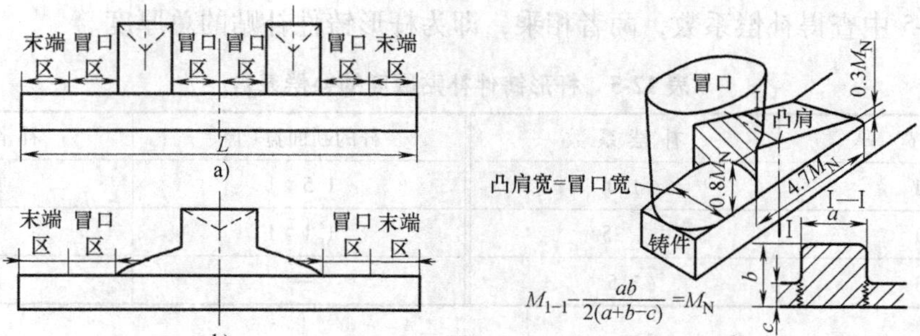

图 12-26 冒口水平补贴的形式及尺寸
a）无补贴 b）有水平补贴 c）水平补贴尺寸计算

水平冒口的模数计算方法为

$$M_{1-1}=\frac{ab}{2(a+b)}=M_N$$

式中 M_{1-1}——补贴模数；

M_N——冒口颈模数。

2. 垂直补贴

对致密度要求高的铸件，当冒口在垂直方向补缩距离达不到时，应在冒口下设置补贴，造成向冒口方向的顺序凝固，以增加冒口的补缩距离。垂直补贴如图 12-27 所示。

（1）板形件的补贴　铸件厚度≤100mm 的碳钢板形铸件立浇、顶注时的补贴厚度与铸件厚度和高度的关系曲线如图 12-28 所示，从横坐标中可直接读出冒口的垂直补缩距离。

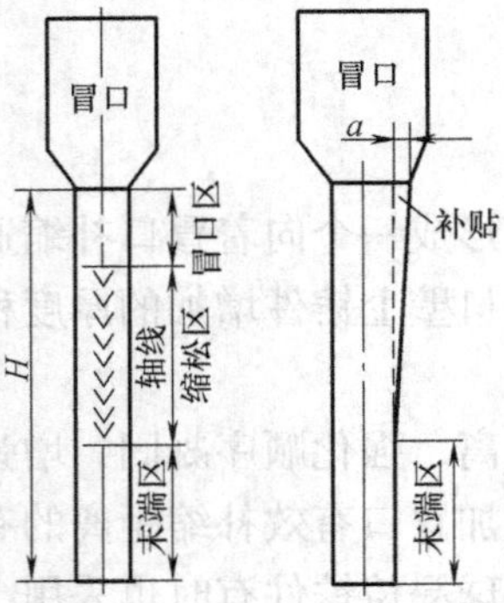

图 12-27　垂直补贴

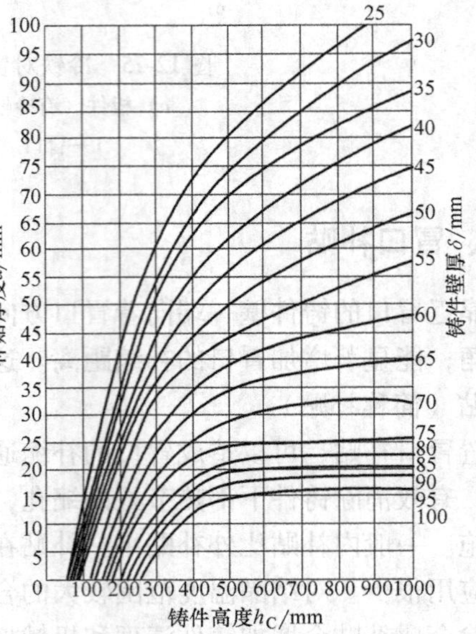

图 12-28　补贴厚度与铸件厚度和高度的关系曲线

补贴高度与铸件被补缩部分的厚度有关，壁越厚致密度范围越大。一般按下式确定

补贴高度 = 壁高 - 末端区

（2）杆形铸件的补贴　板形铸件的壁厚从图 12-28 上查得补贴厚度 a，再根据杆的宽厚比，从表 12-5 中查得补偿系数，两者相乘，即为杆形铸件补贴的总厚度。

表 12-5　杆形铸件补贴厚度的补偿系数

杆的断面宽：厚	补偿系数	杆的断面宽：厚	补偿系数
4：1	1.0	1.5：1	1.7
3：1	1.25	1.1：1	2.0
2：1	1.5	—	—

（3）对底注和高合金及低合金钢的补偿系数

1）底注式碳钢及低合金钢板件为 1.25。

2）顶注式高合金钢板件为 1.25。

3）底注式高合金钢板件为 1.25×1.25≈1.5。

（4）齿轮铸件轮缘和轮毂的补贴尺寸　齿轮铸件轮缘和轮毂的补贴尺寸常用滚圆法确定。对于重要部位的热节的补贴厚度用扩大滚圆法；对于次要部位的热节用不扩大滚圆法。如图 12-29所示为确定铸钢齿轮毛坯的轮缘和轮毂处补贴的具体方法。

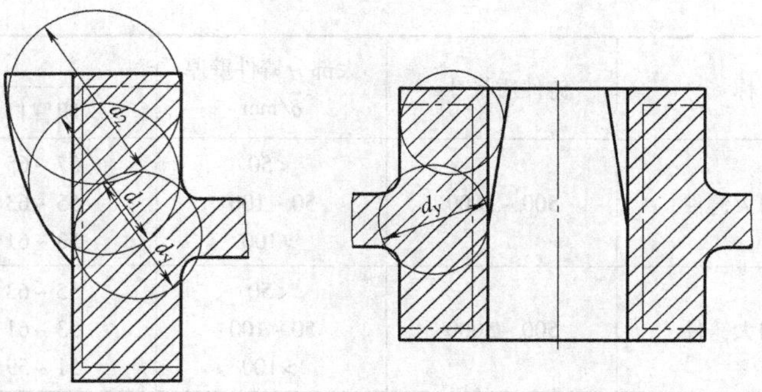

图 12-29 确定冒口补贴尺寸的滚圆法

a）轮缘的补贴 b）轮毂的补贴

（扩大滚圆法：$d_1=1.05d_y$，$d_2=1.05d_1$，$d_3=1.05d_2$）

八、铸件的工艺出品率

为研究浇注系统，特别是冒口金属的消耗情况，有时使用工艺出品率（亦称铸造回收率）概念。可用工艺出品率判断所设计冒口有足够的金属液补缩铸件。

铸件的工艺出品率 = 铸件质量/（铸件质量 + 浇注系统质量 + 冒口质量）

其中，浇注系统质量占铸件质量的 3% ~6%。铸件的工艺出品率不考虑金属熔化时的耗损和浇注时的溢溅损失，以及铸件是否合格，但铸件应是完整的，即不是浇不足的。铸件的工艺出品率过高，说明浇冒口系统补缩铸件的金属液可能不够，应适当增加浇冒口系统的尺寸；如过低，则说明浇冒口系统尺寸太大，金属液未被充分利用，应适当减少，选择合理的浇冒口系统。铸钢件出品率的大小，取决于铸件的结构、大小、复杂程度等。碳钢和低合金钢铸件的工艺出品率见表 12-6。

表 12-6 碳钢和低合金钢铸件的工艺出品率

组别	名称	铸件质量/kg	大部分铸件壁厚 δ/mm	工艺出品率（%）	
				明冒口	半球形暗冒口
Ⅰ	一般重要的小铸件	<100	<20	54 ~62	59 ~67
			20 ~50	53 ~60	58 ~65
			>50	52 ~58	57 ~63
	特别重要的小铸件	<100	<20	52 ~58	57 ~63
			20 ~50	51 ~57	56 ~62
			>50	50 ~56	55 ~61
Ⅱ	一般重要的中等铸件	100 ~150	<30	56 ~64	61 ~69
			30 ~60	54 ~62	59 ~67
			>60	52 ~60	57 ~65
	特别重要的中等铸件	100 ~150	<30	54 ~62	59 ~67
			30 ~60	53 ~60	58 ~65
			>60	50 ~58	55 ~63

（续）

组别	名称	铸件质量/kg	大部分铸件壁厚 δ/mm	工艺出品率（%）	
				明冒口	半球形暗冒口
Ⅲ	一般重要的大铸件	500～5000	<50 50～100 >100	57～65 55～63 53～61	62～70 60～68 58～66
Ⅲ	特别重要的大铸件	500～5000	<50 50～100 >100	55～63 53～61 51～59	60～68 58～66 56～64
Ⅳ	一般重要的重型铸件	>5000	>50 50～100 >100	58～66 56～64 54～62	62～70 60～68 66～68
Ⅳ	特别重要的重型铸件	>5000	>50 50～100 >100	57～65 55～63 53～61	61～69 59～67 57～65
Ⅴ	齿轮	100 100～500 >500		54～58 55～59	55～60 58～62 59～63
Ⅵ	齿圈	1000 >1000		56～60 58～62	59～63 61～65
Ⅶ	外形或内表面加工的圆筒活塞	>1000		61～67	

任务四 提高冒口补缩效率的方法

一、任务描述

本次任务使学生了解提高冒口补缩距离的措施、特殊冒口的特点及作用。

二、提高冒口补缩效率的措施简介

普通冒口又称自重压力冒口，一般是靠冒口中金属液柱的自重进行补缩。其质量为铸件质量的40%～80%，工艺出品率低，去除冒口的工作量大。因此，应设法提高普通冒口的补缩效率，以提高铸件的工艺出品率，主要措施如下：

1）提高冒口中金属液的补缩压力，如采用大气压力冒口等。

2）延长冒口中金属液的保持时间，如采用保温冒口和发热冒口等。

三、大气压力冒口

在暗冒口顶部插放一个细砂芯（见图12-30a），或造型时做出锥顶砂（见图12-30b），伸入到冒口最热区，称为大气压力冒口。由于砂芯底部或吊砂的尖端部分的剧烈受热，使其晚于冒口的其他部分凝固，浇注后冒口表面结壳，外界大气压力仍可通过砂芯的孔隙作用在内部金属液面上，从而增加了冒口的补缩压力。其补缩效率为15%～20%。图12-30c所示也是铸钢件大气压力冒口的实例。

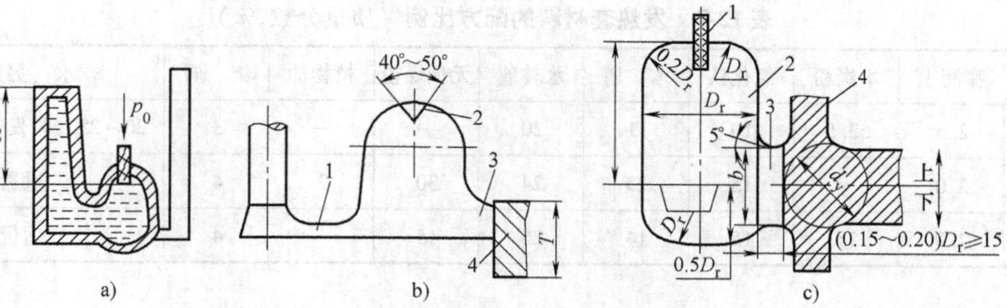

图 12-30　大气压力冒口

a）补缩原理　b）带锥顶砂的冒口　c）带砂芯的大气压力冒口

1—大气压力砂芯　2—冒口　3—冒口颈　4—铸件

机器造型中的中、小铸铁件多采用带吊砂的大气压力冒口；铸钢件多采用带砂芯的大气压力冒口，其冒口尺寸可按普通冒口的方法确定。冒口高度取允许的最小值，大气压力侧冒口的直径为 $D_{冒}$。冒口颈的最小尺寸 l_1 与铸件热节圆直径 $D_{节}$ 之间可按下列经验公式计算

$$l_1 = (1.3\sim1.7)\ D_{节}$$

$$D_{冒} = (2.0\sim2.5)\ D_{节}$$

其中冒口颈如采用椭圆形，则短轴长为 l_1，而长轴长为（1.2～1.5）l_1。

四、保温冒口、发热冒口

用保温材料或发热材料作冒口套（见图 12-31），顶部使用保温剂、发热剂的称为保温冒口或发热冒口。使用保温套或发热套，可大大延长冒口的凝固时间，冒口补缩效率为 25%～30%，一般比普通冒口的铸件工艺出品率提高 10%～25%，从而显著地节约金属和降低铸件成本。

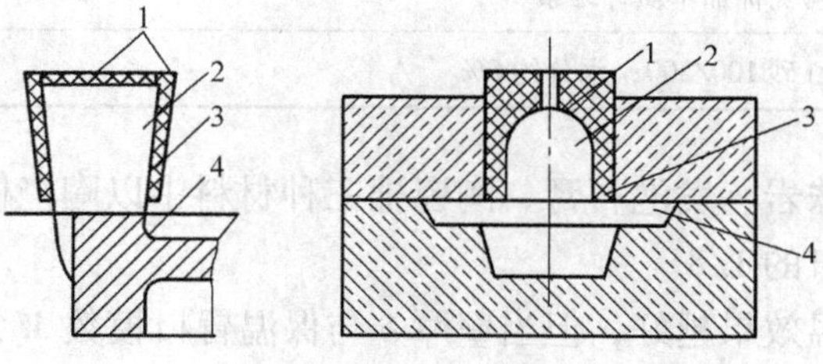

图 12-31　保温冒口、发热冒口

a）明冒　b）暗冒口

1—保温、发热套（剂）　2—冒口　3—隔离砂　4—铸件

1. 发热冒口

发热冒口就是用发热材料做成发热套，造型时放入型中，形成冒口的型腔。在明冒口液面上要撒发热剂，以防止顶面散热过快。这种冒口是利用发热材料与钢液接触时发生化学反应放出大量的热，使冒口内液态金属的作用时间延长。其冒口的体积仅为普通冒口体积的 1/4～1/2。

发热套材料由发热剂、保温剂及粘结剂三部分组成。其中，发热剂为铝粉和氧化铁粉；保温剂为木炭粉、木屑和煤粉；粘结剂为水玻璃和粘土。发热套材料的配方比例见表 12-7。

表 12-7 发热套材料的配方比例（质量分数,%）

序号	膨润土	木炭粉	氧化铁	木屑	水玻璃	无烟煤粉	植物油	铝屑	水（另加）
1	2.5	53.5	10	11	20	—	—	3	20～25（占发热材料量）
2	2.0	—	15	23	24	30	2	4	适量
3	2.0	25	15	14	25	15	—	4	适量

为防止铸件增碳，应在发热套根部做出一层10～40mm厚的型砂层。

发热冒口多用于直径小于ϕ400mm的冒口。

发热冒口使用材料较贵，在配料混制不当时，冒口的作用不稳定且发热冒口燃烧时会产生大量的烟气，对环境和操作不利。

2. 保温冒口

保温冒口通常是采用蓄热系数小的材料做成像发热套那样的保温套。只是保温套的根部不用再加型砂层，因为它不会使铸钢件增碳。

影响保温冒口保温性能的主要因素有保温材料的蓄热系数和保温套的壁厚。蓄热系数越小，保温性能越好。所以在保持高温体积稳定的条件下，密度越小、热导率越低越好。常用保温冒口用材料见表12-8。

表 12-8 常用保温冒口用材料

材料	主要成分
珍珠岩	体积分数：膨胀珍珠岩95%；水玻璃4%。质量分数为10%的NaOH水溶液
发泡石膏	质量分数：石膏78%；水泥20%；发泡剂0.25%；促凝剂（钾矾）0.5%；水
陶瓷棉	陶瓷棉加木质纤维素
湿砂型	红砂100/200；水分约6%

实验结果表明，珍珠岩、发泡石膏、陶瓷棉三种材料中以陶瓷棉为最好，用这种材料做的冒口体积约为普通冒口的1/8。

保温冒口越厚，保温效果越好，但当壁厚δ与保温冒口模数M之比$\delta/M\geqslant1$时，保温效果增加不明显。由此可见，保温冒口不宜过厚。一般保温冒口均可使冒口体积减小50%左右。

另外还有加氧冒口和电弧加热冒口等。

五、易割冒口

在冒口根部放一片耐火陶瓷或耐火材料制成的带孔隔板，隔板上的孔相当于冒口颈，冒口中金属液通过细的冒口颈对铸件补缩，冒口易于从铸件上去除，称为易割冒口，如图12-32所示。易割冒口适用于不宜用机械方法切除冒口，而使用气割时容易引起裂纹的高合金钢，如高锰钢铸件。

隔片通常用白泥15%、耐火泥60%、膨润土10%、耐火砖粉15%（均为质量分数），另加水12%（质量分数）配制而成。配制的隔片要经自然干燥24h，再在1000～1100℃下焙烧 2～3h 即可。

易割冒口尺寸可按下列关系确定。

冒口直径为

$D=(2\sim2.5)T$ （铸件被补缩长度大于 $8T$ 时）

$D=(1.5\sim1.8)T$ （铸件被补缩长度小于 $8T$ 时）

冒口高度为

$H=(1.5\sim1.7)D$ （明冒口时）

$H=(2.0\sim2.2)D$ （暗侧冒口时）

其中 T 为铸件热节圆直径。

易割冒口缩颈、隔片厚度与冒口直径的关系见表 12-9。

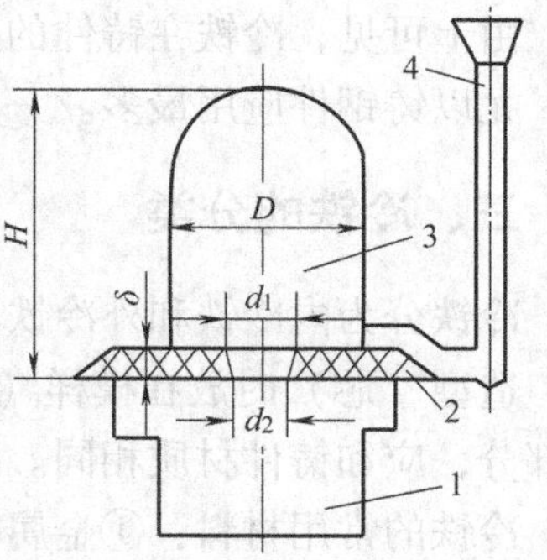

图 12-32 易割冒口

1—铸件 2—隔片 3—暗冒口 4—浇道

表 12-9 易割冒口缩颈、隔片厚度与冒口直径的关系 （单位：mm）

冒口直径 D	隔片厚度 δ	缩颈孔直径	
		小端 d_2	大端 d_1
80	6	25	30
100	7	30	34
120	7	34	40
150	8	34	40
180	10～12	40	46

任务五 冷 铁

一、任务描述

本次任务使学生了解冷铁的作用、分类和特点，掌握冷铁的应用。

二、冷铁简介

在铸造生产中，常常因金属液体的冷却、凝固、收缩等原因引起相关的铸造缺陷，如缩孔、缩松、裂纹等，应用冒口补缩虽然可以减少缺陷的倾向，但也使得金属液体耗用量增多而降低铸件的出品率，从而使铸件的成本居高。为了提高经济效益，利用冷铁来实现铸件在凝固过程中的激冷、控制凝固过程的技术方法已得到广泛应用。

冷铁是为增加铸件局部冷却速度，在型腔内部及工作表面安放的金属激冷块。在铸件的凝固过程中，通过冷铁的应用，可对金属液体起着激冷和控制凝固的作用，具体如下：

1）与冒口配合使用，使铸件呈现顺序凝固，扩大冒口的有效补缩距离或范围，减少冒口的数目和体积。通过合理利用冷铁和保温冒口技术，可使铸钢件的工艺出品率达到 70% 以上，并可有效防止铸件产生缩孔和缩松。

2）加快铸件局部的冷却速度，使铸件同时凝固，防止铸件产生变形和裂纹。

3）强化铸件某些特殊部位的冷却，改变铸件金相组织，提高表面硬度和耐磨性。

4）减轻和防止厚壁铸件产生偏析。

由上可见，冷铁在铸件的凝固过程中起着不可忽视的作用。各种铸造合金均可使用冷铁，尤以铸钢件应用最多。

三、冷铁的分类

冷铁分为内冷铁和外冷铁。放置在型腔内、能与铸件熔合为一体的金属激冷块称为内冷铁，造型（芯）时放在模样（芯盒）表面上的金属激冷块称为外冷铁。内冷铁成为铸件的一部分，应和铸件材质相同。外冷铁可重复使用。

冷铁的常用材料：①金属材料，如高碳钢、普通碳素钢、铸件本体材料、铸铁、铸铜、铸铝等；②非金属材料，如石墨、碳化硅、镁砂、锆砂、铬铁矿砂等；③化学冷铁，如焓变涂料。

焓变涂料是以在一定的温度区间内可发生吸热化学反应的物质为基料配制的，将其涂在砂型（芯）表面，可代替常规冷铁。它对解决难于放置冷铁的串皮芯部位的激冷问题效果明显。焓变涂料激冷作用的大小取决于基料物质比焓变的大小以及涂层厚度等因素。

根据铸件材质和激冷作用的强弱，可采用铸钢、铸铁、钢材、铝等材质的外冷铁，还可采用蓄热系数比硅砂大的非金属材料，如石墨、碳素砂、铬镁砂、铬砂、镁砂、铅砂等作为激冷物使用。

四、外冷铁

外冷铁作为铸型的一部分，浇注后不与铸件熔合，落砂后可回收并重复使用。

外冷铁的材料以导热性好、热容量大、有足够的熔点为佳。常用的材料有轧制钢材和铸铁，以及铸钢的成形冷铁，形状一般根据铸件需激冷部分的形状来确定。

外冷铁可分为直接外冷铁和间接外冷铁两类。

1. 直接外冷铁

直接外冷铁与铸件表面直接接触，激冷作用强，又可分为有气隙和无气隙两种。在冷铁和砂型的交界处，由于凝固厚度不同，在交界处易产生裂纹。如果冷铁表面积过大，已凝固层向冷铁中心收缩的应力也大，产生热裂的可能性也就越大。直接外冷铁的类型如图 12-33 所示。

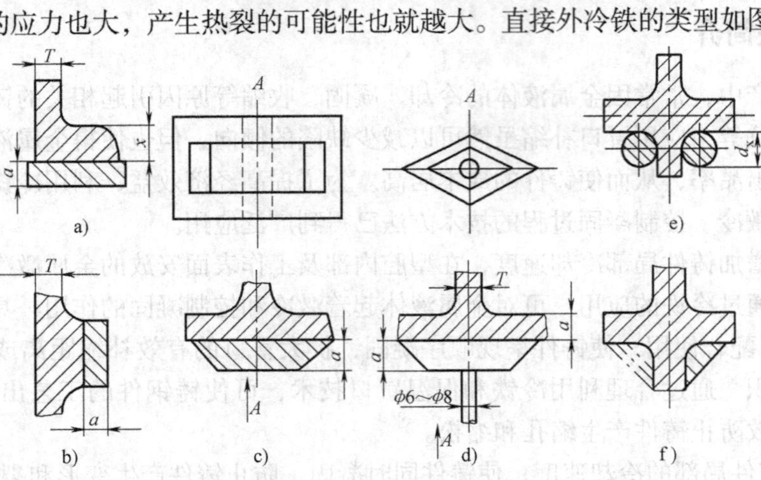

图 12-33　直接外冷铁

a）、b）平面直线形的　c）带切口平面的　d）平面菱形的　e）圆柱形的　f）异形的

2. 间接外冷铁

间接外冷铁与被激冷铸件之间相隔有 10 ~ 15mm 厚的砂层，故又名隔砂冷铁、暗冷铁（见图 12-34），其激冷作用弱，可避免灰铸铁件表面产生白口层或过冷石墨层，还可避免因明冷铁激冷作用过强所造成的裂纹，铸件外观规整，不会出现与铸件相熔接等的问题。

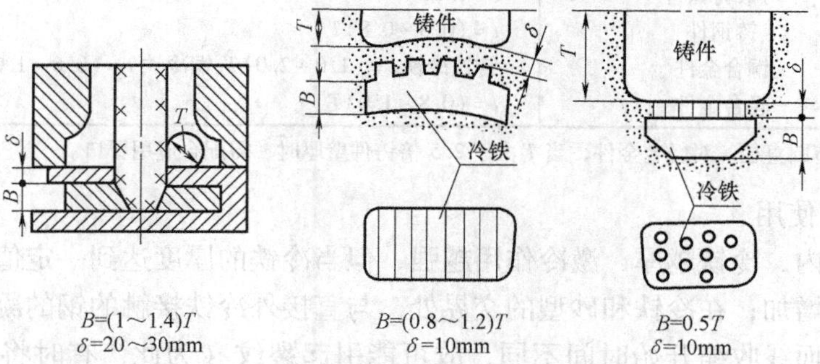

图 12-34　间接外冷铁

实际生产中，外冷铁的激冷效果与多种因素有关，如冷铁材质，表面涂料层的性质和厚度，冷铁尺寸、形状、安放位置，以及金属液流经冷铁时间的长短等。

常用外冷铁的位置和尺寸见表 12-10。

表 12-10　外冷铁的位置和尺寸

冷铁安放位置	尺　寸	备　注
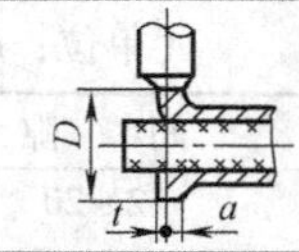	$t=(0.5\sim0.7)a$	如法兰宽度较大（超过 200mm），外冷铁可分为内、外两圈或多圈交错安放
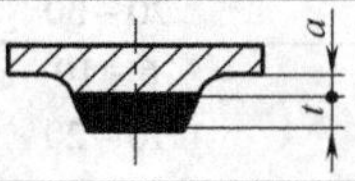	$t=(0.7\sim1.0)a$	
	$t=(0.6\sim0.7)a$	
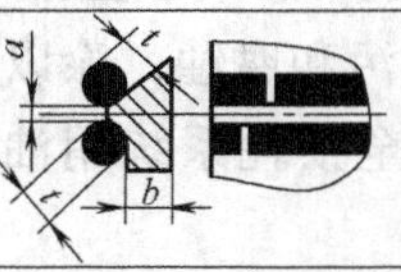	① $b>a, t=(0.6\sim0.8)a$ ② 根据圆角处半径，采用相同半径的冷铁	转角半径为 15mm，放圆钢外冷铁；转角半径大于 15mm，用成形圆角冷铁
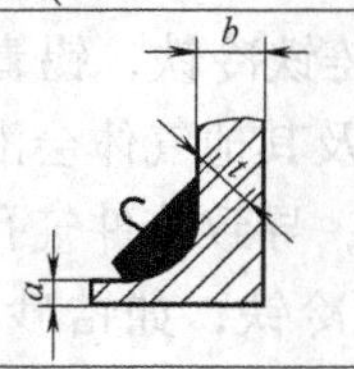	① $b>a, t=(0.7\sim0.9)a$ ② 按转角处半径，采用相同半径的冷铁	转角半径为 15mm，放圆钢外冷铁；转角半径大于 15mm，用成形圆角冷铁
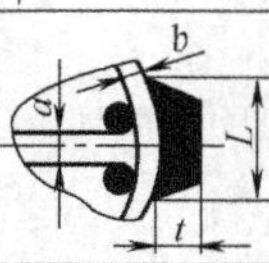	圆角冷铁根据转角半径，则 $t=(0.5\sim0.6)b$ $L=100\sim200$mm	转角半径为 15mm，放圆钢外冷铁；转角半径大于 15mm，用成形圆角冷铁

另外，冷铁的厚度也可参照表 12-11 的经验数据选取。

表 12-11 外冷铁的厚度

序号	适用条件	外冷铁的厚度
1	灰铸铁件	$t=(0.25\sim0.5)T$
2	球墨铸铁件	$t=(0.3\sim0.8)T$
3	可锻铸铁件	$t=1.0T$
4	铸钢件	$t=(0.3\sim0.8)T$
5	铜合金件	铸铁冷铁 $t=(1.0\sim2.0)T$，铜冷铁 $t=(0.6\sim1.0)T$
6	轻合金件	$t=(0.8\sim1.0)T$

注：T 为铸件热节圆直径。对轻合金件，当 T 大于 2.5 倍铸件壁厚时，需配合应用冒口。

3. 外冷铁的使用

在一定范围内，冷铁越厚，激冷作用越强，但当冷铁的厚度达到一定值后，铸造合金的凝固速度将不再增加；在冷铁和砂型的交界处，与直接外冷铁接触的钢的凝固层厚度约为砂型处的两倍，因而线收缩开始时间不同，故可能引起裂纹（为此，有时将外冷铁的侧面做成45°的斜面，以使砂型和冷铁交界处有较平缓的过渡）；当冷铁面积太大时，已凝固层向冷铁中心收缩的应力也大，容易引起热裂，故宜采用多块小型外冷铁间错布置，并相互间留有一定间隙。安放外冷铁时应注意以下几点。

1）外冷铁的能力和激冷能力的选择，不应破坏顺序凝固条件，不应堵塞补缩通道。

2）每块冷铁不宜过大、过长，冷铁之间应留有间隙，避免铸件产生裂纹和因冷铁受热膨胀而损坏铸型。

有关冷铁尺寸及间隙要求可参考表 12-12。

表 12-12 冷铁长度与间隙 （单位：mm）

冷铁形状	直径或厚度	长度	间隙
圆柱形	$d<25$	100～150	12～20
	$d=25\sim45$	100～200	20～30
板形	$t<10$	100～150	6～10
	$t=10\sim25$	150～200	10～20
	$t=25\sim75$	200～300	20～30

3）尽量把外冷铁放在铸件底部和侧面，顶部外冷铁不易固定，且常影响型腔排气。

4）外冷铁工作表面应平整，不得有气孔、缩陷等缺陷，去除油污和腐蚀，涂以涂料并烘干，以免使铸件产生气孔（涂料可分别采用松香乙醇、炭灰水、全损耗系统用油、桐油砂、亚麻油等）。

5）铸钢件的外冷铁一般用钢制作，黄铜和无锡青铜件可用一般铸铁冷铁，锡青铜件则用石墨外冷铁，要求高的铸件应避免使用铸铁外冷铁，多次使用后氧及其他气体会沿石墨缝隙进入冷铁内部，造成其氧化、生长，当再次使用时遇热会析出气体，导致铸件气孔。

6）有时可采用导热性能良好的造型材料代替形状复杂的异形外冷铁，如锆砂、镁砂、铁屑、铁丸、碳素砂、碳化硅等。

五、内冷铁

内冷铁是在铸型合型时，安放在型腔内，浇注后与铸件熔合成一体，永存于铸件之中的冷铁，故其材质应与铸件相同或相近。

内冷铁主要有圆钢内冷铁、螺旋内冷铁和架状（即栅状）内冷铁三种。其中，螺旋内冷铁因固定不方便，浇注时易冲离，故很少使用。

内冷铁的激冷作用比外冷铁强，能有效地防止厚壁铸件中心部位缩松、偏析等，但应用时必须对内冷铁的材质、表面处理、质量和尺寸等加以严加控制，以免引起缺陷。通常是在外冷铁激冷作用不足时才用内冷铁，主要用于壁厚大而技术要求不太高的铸件上，特别是铸钢件。

一般应用的是“熔接内冷铁”，要求内冷铁和铸件牢固地熔合为一体。只在个别条件下才允许应用“非熔接内冷铁”。例如，在铸件加工孔中心放置的内冷铁，在以后加工时被钻去。常用内冷铁的形式和放置方法如图 12-35 所示。

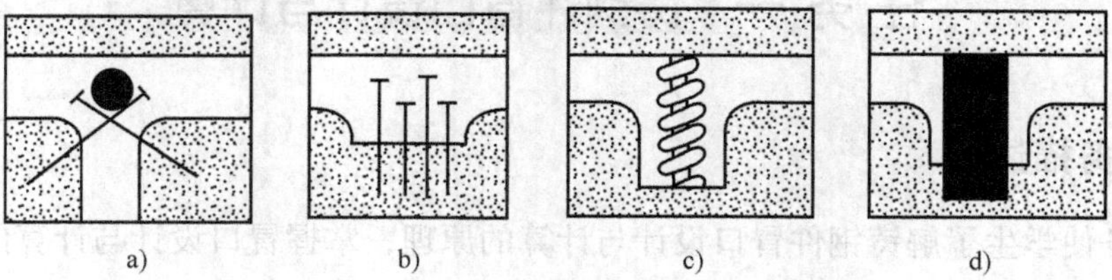

图 12-35　常用内冷铁的形式和放置方法
a）横卧圆钢内冷铁　b）插钉内冷铁　c）螺旋内冷铁　d）直立圆钢内冷铁

对于铸钢件和铸铁件宜选用低碳钢作内冷铁，铜合金铸件应选用铜质内冷铁。对质量要求不高的铁砧子、锤子等铸件，可将浇注后的直浇口棒作为内冷铁，中小型铸件可用铁丝、铁钉、钢屑等作内冷铁。确定内冷铁的尺寸、质量和数量的原则是：保证有足够的激冷作用，以控制铸件的凝固，并能与铸件本身熔接在一起而不削弱铸件的强度。

内冷铁的质量 $m_{冷}$ 可根据以下经验公式计算

$$m_{冷} = Km_{件}$$

式中　$m_{件}$——铸件或热节部分的质量（kg）；

K——比例系数，即内冷铁质量占铸件热节质量的百分数，可参照表 12-13 选定。

表 12-13　K 值的选定

铸钢件的类型	K(%)	内冷铁直径/mm
小型铸件或要求高的铸件。防止因内冷铁而使力学性能急剧下降	2～5	5～15
中型铸件或铸件上不太重要的部分，如凸肩等	6～7	15～19
大型铸件对熔化内冷铁非常有利时，如床座、锤头等	8～10	19～30

安放内冷铁时应注意以下几点。

1）内冷铁的材质应与铸件相同，不应含有过多气体，如沸腾钢制成的内冷铁易产生气孔，冷铁表面须十分洁净，应去除锈斑和油污等。

2）干砂型的内冷铁应于铸型烘干后再放入型腔，湿砂型的内冷铁放置后应尽快浇注，不要超过 3～4h，以免冷铁表面氧化、凝聚水分而引起铸件气孔。

3）内冷铁表面应镀锡，以防存放时生锈。

4）放置内冷铁的砂型应有明出气孔和明冒口。

5）铸铁件很少应用内冷铁，因为越是厚大的铸铁件，其石墨化自补缩能力越强，可以采用安全小冒口或无冒口铸造工艺获得致密铸件。

单元十三　铸造合金冒口设计与计算

➢【学习目标】

1. 掌握铸造合金冒口设计的原理及计算的方法。
2. 了解铸钢件的设计过程。
3. 了解铸铁件的设计过程。

任务一　铸钢件冒口设计与计算

一、任务描述

本次任务使学生了解铸钢件冒口设计与计算的原理，掌握冒口设计与计算的方法。

二、铸钢件冒口设计简介

1. 铸钢件冒口与铸铁件冒口的区别

铸钢件冒口在铸件结构相同的情况下比铸铁件冒口大。

铸钢件的补缩通道是从凝固开始到凝固结束应一直存在；而铸铁件是在凝固初期（共晶转变以前）要存在，当大量共晶凝固开始后，由于石墨化膨胀量足以补充其收缩量就不需要了，因此用冒口补缩铸铁均匀板形件和杆形件时，一般不用加补贴。

铸钢件的冒口颈一定要大于被补缩铸件的壁厚或热节，而灰铸铁件、球墨铸铁件在大量共晶凝固以前，冒口颈先凝固，形成一个封闭系统，共晶结晶开始后，充分利用石墨化膨胀力达到自补缩，故冒口颈尺寸一定要小于铸件被补缩部位的尺寸，一般只占被补缩铸件处壁厚的60%～70%，最大占85%。若灰铸铁件冒口颈尺寸大于被补缩处的铸件尺寸，当共晶凝固开始后，冒口颈还没有凝固，在石墨化膨胀力的作用下，铁液可能反馈进入冒口，冷凝后在冒口根部出现缩孔和缩松。

2. 冒口设计与计算的一般步骤

1）确定冒口的安放位置。

2）初步确定冒口的数量。

3）划分每个冒口的补缩区域，选择冒口的类型。

4）计算冒口的具体尺寸。

冒口尺寸主要指冒口的根部直径（或宽度）和高度。冒口尺寸过大，会增加铸件的成本；尺寸太小，会产生缩孔和缩松。所以，正确确定冒口的尺寸，对于确保铸件质量和降低成本具有重要意义。

目前国内应用比较普遍的冒口计算方法有模数法、补缩液量法和比例法。

三、模数法

1. 模数法计算冒口的原理

如果冒口的模数 $M_{冒}$ 大于铸件被补缩部位的模数 $M_{件}$，就能保证冒口晚于铸件凝固。即

$$M_{冒} \geqslant M_{件}$$

对于铸钢件，冒口、冒口颈、铸件的模数应满足下列比例关系。

明顶冒口：$M_{冒} = (1.1 \sim 1.2)\ M_{件}$

暗侧冒口：$M_{件} : M_{颈} : M_{冒} = 1 : 1.1 : 1.2$

钢液通过冒口浇注：$M_{件} : M_{颈} : M_{冒} = 1 : (1 \sim 1.03) : 1.2$

式中　$M_{冒}$、$M_{颈}$、$M_{件}$——冒口、冒口颈和铸件被补缩处的模数。

为保证冒口中有足够的金属液补充铸件的收缩，还应该满足下列条件

$$\varepsilon\ (V_{件} + V_{冒}) \leqslant V_{冒}\eta$$

式中　$V_{件}$——冒口所能补缩的铸件体积；

$V_{冒}$——冒口体积；

ε——合金的体收缩，具体数值参见表 13-1 及表 13-2；

η——冒口的补缩效率，各种冒口的补缩效率值见表 13-3。

表 13-1　常用合金的体收缩率 ε

铸件材质	ε(%)
中碳钢	2.5～3.0
w(C)＝1%的碳钢	4.0
灰铸铁	1.9～膨胀状态
白口铸铁	4.0～5.5
纯铝	6.6
纯铜	4.92

表 13-2　确定铸钢件体收缩率的图表

<table>
<tr><th>普通碳钢的体收缩率 $\varepsilon = \varepsilon_0$</th><th>合金钢的体收缩率 $\varepsilon = \varepsilon_0 + \varepsilon_x$</th></tr>
<tr><td>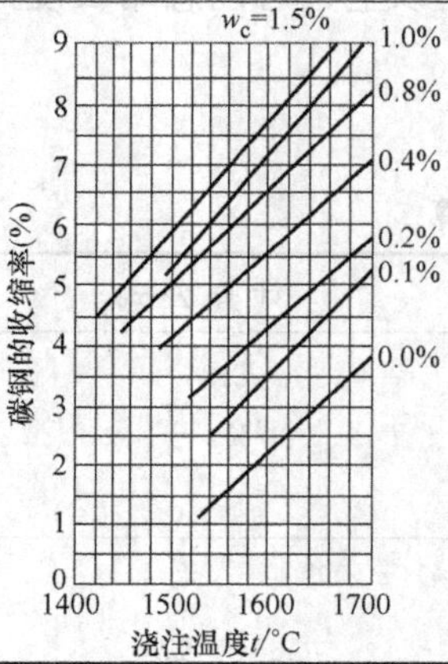
</td><td>ε_0与普通碳钢求法相同，依据碳的质量分数、浇注温度，可由左栏图中查出
$$\varepsilon_x = \sum K_i w_i$$
其中ε_x是各合金元素对体收缩率的影响，等于钢中各元素含量w_i分别与各合金元素对体收缩率的修正系数K_i乘积的总和。各元素修正系数K_i如下：
<table>
<tr><td>合金元素</td><td>W</td><td>Ni</td><td>Mn</td><td>Cr</td><td>Si</td><td>Al</td></tr>
<tr><td>K_i</td><td>−0.053</td><td>−0.0354</td><td>0.0585</td><td>0.12</td><td>1.03</td><td>1.70</td></tr>
</table>
表中的数据是在试验条件下取得的。生产中，铸件的浇注过程长，可部分补给钢的收缩，由此表求得的数据可能偏于安全</td></tr>
</table>

表 13-3　冒口的补缩效率

冒口种类和工艺措施	η（%）
圆柱或腰圆柱形冒口	12～15
球形冒口	15～20
补浇冒口时	15～20
浇口通过冒口时	30～35
发热保温冒口	30～50
大气压力冒口	15～20

2. 模数法设计冒口的步骤

1）把铸件划分为几个补缩区，计算各区的铸件模数。

2）计算冒口及冒口颈的模数。

3）确定冒口的位置、形状和尺寸。

4）检查顺序凝固条件（应尽量采取标准系列的冒口）。

5）校核冒口的补缩能力。

3. 模数法冒口的计算

（1）铸件模数的计算　结构简单的铸件可以看成简单的几何体。结构复杂的铸件总是由简单的几何体和几何体的相交节点所构成，而冒口也是针对某一区域模数最大的几何体或热节点来设置的。所以，只要掌握简单几何体和其相交热节点的模数计算方法，即可应用模数法计算出复杂铸件的冒口模数。

简单几何体的模数

$$M = 体积/表面积 = V/A$$

例如，直径为 D 的球体的模数

$$M = (1/6)\pi D^3/(\pi D^2) = (1/6)D$$

边长为 a 的立方体的模数

$$M = a^3/(6a^2) = (1/6)a$$

直径为 D、高为 h 的圆柱体的模数

$$M = (1/4)\pi D^2 h/[2\mathrm{x}(1/4)\pi D^2 + \pi Dh] = Dh/(2D + 4h)$$

若 $D = a = h$，则球体、立方体、圆柱体的模数相等。

厚度（T）很小的大平板，可以忽略其侧面的散热，模数 $M = (1/2)T$。

截面为正方形（边长为 a）的长杆，若其长度为 a 的 10 倍以上，可以忽略长度两个端面的散热，$M = (1/4)a$。

简单几何体和组合体模数的计算见表 13-4。

表 13-4　简单几何体和组合体模数的计算

类　型	简　图	计算公式
板形体	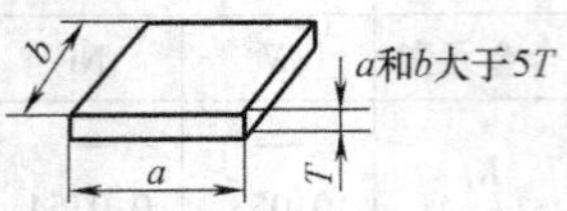	$M = \frac{T}{2}$
杆形体	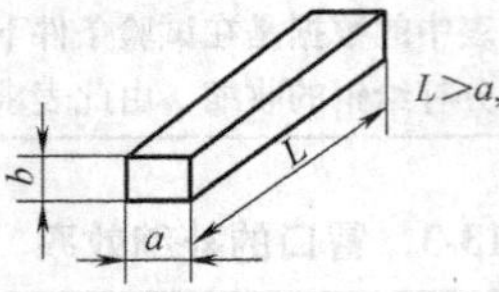	$M = \frac{ab}{2(a+b)}$
圆柱体	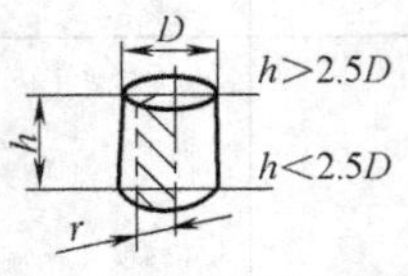	$M = \frac{D}{4}$　$M = \frac{rh}{2(r+h)}$

（续）

类　型	简　图	计算公式
球、立方体、正圆柱体	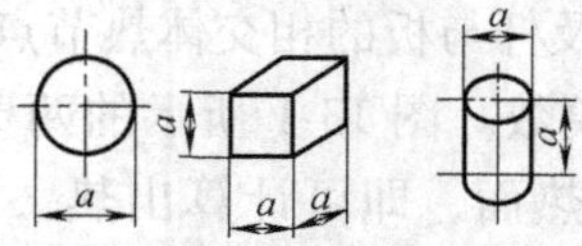	$M=\dfrac{a}{6}$
环形体、空心圆柱体	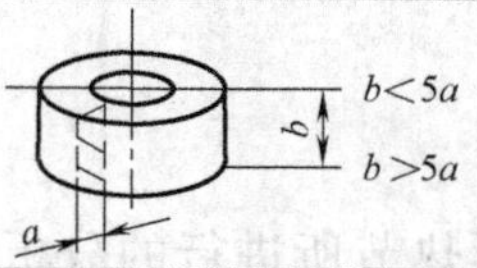	$M=\dfrac{ab}{2(a+b)}$　$M=\dfrac{a}{2}$
法兰体	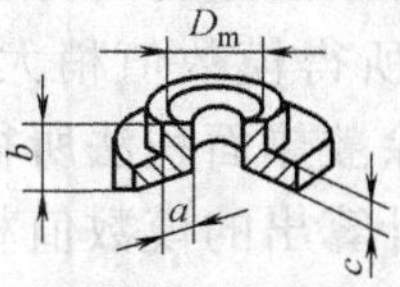	$M=\dfrac{ab}{2(a+b)-c}$
L形体	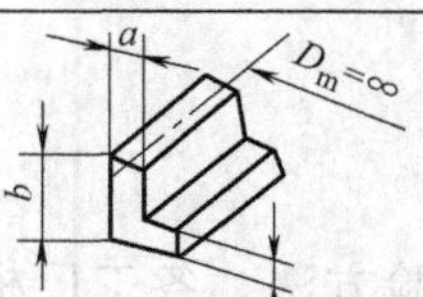	$M=\dfrac{ab}{2(a+b)}$
实心法兰体	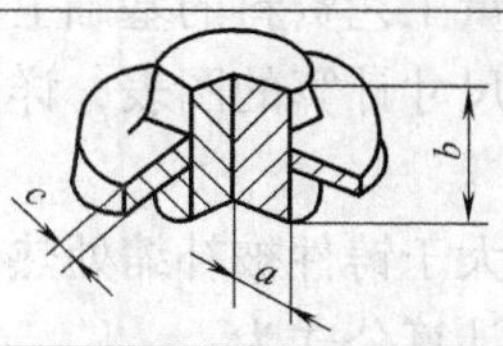	$M=\dfrac{ab}{2(a+b-c)}$
杆的相交体	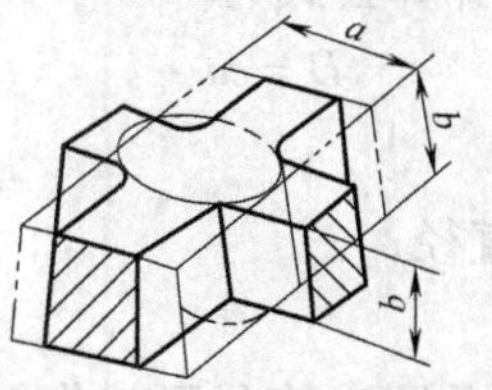	$M=\dfrac{ab}{2(a+b)}$
板的相交体	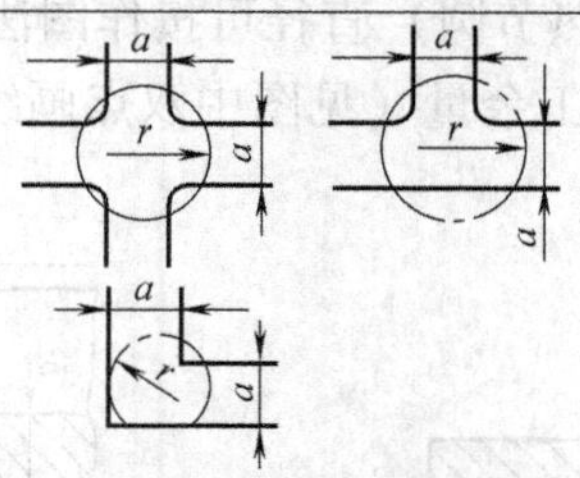	$M=r$ 十形：$r=0.68a$ T形：$r=0.62a$ L形：$r=0.56a$
圆柱与圆盘的相交体	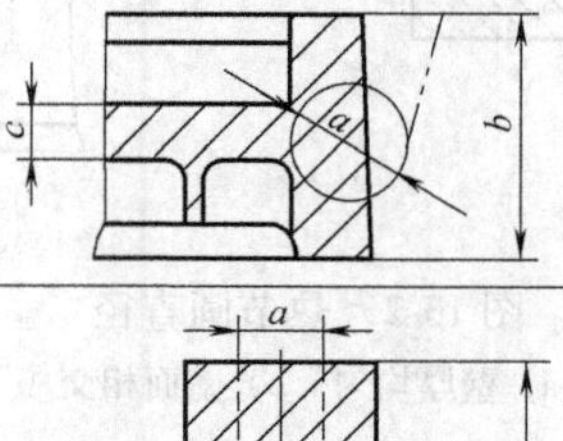	$M=\dfrac{ab}{2(a+b)-c}$
杆与板的相交体	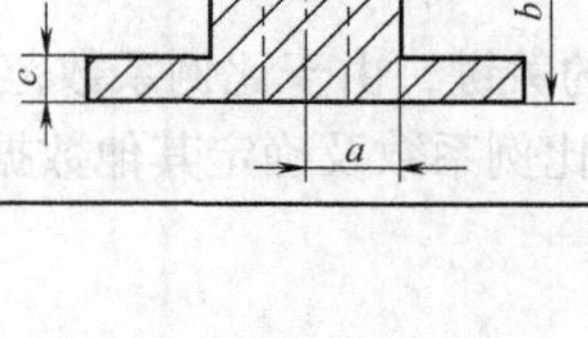	$M=\dfrac{ab}{2(a+b)-2c}$ $M=\dfrac{ab}{2(a+b-c)}$

（2）各种热节点的模数计算方法

1）节圆当量板（或杆）法。把热节部位视为以热节圆直径为厚度的板或杆件，见表13-4中板的相交体、杆的相交体及杆与板的相交体热节点的模数计算。

2）用“一倍厚度法”求热节模数。图13-1所示的两壁相交热节点，取距离热节处一倍壁厚的区域，仅考虑侧面作为散热面，即可计算出热节的模数为

$$M=\frac{b^2+ab+2b^2}{4a+3b}$$

对齿轮轮缘和辐板间形成的T形热节所进行的分析计算表明：一般情况下，一倍厚度法所得模数值稍大，热节圆当量杆法所得模数次之，用扣除散热面积法所得模数略小。所以说，用上述不同方法计算出的模数值相近，皆能满足工艺设计的精度要求。

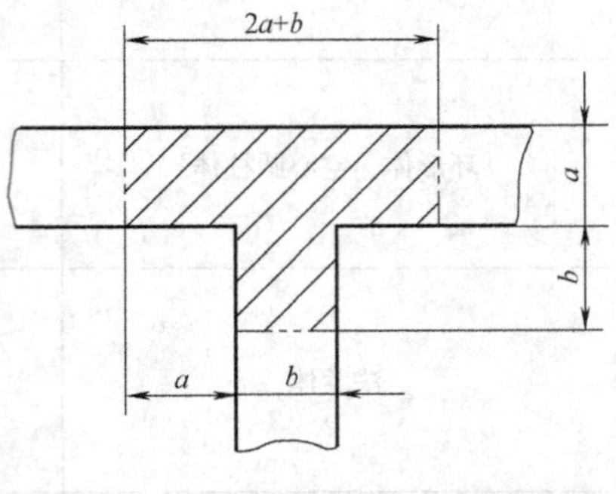

图13-1　用一倍厚度法求T形热节模数

四、比例法

比例法也称热节圆法，是一种经验方法。各工厂根据长期的实践经验，在分析、统计大量工艺资料的基础上，总结归纳出冒口尺寸相对于热节圆直径的比例关系，汇编成各种冒口尺寸计算的图表，详见有关手册。比例法简单易行，广为采用。

这种方法就是使冒口的根部直径大于铸件被补缩处热节圆直径或厚度，再以冒口根部直径来确定其他尺寸。冒口的根部直径计算公式为

$$D=cd$$

式中　d——冒口根部直径；

D——铸件补缩热节处内切圆直径；

c——比例系数。

铸件背部热节处内切圆（简称热节圆）直径可按作图法（按铸件实际尺寸画出）作出，如图13-2所示。画热节圆时要把加工余量（见图中双点画线）加上。

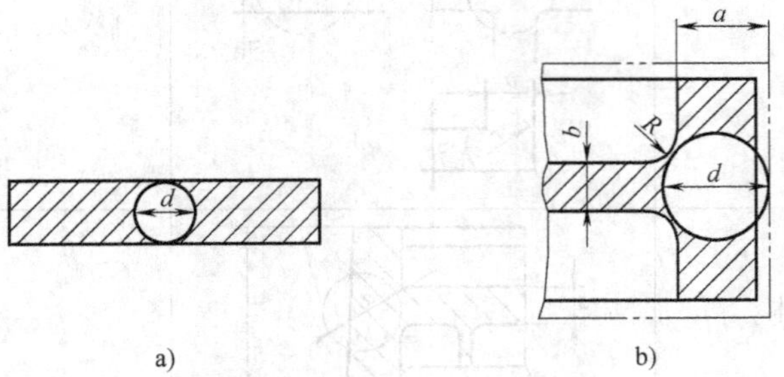

图13-2　热节圆直径

a）壁厚均匀　b）壁面相交

确定比例系数值是应用比例法的关键，由于比例系数范围较宽，需要具有较丰富的经验才能准确确定，可参见表13-5选择比例系数及确定其他数据。

表 13-5 普通顶冒口尺寸

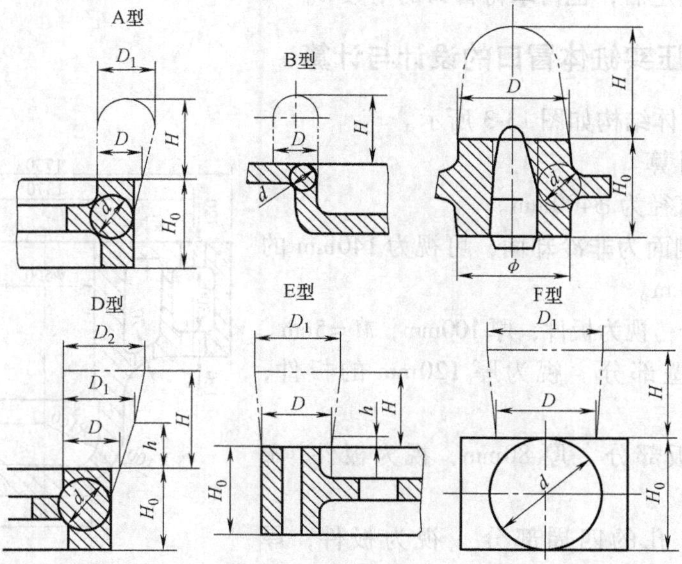

类型	H_0/d	D	D_1	D_2	h	H	冒口延伸度（%）	应用实例
A型	<5 >5	$(1.4\sim1.6)\ d$ $(1.6\sim2.0)\ d$	$(1.5\sim1.6)\ D$			$(1.8\sim2.0)\ D$ $(2.0\sim2.5)\ D$	35~40 30~35	车轮、齿轮、联轴器
B型	1< d< 50	$(2.0\sim2.5)\ d$				$(2.0\sim2.5)\ D$	30~35	瓦盖
C型	<5 >5	$D=\phi$ $D=\phi$				$(1.3\sim1.5)\ D$ $(1.4\sim1.8)\ D$	100 100	
D型	<5 >5	$(1.5\sim1.8)\ d$ $(1.6\sim2.0)\ d$	$(1.3\sim1.5)\ D$	$1.1D_1$	$0.3H$ $0.3H$	$(2.0\sim2.5)\ D$ $(2.5\sim3.0)\ D$	100	制动臂
E型	<5 >5	$(1.3\sim1.5)\ d$ $(1.6\sim1.8)\ d$	$(1.1\sim1.3)\ D$ $(1.3\sim1.5)\ D$		15~20 15~20	$(2.0\sim2.5)\ D$ $(2.5\sim3.0)\ D$	100	制动臂
F型		$(1.4\sim1.8)\ d$ $(1.5\sim1.8)\ d$	$(1.3\sim1.5)\ D$ $(1.3\sim1.5)\ D$			$(1.5\sim2.2)\ D$ $(2.0\sim2.5)\ D$	50~100	锤座立柱

应用表 13-5 的顺序如下：

（1）选取比例系数 c　先根据铸件的结构选择冒口的类型，并按条件在该类型中选取比例系数 c。例如，若铸件属于表中 D 型，且 $H_0/d<5$，则 $D=(1.5\sim1.8)\ d$。当 d 值大时，c 值取下限 1.5；当 d 值小时，c 值取上限 1.8。

（2）确定冒口高度　冒口直径 D 值确定后，再由表中选择恰当比例值确定冒口高度 H。冒口越高则补缩压力越大，但消耗金属液越多。一般是铸件壁较厚时，H 值较小；壁薄时 H 值增大。

（3）求每个冒口长度和冒口个数　表中所列冒口延伸度是指冒口根部沿铸件长度方向的尺寸之和与铸件被补缩长度之比。如有一个齿轮坯件，轮缘直径为 $D_件$，则其周长为 $\pi D_件$，冒口沿着轮缘长度方向的尺寸为 l，冒口数量为 n，则冒口延伸度 $L=nl/(\pi D_件)$。按表查得该冒口类型中的延伸度值，已知 $D_{件}$ 和初步确定的冒口数 n，即可算出每个冒口长度 l；同样，当 l 值确定后，也可求得冒口的个数 n。

五、铸钢件压实缸体冒口的设计与计算

铸钢件压实缸体结构如图 13-3 所示。

1. 分体模数计算

（1）缸底　直径为 ϕ400mm。

（2）侧面　侧面为非冷却面，可视为 140mm 的板件，$M=d/2=7$cm。

（3）帽状部分　视为板件，厚 100mm，$M=5$cm。

（4）缸体主壁部分　视为厚 120mm 的板件，$M=6$cm。

（5）上部平板部分　厚 80mm，视为板件，$M=4$cm。

（6）ϕ120mm 孔的四周部分　视为板件，厚 80mm，$M=4$cm。

（7）热节　缸体主壁与斜壁相交处，热节圆直径为 ϕ180mm，视为厚 180mm 的当量板，$M=a/2=9$cm。

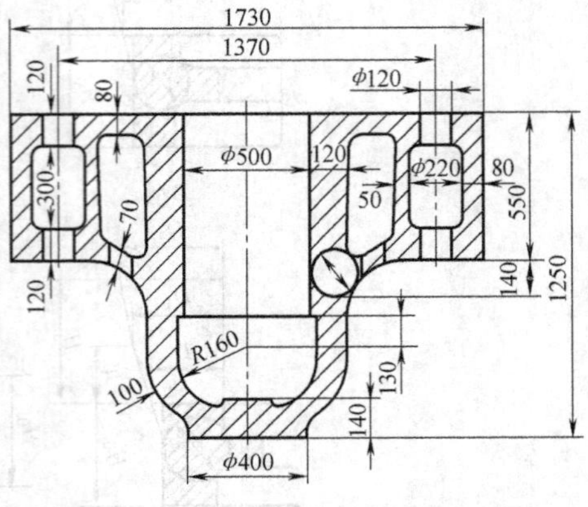

图 13-3　压实缸体分体模数计算图

2. 计算冒口及冒口颈模数

根据热节的位置，确定冒口的类型，再根据冒口计算相关公式即可计算出冒口及冒口颈的模数。

3. 确定铸钢的体收缩率 ε

铸钢的体收缩率 ε 与铸钢的化学成分和浇注温度有关，可由表 13-2 求出。

4. 确定冒口的位置

根据构成铸件的各组元模数的大小，推定各组元的凝固顺序，凝固较晚的组元可作为设置冒口的部位。但是，有的设置冒口的部位可通过设置冷铁、补贴，形成向该部位的方向性凝固，使之不设冒口；需设置冒口的部位找出以后，则可选定冒口的类型和数量。

如图 13-4 所示的铸钢阀体冒口位置的确定；

将图中①视作板接头，作圆 $r=45$mm，得 $M=4.5$cm。

将②视作板接头，作圆 $r=40$mm，得 $M=4$cm。

将③、④、⑥等部分均视作 50mm 厚度的板，$M=2.5$cm。

将⑤部分视作杆，由计算得出 $M=2.7$cm。

将⑦部分视作杆，由计算得出 $M=2.8$cm。

将⑧部分视作杆，由计算得出 $M=1.97$cm。

将⑨部分视作 36mm 厚的板，$M=1.8$cm。

将⑩部分视作 38mm 厚的板，$M=1.9$cm。

从分析模数的大小表明：①、②、⑤、⑦等部位的模数较大，但这些部分均被凝固得较早的部分分隔开。假如这些凝固较晚的部位不采取措施，则将产生缩孔或缩松。因此，拟定在部位⑦设置侧冒口进行补缩。上部位①设置顶冒口（上部位①与下部位①对称），下部位

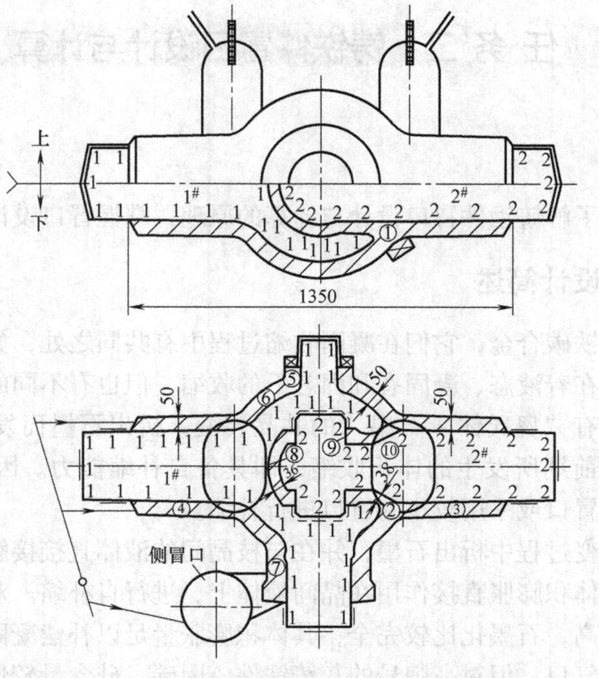

图 13-4　阀体铸造工艺方案（在主视图中未画出侧冒口）

①设置冷铁。使其模数缩小到 $M=0.9M_2=0.9\times4\text{cm}=3.6\text{cm}$ 以下（此时部位②作为部位①的补缩通道）。部位⑤设置冷铁，使其模数缩小到 $M=0.9\times2.5\text{cm}=2.25\text{cm}$ 以下。部位⑧不宜设置冒口和冷铁，故决定提高部位⑩的厚度。增加的值作如下计算：

设部位⑩的模数应比部位⑧的模数大 1.1 倍，则 $M_{10}=1.1M_8=1.1\times1.97\text{cm}=2.2\text{cm}$，又设 x 为增加厚度后部位⑩的厚度，则 $M_{10}=0.5x=2.2\text{cm}$，$x=2\times2.2\text{cm}=4.4\text{cm}=44\text{mm}$。即在原来壁厚 38mm 的基础上加放 6mm 的工艺补正量，使其壁厚增至 44mm。此时，部位⑩就可作为部位⑧、部位⑨的补缩通道。

图中部位④为均匀断面的壁厚，因为均匀断面可作为设置冒口的位置，故为了获得致密的铸件，且考虑到曲面部分的凝固时间较长，因此于图示位置设置顶冒口。

从以上分析可确定冒口的位置。

5. 确定冒口的形状和尺寸

根据冒口的模数和体收缩率，可选定冒口的形状，并从有关标准冒口表格中查得冒口的尺寸及冒口能补缩铸件的体积。

6. 冒口数目的确定

利用该种冒口能补缩铸件的最大体积（重量）确定冒口的数目，也可根据铸件结构和冒口的有效补缩距离确定冒口数目。

7. 校核冒口最大补缩能力

$$V_{件}=V_{冒}(\eta-\varepsilon)/\varepsilon$$

当冒口所能补缩的铸件体积 $V_{件}$ 值大于被补缩铸件的体积时，说明冒口补缩能力有余；反之，则说明冒口补缩能力不足，这时要增大冒口尺寸或增加冒口数目。若采用多个冒口补缩，则每个冒口的补缩能力只分别对其所补缩的那一部分铸件体积进行校核。

任务二 铸铁件冒口设计与计算

一、任务描述

本次任务使学生了解铸钢件冒口设计与计算的原理，掌握冒口设计与计算的方法。

二、铸铁冒口设计简述

铸钢和铸铁都是铁碳合金，它们在凝固收缩过程中有共同之处，如凝固前期均析出初生奥氏体树枝晶，都存在着液态、凝固态和固态下的收缩，但也有不同的特点。其根本不同之处是铸铁在凝固后期有“奥氏体+石墨“的共晶转变，析出石墨而发生体积膨胀，从而可部分或全部抵消凝固前期所发生的体积收缩，即具备自补缩能力。因此在铸型刚性足够大时，铸铁件可以不设冒口或采用较小的冒口进行补缩。

灰铸铁在共晶转变过程中析出石墨，并在与枝晶间的液体直接接触的尖端优先长大，其石墨长大时所产生的体积膨胀直接作用在晶间液体上，进行自补缩。对于一般低牌号的灰铸铁件，因碳、硅含量高，石墨化比较完全，其体积膨胀量足以补偿凝固时的体收缩，故不需要设置冒口，只放排气口。但对高牌号的灰铸铁件，因碳、硅含量较低，石墨化不完全，其产生的体积膨胀量不足以补偿铸件的液态和凝固体收缩，此时必须要设置冒口。

球墨铸铁共晶转变时石墨的析出同样会产生体积膨胀，但是它产生缩松的倾向性却比灰铸铁大得多。因为球墨铸铁共晶团的石墨核心是在奥氏体包围下长大的，石墨球长大时所产生的体积膨胀要通过奥氏体的膨胀来发生作用，这个膨胀只有一小部分被传递到枝晶间的液体上，而大部分却是作用在相邻的共晶团或初生奥氏体骨架上。正因为如此，导致了球墨铸铁产生缩前膨胀的倾向比灰铸铁大得多。另外，球墨铸铁呈糊状凝固，在整个凝固期间它的外壳的坚实程度远远比不上灰铸铁。如果铸型刚性不够，会使石墨化产生的体积膨胀的大部分消耗于外壳膨胀，结果枝晶间或共晶团之间的内部液体的液态收缩和凝固收缩得不到补偿；同时，由于球墨铸铁凝固时析出的石墨共晶团细而多，即使使用冒口进行补缩，当冒口效率不高，保持液态时间不够长或压力不够大时，效果常不理想。因此，设计球墨铸铁件冒口比灰铸铁件更具有重要意义。

铸铁合金（有石墨析出的灰铸铁、球墨铸铁和蠕墨铸铁）的凝固过程可分为三个阶段：一次收缩（液态收缩）、体积膨胀（石墨化膨胀）和二次收缩（凝固后期残余贫碳液体收缩）。三个阶段的收缩进程、大小，主要受冶金质量、冷却速度和化学成分三个因素的影响。

1. 冶金质量的影响

与体积变化有关的冶金质量主要指铁液的石墨化倾向，即石墨的形核能力和石墨化进行的程度。冶金质量好的铸铁，石墨化进行得充分，体积膨胀值大，液态收缩和二次收缩值都小，因而自补缩能力强，形成缩孔、缩松的倾向小，容易获得健全的铸件。球墨铸铁的铁液的冶金质量可以用试样的石墨球数来评定。

铁液的石墨化倾向主要取决于孕育处理的效果。除此之外，还与化学成分（主要指碳、硅含量）、熔炼条件及铁液的停留时间等因素有关。品质好的新生铁，在冲天炉铁液中预存核心多，合适的铁液温度和停留时间都有利于石墨化的进行，有利于提高冶金质量。

2. 冷却速度的影响

冷却速度主要取决于铸件的壁厚（模数）。铸件壁越薄，冷却速度越大，一方面不利于石墨析出，自补缩能力弱；另一方面，初生奥氏体析出多，凝固收缩大。所以，薄壁球墨铸铁件对冒口的补缩需求相对要高。

在砂型铸造条件下，对小模数的薄壁件，例如 $M<2.5$cm，就应安放冒口补缩。相反，大模数铸件，$M>2.5$cm，凝固时间长、降温慢，对补缩要求低，创造适当的工艺条件，甚至可用无冒口工艺。

3. 化学成分的影响

主要表现为碳、硅含量的影响。碳当量高，特别是碳量高，石墨析出多，体积膨胀大，碳和硅促进石墨的析出，二者的合理搭配有利于消除铸铁件的收缩缺陷。

三、球墨铸铁件的冒口设计

球墨铸铁简称球铁，具有共晶凝固温度范围宽、石墨晶核多以及共晶膨胀力大等特性，从而具有胀缩相抵的自补缩能力。球铁的实用冒口技术就是在此基础上建立起来的。与传统冒口相比，球铁实用冒口的特点是：冒口和冒口颈先于铸件凝固，利用全部或部分共晶膨胀自建压力，实现自补缩，获得无缩松缺陷的健全铸件，并提高工艺出品率。球铁实用冒口必须有相应的浇注系统配合，以充分发挥其效力。

实用冒口根据适用范围的不同可分为直接实用冒口和控制压力冒口。

1. 直接实用冒口（又称压力冒口）

（1）基本原理　安放冒口仅是为了补偿铸件的液态（一次）收缩，一旦体积膨胀开始，冒口颈适时凝固截死。在刚性好的铸型内，共晶膨胀形成内压力，迫使液体流向收缩之处进行补缩，从而避免缩孔、缩松缺陷的形成。

如图 13-5 所示，铸件模数大，则膨胀压力高。在同样模数下，球墨铸铁比灰铸铁的膨胀压力高。有试验指出，强度很高的湿型，其抗压强度约为 0.6MPa，模数为 1cm 的球墨铸铁件的膨胀内压就超过了其承压能力。对灰铸铁件，相应的模数为 1.5cm。对于一般湿型铸造而言，只有很薄的铸件，如球墨铸铁件模数小于 0.48cm、灰铸铁件模数小于 0.75cm，才适宜采用直接实用冒口。

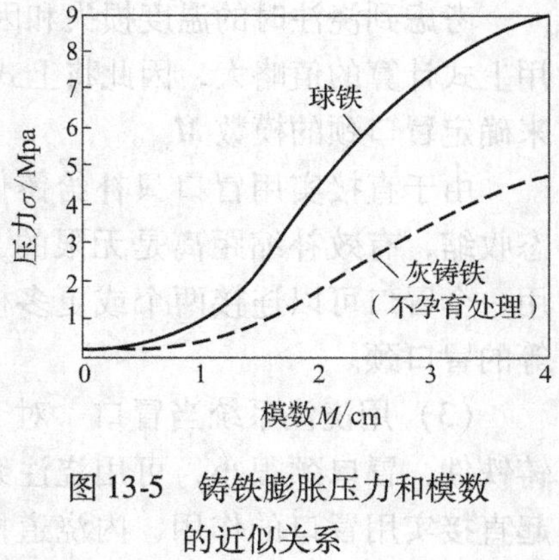

图 13-5　铸铁膨胀压力和模数的近似关系

为了避免铸件膨胀压力超过铸型的承压能力而导致铸件胀大变形，产生缩松，要求采用干型、自硬型等高强度铸型。

（2）冒口和冒口颈

1）冒口的体积。铁液中存在的石墨质点，实际上在液态时就开始长大，发生体积膨胀；其次，在充型期间，铸件表层会形成薄的固体层，也会导致共晶膨胀。另外，随着冷却速度加快，会有大量初生奥氏体析出，从而加大了液态收缩。实际所需的补缩金属液量和铸件模数的关系如图 13-6 所示。

冒口体积比铸件所需补缩的铁液量要大些。要特别注意：冒口的有效体积是高于铸件最高点水平面的那部分冒口体积，只有这部分铁液才能对铸件进行补缩。为了更好地发挥直接实用冒口的补缩作用，推荐采用大气压力冒口的形式。如果是明冒口，则在其顶部进行保温或加压。

设置冒口的位置应满足的条件是：当冒口颈凝固时，该部分的石墨化膨胀量能抵消所有更厚部分的液体收缩量，直到比它厚的部分开始凝固为止。一个铸件上能满足这样条件的部位可能有几个，这时就应选择其中模数最小的那个部分设置冒口，只有这样才能充分发挥铸件体积膨胀的作用，同时冒口和冒口颈的模数最小。

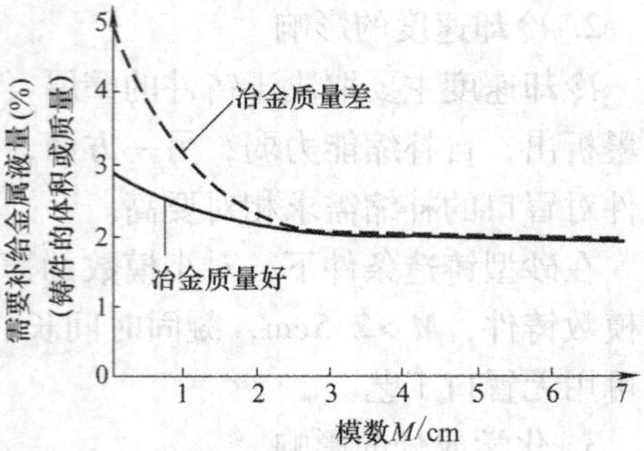

图 13-6　需要补缩金属液量和铸件模数的关系

2）冒口颈的计算。按照基本原理，铸件共晶膨胀开始的时刻，也是冒口颈适时凝固截死的时刻。假定共晶温度为1150℃，采用传热学原理，可以导出冒口颈模数 $M_{颈}$ 的计算公式为

$$M_{颈}=\frac{t_{浇}-1150℃}{t_{浇}-1150℃+\dfrac{l}{c}}M_{件}$$

式中　$M_{颈}$——冒口颈模数（cm）；

$M_{件}$——设置冒口部位的铸件模数（cm）；

$t_{浇}$——浇注温度（℃）；

c——铁液比热容[J/(kg·℃)]，与铁液温度有关，在1150～1350℃范围内，c 为835～963J/(kg·℃)；

l——铁液结晶潜热（J/kg），为(193～247)×10^3J/kg。

考虑到浇注时的温度损失和因铸件外壳的薄层凝结的热损失等，冒口颈的实际模数要比用上式计算的值略大，因此将上式修正成 $M_{件}$ 和 $M_{颈}$ 的关系图，如图13-7所示，可以初步用来确定冒口颈的模数 $M_{颈}$。

由于直接实用冒口只补给铸件的液态收缩，有效补缩距离是无限的，因此用一个冒口可以连接两个或更多模数不等的冒口颈。

(3) 用浇注系统当冒口　对于薄壁铸铁件，冒口颈很小，可用浇注系统兼起直接实用冒口的作用，内浇道按冒口颈设计。在湿型条件下，球铁件的模数小于或等于0.48cm、灰铸铁件模数小于0.75cm时，适宜采用浇注系统当冒口。

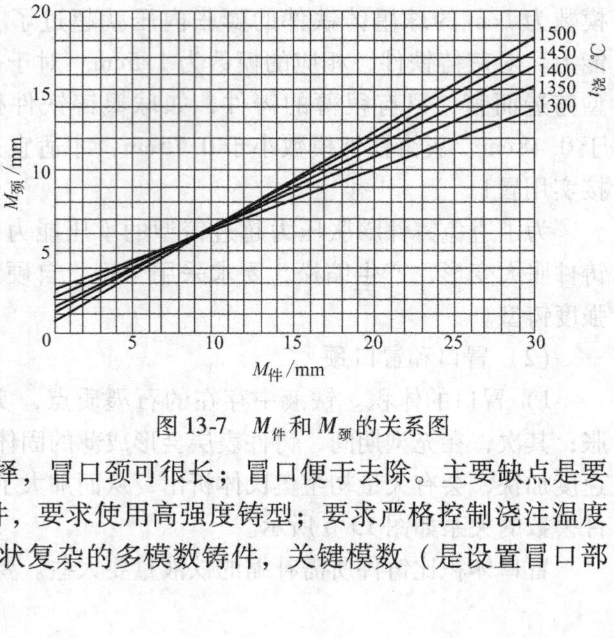

图 13-7　$M_{件}$和 $M_{颈}$的关系图

(4) 直接实用冒口的特点　主要优点是铸件工艺出品率高；冒口位置便于选择，冒口颈可很长；冒口便于去除。主要缺点是要求铸型强度高。模数超过0.48cm的球铁件，要求使用高强度铸型；要求严格控制浇注温度范围，保证冒口颈截死时间准确；对于形状复杂的多模数铸件，关键模数（是设置冒口部

位的铸件模数，指铸件某一分体的模数，条件是：它本身的体积膨胀量能抵偿所有比它更厚部分的液态收缩量，直到比它厚的部分开始膨胀为止；关键部分的膨胀和比它厚的部分的液态收缩只有同时发生，且是关联的，才可能相互抵偿）不易确定。

2. 控制压力冒口（又称释压冒口）

（1）基本原理 安放冒口补给铸件的液态收缩，在共晶膨胀初期冒口颈畅通，可使铸件内部铁液回填冒口以释放压力。控制回填程度使铸件内建立适中的内压，来克服二次收缩缺陷——缩松，从而保证既无缩孔、缩松，又能避免铸件胀大变形，其示意图如图13-8所示。这种冒口又称释压冒口，适用于在湿型中铸造 $M_{件}<2.5\text{cm}$ 的球墨铸铁件。

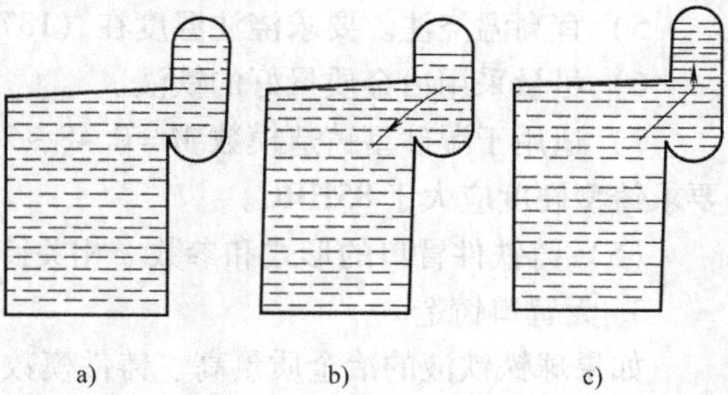

图13-8 控制压力冒口示意图

a）浇注初期 b）液态收缩 c）膨胀回填

控制压力冒口成功的关键，是要把铸件的保留膨胀量控制在合适的范围内，以便控制铁液的回填程度。若铸件内保留的膨胀压力过大，超出了湿型的承载能力，会导致铸件胀大变形，而且内部可能有缩松存在；若回填终止过晚，铸件保留的膨胀不足，则不能消除二次收缩缺陷。控制压力冒口有三种控制方法：①冒口颈适时冻结；②用暗冒口的容积实现控制，暗冒口被回填满，即告终止；③采用冒口颈尺寸和暗冒口容积的双重控制。其中以第三种方法更经济可靠，故推荐使用双重控制法。

（2）设计方法

1）冒口和冒口颈。冒口模数 $M_{冒}$ 可依图13-9确定。试验表明，控制压力冒口的模数主要与设置冒口部分的铸件模数 $M_{件}$ 和冶金质量有关。当冶金质量好时，取下限；反之则应取上限；平常情况下，应依两条曲线的中间点决定冒口模数。

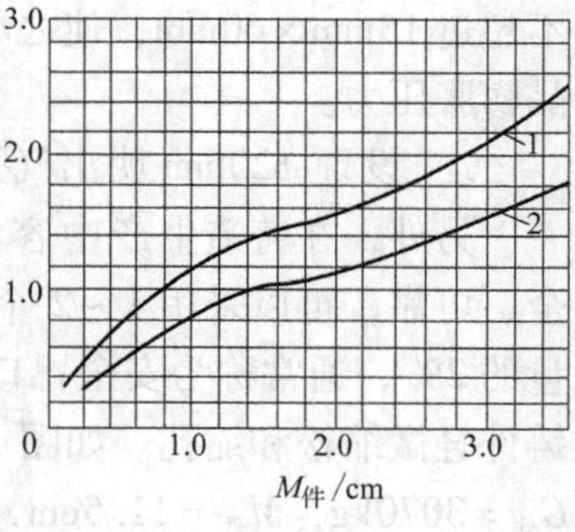

图13-9 $M_{冒}$ 和 $M_{件}$ 的关系图

1—冶金质量差 2—冶金质量好

冒口应靠近铸件厚大部位安置，以暗冒口为宜。依所确定的模数决定冒口尺寸，依冒口有效体积（高于铸件至高点水平面的冒口体积）大于铸件所需补缩体积加以校核。

可采用短冒口颈。冒口颈的模数依下式确定

$$M_{颈}=0.67M_{冒}$$

冒口颈的形状可选用圆形、正方形或矩形。

2）冒口的位置和数目。冒口应安放在模数大的部位。复杂铸件可依铁液输送距离和模数—体积份额决定冒口的位置及数目。

（3）冒口的补缩距离 控制压力冒口的补缩距离是指由凝固部位向冒口输送回填铁液的距离。这与传统的冒口补缩距离的概念不同，该距离与铁液的冶金质量和铸件的模数密切相关。冶金质量好，模数大，输送距离也大。输送距离达不到的部位，铸件内膨胀压力过大，可导致铸件胀大变形，而内部有可能产生缩松。

（4）其他工艺保证措施

1）尽量采用内浇道通过侧冒口引入的方式。

2）以采用大气压力暗冒口为宜。

3）内浇道单独设置时，宜采用扁薄形状（长度至少为厚度的4倍），使其浇注后迅速凝固，促使冒口中快速形成大缩孔，以便容纳回填铁液。

4）要求快浇。

5）宜高温浇注。要求浇注温度在（1371～1427）℃±25℃。

6）尽量采用冶金质量好的铁液。

7）适用于湿砂型铸造模数 $M=0.48\sim2.5$cm 的球铁件，$M=0.75\sim2.0$cm 的灰铸铁件，要求铸型硬度应大于85HRC。

（5）铸铁件冒口的形式和参数　相关铸铁件的冒口形式和参数可查阅相关手册。

3. 无冒口铸造

如果球铁铁液的冶金质量高、铸件模数大，采用低温浇注和坚硬的铸型就能基本保证浇入型内的铁液从一开始就膨胀，从而可以避免二次收缩缺陷，因而无需设置冒口。无冒口铸造要求满足下列条件。

1）铁液的冶金质量好，以减少铁液的液态和凝固收缩量，减少缩孔和缩松倾向。

2）球铁件的平均模数应在2.5cm以上，铸件模数大，可获得高的膨胀能力。

3）使用强度高、刚性大的铸型，如干型、自硬砂型等，且上、下紧固牢靠，杜绝型壁变形和抬箱。

4）低温浇注，温度控制在1300～1350℃，以减少液态收缩。

5）快浇，防止铸型顶部被过分地烘烤和减少膨胀的损失。

6）采用小的扁薄内浇道，分散引入铁液，每个浇道的截面积不超过15mm×60mm，使之尽早凝固，促使铸件内部尽快建立起共晶膨胀压力。

7）设置 ϕ20mm 明出气孔，均匀布置。

另外，在铸造生产中容易出现工艺条件的波动，为了补缩安全、可靠，可以采用1～2个小的顶暗冒口，质量可不超过浇注质量的2%，通常称为安全冒口，用于消除因工艺偏差而可能导致的铸件轻微缩松和缩孔。如图13-10所示的铸件，材质为QT450－10，$G_{件}=3070$kg，$M_{件}=11.5$cm，两个压边暗冒口起安全冒口作用。

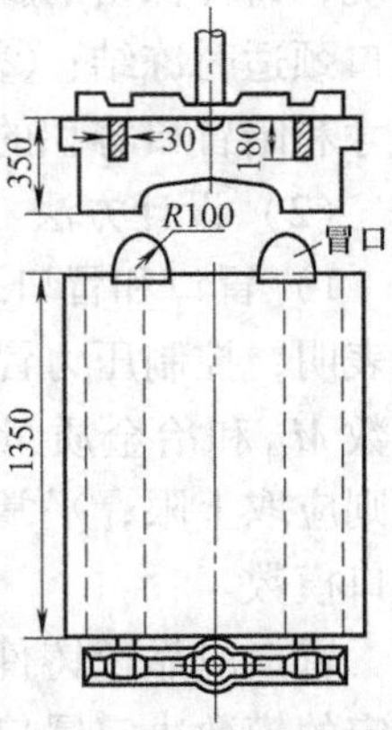

图13-10　拖拉机前盖板下压膜工艺方案

四、灰铸铁件的冒口设计

1. 冒口补缩距离

灰铸铁在凝固过程中析出石墨并伴随相变膨胀，有很强的自补缩能力，因而缩孔、缩松的倾向小，对于模数 $M_C\leqslant1$cm 的铸件，可利用浇注系统当冒口铸出完整铸件。孕育处理可提高灰铸铁的力学性能，但影响凝固方式，使糊状凝固特性增加。高牌号灰铸铁的共晶度低，结晶温度范围宽，因而冒口补缩距离较小。灰铸铁件冒口的补缩距离如图13-11所示。

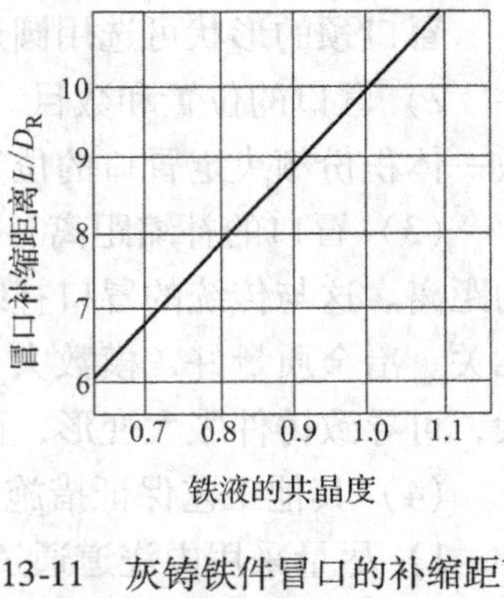

图13-11　灰铸铁件冒口的补缩距离

D_R—冒口直径　L—冒口补缩距离

2. 冒口计算

灰铸铁件冒口尺寸至今主要靠经验方法确定，可参考相关手册。常用冒口的形式和参数见表13-6。

表 13-6 常用冒口的形式和参数

明顶冒口	明侧冒口	暗侧冒口
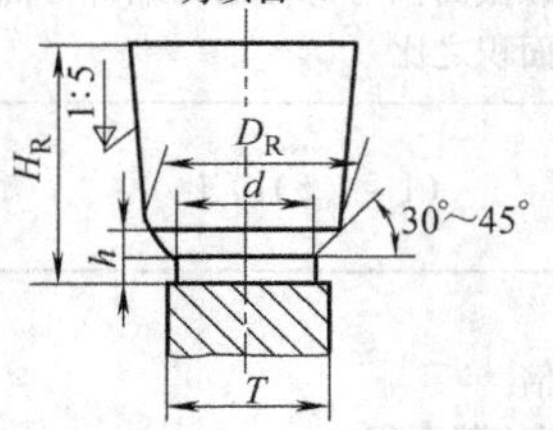	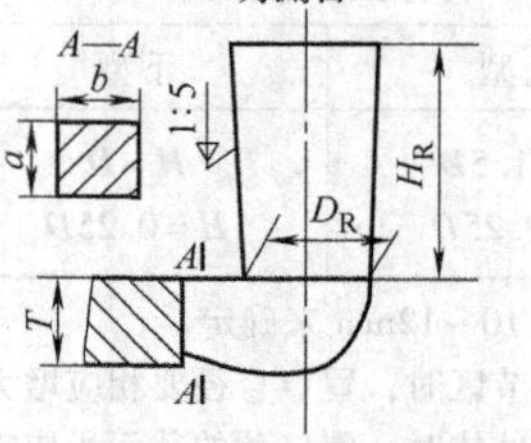	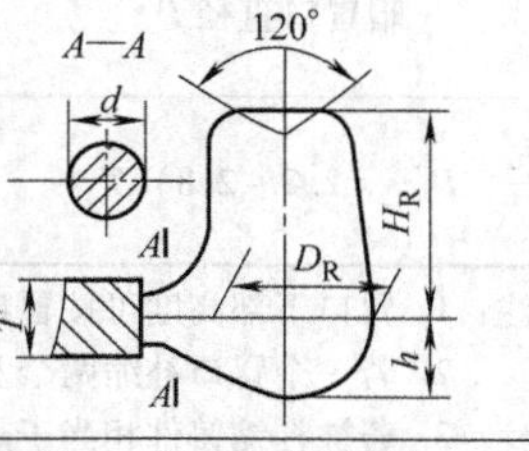
$D_R=(1.2\sim2.5)T$ $H_R=(1.2\sim2.5)D_R$ $d=(0.8\sim0.9)T$ $h=(0.3\sim0.35)D_R$	$D_R=(1.2\sim2.5)T$ $H_R=(1.2\sim2.5)D_R$ $a=(0.8\sim0.9)T$ $b=(0.6\sim0.8)T$	$D_R=(1.2\sim2.0)T$ $H_R=(1.2\sim1.5)D_R$ $h=0.3H_R$ 浇道通过冒口时： $d=(0.33\sim0.5)T$ 浇道不通过冒口时： $d=(0.5\sim0.66)T$

注：1. T 为铸件的厚度或热节圆直径。

2. 明冒口高度 H_R 可根据砂箱高度适当调整。

3. 随明顶冒口直径 D_R 增大，冒口颈处的角度取小值。

对于高牌号铸铁、合金铸铁和质量要求高的铸件，一般选用表中数值的上限，反之则选用下限。重要铸件应按冒口补缩距离校验冒口的数量。

五、可锻铸铁的冒口设计

由于可锻铸铁没有石墨化膨胀，故在凝固时的收缩较大，所以必须用冒口补缩。为增强冒口的补缩作用，通常采用带暗冒口的浇注系统，如图 13-12 所示。

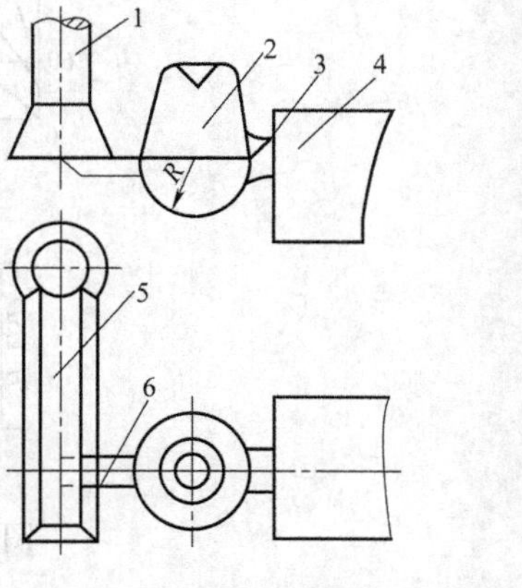

图 13-12 可锻铸铁件带暗冒口的浇注系统

1—直浇道 2—暗冒口 3—冒口颈 4—铸件 5—横浇道 6—内浇道

1. 冒口补缩距离

可锻铸铁冒口的补缩距离为铸件厚度的 4～4.5 倍，厚壁铸件取下限。

2. 冒口计算

可锻铸铁件通常采用侧冒口，而且铁液通过冒口进入型腔。

（1）热节圆法 对于薄壁铸件，且重量较大或较高的铸件，取冒口直径 $D_R=(3\sim5)T$；对于一般铸件，取冒口直径 $D_R=(2.2\sim3.0)T$。T 为铸件的厚度或热节圆直径。冒口尺寸可参考相关手册。可锻铸铁侧冒口尺寸见表 13-7。

表 13-7 可锻铸铁件侧冒口尺寸

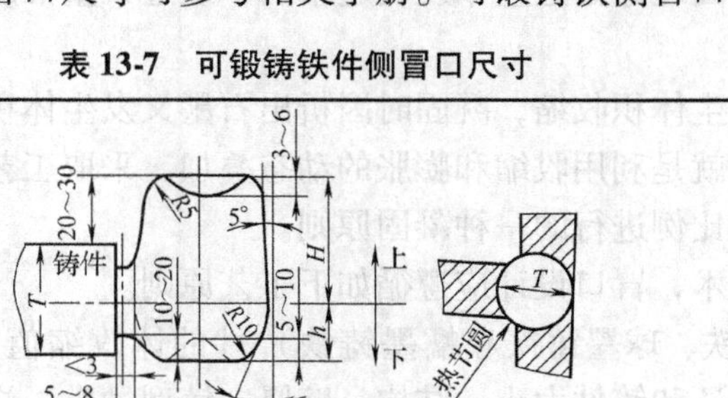

（续）

暗冒口直径 D	铸件被补缩位置		冒口颈截面积与铸件被补缩部分热节圆的截面积之比
	上型	下型	
$D=(2.2\sim2.8)T$	$H=1.5D$ $h=0.25D$	$H=D$ $H=0.25D$	$(1\sim1.5):1$

注：1. 冒口下部高度可按冒口颈的厚度加 10～12mm 来确定。

2. 若一个冒口补缩两个及两个以上热节区时，冒口直径要相应增大 1.1～1.3 倍。

3. 若被补缩铸件相当于热节圆形成的球体时，冒口颈的截面积应略小于热节圆的截面积。

4. 冒口颈的截面一般为圆形或月牙形。

（2）模数法　当铸件质量大于 1kg 时，冒口的直径（或体积）和冒口颈截面积（f）可由图 13-13 查出。

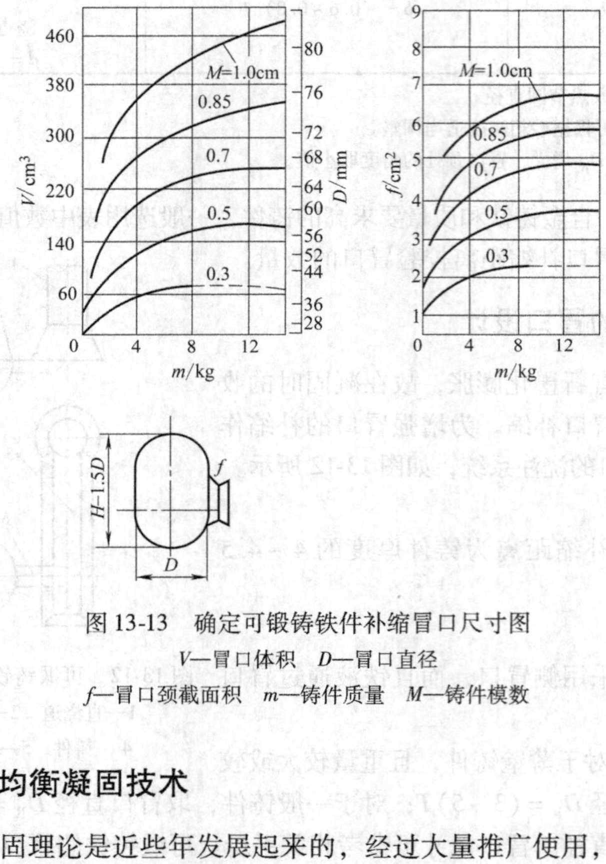

图 13-13　确定可锻铸铁件补缩冒口尺寸图

V—冒口体积　D—冒口直径

f—冒口颈截面积　m—铸件质量　M—铸件模数

六、铸铁件的均衡凝固技术

铸铁件的均衡凝固理论是近些年发展起来的，经过大量推广使用，获得了良好的经济效益和社会效益。

铸铁液冷却时产生体积收缩，凝固时因析出石墨又发生体积膨胀，膨胀可以抵消一部分收缩。均衡凝固技术就是利用收缩和膨胀的动态叠加，采取工艺措施，使单位时间的收缩与补缩、收缩与膨胀按比例进行的一种凝固原则。

按照均衡凝固技术，冒口设计应遵循如下工艺原则。

1）铸铁（灰铸铁、球墨铸铁和蠕墨铸铁）件的体收缩值是不确定的，不仅与化学成分、浇注温度有关，还和铸件大小、结构、壁厚、铸型种类、浇注工艺方案有关。

2）越是薄小件越要强调补缩，厚大件补缩要求低。

3）铸铁件的冒口不必晚于铸件凝固，冒口模数可以小于铸件模数。应充分利用石墨化膨胀的自补缩条件。

4）冒口不应放在铸件热节点上。既要靠近热节以利于补缩，又要离开热节以减少冒口对铸件的热干扰。这是均衡凝固技术的关键之一。

5）开设浇冒口时，要避免在浇冒口和铸件接触处形成接触热节。

6）推荐采用耳冒口、飞边冒口等冒口颈短、薄、宽的形式，如图 13-14 所示。

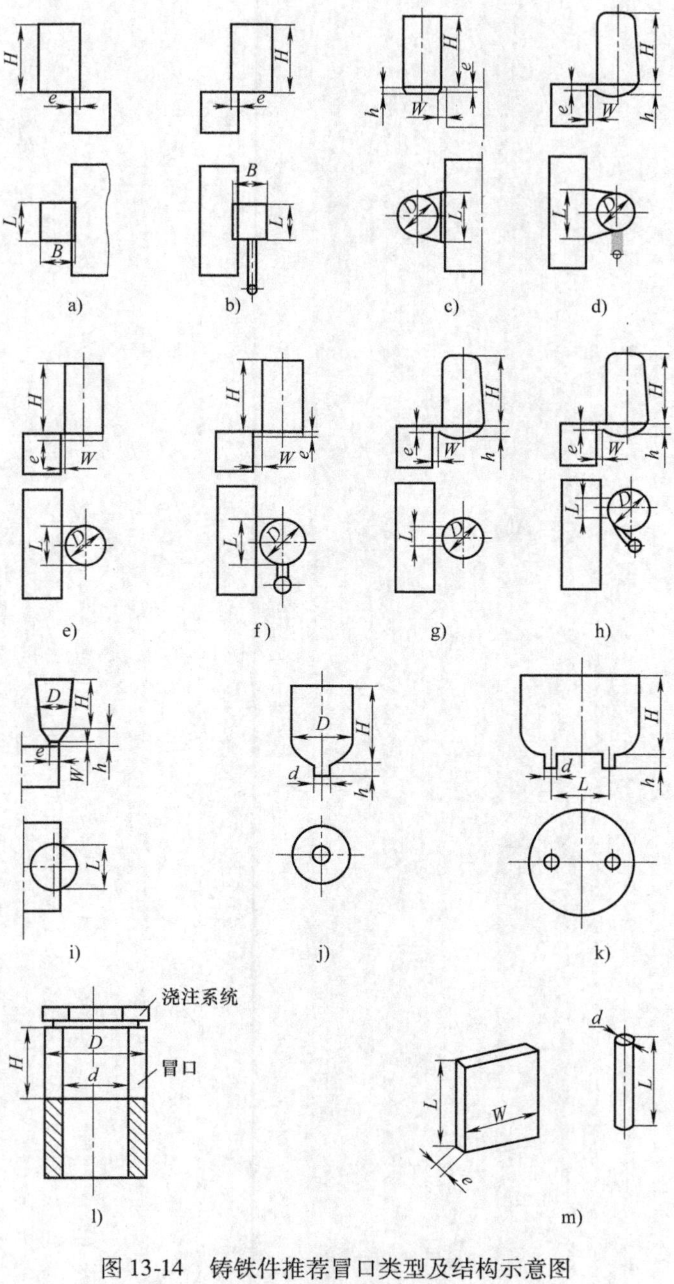

图 13-14　铸铁件推荐冒口类型及结构示意图

7）铸件的厚壁热节应放在浇注位置的下部。当厚薄相差较大时，厚壁热节处安放外冷铁，铸件可不安放冒口。如果铸件大平面处于上型，可采用溢流冒口保证大平面的表面品质。

8）采用冷铁，平衡壁厚差，可消除热节。不仅能防止厚处热节的缩松，且可使石墨化膨胀提前，减小冒口尺寸，增强自补缩作用。

9）优先采用顶注工艺。使先浇入的铁液尽快静止，尽早发生石墨化膨胀，以提高自补缩程度。但要避免切线引入，防止铁液在型内旋转，降低石墨化膨胀的自补缩利用程度。

第五部分

铸造工艺设计

铸造的生产过程，从零件图开始，一直到铸件成品验收合格入库为止，要经过很多道工序，涉及合金熔炼、造型（造芯）材料的配置、工艺装备的准备、铸型的制造、合型、浇注、落砂和清理等许多方面，人们把铸件的生产过程称为铸造生产工艺过程。

铸造工艺设计，就是根据铸造零件的结构特点、技术要求、生产批量和生产条件等，确定铸造方案和工艺参数，绘制铸造工艺图，编制工艺卡等技术文件。这些技术文件必须结合工厂的具体条件，在总结经验的基础上，以图形、文字和表格的形式对铸件的生产工艺过程加以科学的规定。它是铸造生产的直接指导性文件，也是技术准备和生产管理的依据。

铸造工艺设计的好坏，对铸件品质、生产率和成本起着重要作用。因此，在铸件生产之前，首先应该进行铸造工艺设计。

本部分主要介绍铸造工艺设计的依据、铸造工艺方案的确定、铸造工艺参数的选取及铸造工艺设计应用等几方面的内容。

单元十四　铸造工艺设计基础知识

➢【学习目标】

1. 了解铸造工艺设计的依据和内容。
2. 掌握铸造工艺方案的确定方法。
3. 掌握铸造工艺参数的种类和确定方法。

任务一　铸造工艺设计概述

一、任务描述

本次任务使学生了解铸造工艺设计的原理、依据，掌握设计的内容及程序。

二、铸造工艺设计的原则

1）保证铸件具有所要求的质量水平。

2）所设计的工艺应保证成本尽可能低。

3）充分利用车间现有的设备，减轻操作工的劳动强度，达到高的劳动生产率。

4）应尽量采用价格较便宜、容易采购到的原材料。尽量采用标准的或通用的工装。必须设计专用工装时，在保证质量和劳动生产率高的前提下，尽可能设计简单、制造方便和成本较低的专用工装。

5）使铸件生产的上、下工序（模样车间和机械加工车间等）成本最低。

6）必须符合技术安全和环保卫生的规定，保证操作工在较好的劳动环境下工作。

7）同一铸件可能有多种铸造工艺方案，在保证铸件质量和高的劳动生产率的前提下，应选择最容易、最方便的方案，使对操作工的技术要求较低，降低劳动力成本，而且减少因操作复杂而发生的铸造缺陷。

三、铸造工艺设计的主要依据

充分了解客户对铸件的要求、熟悉企业和工厂的具体生产条件，是铸造工艺设计的基本依据。除此以外，设计者还应具有一定的生产经验和设计经验，并对相关的先进技术有所了解，具有经济观点和可持续发展观点。

1. 了解客户要求

首先要认真分析客户提供的产品零件图样和所附技术要求，查阅相关标准文本，充分了解对铸件的质量要求，并分析其铸造工艺性。其次则是明确客户要求的生产批量和交货期。

2. 熟悉企业的具体生产条件

工艺设计人员应该非常熟悉生产企业的具体条件，包括设备能力，原材料的供应和应用情况，工人技术水平和生产经验，模具、工艺装备的加工能力和制作经验。

3. 对该项产品的生产作概略的经济分析

铸件的销售价格已在合同中注明，进行工艺设计时，要充分考虑生产成本。从模具制造，到各种原材料消耗、工时定额、设备折旧及各种检验费用等，都应有所了解并尽量使之降低，以便获得最大的经济效益。

4. 节能与环保

铸造工艺设计中要注意节能，保护环境和维护工人身体健康。

四、铸造工艺设计的主要内容

在大多数情况下，铸造工艺设计包括几种技术文件，即铸造工艺图、铸件图、模样及模板图、芯盒图、砂箱图、铸型装配图、铸造工艺卡等。

1. 铸造工艺图

铸造工艺图是在零件图上直接用文字记载、用各种规定的工艺符号直接绘制而成的表示铸型分型面、铸件浇注位置、浇冒口系统、型芯结构尺寸、控制凝固措施（如补贴、冷铁、保温衬板）及各种铸造工艺参数和技术要求的图样。

铸造工艺图是制造模样、芯盒等工装，进行生产准备和铸件验收的依据，是铸造生产过程必备的。

单件小批生产，常利用红蓝铅笔将各种简明的工艺符号标注在产品零件图上，成为甲类形式的铸造工艺图，如图 14-1 所示；成批、大批大量生产时，常用乙类铸造工艺图，即墨线绘制的工艺图，如图 14-2 所示。

（1）铸造工艺符号　表达设计人员设计意图与要求的专用符号。它所代表的意义贯穿整个生产过程。

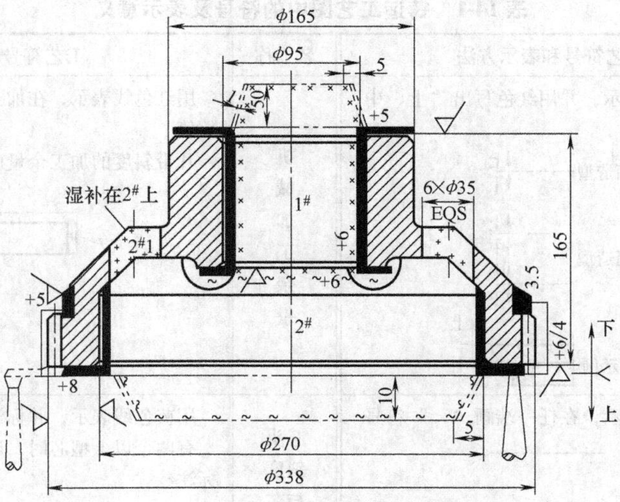

图 14-1　某铸铁件铸造工艺图（甲类）

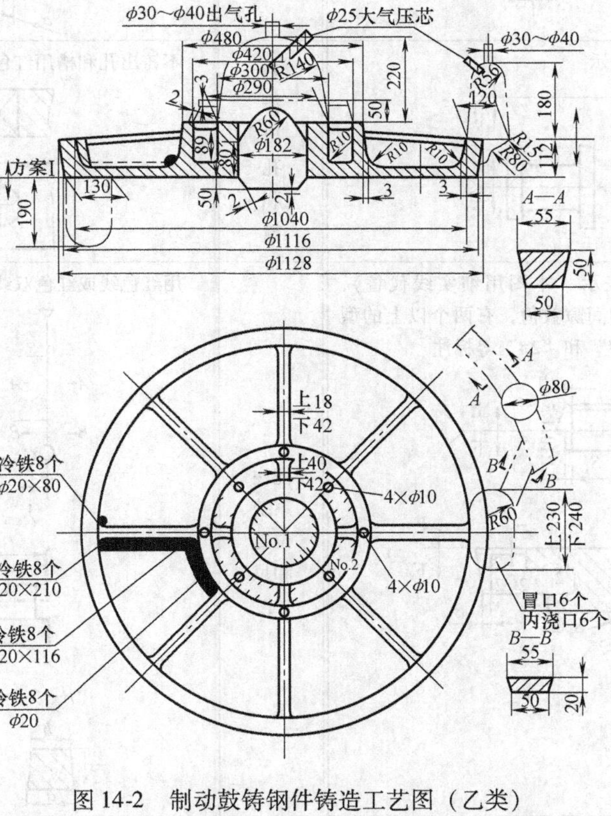

图 14-2　制动鼓铸钢件铸造工艺图（乙类）

铸造工艺符号可用甲、乙两类形式表示。甲类形式是在零件图上，用红、蓝两色线条绘制的工艺图；乙类形式是用墨线绘制的工艺图。这两种形式均适用于砂型铸造铸钢件、铸铁件和铸造非铁合金铸件。

表 14-1 为常用的铸造工艺符号及表示意义，其他铸造工艺符号可查相关铸造手册。

表 14-1　铸造工艺图中的符号及表示意义

名　称	工艺符号和表示方法	名　称	工艺符号和表示方法
分型线	用红色线表示，并用红色写出“上、中、下”字样 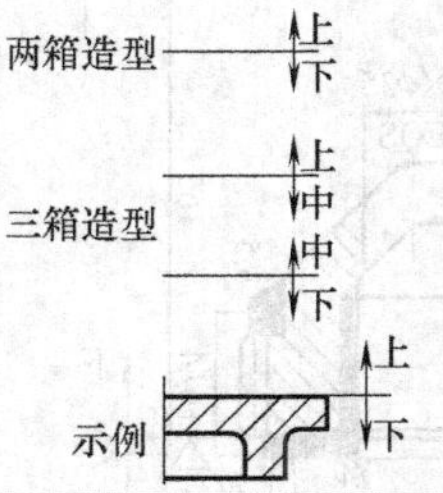	机械加工余量	用红色线表示，在加工符号附近标注加工余量数值 凡带斜度的加工余量应标注斜度 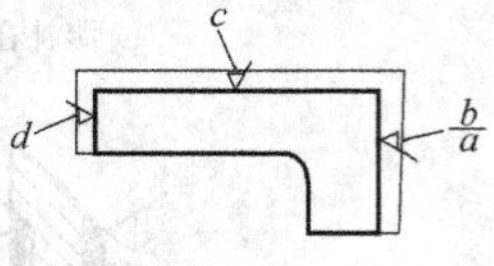
分模线	用红色线表示，在任一端画“＜”符号 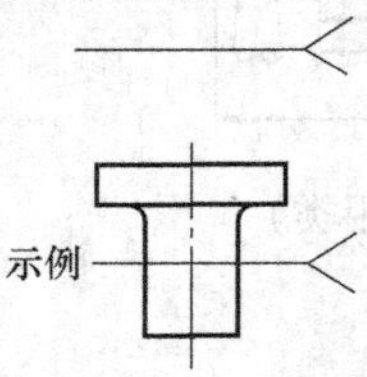	芯头斜度与芯头间隙	用蓝色线表示，并标注斜度和间隙数值 有两个以上型芯时，用数字“1#”和“2#”等标注 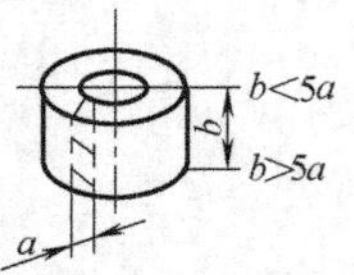
分型分模线	用红色线表示 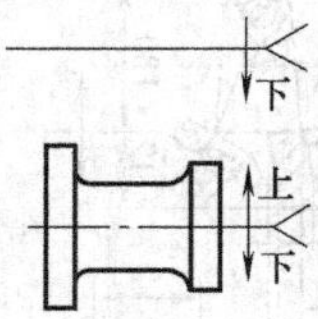	不铸出孔和槽	不铸出孔和槽用红色线打“×” 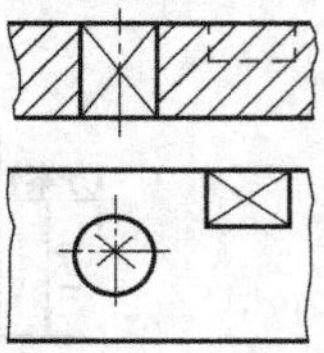
芯头斜度和芯头间隙	用蓝色线表示（本图用细实线代替），并注明斜度和间隙数值，有两个以上的型芯时，用“1#”和“2#”等标注 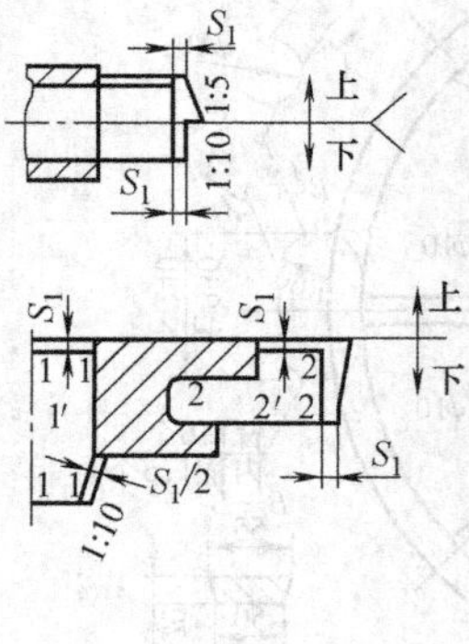	浇注系统位置和尺寸	用红色线或红色双线表示，并注明各部分尺寸 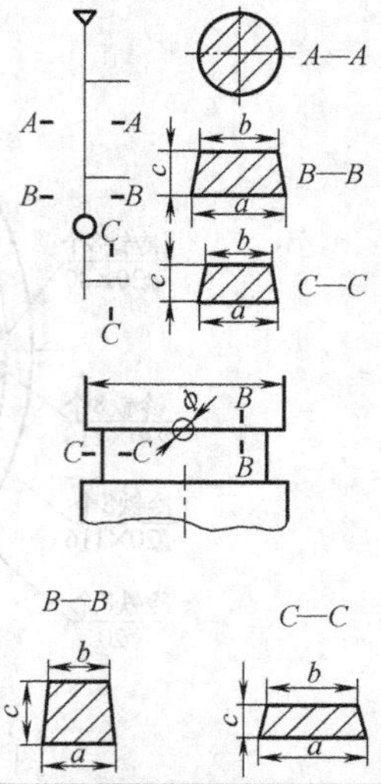

（2）绘制铸造工艺图的程序

1）根据产品图及技术条件、产品价格、生产批量和需用日期，结合工厂实际条件选择铸造方法。

2）分析铸件结构的铸造工艺性，判断缺陷的倾向，提出结构改进意见和确定铸件的凝固顺序。

3）标出浇注位置和分型面。

4）绘出各视图上的加工余量及不铸出孔、沟槽等工艺符号，标出特殊的起模斜度。

5）绘出砂芯形状、分块线（包括分芯负数）、芯头间隙、压紧环和防压环、积砂槽及有关尺寸，标出砂芯负数。

6）画出芯盒的分盒面、填砂（射砂）方向、砂芯出气方向、起吊方向等符号。

7）计算并绘出浇注系统、冒口的形状和尺寸，绘出附铸试棒的形状、位置和尺寸。

8）计算并绘出冷铁和铸肋的形状、位置、尺寸和数量，固定组合方法及冷铁留缝大小等。

9）绘出并标明模样的分型负数，分模面及活块形状，反变形量的大小、形状和位置，非加工壁厚的负余量，工艺补正量的加设位置和尺寸等。

10）绘出并标明大型铸件的吊柄，某些零件上所加的机械加工用夹头或加工基准台等。

应在技术工艺设计时注明浇注要求、压重、冒口切割残余量、冷却保温处理、拉肋处理要求、退火要求等。技术条件中还需说明：铸造（件）收缩率（缩尺），一箱布置几个铸件或与某名称铸件同时铸出，选用设备型号及砂箱尺寸等。

（3）注意事项　每项工艺符号只在某一视图或剖视图上表示清楚即可。不必在每个视图上反应所有工艺符号，以免符号遍布图样，互相重叠。

加工余量的尺寸，如果顶面、孔内和底、侧面数值相同时，图面上不标注尺寸，可写在图样背面的“模样工艺卡上”中，也可写在技术条件中。

相同尺寸的铸造圆角、等角度的起模斜度，在图形上可不标注，只写在技术条件中。

砂芯边界线，如果和零件线或加工余量线、冷铁线等重合时，则省去砂芯边界线。

在剖视图上，砂芯线和加工余量线相互关系的处理，不同工厂有不同的做法：一种认为砂芯是“透明体”，因而砂芯遮住的加工余量线部分也绘出，结果使加工余量红线贯穿整个砂芯剖面；另一种认为砂芯是“非透明体”，因而被砂芯遮住的加工余量线不绘出。推荐采用后一种方法，这样图面线条较少、清晰、便于观察。

在某些单件小批生产的工厂中，铸造工艺图是在产品图上绘制的，直接用于指导生产。这时，一般都是手工造型或抛砂造型，使用木模或菱苦土模。铸造工艺图在投入模样制造之前一次完成。

在大批大量生产中，铸件先要经过试制阶段。应首先绘制铸造工艺图，并按图制造试制用的模样、芯盒等。根据试制情况，把铸造方案、加工余量、收缩率等所有工艺因素进行变更和调整。最后，依试制修改后的铸造工艺图进行金属模具的设计。由于在试制阶段不可能把铸件的每一个尺寸、形状及模具加工的因素都详细地考虑完全，因此在模具设计完成后，还要对原有铸造工艺图依模具图样加以修改，使前后一致。由此可见，大量生产的铸造工艺图往往不直接指导生产，它实际上被模具图所取代，但它在试制阶段起主导作用。

另外，在图样中所标注的各种工艺尺寸或数据，不要遮盖产品图上的数据，应方便工人操作，符合工厂的实际条件。例如标注起模斜度，对于手工木模，则应标注尺寸（mm）或比例（1/50）；对于金属型则应标注角度，而且所注角度应和工厂常用铣刀角度相对应。

前轮轮毂铸造工艺图如图 14-3 所示。

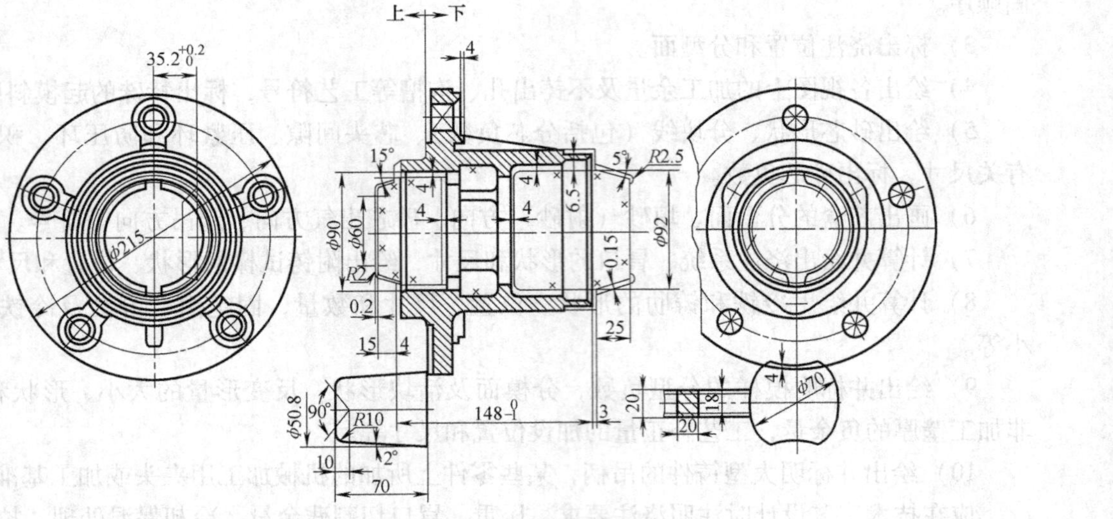

图 14-3　前轮轮毂铸造工艺图

2. 铸件图

铸件图是以铸造工艺图为依据绘制的，是铸造生产用图，也是铸件验收的基准图和铸件验收及设计机加工工艺的依据。

通常只是在大批量生产的条件下才绘制铸件图；单件小批量生产的产品，都直接依据铸造工艺图进行生产准备、施工和验收，机械加工部门也是直接依照产品图进行加工，没必要绘制铸件图。因此，铸件图适用于成批、大量生产或重要零件。

一般情况下，铸件图确定后应经相关的生产部门和设计科室进行会签。

铸件图应表明的内容包括：铸件毛面上的加工定位点（面），夹紧点（面），加工余量，起模斜度，分型面，内浇道和冒口残余，铸件全部形状和尺寸，未注明的圆角、壁厚，涂漆种类，铸件允许的缺陷说明等。其中，铸造圆角只标明特殊的铸造圆角尺寸，相同的铸造圆角在技术要求中说明；起模斜度只标明特殊角度的起模斜度，相同角度的起模斜度统一在技术要求中说明；分型面在铸件图上的痕迹用细实线画出，并标明“上”“下”字样，以说明浇注位置；浇冒口残余的位置和形状，用双点画线画出，并用引出线加以说明，如“内浇道残余不应大于 × mm”等；铸件上特殊位置允许缺陷的限制应在图形上相应部位表示，并加以文字说明。

铸件图尺寸标注，在生产中有两种方法。

1）以零件尺寸为基础，即标注零件尺寸，加工余量（起模斜度的尺寸界线）等则在零件尺寸线上向外标注，如图 14-4 所示。

2）以铸件尺寸为基础，即标注铸件尺寸，加工余量等则由铸件外廓尺寸线向内标注尺寸。

大多数工厂应用前一种方法，后一种方法在个别大量生产工厂中应用。但无论哪种方法，不铸孔和沟槽等均不标注尺寸。

3. 铸型装配图（合型图）

铸型装配图是根据铸造工艺图的相关内容画出的合箱图，作为生产准备、合型、检验和工艺调整的依据。

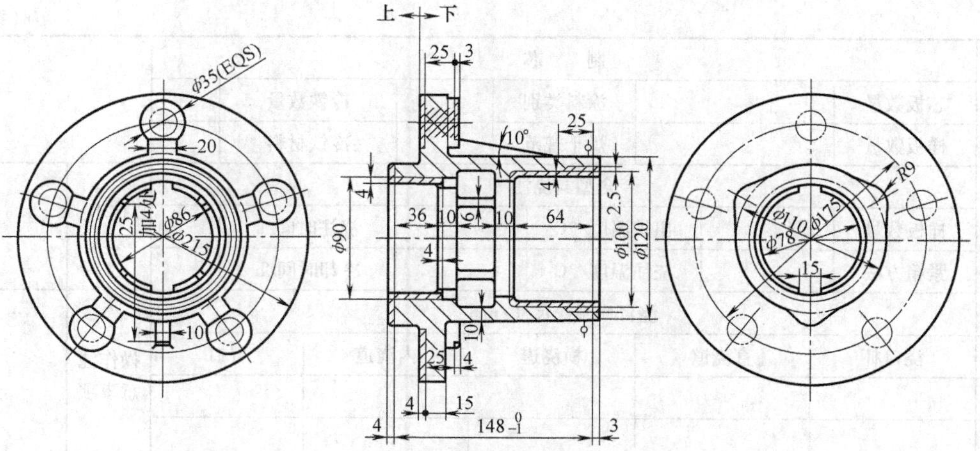

图 14-4　前轮轮毂铸件图

在铸型装配图上，表示铸件的浇注位置、砂芯数量、下芯顺序和固定方式、浇冒口和冷铁的布置、砂箱结构和大小、排气通道和排气方向等，用于成批、大量生产、重要或重型铸件。

4. 铸造工艺卡

铸造工艺卡是概括整个工艺设计主要内容的工艺文件，是生产和管理的重要依据。

铸造工艺卡一般以表格形式，说明铸件所用的合金牌号、对各种非金属材料（如型砂、芯砂）的要求、造型和造芯操作应注意的事项、浇注规范、所用砂箱的规格、各种原材料消耗及工时定额等。由于各工厂生产批量不同、生产条件不同，所使用的工艺卡形式有很大差异。对于单件小批生产的工厂，指导木模制造及造型、造芯、浇注操作的工艺卡，大都采用图章形式盖印在铸造工艺图的背面，工艺卡和铸造工艺图配合使用，铸造工艺图是直接指导操作的文件，这类工艺卡只填写简明数据；对于大批生产厂，模具制造要依照专用的工装图样，铸造工艺图只在试制和模具设计时起作用，而对造型、造芯、浇注操作直接起指导作用的文件只有工艺卡，这种工艺卡除有上述要求的表格数据外，一般附有合型装配件图或工艺草图，以便造型、下芯和合型时应用。

1）手工造型、单件小批生产的铸造工艺卡的内容和格式参见表 14-2。

表 14-2　铸造综合工艺卡片格式（手工造型）

	单位			铸造工艺卡		卡片编号		工艺简图
	产品代号			零件代号		合同编号		
	产品名称			零件名称		铸件质量/kg		
				每台件数		浇注质量/kg		
	砂箱内框尺寸/mm		砂箱质量/kg	造　型		模　样		
长	宽	高		型砂类别		模样类别		
				砂型类别		活块数		
				涂料类别		托板数		
				烘干规范		轮廓尺寸/mm		
				制　芯				
	芯盒数量			芯盒材料		芯骨数量		
	砂芯编号			芯盒类别		芯骨材料		

（续）

制芯							
芯板数量		涂料类别		冷铁数量			
样板数量		烘干规范		冷铁材料			
合型与浇注						技术要求	
样板数量		出炉温度/°C		浇注时间/s			
紧箱方法		浇注温度/°C		冷却时间/h			
浇冒口系统尺寸/mm							
编号	浇口杯	直浇道	横浇道	内浇道	冒口	操作注意事项	
数量							
批准		审核		编制		日期	

2）机器造型、成批生产的铸造工艺卡的内容和格式参见表14-3。

表14-3　铸造综合工艺卡片格式（机器造型）　　共　页　第　页

单位		砂型铸造工艺卡						产品编号			零件代号		
								产品名称			零件名称		
牌号		毛重/kg		浇冒口重/kg		工艺出品率(%)		每箱重/kg			每台件数		
模样材料		砂箱			型板		砂箱名称	面砂编号	填充砂编号	涂料编号	芯撑	规格	砂型类别
		名称	编号	规格	名称	编号						数量	砂箱卡编号或压铁重量
每箱型数		上型			模板						冷铁	编号	造型方法
芯盒总数		中型			模板							材料	
砂芯数量		下型										数量	造型设备
造芯									检查样板				
砂芯编号									编号		用途	数量	
造芯方法													
涂料编号													
涂料次数	烘干前												
	烘干后												
特殊操作说明		浇口杯	内浇道		横浇道		直浇道		冒口		浇注温度/°C		
		编号	数量	规格	数量	规格	数量	规格	数量	规格	浇注时间/s		
											冷却时间/h		
							编制	校对	审核	会签	批准		
标记	处数	更改文件号	签字	日期									

五、铸件工艺设计的程序

铸造工艺设计的程序一般是：对零件图样进行审查和进行铸造工艺件分析；选择造型方法；确定铸造工艺方案；绘制铸造工艺图；填写铸造工艺卡。如有必要，还要绘制铸型装配图和绘制各种铸造工艺装备图样。

六、铸钢阀体铸造工艺图标注及绘制

1. 铸造工艺图分析

图 14-5 所示是轴套零件的铸造工艺图。标题栏给出轴套零件材料为 HT150 ，单件铸件质量为 3kg。注明铸件线收缩率为 1% ，起模斜度为 1°15′，未注明的铸造圆角为 *R*5mm。

该铸件有组织结构要致密，不得有砂眼、气孔等铸造缺陷的技术要求。

采用立式浇注；分型面与分模面为同一平面，在铸件的最上端，3 个直径 ϕ10mm 的孔均不铸出；机械加工余量、型芯、型芯头（座）、起模斜度、铸造圆角等位置与数值如图 14-5所示。

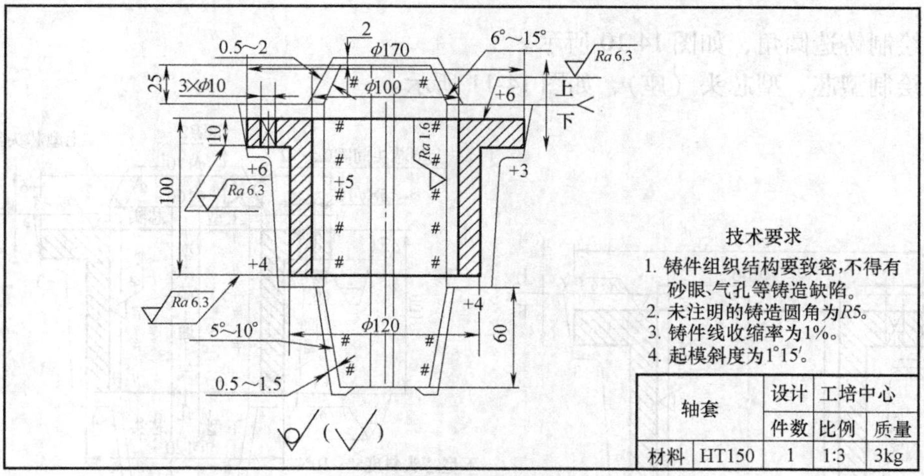

图 14-5 轴套零件的铸造工艺图

2. 轴套零件铸造工艺图的绘制

1）绘制零件图，如图 14-6 所示。

2）绘制分型分模面、浇注位置，如图 14-7 所示。

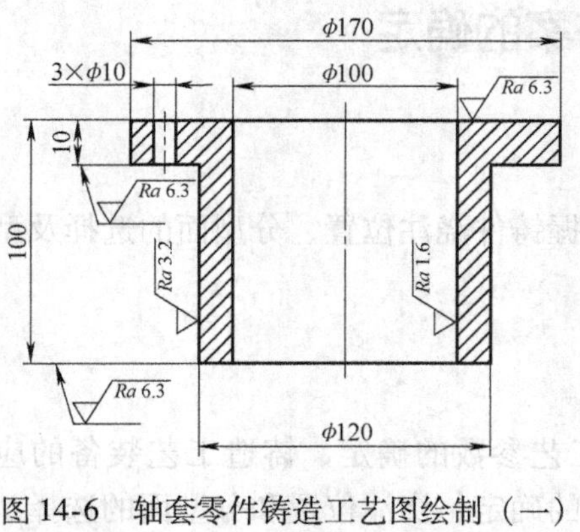

图 14-6 轴套零件铸造工艺图绘制（一）

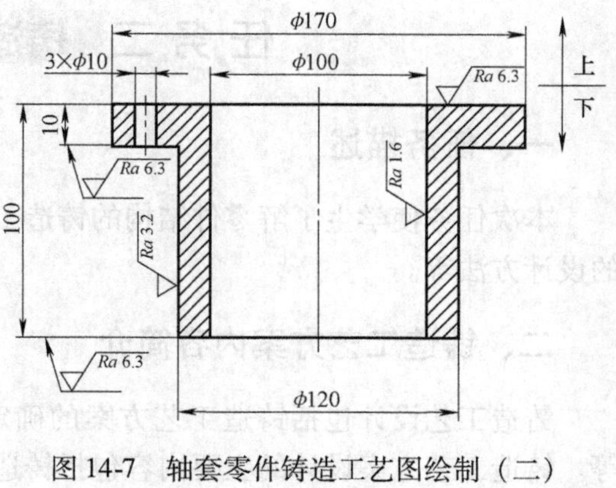

图 14-7 轴套零件铸造工艺图绘制（二）

3）铸件线收缩率为1%。

4）标出机械加工余量，如图14-8所示。

5）起模斜度为1°15′，如图14-9所示。

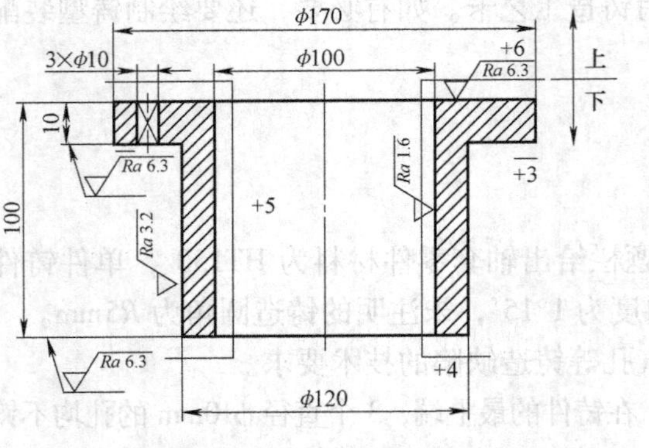

图14-8　轴套零件铸造工艺图绘制（三）

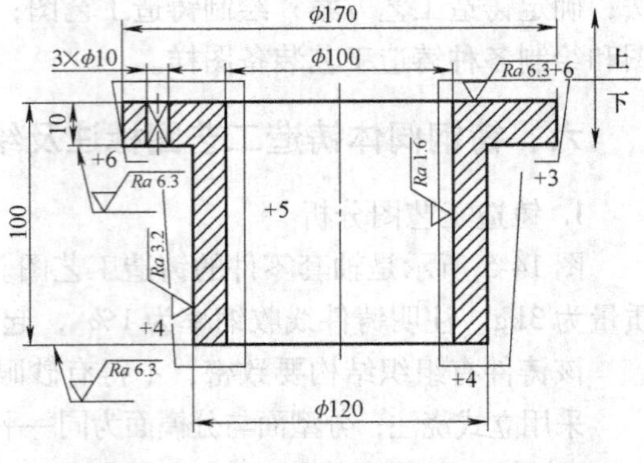

图14-9　轴套零件铸造工艺图绘制（四）

6）绘制铸造圆角，如图14-10所示。

7）绘制型芯、型芯头（座），如图14-11所示。

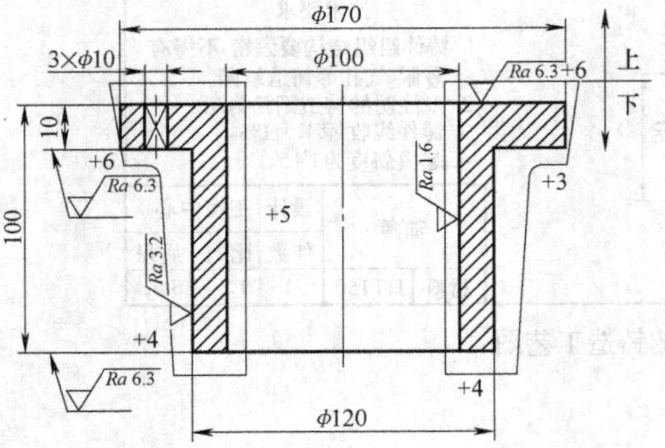

图14-10　轴套零件铸造工艺图绘制（五）

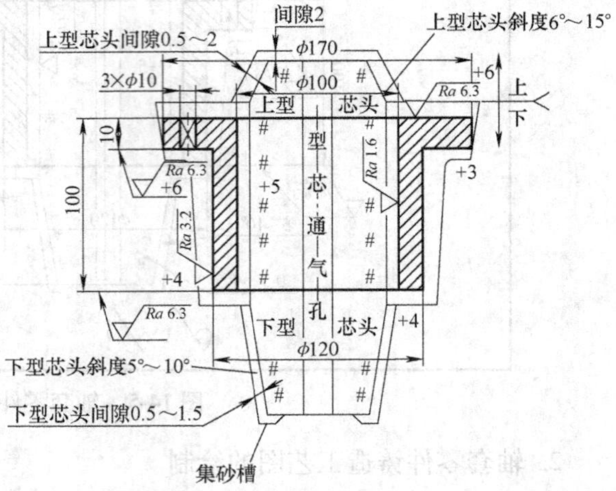

图14-11　轴套零件铸造工艺图绘制（六）

任务二　铸造工艺方案的确定

一、任务描述

本次任务使学生了解零件结构的铸造工艺性，掌握铸件浇注位置、分型面的选择及型芯的设计方法等。

二、铸造工艺方案内容简介

铸造工艺设计包括铸造工艺方案的确定、铸造工艺参数的确定、铸造工艺装备的应用等。铸造工艺方案设计的主要内容包括铸造工艺方案的确定、浇注位置和分型面的选择、砂芯设计等。要确定最佳铸造工艺方案，首先应对铸件进行工艺考核（考核铸件结构设计的合理性），选择砂型铸造工艺方案，确定铸造工艺参数。

三、零件结构的工艺性分析

铸件结构设计包括四个方面：功能设计；考虑铸件工艺性使设计进一步优化和简化；正确选择铸件的材质；从零部件生产过程的全过程作经济性分析。

在生产中，铸件可能存在各种不符合铸造要求的结构，如发现结构设计不合理之处，应与有关方面研究，商讨改进措施，以实现产品设计的优化，使供需双方获利，并推动技术的进步。如有的铸件局部截面过厚，不仅易产生缩孔、缩松之类的缺陷，该处金属的实际力学性能也会恶化。改进结构、使壁厚变薄、加设铸肋，不仅可以减少原材料用量，使产品轻量化，而且可以增强铸件的刚度。

对铸件工艺进行考核，就是根据铸造生产的要求，在保证铸件使用要求的前提下，为避免铸造缺陷、简化铸造工艺过程、降低成本，而对铸件结构设计的改进。

1. 从避免缺陷方面审查铸件结构

合理的零件结构可以消除许多铸造缺陷，为保证获得优质铸件，对零件的结构设计应考虑如下几个方面。

（1）铸件壁厚应适当

1）铸件的最小壁厚。它是指在一定的铸造条件下，铸造合金液能充满铸型的最小厚度。为了避免浇不到、冷隔等缺陷，铸件不应太薄。铸件的最小允许壁厚与铸造合金的流动性密切相关，合金成分、浇注温度、铸件尺寸和铸型的热物理性能等显著影响铸件的填充。如铸型的冷却能力越强，铸件的最小壁厚值越大。

在确定铸件的壁厚时，不仅要保证铸件的强度和刚度等力学性能，而且应使铸件的壁厚大于所用合金的最小壁厚值，以免产生浇不足和冷隔缺陷。砂型铸造时铸件最小允许壁厚见表14-4。

表14-4　砂型铸造时铸件最小允许壁厚 δ　　（单位：mm）

合金种类	铸件轮廓尺寸/mm					
	<200	200～400	400～800	800～1250	1250～2000	>2000
铸造碳钢	8	9	11	14	16～18	20
低合金钢	8～9	9～10	12	16	20	25
高猛钢	8～9	10	12	16	20	25
灰铸铁	3～4	4～58	5～6	6～8	8～10	10～12
孕育铸铁（HT300以上）	5～6	6～8	8～10	10～12	12～16	16～20
球墨铸铁	3～4	4～8	8～10	10～12	12～14	14～16

合金种类	铸件轮廓尺寸/mm					
	<50	50～100	100～200	200～400	400～600	600～800
可锻铸铁	2.5～3.5	3～4	3.5～4.5	4～5.5	5～7	6～8
铝合金	3	3	4～5	5～6	6～8	8～10
黄铜	6	6	7	7	8	8
锡青铜	3	5	6	7	8	8
锌合金	3	4				

注：1. 如特殊需要，在改进铸造条件的情况下，灰铸铁的壁厚可小于3mm，其他合金最小壁厚也可减小。

2. 在铸件结构复杂、合金流动性差的情况下，应取上限。

2）铸件的临界壁厚。铸件也不应设计得太厚，超过临界壁厚的铸件中心部分晶粒粗大，常出现缩孔、缩松等缺陷，导致力学性能降低。铸件壁厚应随铸件尺寸增大而相应增大，但不宜设计得过厚，各种合金铸件的临界壁厚可按最小壁厚的3倍来考虑。

对于受力铸件，可考虑采用加强肋的方法减小壁厚，如图14-12所示。

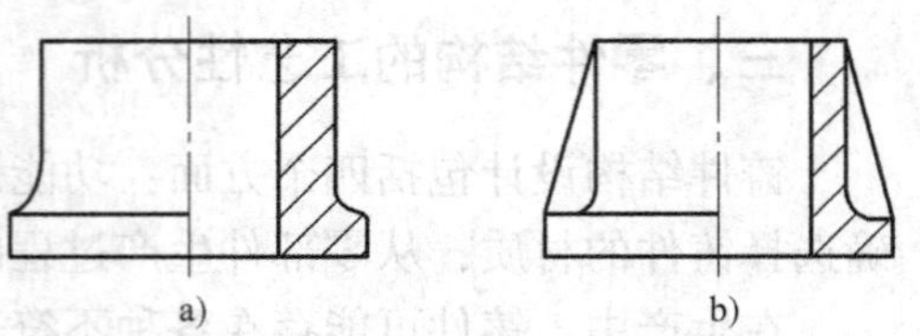

a)　　b)

图14-12　用加强肋减小铸件壁厚

a）不合理　b）合理

（2）铸件内壁应薄于外壁　砂型铸造时，铸件的内壁和加强肋等散热条件较差，即使内壁厚度与外壁厚度相等，但由于内壁凝固速度慢，力学性能往往比外壁低，且在铸造过程中内、外壁的交界处产生内应力导致铸件裂纹，对于凝固收缩大的合金还易产生缩孔和缩松。因此，铸件的内壁应比外壁薄，外壁的模数一般为内壁模数的1.1~1.4倍。砂型铸造各铸造合金的内、外壁厚度差值可参考表14-5。

表14-5　砂型铸造各种铸造合金内、外壁厚度差值

合金种类	铸铁	铸钢	铸铝	铸铜
铸件内壁比外壁厚度应减少的相对值（%）	10~20	20~30	10~20	15~20

注：铸件内腔尺寸大的取下限值。

（3）铸件壁的过渡与连接　一般情况下，铸件壁的截面尺寸不可能完全相同，薄厚不均的铸件在冷却过程中会形成较大的内应力，在热节处易造成缩孔、缩松和热裂纹。壁厚应力求均匀，减少肥厚部分，防止形成热节。薄、厚壁的相接、拐弯、等厚度的壁与壁的各种连接，应采取逐渐过渡和转变的形式，使用圆角相接。壁厚的过渡形式与尺寸见表14-6。铸件壁的连接形式与尺寸见表14-7。

表14-6　壁厚的过渡形式与尺寸

<table>
<tr><th>示意图</th><th>壁厚比</th><th>合金种类</th><th colspan="11">过渡尺寸</th></tr>
<tr><td rowspan="3">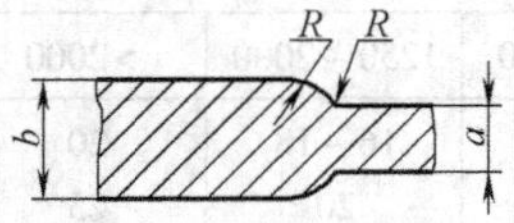</td><td rowspan="3">$b \leqslant 2a$</td><td>铸铁</td><td colspan="11">$R \geqslant \left(\frac{1}{6} \sim \frac{1}{3}\right)\left(\frac{a+b}{2}\right)$</td></tr>
<tr><td rowspan="2">铸钢可锻铸铁非铁金属</td><td>$\frac{a+b}{2}$</td><td>≤12</td><td>12~16</td><td>16~20</td><td>20~27</td><td>27~35</td><td>35~45</td><td>45~60</td><td>60~80</td><td>80~110</td><td>110~150</td></tr>
<tr><td>R</td><td>6</td><td>8</td><td>10</td><td>12</td><td>15</td><td>20</td><td>25</td><td>30</td><td>35</td><td>40</td></tr>
<tr><td rowspan="2">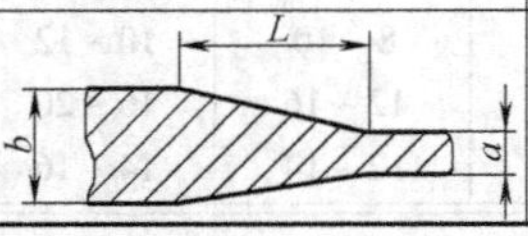</td><td rowspan="2">$b > 2a$</td><td>铸铁</td><td colspan="11">$L \geqslant 4(b-a)$</td></tr>
<tr><td>铸钢</td><td colspan="11">$L \geqslant 5(b-a)$</td></tr>
</table>

表14-7　铸件壁的连接形式与尺寸

示意图	连接尺寸	示意图	连接尺寸
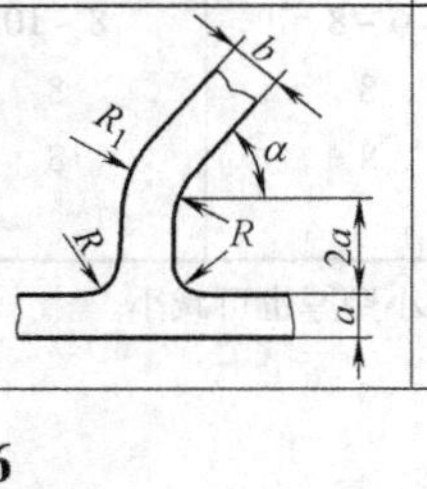	$\alpha < 75°$ $b \approx 1.25a$ $R = \left(\frac{1}{6} \sim \frac{1}{3}\right)\left(\frac{a+b}{2}\right)$ $R_1 = R + b$	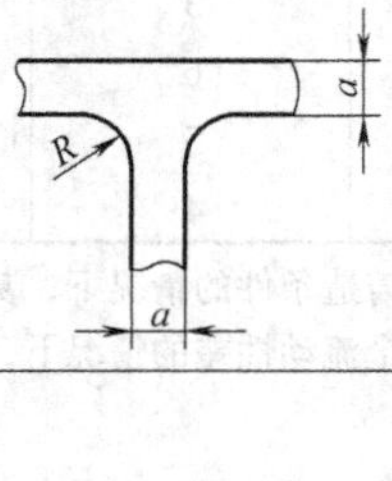	三壁相等时 $R \geqslant \left(\frac{1}{6} \sim \frac{1}{3}\right)a$

（续）

示意图	连接尺寸	示意图	连接尺寸
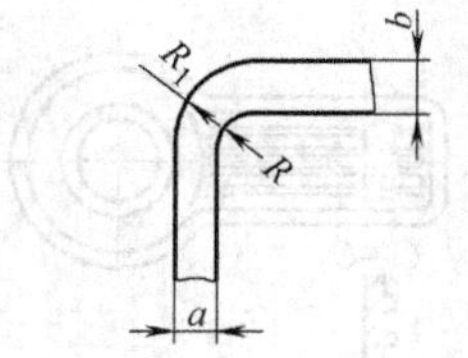	$a \leqslant b \leqslant 2a$ $R=\left(\frac{1}{6} \sim \frac{1}{3}\right)\left(\frac{a+b}{2}\right)$ $R_1 \geqslant R+\frac{a+b}{2}$	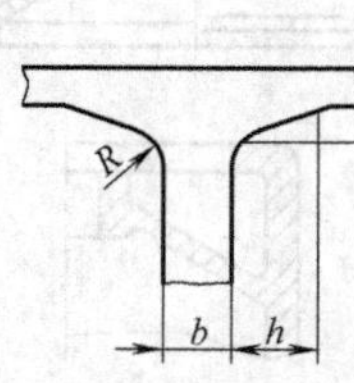	$b>a$ $R \geqslant \left(\frac{1}{6} \sim \frac{1}{3}\right)\left(\frac{a+b}{2}\right)$ $b \geqslant a+c$ $c \approx 3\sqrt{b-a}$ $h \geqslant 4c$(铸铁)；$h \geqslant 5c$(铸钢)
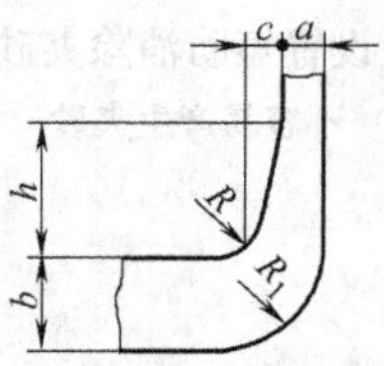	$b>2a$ $R \geqslant \left(\frac{1}{6} \sim \frac{1}{3}\right)\left(\frac{a+b}{2}\right)$ $R_1 \geqslant R+\frac{a+b}{2}$ $c \approx 3\sqrt{b-a}$ $h \geqslant 4c$(铸铁)；$h \geqslant 5c$(铸钢)	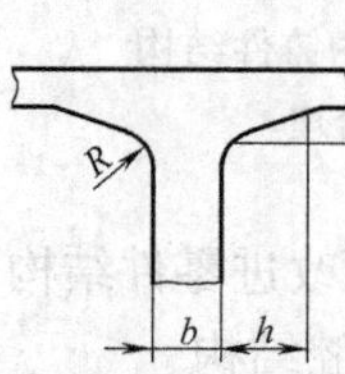	$b<a$ $R=\left(\frac{1}{6} \sim \frac{1}{3}\right)\left(\frac{a+b}{2}\right)$ $c \approx 1.5\sqrt{a-b}$ $h \geqslant 8c$（铸铁） $h \geqslant 10c$（铸钢）

注：1. 铸造圆角标准整数系列为 1mm、2mm、4mm、6mm、8mm、10mm、12mm、16mm、20mm、25mm、30mm、35mm、40mm、50mm、60mm、80mm、100mm。

2. 当壁厚大于 20mm 时，R 取系数中的下限值。

3. 高碳钢铸件和高锰钢铸件的 R 值需增大 1.3～1.5 倍。

（4）利于补缩和实现顺序凝固　对于铸钢、可锻铸铁、黄铜、无锡青铜、铝硅共晶合金等凝固体收缩大的合金铸件，易形成缩孔等收缩缺陷，应特别注意实现顺序凝固的可能性。

（5）防止铸件翘曲变形　生产实践表明，某些壁厚均匀的长形铸件、较大的平板形铸件以及壁厚不均的长形箱体件如机床床身等，会产生翘曲变形。前两种铸件发生变形的主要原因是结构刚度差，铸件各面冷却条件的差别引起的内应力不大，但使铸件显著翘曲变形。后者变形的原因是壁厚相差悬殊，冷却过程中引起较大的内应力，造成铸件变形。可通过改进铸件结构，铸件热处理时矫形，对于合金性能延伸率大的铸件进行机械矫形和采用变形模样等措施加以解决，如图 14-13 所示。

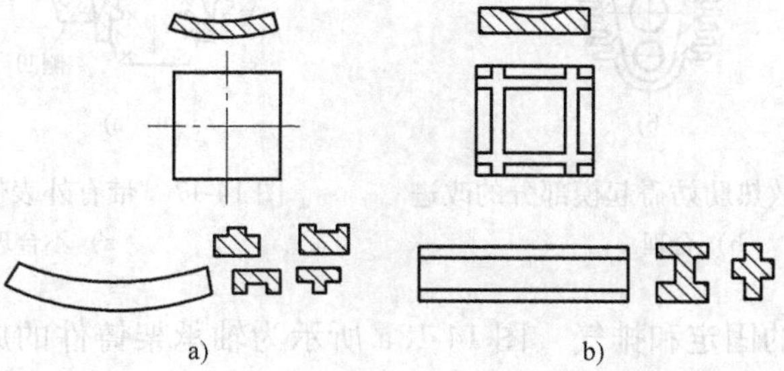

图 14-13　防止变形的铸件结构

a）不合理　b）合理

（6）避免浇注位置上有水平的大平面结构　当金属液面上升到该位置时，由于断面突然扩大，金属液面上升速度变得非常小，灼热的金属液面较长时间近距离烘烤顶面型壁，极易造成夹砂、渣孔、砂孔或浇不到等缺陷。故常将水平壁改进为稍带倾斜的壁或曲面壁，如图 14-14 所示，或者用肋清除大平面结构的夹砂等缺陷，如图 14-15 所示。

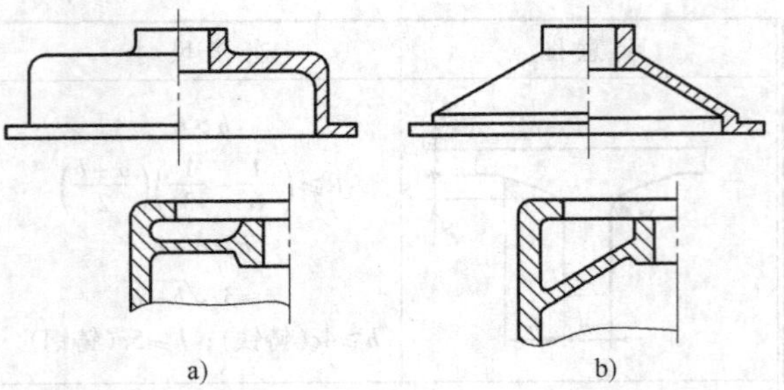

图 14-14　避免水平壁的铸件结构
a）不合理　b）合理

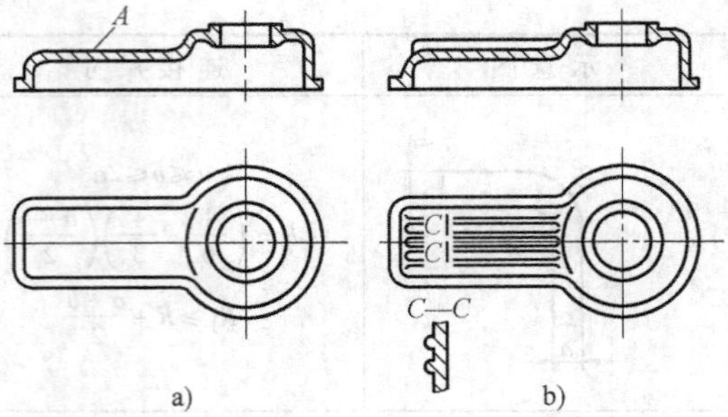

图 14-15　在大平面上设置短肋消除夹砂
a）容易产生夹砂　b）不容易产生夹砂

2. 从简化铸造工艺方面改进零件结构

（1）简化铸件外表及内腔结构

1）改进妨碍起模的凸台、凸缘和肋板等结构。图 14-16a 中的发动机油底壳散热肋垂直于所在斜面，妨碍起模。为此，机器造型中不得不增加砂芯；手工造型中也不得不把散热肋制成活动模样（活块）。图 14-16b 中把散热肋做成水平平行状，既方便起模，又简化了模具的制作工艺。

2）取消铸件外表侧凹。图 14-17a 中的铸件外侧壁上有凹入部分，妨碍起模，需要增加砂芯才能形成铸件形状。图 14-17b 将铸件侧壁改成平直状，省去部分砂芯。

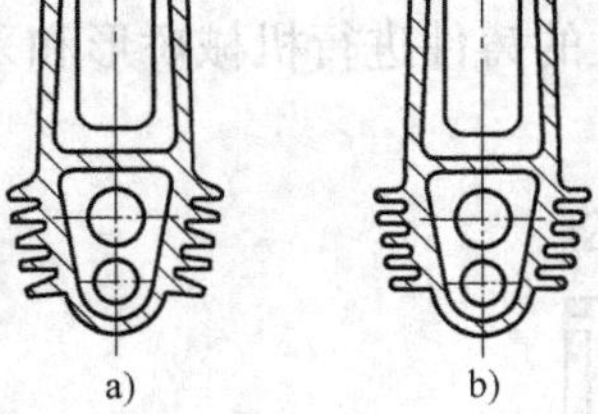

图 14-16　发动机油底壳散热肋妨碍起模部分的改进
a）不合理　b）合理

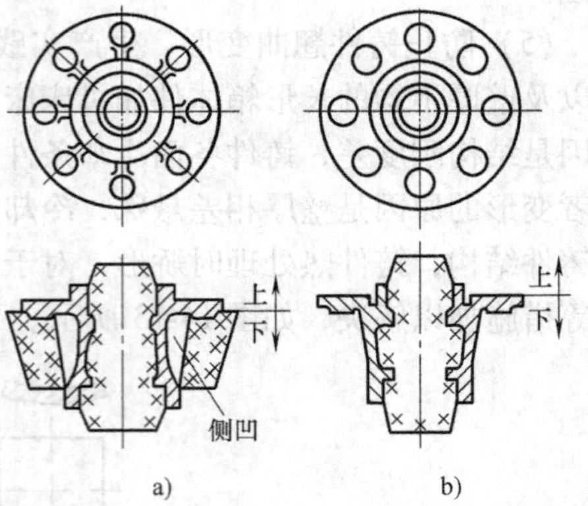

图 14-17　带有外表侧凹的铸件结构的改进
a）不合理　b）合理

（2）有利于砂芯的固定和排气　图 14-18a 所示为轴承架铸件的原始结构。2 号砂芯呈悬臂式，需用芯撑固定；改进后，悬臂砂芯（2 号）和轴孔砂芯（1 号）连成一体，变成一个砂芯，取消了芯撑（见图 14-18b）。薄壁件和要求承受气压或液压的铸件，不希望使用芯撑。若无法更改结构时，可在铸件上增加工艺孔，这样就增加了砂芯的芯头支撑点。铸件的工艺孔可用堵头封住，以满足使用要求。

（3）大型复杂件的分体铸造和简单小件的联合铸造　有些大而复杂的铸件可考虑分成几个简单铸件铸造后再用焊接方法或用螺栓将其联接起来。这种方法能简化铸造过程，使本来受工厂条件限制无法生产的大型铸件的生产成为可能。

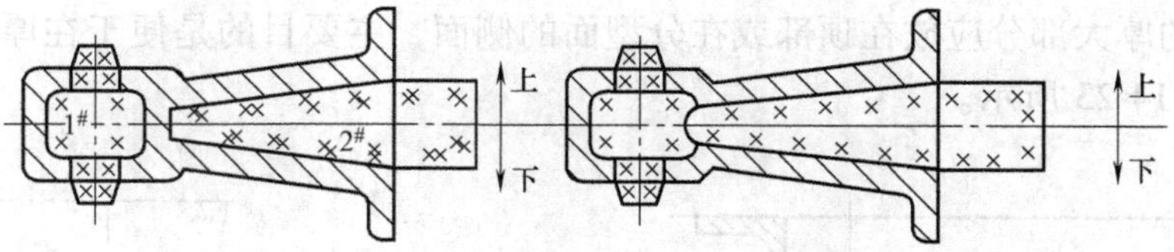

a)　　b)

图 14-18　轴承架铸件

a）不合理　b）合理

四、浇注位置的确定

浇注时铸件在铸型中所处的位置称为浇注位置。浇注位置是根据零件的结构特点、尺寸、重量、技术要求、铸造合金特性、铸造方法以及生产车间的条件决定的。正确的浇注位置应能保证获得合格铸件，并使造型、造芯和清理方便。

铸件的浇注位置对铸件的质量、尺寸精度、造型工艺的难易程度都有很大的影响。通常按下列基本原则确定浇注位置。

1）铸件的重要工作面或主要加工面朝下或位于侧面。浇注时金属液中的气体、熔渣及铸型中的砂粒会上浮，有可能使铸件的上部出现气孔、夹渣、砂眼等缺陷，而铸件下部出现缺陷的可能性小，组织较致密。如图 14-19 所示机床床身的浇注位置，应将导轨面朝下，以保证该重要工作面的质量。如图 14-20 所示的气缸套，其圆周面的质量要求较高，采用立浇方案，可使圆周面处于侧面，保证质量均匀一致。

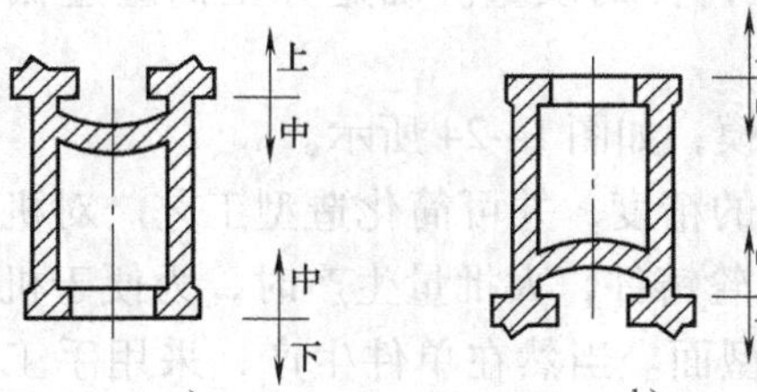

a)　　b)

图 14-19　机床床身的主要工作面应朝下

a）不合理　b）合理

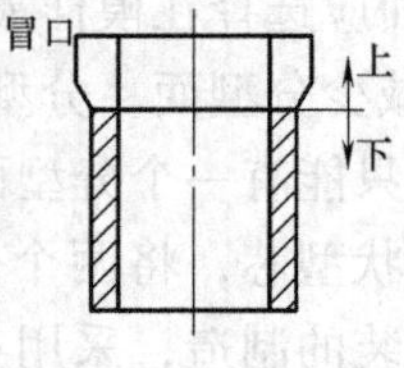

图 14-20　气缸套的工作面应置于侧面

2）铸件的大平面朝下或倾斜浇注。由于浇注时炽热的金属液对铸型的上部有强烈的热辐射，引起顶面型砂膨胀拱起甚至开裂，使大平面出现夹砂、砂眼等缺陷。大平面朝下或采用倾斜浇注的方法可避免大平面产生铸造缺陷。图 14-21 所示为平板铸件的浇注位置。

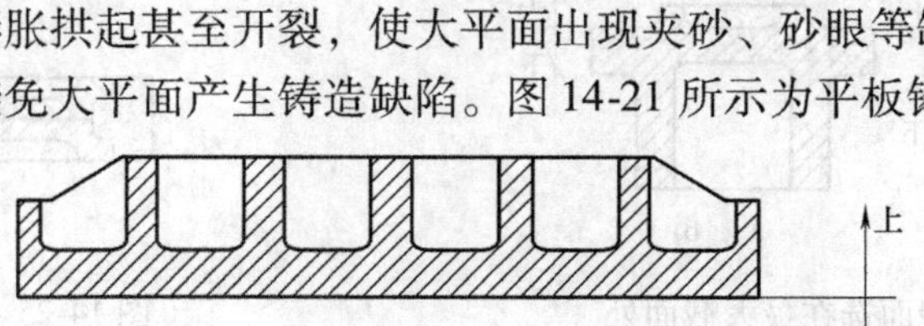

图 14-21　大平面朝下

3）铸件的薄壁朝下、侧立或倾斜。为防止铸件的薄壁部位产生冷隔、浇不到缺陷，应将面积较大的薄壁置于铸件的下部，或使其处于侧壁或倾斜位置，如图 14-22 所示。

4）铸件的厚大部分应放在顶部或在分型面的侧面，主要目的是便于在厚处安放冒口进行补缩，如图 14-23 所示。

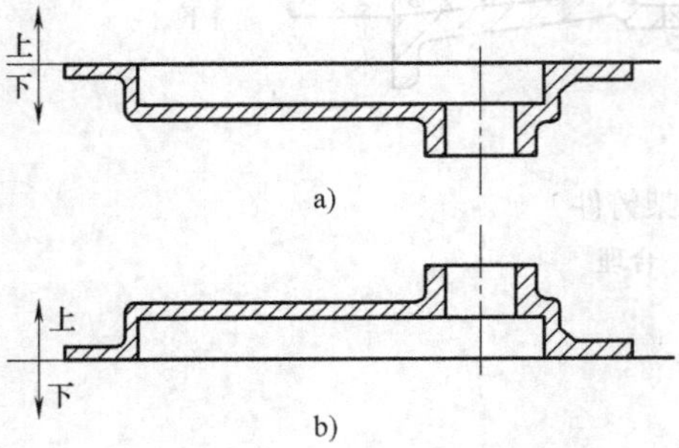

图 14-22　薄壁铸件的浇注位置
a）合理　b）不合理

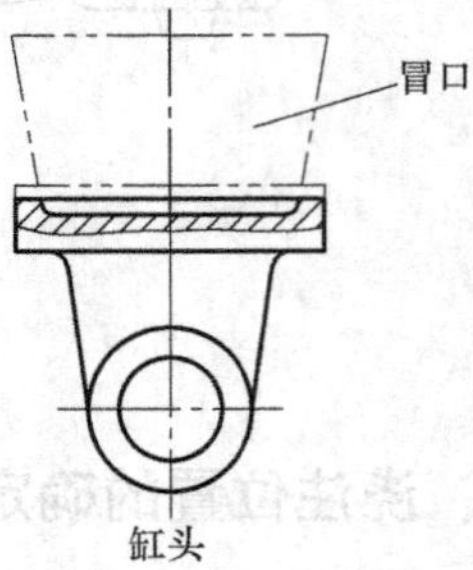

缸头

图 14-23　缸体的浇注位置

5）浇注位置应有利于砂芯的定位和稳固支撑，保证排气通畅及下芯和检验方便，尽量少用或不用砂芯，若确需使用砂芯时，应尽量避免用吊砂、吊芯或悬臂式砂芯。

6）在大批量生产中，应使铸件的飞边易于清理。

7）要避免厚实铸件冒口下面的主要工作面产生偏析。

五、分型面的选择

分型面是铸型组元间的接合面。为便于起模，一般分型面选择在铸件的最大截面处。分型面的选定应保证起模方便、简化铸造工艺、保证铸件的质量。确定分型面应遵循如下原则。

1）分型面应选择在模样最大截面处，以便于起模，如图 14-24 所示。

2）尽量减少分型面。分型面少则容易保证铸件的精度，并可简化造型工艺。对机器造型来说，一般只能有一个分型面。图 14-25 所示为绳轮铸件，大批量生产时，为便于机器造型，可采用环状型芯，将两个分型面减少为一个分型面。当然在单件生产，采用手工造型时，为减少工装的制造，采用三箱造型、两个分型面也是合理的。

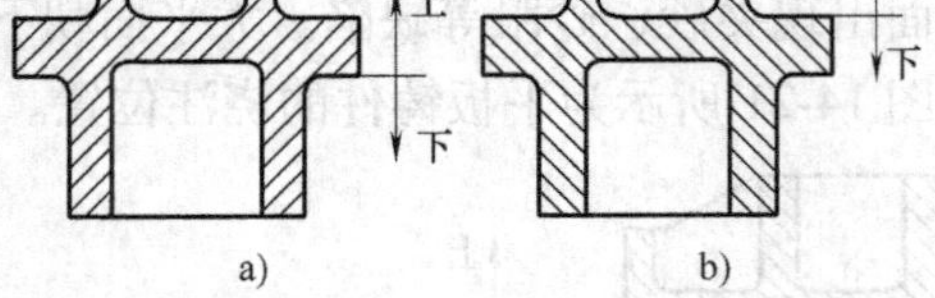

图 14-24　分型面选在最大截面处
a）不合理　b）合理

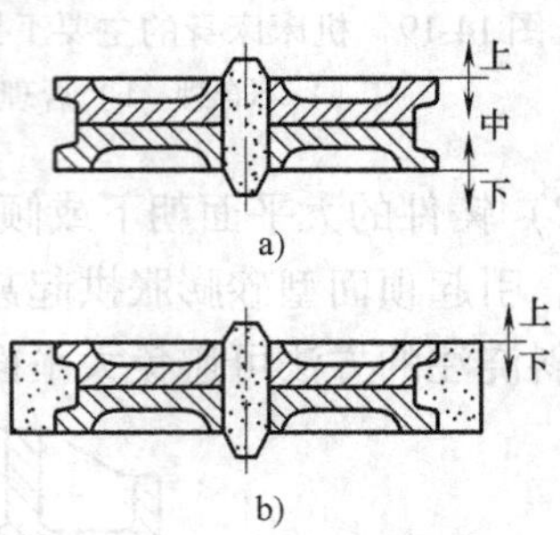

图 14-25　绳轮铸件的分型面
a）不合理　b）合理

3）尽量使分型面平直。为了使模样制造和造型工艺简便，如图 14-26 所示弯曲连杆的分型面，不应采用弯曲的分型面，而应采用平直的分型面。

4）尽量使铸件的全部或大部分位于同一砂箱中。铸件处于同一砂箱中，既便于合型，又可避免错型，以保证铸件的精度。图 14-27 所示为水管堵头的两种分型方案，图 14-27a 中分型方案较合理，使基准面与加工面位于同一砂箱中，铸件的精度易保证。

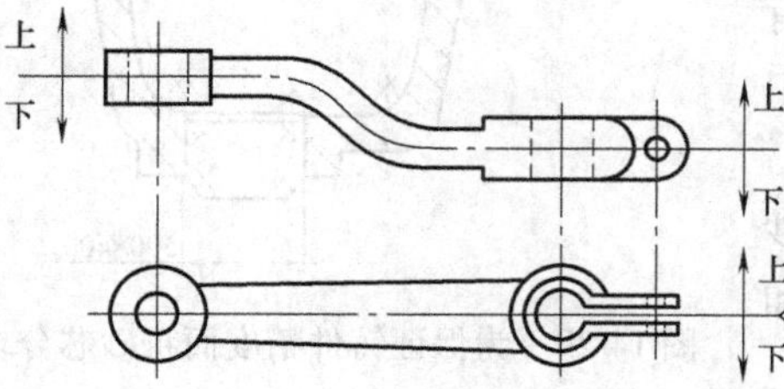

图 14-26　弯曲连杆的分型面

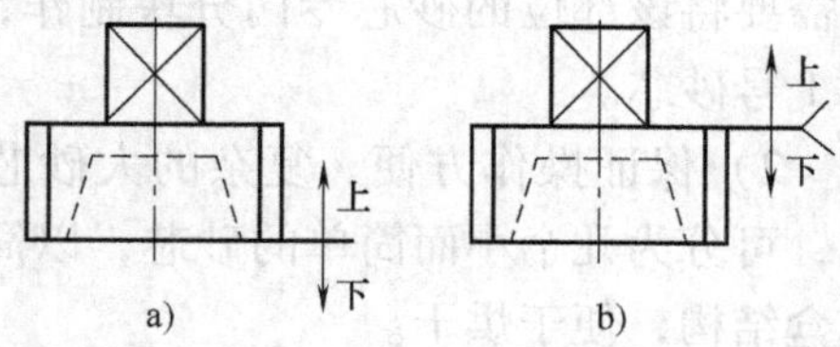

图 14-27　水管堵头的分型面

a）合理　b）不合理

5）尽量使型芯位于下型，并注意减低砂箱的高度。这样可简化造型工艺，方便下芯和合型，便于起模和修型、放芯、检查铸件厚度，如图 14-28 所示。

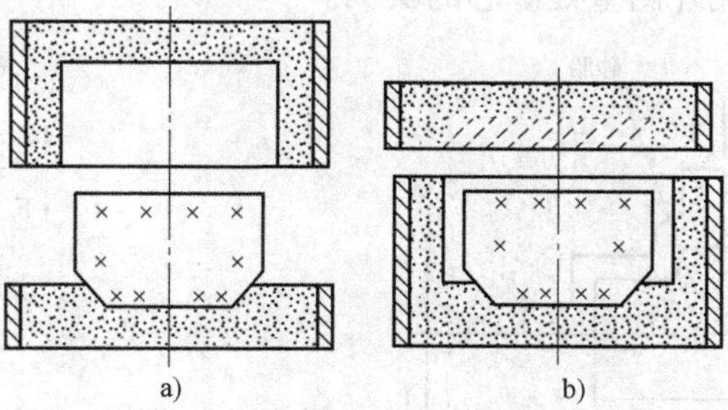

图 14-28　型芯位于下型的分型

a）不合理　b）合理

六、型芯设计

砂芯的作用是形成铸件的内腔、孔和铸件外形不能出砂的部位。砂型局部要求特殊性能的部分有时也用砂芯。

1. 型芯分类

砂芯的分类方法很多，通常有以下几种。

（1）按尺寸大小分类　按尺寸大小分为小型芯、中等型芯和大型芯。

（2）按干湿程度分类　湿芯一般用于中、小薄壁件；干芯在大、中、小件中均可应用；表面干芯用于中小件，对于某些不重要的大件，也可代替干芯使用。

（3）按粘结剂的种类分类　按粘结剂的种类，型芯分为粘土砂芯、水玻璃砂芯、水泥砂芯、合脂砂芯、树脂砂芯等。

（4）按造芯工艺分类　按造芯工艺分类，型芯分为常规砂型、自硬型芯、热芯盒型芯、冷芯盒型芯、壳芯。

（5）按制作材料的不同分类　型芯按制作材料的不同又可分为砂芯、金属芯和可溶性型芯。

（6）按复杂程度分类　型芯按复杂程度可分为 5 级，详见相关手册。

2. 型芯设置的基本原则

型芯的设置应保证造芯、下芯方便，铸件内腔尺寸精确，强度和刚度满足要求，排气畅通，使芯盒结构简单。

1）保证铸件内腔尺寸精度。铸件内腔尺寸要求较严的部分应由同一半砂芯形成，避免为分盒面所分割。手工制造中大的砂芯，为保证某一部位精度，有时需要将该部位的砂芯专门分块制作，如图14-29中的1号砂芯。

2）保证操作方便。复杂的大砂芯、细而长的砂芯，可分为几个小而简单的砂芯，以简化造芯操作和芯盒结构，便于烘干。

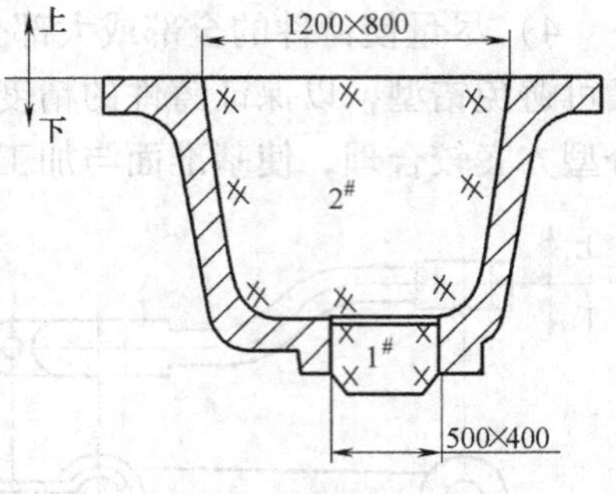

图14-29 为保证铸件精度而将砂芯分块

3）使砂芯的起模斜度和模样的起模斜度大小、方向一致，保证铸件壁厚均匀。

4）应尽量减少砂芯数目，以减少芯盒及组芯、下芯的工作量。采用砂胎（自带砂芯）或吊砂可以取代或减少砂芯，图14-30所示为抽油烟机曲轴定位套的机器造型方案。吊砂一般不宜过高。在手工造型中，遇有难于出模的地方，也可用模样“活块”取代砂芯。图14-31所示为用活块取代外侧壁处砂芯的实例。

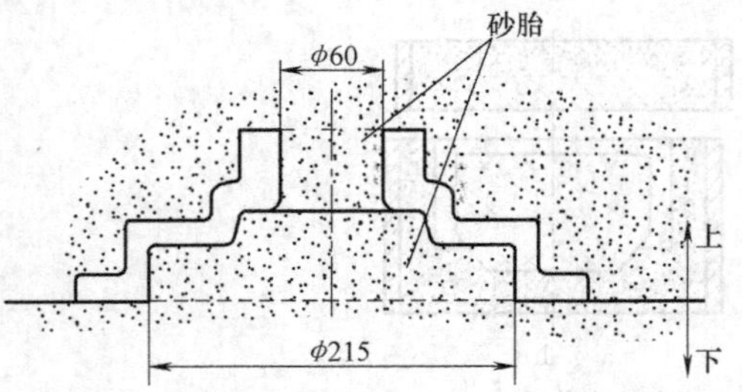

图14-30 用砂胎减少砂芯数目

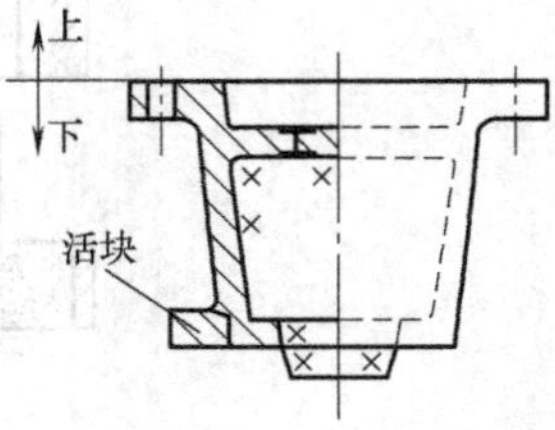

图14-31 用活块减少砂芯数目

5）合理确定烘干支撑方法。需要进炉烘干的大砂芯，常被沿最大截面切分为两半制作。普通粘土砂芯、油砂芯及合脂砂芯，入炉烘干时的支撑方法如图14-32所示。平面烘干法结构简单，通气性好且价廉（见图14-32a）。砂胎烘干法不精确也不方便（见图14-32b）。烘干器烘干（见图14-32c）虽精确、简便，但结构复杂，价格昂贵且维修量大。

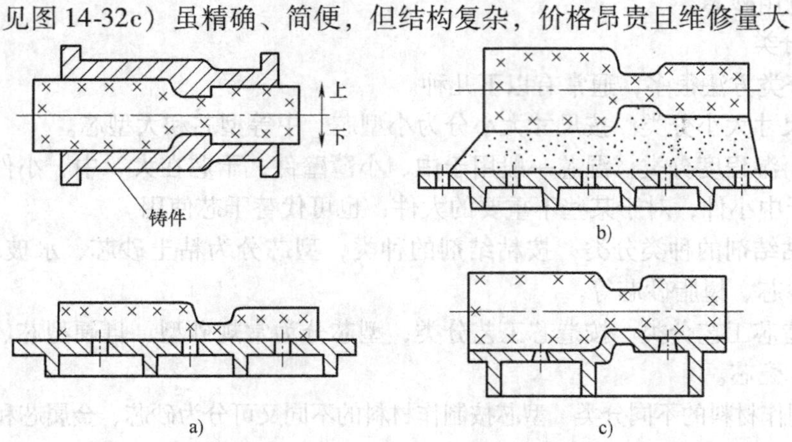

图14-32 烘干砂芯的几种方法

a）平面烘干 b）砂胎烘干 c）烘干器烘干

6）砂芯形状适应造型、造芯方法。高速造型限制下芯时间，对一型多铸的小件，常不允许逐一下芯，因此划分砂芯形状时，常把多个小砂芯连成一个大砂芯，以适应机器造型节拍的要求，对壳芯、热芯盒和冷芯盒砂芯，要从便于射紧砂芯方面来考虑改进砂芯形状。

3. 芯头的设计

芯头是砂芯的重要组成部分，其与铸型组合而不与金属液接触。芯头的作用是固定砂芯，并使砂芯准确定位。要求芯头能够承受砂芯重力及浇注时液体金属对砂芯的浮力，使之不致漂移和破坏；芯头应能及时排出浇注后砂芯所产生的气体；既要使下芯、合型方便，芯头应有适当斜度和间隙，又要少出飞边，并使砂芯堆放、搬运方便，重心平稳，以免损坏。

（1）芯头的结构　芯头可分垂直芯头和水平芯头（包括悬臂式芯头）两大类。典型的芯头结构如图 14-33 所示，包括芯头的直径、长度、斜度、间隙、压环、防压环和集砂槽等结构。具体尺寸设计可查阅 JB/T 5106—1991，它适用于砂型铸造用的金属型、塑料模和木模，可参考执行。在机器造型中，砂芯芯头上一般应设压环、防压环和集砂槽。

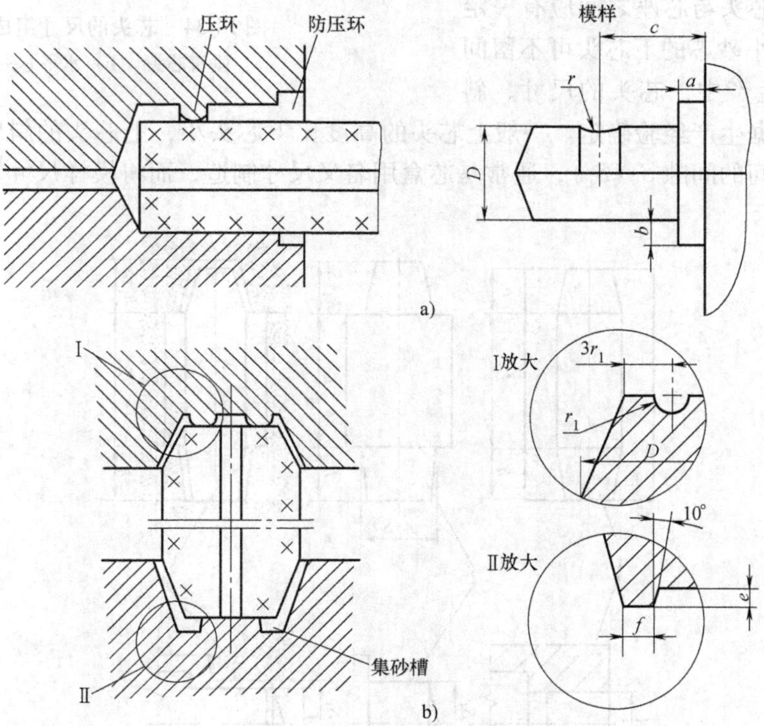

图 14-33　典型的芯头结构

1）压环（压紧环）。在上模样芯头上车削一道半圆凹沟（$r=2\sim5$mm），造型后在上芯座上凸起一环型砂芯，合箱后它能把砂芯压紧，避免液体金属沿间隙钻入芯头，堵塞通气道。

2）防压环。在水平芯头靠近模样的根部，设置凸起圆环，高度为 0.5～2mm，宽 5～12mm。造型后，相应部位形成下凹的一个环状缝隙，下芯、合箱时，它可防止此处砂型被压塌，因而可防止掉砂缺陷。

3）集砂槽。在下芯座模样的边缘上设一道凸环，造型后砂型内形成一个环凹槽，用来存放个别的散落砂粒。集砂槽一般深 2～5mm，宽 3～6mm。

芯头的承压面积应足够大，以保证金属液的最大浮力通过芯头传递到铸型上，不超过铸型的许用压应力。由于砂芯的强度通常都大于铸型的强度，故一般要对铸型的许用压应力进行核算。如果实际承压面积不能满足要求，说明芯头尺寸过小，应适当放大芯头，或采用提高芯座抗压强度（许用压应力）的方法进行修正。

（2）芯头的尺寸　芯头是砂芯的外伸部分，芯座是指铸型中放置芯头的空腔。芯头和芯座尺寸主要有芯头长度 L（高度 h）、芯头斜度 α、芯头与芯座装配间隙 S 等，如图 14-34 所示。

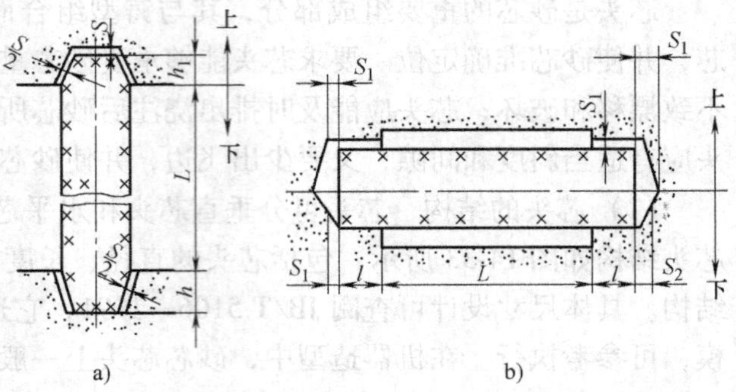

图 14-34　芯头的尺寸组成

a）垂直芯头　b）水平芯头

芯头的尺寸与采用的工艺方法有关，一般取决于铸件相应部位孔、槽的尺寸。为了下芯和合型方便，芯头应有一定的斜度，芯头与芯座之间应有一定的间隙（湿型小砂芯的下芯头可不留间隙）。在实际生产中，芯头的尺寸、斜度和间隙可根据生产经验确定。一般上芯头的高度比下芯头小，上芯头的斜度比下芯头大。芯头与芯座之间的间隙 S（S_1），通常是芯盒用名义尺寸制造，而将模样尺寸加大来形成的，如图 14-35 所示。

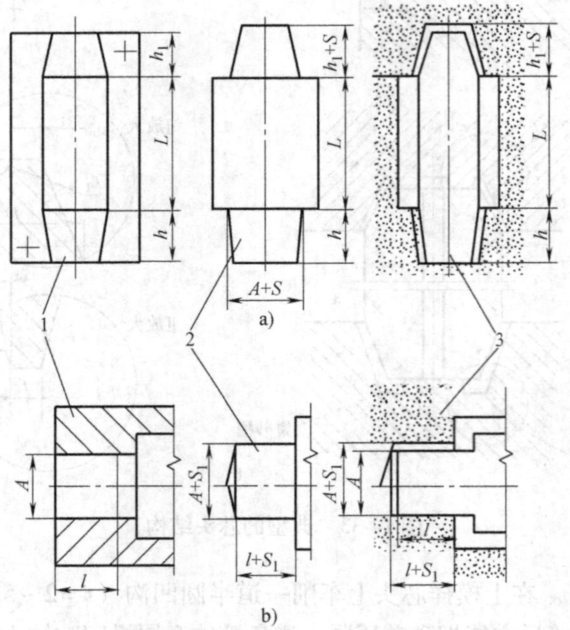

图 14-35　芯头与芯座的间隙

a）垂直芯头　b）水平芯头

1—芯盒　2—模样　3—砂型

芯头与芯座的配合关系和轴与轴承的配合相似，必须有一定的装配间隙。如果间隙过大，虽然下芯、合型较方便，但是会降低铸件尺寸精度，甚至金属液可能流入间隙中造成

"披缝"，使铸件落砂清理困难，或者堵塞芯头的通气孔道，使铸件产生气孔等缺陷；如果间隙过小，将使下芯、合型操作困难，易产生掉砂或塌陷。间隙的大小取决于铸型种类、砂芯大小、精度要求等。机器造型、造芯时，间隙一般较小；而手工造型、造芯时，间隙较大。具体的配合间隙可参考相关手册。芯头与芯座的间隙如图 14-35 所示。

1）水平芯头。芯头长度指的是砂芯伸入铸型部分的长度。水平芯头的砂芯越大，浇注时所受浮力就越大，因此芯头长度也应越长，以使芯头和砂型之间有更大的承压面积。但芯头不要设计得太长，只要能满足芯头的基本要求即可，过长的芯头会增加砂箱的尺寸。

根据 JB/T 5106—1991 中所列数据，对于直径小于 160mm 和长度小于 1000mm 的中小型砂芯，水平芯头长度一般为 20 ~ 100mm，特大型砂芯的水平芯头有长达 300mm 的。由于湿型的抗压强度低，因此砂芯在湿砂型中芯头的长度应大于干砂型和自硬砂型中芯头的长度。

水平芯头的长度如图 14-36 所示，其斜度和间隙数据可参考表 14-8。

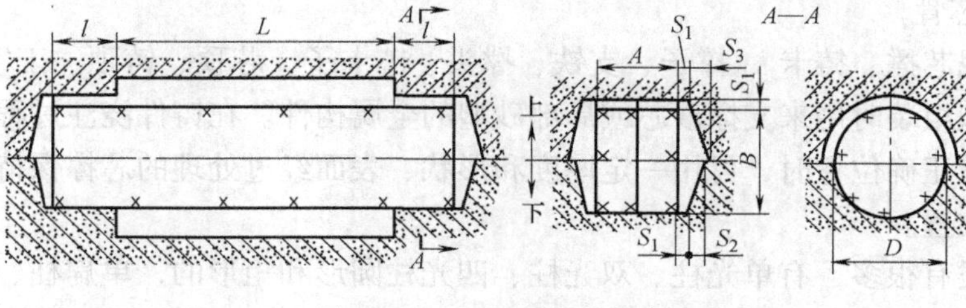

图 14-36 水平芯头的长度

表 14-8 水平芯头的斜度和间隙 （单位：mm）

D 或(A + B)/2		≤50	51 ~ 100	101 ~ 150	151 ~ 200	201 ~ 300	301 ~ 400	401 ~ 500	501 ~ 700	701 ~ 1000	1001 ~ 1500	1501 ~ 2000	>2000
湿型	S_1	0.5	0.5	1.0	1.0	1.5	1.5	2.0	2.0	2.5	2.5	3.0	3.0
	S_2	1.0	1.5	1.5	1.5	2.0	2.0	3.0	3.0	4.0	4.0	4.5	4.5
	S_3	1.5	2.0	2.0	2.0	3.0	3.0	4.0	4.0	5.0	5.0	6.0	6.0
干型	S_1	1.0	1.5	1.5	1.5	2.0	2.0	2.5	2.5	3.0	3.0	4.0	5.0
	S_2	1.5	2.0	2.0	3.0	3.0	4.0	4.0	5.0	5.0	6.0	8.0	10.0
	S_3	2.0	3.0	3.0	4.0	4.0	6.0	6.0	8.0	8.0	9.0	10.0	12.0

2）垂直芯头。垂直芯头的高度是垂直芯头的主要尺寸，指通常意义上的芯头长度，如图 14-37 所示，是根据砂芯在型腔中安放时的稳定程度、木模制造与使用时易于变形及放置芯骨时要有一定吃砂量等因素确定的。垂直芯头的高度常依砂芯总高度和横截面的大小确定，一般取 15 ~ 150mm，具体尺寸可参考相关手册确定。

确定垂直芯头的高度时应注意：对于细而高的砂芯，上下都应留有芯头，以免在金属液冲击下发生偏斜，而且下芯头高度取值应大些。对于湿砂型，芯座与芯头之间可不留间隙，以便下芯后能使砂芯保持直立。对于 L/D（L 为砂芯高度，D 为砂芯直径）≥2.5 的细高砂芯，采取扩大下芯

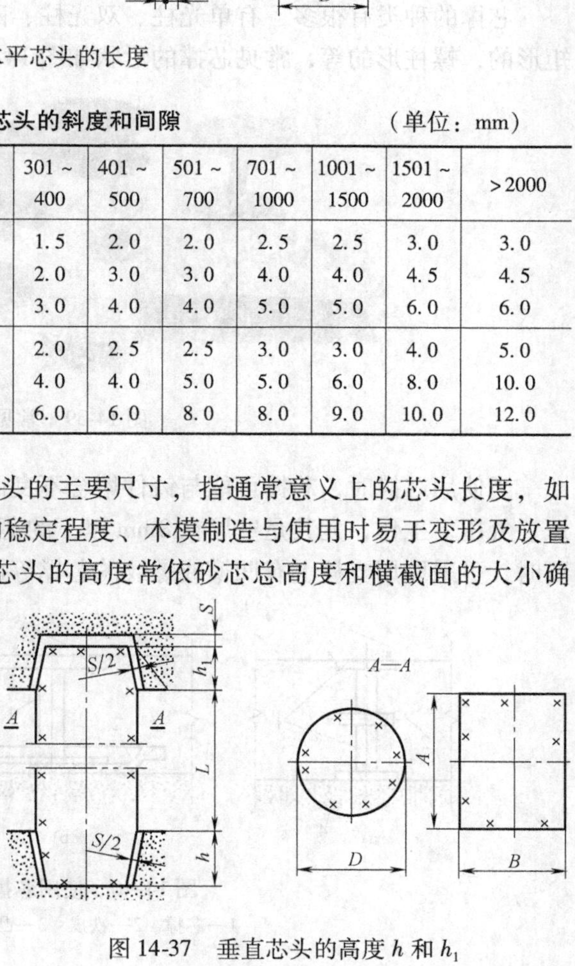

图 14-37 垂直芯头的高度 h 和 h_1

头直径的办法，增加砂芯在型中的稳定性；对于粗而矮的砂芯可不设上芯头，以方便造芯、合型；对于等截面或上下对称的砂芯，为了下芯方便，上下芯头可用相同的高度和斜度，而对于需要区分上、下芯头的砂芯，一般应使下芯头高度大于上芯头高度。

垂直芯头的斜度如图 14-38 所示，h 为芯头高度，用 a/h 表示斜度时，上芯头为 1/5，下芯头为 1/10；用角度 α 表示时，上芯头斜度为 10°，下芯头斜度为 5°。

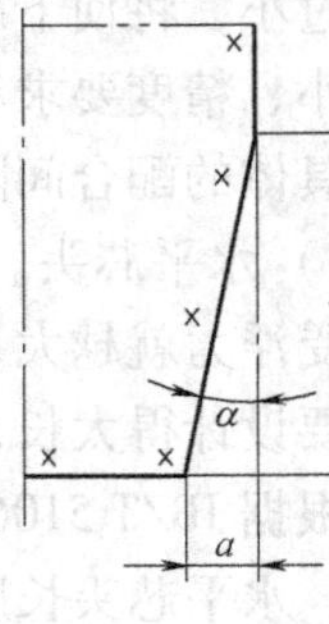

图 14-38　垂直芯头的斜度

垂直芯头与芯座的配合间隙：一般情况下，机器造型、湿型、生产量较大时，常用间隙为 0.5 ~ 1mm；对于干型，间隙常为 2 ~ 4mm。当上芯头或下芯头的个数多于一个时，可将其中定位作用不大的芯头的侧面间隙加大。树脂砂的间隙可比干型小 50%。

4. 芯撑和芯骨

芯撑又称泥芯撑、铸卡 、撑子、支铁、撑头、芯卡子、芯顶、铸顶、工字卡、工字撑、铸钉。它是砂型组装时用来支撑砂芯或局部砂型的金属构件。在铸件浇注过程中，当砂型或砂芯不能保持其正确位置时，可用一定厚度和形状、表面经过处理的芯撑保持砂型或砂芯在型腔中的正确位置。

芯撑的种类有很多，有单光柱、双光柱、四光柱圆形和矩形的，单扁柱、双扁柱圆形和矩形的，螺柱形的等，常见芯撑的形状如图 14-39 所示，有钢芯撑、铸铁芯撑等。

图 14-39　常见芯撑的形状

当使用芯撑时，芯撑可能与铸件熔合不良而引起气孔。所以对油箱、水箱及阀体等在水压、气压下工作，尤其是壁厚在 8mm 以下的薄壁件，应尽量不用芯撑，以免引起渗漏。必要时，可采取用支柱上有凹槽或螺纹的芯撑等措施防止渗漏，如图 14-40 所示。

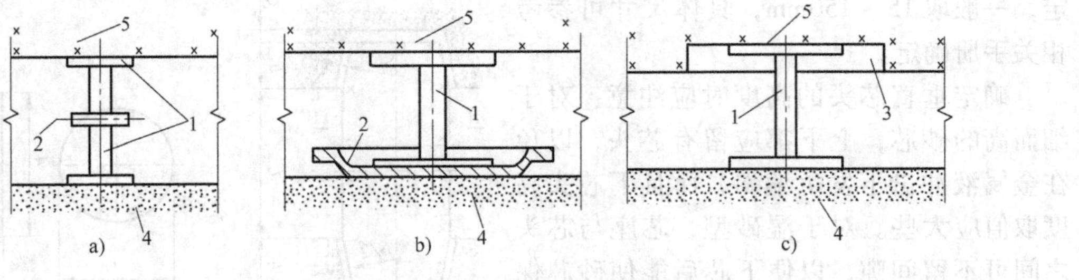

图 14-40　使用芯撑时的防渗漏措施

1—芯撑　2—铁皮　3—凸台　4—砂型　5—砂芯

使用芯撑时应注意，芯撑材料的熔点应比铸件材质的熔点高，至少相同；金属液未凝固之前，芯撑应有足够的强度，不得过早熔化、软化或丧失支撑作用；芯撑表面应干净平整；应尽量将芯撑放在铸件的非加工表面或不重要表面上；芯撑要有足够的面积，芯撑的数量可根据经验确定或计算；尽量避免在需水压试验的铸件上使用；要避免在内浇道附近使用芯撑；为了防止芯撑陷入砂型、砂芯（特别是湿型、湿芯）而造成壁厚不均，可在芯撑端面垫以面积适当的芯撑垫片。

芯骨相关内容见第二部分单元八中有关芯骨的内容。

七、砂箱（型）中铸件数目的选择及排列状况

1. 确定砂箱中铸件数量的一般原则

对于中小铸件，尤其是小铸件，在生产中常把几个相同的铸件放在同一个砂型中，有时也可以把几个材质相同、壁厚相近的不同铸件放在同一砂型中生产，以提高生产率，降低成本。

砂型中铸件数目一般要依据工艺要求和生产条件来确定。例如，铸件的大小、砂箱的尺寸、合理的吃砂量、浇冒口系统的布置，以及箱带的位置和高低等都会影响砂型中的铸件数目。因此，在工艺设计中，必须根据各种条件综合考虑，以确定砂型中铸件的数目。

2. 吃砂量

模样与砂箱壁、箱顶（底）和箱带之间的距离称为吃砂量。吃砂量太小，砂型紧实困难，易引起涨砂、包砂、掉砂等缺陷；吃砂量太大，又不经济和合理。影响吃砂量的因素又是多方面的，故在设计时应综合考虑，具体数值可参考相关手册。

3. 铸件在砂箱中的排列

一箱中生产多个相同铸件时，最好对称排列，这样做可使金属液作用于上砂型的抬型力均匀，有利于浇注系统的安排，同时可充分利用砂箱面积。也可利用计算机做模拟排版，进行模板布置。

在同一型内生产两种或两种以上铸件的模板，称为混合模板。采用混合模板时，不同铸件的材质（牌号）应相同；铸件的壁厚应相近，高度差异小，以便采用同样的浇注温度和浇注时间；要满足铸件最小吃砂量的要求，不影响浇注系统的正确布置；在满足生产工艺的条件下，混合模板的几种铸件所需的箱数应相近，以便组织生产。

为适应多品种批量生产的需要，可采用活块组合模板，通过更换模板上的活块克服模板上集中铸件生产不平衡的问题。但由于增加了活块和模板之间的一次定位，铸件尺寸精度会受到一定影响。

任务三 铸造工艺参数

一、任务描述

本次任务使学生了解铸造工艺设计参数的种类，掌握确定铸造工艺设计参数的选用方法。

二、铸造设计工艺参数简介

铸造工艺设计参数（简称工艺参数）是保证铸件尺寸精度、方便造型操作的工艺措施，

也是制造模样和芯盒的尺寸依据，包括铸造收缩率（缩尺）、机械加工余量、起模斜度、最小铸出孔尺寸、工艺补正量、分型负数、反变形量、非加工壁厚的负余量、砂芯负数（砂芯减量）及分芯负数等。其中铸造收缩率、机械加工余量和起模斜度是每个铸件工艺设计所必要的，其余的只是用于特定的条件下。工艺参数选取准确、合适，才能保证铸件尺寸（形状）精确，使造型、造芯、下芯、合箱方便，提高生产率，降低成本。否则，铸件精度降低，甚至因尺寸超过公差要求而报废。

三、铸件的尺寸公差与重量公差

1. 铸件尺寸公差

铸件尺寸公差是指铸件公称尺寸的两个允许极限尺寸之差。在这两个允许极限尺寸之间，铸件可满足加工、装配和使用的要求。影响铸件尺寸精度的因素很多，如铸件结构的复杂程度，铸件设计及铸造工艺设计水平，造型、造芯设备及工装设备的精度和质量，造型、造芯材料的性能和质量，铸造合金和合金种类，铸件热处理工艺，铸件清理质量，铸造厂（车间）管理水平等。铸件尺寸公差要求越高，则对上述影响因素的控制越严格，铸件的生产成本也会有所提高。因此，在规定尺寸公差时需综合各种因素，从实际出发，既保证质量又不增加成本。

按照 GB/T 6414—1999《铸件尺寸公差与机械加工余量》的规定，铸件尺寸公差等级共16级，用 CT1 ~ CT16 表示。不同的生产规模和生产方式生产的铸件所达到的铸件尺寸公差等也不同，具体数据可参照相关手册。

2. 铸件重量公差

铸件重量公差是以占铸件公称质量的百分比表示的铸件重量变动的允许范围。国家标准 GB/T 11351—1989《铸件重量公差》中规定，铸件重量公差等级分为16级，用 MT1 ~ MT16 表示，具体数据可参照相关手册。

铸件重量公差等级与铸件尺寸公差等级可对应选取，如选 CT10 时，可对应选取 MT10。有特殊要求时，铸件重量公差可由供需双方商定，并在铸件图和技术文件中注明。

四、机械加工余量和公差

机械加工余量是指铸件加工面上预留的、准备切除的金属层厚度。加工余量取决于铸件的公差等级，与铸件材料、铸造方法、生产批量、铸件尺寸、浇注位置等因素有关。

铸件的尺寸公差 CT，其公差等级从高到低有 1、2、3、…、16 共 16 个等级；加工余量等级 MA，从精到粗可分为 A、B、C、D、E、F、G、H、J 共 9 个级别。表 14-9 为砂型铸造常用铸造合金单件和小批生产时公差等级及与之配套的加工余量等级。

表 14-9 铸件的尺寸公差等级及与之配套的加工余量等级

造型材料	CT/MA					
	铸 钢	灰 铸 铁	球墨铸铁	可锻铸铁	铜 合 金	轻金属合金
干、湿砂型	13—15/J	13—15/H	13—15/H	13—15/H	13—15/H	12—14/H
自硬砂	12—14/J	11—13/H	11—13/H	11—13/H	10—12/H	9—11/H

铸件的公差等级和加工余量等级确定后，加工余量数值可根据表 14-10 选取。

表 14-10　与铸件尺寸公差配套使用的铸件加工余量

尺寸公差等级		12			13			14		15	
加工余量等级		G	H	J	G	H	J	H	J	H	J
公称尺寸/mm		加工余量数值/mm									
大于	至										
—	100	4.5	5.0	6.0	6.0	6.5	7.5	7.5	8.5	9.0	10
		3.0	3.5	4.5	4.0	4.5	5.5	5.0	6.0	5.5	6.5
100	160	5.5	6.5	7.5	7.0	8.0	9.0	9.0	10	11	12
		4.0	5.0	6.0	4.5	5.5	6.5	6.0	7.0	7.0	8.0
160	250	7.0	8.0	9.5	8.5	9.5	11	11	13	13	15
		5.0	6.0	7.5	6.0	7.0	8.5	7.5	9.0	8.5	10
250	400	8.0	9.0	11	9.5	11	13	13	15	15	17

五、铸造收缩率（模样放大率、缩尺）

为补偿铸件在冷却过程中产生的收缩，使冷却后的铸件符合图样的要求，需要放大模样的尺寸，放大量取决于铸件的尺寸和该合金的线收缩率。一般中小型灰铸铁件的线收缩率约取1%；非铁金属的铸造收缩率约取1.5%；铸钢件的铸造收缩率约取2%。

六、起模斜度

为使模样（或型芯）易从铸型（或芯盒）中取出，在模样（或芯盒）上与起模方向平行的壁的斜度称为起模斜度，可用角度 α 或宽度 a 表示，提倡使用宽度 a。模样的起模斜度可采用增加壁厚、加减壁厚、减小壁厚三种取法，如图 14-41 所示。对于需要机械加工的壁，必须采用增加壁厚法。

起模斜度需要增减的数值可按有关标准选取，采用粘土砂造型时的起模斜度可按 JB/T 5105—1991 确定。一般木模的斜度 $\alpha = 0.3° \sim 3°$，$a = 0.6 \sim 3.0$mm；金属型的斜度 $\alpha = 0.2° \sim 2°$，$a = 0.4 \sim 2.4$mm。模样越高，斜度越小。当铸件上的孔高度与直径之比小于1（$H/D < 1$）时，可用自带芯子的方法铸孔，用自带芯子的起模斜度一般应大于外壁斜度。

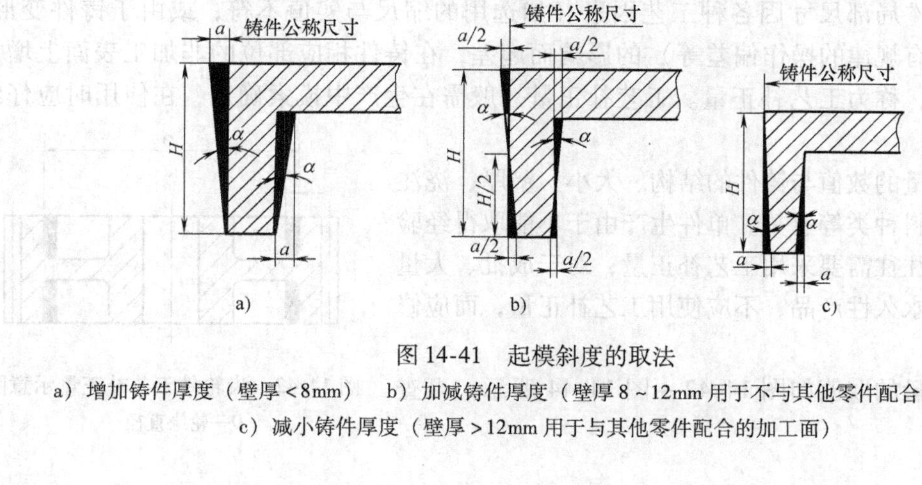

图 14-41　起模斜度的取法

a）增加铸件厚度（壁厚 < 8mm）　b）加减铸件厚度（壁厚 8 ~ 12mm 用于不与其他零件配合的加工面）

c）减小铸件厚度（壁厚 > 12mm 用于与其他零件配合的加工面）

七、最小铸出孔和槽

铸件上较大的孔、槽、台阶等应直接铸出，以节约金属和减少加工工时；铸件中较小的孔、槽、台阶，或铸件壁很厚，则不宜铸出，否则会使铸件产生粘砂，造成清理和机械加工困难；有特殊要求的孔，或无法实行机械加工的则一定要铸出。

表 14-11 为铸铁件不铸出孔的直径。表 14-12 为铸钢件最小铸出孔。

表 14-11　铸铁件不铸出孔的直径　（单位：mm）

铸件壁厚	<50	50~100	101~200	>200
灰铸铁	30	35	40	另行规定
球墨铸铁	35	40	45	另行规定

表 14-12　铸钢件最小铸出孔　（单位：mm）

孔深 H	孔壁厚度 δ							
	≤25	26~50	51~75	75~100	101~150	151~200	201~300	>300
	铸孔最小直径 d							
≤100	60	60	70	80	100	120	140	160
101~200	60	70	80	90	120	140	160	190
201~400	80	90	100	110	140	170	190	230
401~600	100	110	120	140	170	200	230	270
601~1000	120	130	150	170	200	230	270	300
>1000	140	160	170	200	230	260	300	330

注：1. 不穿透的圆孔直径应大于表中数据 20%。

2. 对矩形和方形的穿透孔，应大于表中数据 20%；不穿透孔则应大于表中数据 40%。

3. 槽上放冒口且冒口盖住整条槽时，应将槽铸死。

八、工艺补正量

为防止铸件局部尺寸因各种工艺因素（如选用的缩尺与实值不符，或由于铸件变形、砂芯位移以及有规律的操作偏差等）的影响而超差，在铸件相应部位的非加工表面上增加的金属层厚度，称为工艺补正量。工艺补正量一般需在生产中摸索确定，在使用时应仔细分析。

工艺补正量的数值与铸件的结构、大小、壁厚、浇注位置及造型材料种类等有关。单件生产由于不能取得经验数据再设计，往往需要采用工艺补正量；对于成批、大量生产的中间或永久性产品，不应使用工艺补正量，而应修改模具尺寸。

工艺补正量的取值如图 14-42 ~ 图 14-44 所示，可查相关手册。

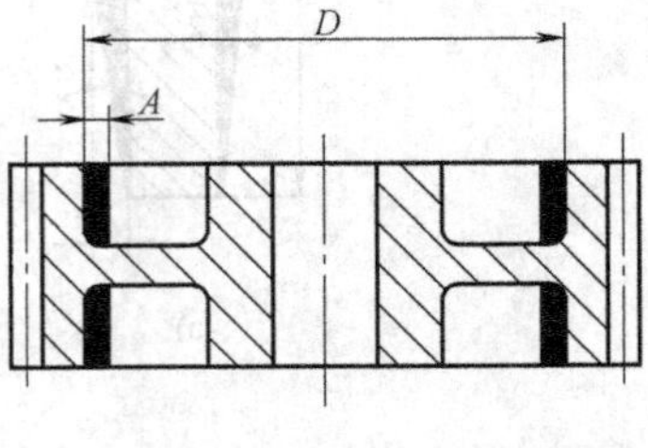

图 14-42　齿轮件工艺补正量示意图

D—轮缘直径

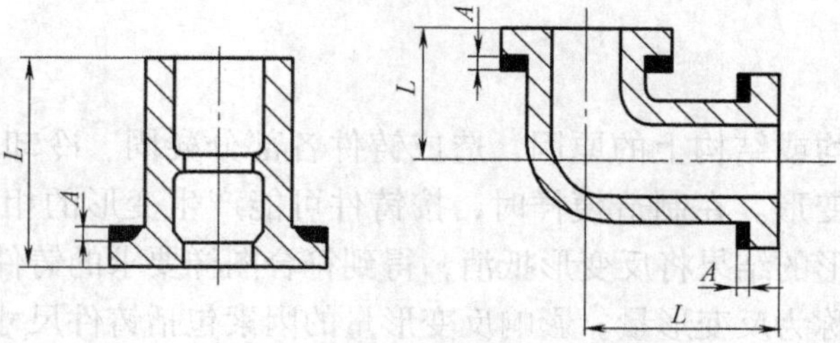

图 14-43　法兰铸件工艺补正量示意图

L—法兰间距离

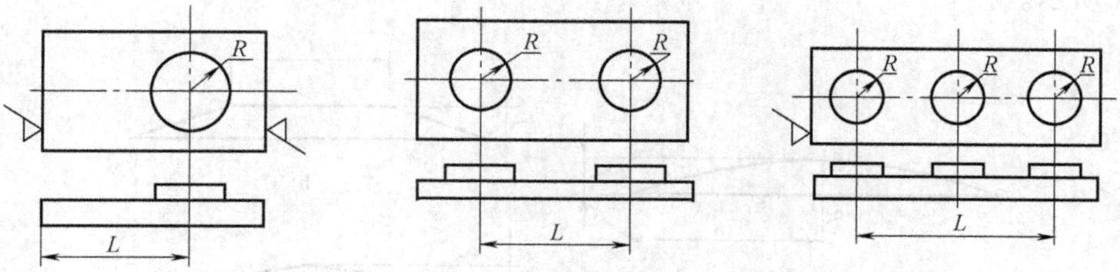

图 14-44　铸钢件凸台工艺补正量示意图

R—凸台半径

九、工艺肋

工艺肋又称铸肋，分为收缩肋和拉肋两种。

1. 收缩肋

为防止铸件产生热裂而设置的工艺肋称为收缩肋。为防止产生裂纹，凝固收缩受阻的薄壁件、内浇道开设在薄壁上的铸件、内腔容积大且面积大的薄壁件等常加收缩肋，如图 14-45所示。

2. 拉肋

拉肋又称加强肋。铸件呈半环形或 U 形时，冷却后常发生变形。为防止变形，常在影响变形最关键的部位设置拉肋，拉肋应在热处理之后去除。如图 14-46 所示为某铸钢件拉肋，工艺肋尺寸可查相关手册。

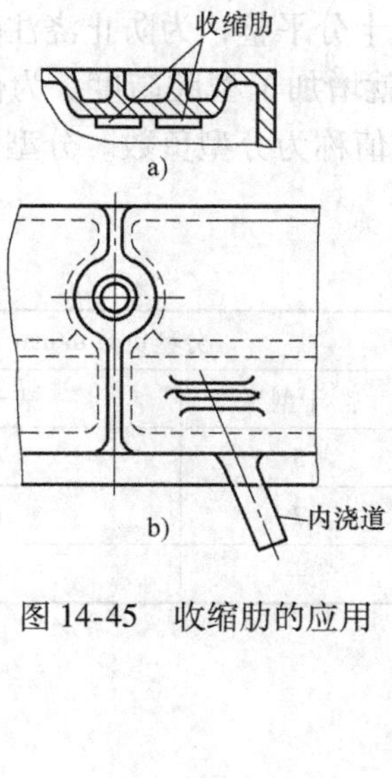

图 14-45　收缩肋的应用

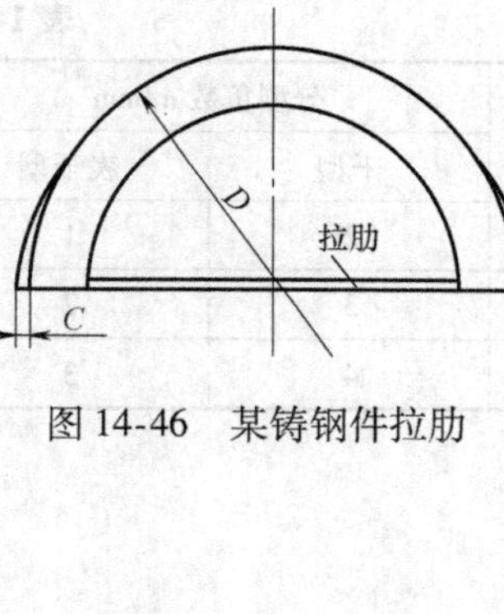

图 14-46　某铸钢件拉肋

十、反变形量

由于铸件壁厚不均或结构上的原因，造成铸件各部分凝固、冷却速度不同，收缩不一致，使铸件产生翘曲变形。在制造模样时，按铸件可能产生变形的相反方向做出反变形模样，使铸件冷却后变形的结果将反变形抵消，得到符合图样要求的铸件。这种在制造模样时预先做出的预变形量称为反变形量。影响反变形量的因素包括铸件尺寸、结构、壁厚差、造型材料的退让性等。反变形量可用计算机模拟确定，也可查阅相关手册获得。另外，铸件的变形量还可用缩尺和加工余量调整，利用工艺肋也可防止铸件收缩变形。反变形量的形式如图 14-47 所示。

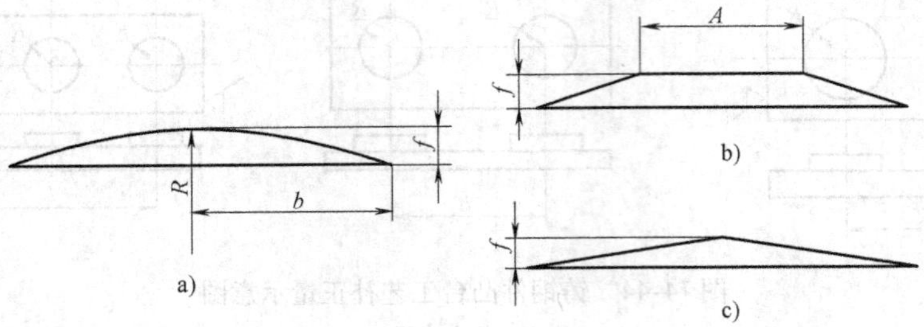

图 14-47　反变形量的三种形式

a) 月牙形 [$R=(b^2+f^2)/2f$]　b) 竹节形　c) 三角形

十一、非加工面壁厚的负余量

在手工造型和造芯时，由于起模敲动及木模因吸潮而引起膨胀等原因，都会使型腔尺寸扩大，从而造成非加工壁厚的增加，使铸件尺寸和质量超过公差要求。为了保证铸件壁厚尺寸的准确性和避免铸件超重，凡形成非加工壁厚的木模或芯盒内肋板厚度尺寸应减小，即小于图样尺寸。所减小的厚度尺寸称为非加工面壁厚的负余量，其数值可查相关手册。

十二、分型负数

由于修型和烘干过程中砂型变形，上下分型面不可能十分平整，为防止浇注时从分型面跑火，合型前需要在分型面上点石棉绳（或泥条），这样就增加了型腔高度。为保证铸件尺寸符合图样要求，在模样上必须减去相应高度，减去的数值称为分型负数。分型负数的留法如图 14-48 所示，分型负数的选取参考表 14-13。

表 14-13　模样的分型负数

砂箱长度/mm	分型负数 a/mm		砂箱长度/mm	分型负数 a/mm	
	干型	表干型		干型	表干型
≤1000	2	1	3501～5000	5	4
1001～2000	3	2	>5000	7	6
2001～3500	4	3	—	—	—

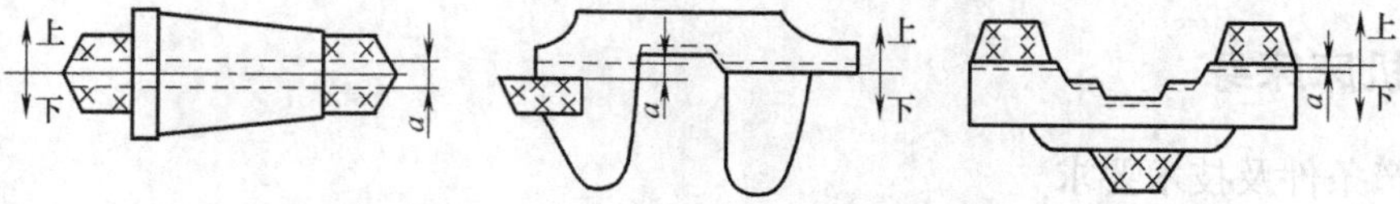

图 14-48　模样分型负数的留法

a）两半模样都留负数（两半模上下不对称时）　b）上半模样留负数（两半模上下对称时）

c）下半模样留负数且小于砂芯间隙（整体模位于下型时）

十三、砂芯负数

大型粘土砂芯在舂砂过程中砂芯向四周胀开，刷涂料以及烘干过程中发生的变形，使砂芯四周尺寸增大。为了保证铸件尺寸准确，将芯盒长、宽尺寸减去一定量，这个被减去的尺寸称为砂芯负数。砂芯负数只用于大型粘土砂芯。铸钢件的砂芯负数见表 14-14。

表 14-14　铸钢件的砂芯负数

砂芯尺寸/mm	300 ~ 500	500 ~ 800	800 ~ 1200	1200 ~ 1500	1500 ~ 2000	2000 ~ 2500	> 2500
砂芯负数/mm	1.5 ~ 2	2 ~ 3	3 ~ 4	4 ~ 5	5 ~ 6	6 ~ 7	7

注：1. 砂芯尺寸是指与舂砂方向垂直的最大轮廓尺寸。

2. 当砂芯高度（指舂砂方向）大于宽度 2 倍时可取下限，当砂芯高度与宽度相近时取上限。

3. 圆柱形砂芯应较表中数值减少 1/3 ~ 1/2。

单元十五　铸造工艺设计应用

【学习目标】

1. 掌握箱体类零件铸造工艺的设计方法。
2. 掌握筒类零件铸造工艺的设计方法。
3. 掌握轮盘类零件铸造工艺的设计方法。

任务一　箱体类零件铸造工艺设计

一、任务描述

本次任务使学生了解箱体类零件铸造工艺设计的特点，掌握铸造工艺的设计方法。

二、箱体类铸件简介

箱体类铸件一般指封闭或半封闭的箱形或框形铸件，如齿轮箱、床身、柴油机缸体等。这种铸件的特征是内腔容积大、尺寸要求较高、壁较薄，有些铸件内腔具有隔板及轴孔，有些要求铸件耐压及耐磨，其铸造难度相对较高。

这类铸件常出现的缺陷有气孔、夹砂、冷隔、裂纹等。工艺解决方案重点应考虑砂芯的制作、安放、固定、排气、检查等问题。浇注系统应满足快速、平稳、顺利排气的要求。一般按同时凝固的原则设计浇冒口。

三、机床床身

1. 生产条件及技术要求

（1）生产性质　采用大批量生产。

（2）材质　机床床身材料为HT300。

（3）结构及技术要求　轮廓尺寸为2240mm×400mm×479mm，铸件质量为510kg，浇注铁液质量为610kg。

主要技术要求：导轨面不允许有任何铸造缺陷，机床导轨硬度要求190～240HBW（铸态），并要求硬度均匀；加工前须经过消除应力退火。

根据上述要求，为了保证机床导轨的硬度和耐磨性，以前工厂中多采用HT200材质，铸造工艺方案中机床导轨面处用外冷铁，以获得珠光体为基体的铸态组织，保证硬度和耐磨性。这种方法要求铁液牌号低，但需要使用大量外冷铁，给操作和生产管理带来了困难。

在不使用外冷铁的情况下，采用高牌号铁液，用干型完全可以做到上述技术要求。这种方法的缺点是孕育合金和废钢的用量大。由于孕育铸铁具有较高的强度和硬度、石墨片细小，在不使用外冷铁的条件下，完全能保证导轨的质量。

机床床身铸造工艺图如图15-1所示。

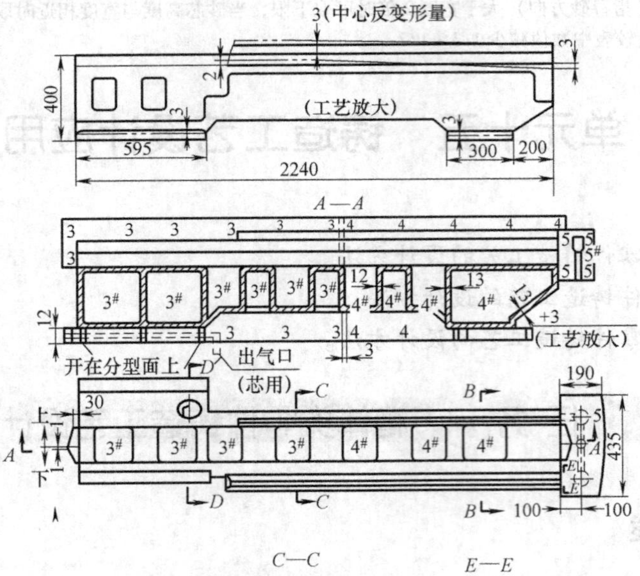

图15-1　机床床身铸造工艺图

2. 工艺方案

（1）凝固原则 使用干型，采用压力冒口，最大限度地利用石墨化膨胀，实现冒口自补缩。因其主要壁厚只有12mm、13mm，又是灰铸铁件，可用浇注系统当冒口。

（2）浇注位置 浇注位置为导轨面向下。

（3）造型方法和分型面 由于是大批生产，尽量用快速的造型方法，合型也必须简便。根据该厂条件，决定采用抛砂造型法、干型、两箱造型，沿床身纵向分型和分模。为了保证浇注位置，于下芯合型后，使铸型翻转90o，使导轨面呈向下位置进行浇注。下芯、合型工序必须仔细，以免在铸型翻转时砂芯移动位置。

3. 主要工艺参数

（1）缩尺（铸造收缩率） 采用0.8%～1%。

（2）加工余量 导轨处为6～9mm，床脚座处为5～7mm。

（3）反变形量 为防止床身变形，在床身中心导轨面处留反变形量3mm（按三角形做）。

（4）分芯负数和分型负数 铸件内腔和肋条均由砂芯形成。3、4号砂芯都分为两半，于烘干后装成整体，在分盒面上每半砂芯各留0.5mm的分芯负数。3号和4号砂芯接缝处，留3mm的分芯负数。在1、2号砂芯接缝处留2mm的分芯负数（留在1号砂芯上），以利于下芯。由于用干型，合型时在分型面上要采取措施防止跑火。其结果是使两半砂芯之间加厚。因此，两半模样各留1mm的分型负数，以保证铸件精度。

4. 浇冒口系统的设计

（1）浇注系统 该床身较短，浇注系统从一端底部沿导轨面引入，使用一个直浇道，横截面积为28.3cm^2，横浇道总截面积为24.3cm^2，内浇道共四道，总截面积为18.5cm^2，为一封闭式浇注系统，各单元比例为$\Sigma S_{内}:\Sigma S_{横}:\Sigma S_{直}=1:1.3:1.5$。

（2）出气冒口 在前床脚座处，设有出气冒口（22mm/28mm）×20mm的两个，（20mm/24mm）×10mm的一个；在后床脚座处设有出气冒口（30mm/35mm）×20mm的一个。

5. 浇注

铁液浇注温度为1300～1330℃。

浇注时间为28～35s。

小结：①床身类铸件的铸造工艺设计时应抓住的关键是床身导轨面质量，保证无缺陷及导轨变形；② 这里选用的是干型，大多数工厂选用树脂自硬砂、湿型或表干型铸造各种床身；③ 大批生产时采用两箱模板造型、平造立浇方案比较简便，成批生产则采用劈模造型比较适宜，单件小批生产采用多箱造型时下芯、合型、尺寸检查都方便；④浇注系统设计时，对于较短小的床身一般采用一端为主的浇法，对于较长床身一般多用两端浇注，以免铁液过多地从一端注入，引起冲砂过热和导轨硬度差过大；⑤更长的床身，如大型龙门刨床身，采用顶雨淋式浇口，分散注入铁液，可保证硬度均匀，同时有利于较少床身的变形量。

任务二 筒体类零件铸造工艺设计

一、任务描述

本次任务使学生了解筒体类零件铸造工艺设计的特点，掌握铸造工艺的设计方法。

二、筒体类铸件简介

筒体类铸件根据其直径与高度比的不同，分为长筒类和短筒类，常出现渗漏和冷隔的缺陷。这类铸件的铸造工艺方案有立浇和平浇两大类。立浇又可分为平作立浇和立作立浇，前者适用于长筒，后者适用于短筒。相对来说，立浇的铸件质量要优于平浇，但操作较麻烦。立浇常采用顶注雨淋式、底注雨淋式或多层阶梯式浇道；平浇采用中注式浇道。

三、气缸套铸造工艺设计

1. 生产条件及技术要求

（1）生产性质　采用成批生产。

（2）材质　采用 HT350。

（3）结构及技术要求　长筒类结构，轮廓尺寸为 $\phi350\text{mm}\times\phi290\text{mm}\times850\text{mm}$（带环形冒口），主要壁厚 36mm，铸件质量 160kg，浇注铁液质量 250kg。

主要技术要求如下：要求硬度均匀，207～241HBW；铸件不允许有任何铸造缺陷（铸件各表面都需机械加工）；铸件须经 7.5MPa 水压试验；铸件须经人工时效处理。

气缸套铸造工艺简图如图 15-2 所示。

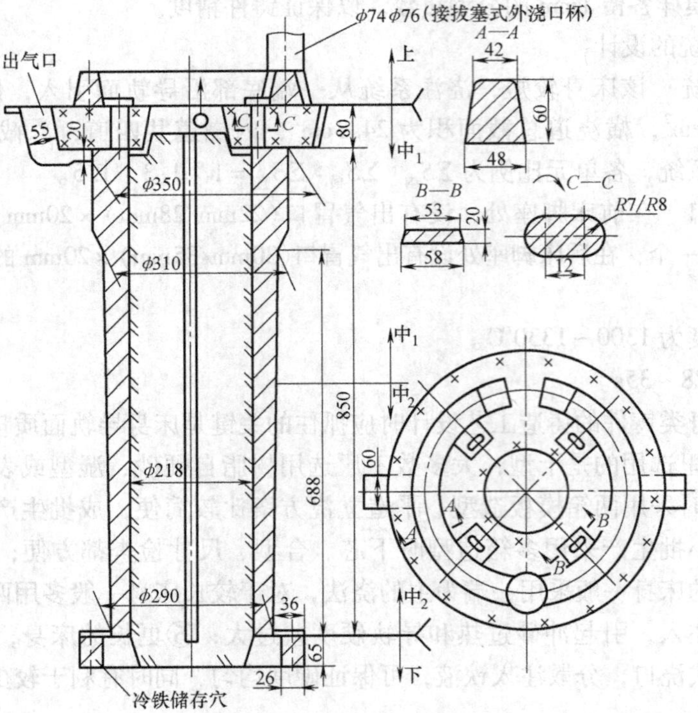

图 15-2　气缸套铸造工艺简图

2. 工艺方案

（1）凝固原则　使用干型。

（2）浇注位置　浇注位置为导轨面向下。

（3）造型方法和分型面 根据该铸件的技术要求和生产特点，采用手工造型和造芯，立作立浇方案，四箱造型。

3. 主要工艺参数

（1）缩尺（铸造收缩率） 各向缩尺取0.8%。

（2）加工余量 铸件内、外圆各为6mm，底面9mm。

4. 砂芯设计

1）主体砂芯的中部用带孔钢管做芯骨和排气道。

2）主体砂芯要用强度较高、变形量较小的砂芯制作。

3）砂芯的烘干质量和表面质量要严格控制。

4）雨淋浇口砂芯的紧实度和4个内浇道界面尺寸要保证。

5. 浇冒口系统的设计

（1）浇注系统 采用顶雨淋式，铁液通过直浇道、横浇道从椭圆形内浇道注入型腔；将内浇道的中心对准铸件壁的中心，防止铁液冲刷型（芯）壁；浇注系统各阻流截面比为 $\Sigma S_{内}:\Sigma S_{横}:\Sigma S_{直}=1:4.2:3.6$；采用定量拔塞式外浇口杯，以提高挡渣效果。

（2）冒口系统 在铸件的顶端加高一段作为补缩冒口，在切削加工时去除并用以取样，检验质量。

（3）出气孔 冒口顶部开设两道出气口，以排出型腔内气体并作为浇注指示。

（4）冷铁 在铸件底端设一圈储存穴放置冷铁。

6. 浇注

铁液浇注温度为1300～1330℃。

小结：缸套凸台直接铸出，内孔不增加金属补贴，减少了铸件增重；增加凸台侧冒口和凸台处加外冷铁的工艺，避免了凸台拐角处产生缩孔及缩松。

任务三 轮盘类零件铸造工艺设计

一、任务描述

本次任务使学生了解轮盘类零件铸造工艺设计的特点，掌握铸造工艺的设计方法。

二、轮盘类铸件简介

轮盘类铸件包括齿轮、带轮、涡轮、叶轮、飞轮等铸件。由于轮缘和轮毂及上下断面通常均需要机械加工，故对铸件质量要求较高，尤其在齿面和轴孔处不允许有任何铸造缺陷。这类铸件容易形成缩孔、缩松、气孔、砂眼、渣眼等缺陷。比如，一般轮盘类铸件的壁厚差较大，故其铸造应力较大，有时会因应力过大而产生裂纹；壁厚较大的轮缘和轮毂处是热节区，易形成缩孔或缩松。

针对该类铸件的结构特点，铸造工艺厂采用多而分散的内浇道，使金属液平稳而快速地充型。为保证热节区的铸造质量，工艺上常采用冒口补缩或冒口与冷铁配合使用的方案。

三、柴油机飞轮壳铸造工艺设计

1. 生产条件及技术要求

（1）生产性质　采用大批生产。

（2）材质　HT200。

（3）结构及技术要求　轮廓尺寸为840mm×739mm×144mm，铸件质量73.5kg，零件质量62kg，主要壁厚8mm，铸件最大厚度23mm，壁厚基本均匀，为一薄壁壳体。

主要技术要求：满足HT200的力学性能要求。此外，要保证壁厚均匀，铸件内外表面无气孔、砂眼、夹砂、渣孔、粘砂等缺陷，以使铸件表面光洁美观。

工作条件：飞轮壳装在柴油机后部，其内部装有飞轮，起安全罩及支撑机体的作用。在飞轮壳内还装有转速、减压调节机构。

飞轮壳铸件简图如图15-3所示。

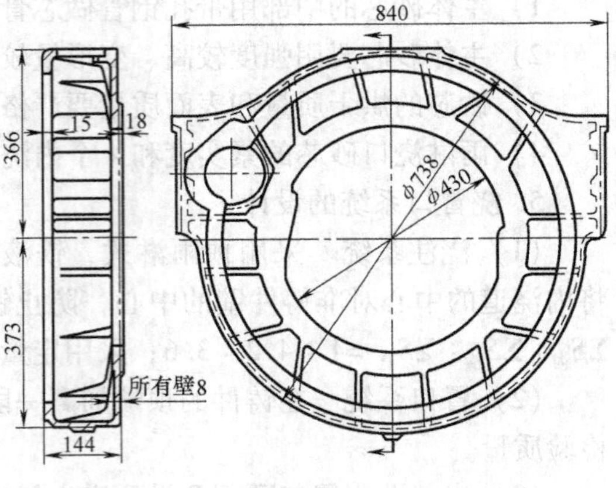

图15-3　飞轮壳铸件简图

2. 工艺方案

（1）凝固原则　用浇注系统当冒口。由于飞轮壳属于薄壁普通灰铸铁件，可利用石墨化膨胀实现自补缩，不致造成缩孔缺陷，且铸件内应力小。

（2）浇注位置和分型面　如图15-4所示，原生产方案用于生产批量小、手工造型的情况，使用湿型、干芯，造芯方便，烘芯时便于支撑，下芯操作简便，且分型面使铸件基本置于下半型中，便于检查壁厚，有利于提高铸件精度；但铸件大平面置于上部易出现浇不到、冷隔、气孔、夹渣、夹砂及砂眼等缺陷，铸件外观差。现生产方案适用于大批生产的机器造型，浇注位置采用大平面部分朝下，减少了冷隔、气孔、夹渣、夹砂及砂眼等缺陷，改善了铸件外观；改用潮芯，采用专用夹具下芯，下芯准确，不会出现砂型被挤坏的现象；大芯头朝上，有利于型芯的气体排出，减少了形成气孔的倾向。

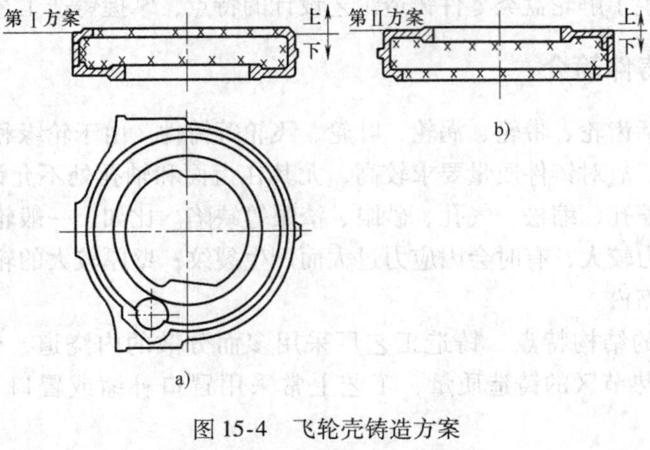

图15-4　飞轮壳铸造方案

a）现行方案　b）原方案

（3）造型造芯方法　可在普通机器造型线上造型，砂箱尺寸为 1050mm × 890mm × 150mm/220mm，采用潮芯，采用起重机和专用夹具进行吊运和下芯，如图 15-5 所示。

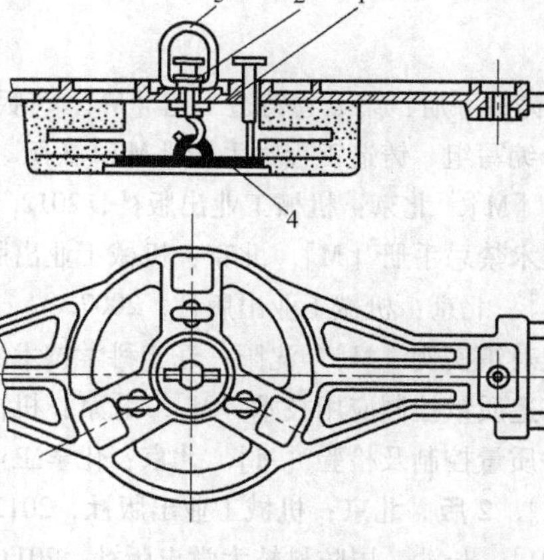

图 15-5　飞轮壳下芯夹具及芯铁

1—螺杆　2—中央大螺母　3—吊环　4—芯铁

3. 主要工艺参数

（1）缩尺（铸造收缩率）　采用 1%。

（2）加工余量　上面 5mm，底、侧面 3mm。

4. 浇注系统

如图 15-6 所示，采用两层内浇道，下层为主，占总内浇道面积的 2/3，取梯形断面，呈开放形；全封闭式浇注系统浇口比 $S_{内}:S_{横}:S_{直}=1:2.06:2.66$。浇注时两层内浇道同时进铁液，使铸件顶部铁液温度有所提高，减少了气孔等缺陷。

5. 浇注

铁液浇注温度应高于 1290℃。浇注时间为 16.6s，采用转包浇注。

飞轮壳铸型装配简图如图 15-7 所示。

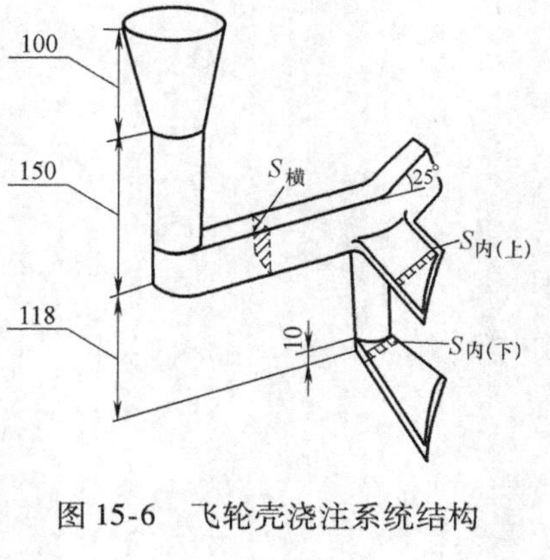

图 15-6　飞轮壳浇注系统结构

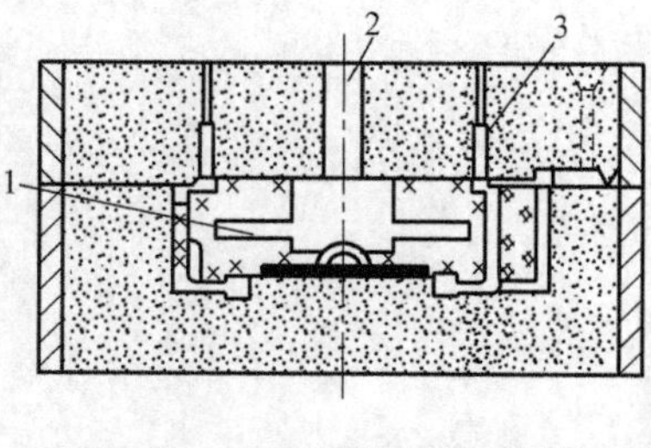

图 15-7　飞轮壳铸型装配简图

1—芯骨　2—型芯排气通道　3—排气孔

小结：由于采用潮型、潮芯，浇注时发气量大，应注意开好通气道及出气冒口，且浇注温度不得低于 1290℃，防止出现气孔；大平面处易产生夹砂缺陷，故采用活化膨润土，在易出现夹砂的部位涂刷 20 号机油会有好的效果；注意舂紧砂型，以防大面积机械粘砂缺陷。

参考文献

[1] 中国机械工程学会铸造分会．铸造手册：第五卷铸造工艺［M］．3版．北京：机械工业出版社，2011.
[2] 中国铸造协会铸造工程师手册编写组．铸造工程师手册［M］．3版．北京：机械工业出版社，2010.
[3] 杜西灵，杜磊．铸工实用手册［M］．北京：机械工业出版社，2012.
[4] 王文清，沈其文．铸造生产技术禁忌手册［M］．北京：机械工业出版社，2010.
[5] 陈琦．铸造质量检验手册［M］．北京：机械工业出版社，2007.
[6] 聂小武．实用铸件缺陷分析及对策实例［M］．沈阳：辽宁科学技术出版社，2010.
[7] 樊自田，吴和保，董选普．铸造质量控制应用技术［M］．北京：机械工业出版社，2009.
[8] 傅明喜，吴晶，司乃潮．铸件质量控制及检验［M］．北京：化学工业出版社，2005.
[9] 曹瑜强．铸造工艺及设备［M］．2版．北京：机械工业出版社，2012.
[10] 吕振林．铸造工艺及应用［M］．长沙：国防科技大学出版社，2011.
[11] 王纪安．工程材料与材料成形工艺［M］．北京：高等教育出版社，2005.
[12] 刘喜俊．铸造工艺学［M］．北京：机械工业出版社，1999.